普·通·高·等·学·校
计算机教育"十二五"规划教材

计算机网络应用基础

（第 3 版）

BASIC APPLICATIONS OF COMPUTER NETWORK

(3ʳᵈ edition)

王建珍 ◆ 主编

刘飞飞 蔺婧娜 ◆ 副主编

人民邮电出版社
北京

图书在版编目（ＣＩＰ）数据

计算机网络应用基础 / 王建珍主编. -- 3版. -- 北京：人民邮电出版社，2013.6（2016.12 重印）
普通高等学校计算机教育"十二五"规划教材
ISBN 978-7-115-31383-6

Ⅰ. ①计… Ⅱ. ①王… Ⅲ. ①计算机网络－高等学校－教材 Ⅳ. ①TP393

中国版本图书馆CIP数据核字(2013)第084513号

内 容 提 要

本书是《计算机网络应用基础》的第 3 版，在第 2 版的基础上做了技术上的更新、内容上的补充。全书内容分为知识篇、技术篇和应用篇：知识篇介绍网络基础、现代通信技术、局域网基础、Internet 基础和物联网基础知识；技术篇介绍局域网组建技术、Internet 接入技术、网页开发设计技术与网络信息安全技术；应用篇主要介绍信息获取（IE8.0 浏览器、搜索引擎）、交流沟通（电子邮件、即时通信工具、BBS、微博、社交网站）、网络多媒体应用、电子商务等网络应用。

本次修订仍然坚持原版的指导思想："计算机网络应用基础"是大学非计算机专业的计算机基础课之一；突出"网络应用"，把握基本理论、基础知识与基本应用能力的"够用原则"；理论与知识部分尽量通俗易懂，技术与应用部分力求具体实用。

本书可作为大学本科非计算机专业的"计算机网络应用基础"课教材，计算机或计算机相关专业也可选用本书的相关章节作为相应课程的教材，本书还可以作为计算机网络用户和信息技术爱好者的参考书。

◆ 主　　编　王建珍
　　副主编　刘飞飞　蔺婧娜
　　责任编辑　邹文波
　　责任印制　彭志环　杨林杰
◆ 人民邮电出版社出版发行　　北京市丰台区成寿寺路 11 号
　　邮编　100164　　电子邮件　315@ptpress.com.cn
　　网址　http://www.ptpress.com.cn
　　固安县铭成印刷有限公司印刷
◆ 开本：787×1092　1/16
　　印张：19.25　　　　　　　2013 年 6 月第 3 版
　　字数：502 千字　　　　　2016 年 12 月河北第 4 次印刷

定价：39.80 元
读者服务热线：(010)81055256　印装质量热线：(010)81055316
反盗版热线：(010)81055315

第 3 版前言

《计算机网络应用基础（第 2 版）》自出版以来，已经多次印刷，受到了各方面的好评，同时也发现教材中存在着一些问题。《计算机网络应用基础（第 3 版）》是在征求了第 1 版和第 2 版使用者的意见后进行的，第 3 版在第 2 版的基础上做了较大的修改、调整与充实。

1. 调整了结构。为了突出知识的递进关系，使前后知识能够更好地衔接，将全书的内容重新进行了编排，分为知识篇、技术篇和应用篇，增加了新内容，同时还调整了 Internet 基础知识和局域网的组建与实例的章节顺序。

2. 增加了"物联网基础知识"一章。融入最新物联网相关概念、关键技术、应用实例，以便学生对物联网有个初步的认识，引导学生学习、探索物联网新技术的兴趣。

3. 补充了"交流沟通"及"电子商务"两章。为了突出内容的新颖性和实用性，"交流沟通"一章全面讲述了当前人们广泛使用的 QQ、微信、博客、微博等通信形式，包括计算机版及手机版的应用。"电子商务"一章重点介绍了现在使用比较广泛的手机银行、网络银行、网购、团购及网络炒股等应用的相关知识及操作。

4. 在知识篇中，与时俱进地优化了教学内容，突出基础理论知识的完整性、系统性。"局域网基础知识"一章增加了虚拟局域网的相关知识，"Internet 基础知识"一章，在对知识结构进行优化调整的同时，增加了 CIDR（无类域间路由）的内容，补充了子网及子网划分的相关实例，这为教学提供了较好的案例，也有利于帮助学生更好地理解子网的相关知识及应用。

5. 在技术篇中，围绕高校应用和创新能力培养的目标，融入核心能力培养的内容，突出在教学中应用能力的培养。在本篇的编写过程中，编者对内容进行了较大的调整和补充，使知识之间具有较为自然的递进衔接关系，更加有利于教学及学习的有序进行。"局域网的组建与实例"一章以实际生活中比较实用的宿舍网、办公网及家庭无线局域网为例，详细介绍了常见局域网的组建过程，同时补充了WWW、DNS、FTP 等常见服务的搭架方法。"与 Internet 的连接"一章的内容重新进行了编排，介绍了接入网、骨干网及目前常见的入网技术（ISDN、DDN、xDSL、HFC、FTTx、无线接入、电力线接入及手机接入）及共享入网的方法。"网页设计与制作技术"一章中，更新网页及网站设计的制作工具为当前较为流行的Dreamweaver 8.0，并结合相关的操作实例，系统详细地介绍了使用该工具进行网页网站开发的技术和方法。"网络安全与技术"一章，结合技术的发展，更新了计算机病毒的相关知识，并对黑客入侵案例进行了分析，让学生对网络安全有一个更加深入全面的认识。

6. 在应用篇中，突出了应用的先进性及实用性，介绍了当前较为流行的网络应用，并更新了所有相关的应用工具。

7. 在本次修订中，去掉了不必要的重复，注意了前后呼应。还尽量使文字表述深入浅出、通俗易懂。

以下的几点建议供安排与组织教学时参考。

1. 应该先开设"计算机基础"课程，再开设"计算机网络应用基础"课程。

2. 建议"计算机网络应用基础"的教学时数为 72 学时，其中课堂教学为 36 学时，实验教学为 36 学时。

3. 本课程的应用性、实用性很强，建议重视实验、实训教学。平时练习主要通过实验/实训方式完成，按实验报告采分，作为平时成绩，占总成绩的 40%，期末考试成绩占 60%。从而，在要求学生掌握基础理论知识的同时，突出学生实践应用能力的培养。

4. 建议教学环境为与 Internet 连接的多媒体网络环境。本书提供有 PPT 格式的课件素材，供教师索取（E-mail：wangjz@sxu.edu.cn），或到人民邮电出版社教学服务与资源网（http：//www.ptpedu.com.cn）上下载。

本书由王建珍任主编，刘飞飞、蔺婧娜任副主编。第 1 章由李娟丽编写，第 3 章由王建珍编写，第 4 章与第 7 章由刘飞飞编写，第 2 章与第 5 章由苏晋荣编写，第 6 章由韩雅鸣编写，第 8 章由杨森编写，第 9 章由冯晓玲编写，第 10 章与第 11 章由蔺婧娜编写，第 12 章与第 13 章由刘潇潇编写。全书由王建珍统稿，相万让、张永奎主审。在本书的修订过程中，得到了徐仲安教授、杨继平教授、相万让教授、张永奎教授、石冰教授的支持与帮助，在这里一并表示感谢。

编　者

2013 年 2 月

目 录

知 识 篇

技　术　篇

应 用 篇

知识篇

第1章
网络基础知识

当今世界正经历着一场信息革命，信息已成为人类赖以生存的重要资源。信息的处理离不开计算机，信息的流通离不开通信，计算机网络正是计算机技术与通信技术密切结合的产物。信息的社会化、网络化和全球经济的一体化，无不受到计算机网络技术的巨大影响。网络使人类的工作方式、学习方式乃至思维方式发生了深刻的变革。本章介绍计算机网络的基础知识。

1.1 计算机网络概述

1.1.1 计算机网络的定义

计算机网络的发展速度非常快，它的术语和定义也在不断地演变。现在，大家比较一致地将计算机网络定义为：

计算机网络是将分散在不同地点且具有独立功能的多个计算机系统，利用通信设备和线路相互连接起来，在网络协议和软件的支持下进行数据通信，实现资源共享的计算机系统的集合。

这个定义涉及以下几个方面的问题。

（1）两台或两台以上的计算机相互连接起来才能构成网络。网络中的各计算机具有独立功能。

（2）网络中的各计算机间进行相互通信，需要有一条通道以及必要的通信设备。通道指网络传输介质，它可以是有线的（如双绞线、同轴电缆等），也可以是无线的（如激光、微波等）。通信设备是在计算机与通信线路之间按照一定通信协议传输数据的设备。

（3）计算机之间要通信，要交换信息，彼此就需要有某些约定和规则，这些约定和规则就是网络协议。网络协议是计算机网络工作的基础。

（4）计算机网络的主要目的是实现计算机资源共享，使用户能够共享网络中的所有硬件、软件和数据资源。

1.1.2 计算机网络的发展

近20年来，计算机网络得到了迅猛的发展。从单台计算机与终端之间的远程通信，到今天世界上成千上万台计算机互连，计算机网络经历了以下几个阶段。

1. 第一代计算机网络——面向终端的计算机网络

20世纪60年代初，为了实现资源共享和提高工作效率，出现了面向终端的联机系统，有人称它是第一代计算机网络。面向终端的联机系统以单台计算机为中心，其原理是将地理上分散的多个终端通过通信线路连接到一台中心计算机上，利用中心计算机进行信息处理，其余终端都不具备自主处理能力。第一代计算机网络的典型代表是美国飞机订票系统。它用一台中心计算机连接着 2000 多个遍布全美各地的终端，用户通过终端进行操作。这些应用系统的建立，构成了计算机网络的雏形。其缺点是：中心计算机负荷较重，通信线路利用率低，这种结构属集中控制方式，可靠性差。

2. 第二代计算机网络——计算机—计算机网络

20 世纪 60 年代后期，随着计算机技术和通信技术的进步，出现了将多台计算机通过通信线路连接起来为用户提供服务的网络，这就是计算机—计算机网络，即第二代计算机网络。它与以单台计算机为中心的联机系统的显著区别是：这里的多台计算机都具有自主处理能力，它们之间不存在主从关系。在这种系统中，终端和中心计算机之间的通信已发展到计算机与计算机之间的通信。第二代计算机网络的典型代表是美国国防部高级研究计划署开发的项目 ARPA 网（ARPAnet）。其缺点是：第二代计算机网络大都是由研究单位、大学和计算机公司各自研制的，没有统一的网络体系结构，不能适应信息社会日益发展的需要因而计算机网络必然要向更新的一代发展。若要实现更大范围的信息交换与共享，把不同的第二代计算机网络互连起来将十分困难。

3. 第三代计算机网络——开放式标准化网络

第三代计算机网络是开放式标准化网络，它具有统一的网络体系结构，遵循国际标准化协议，标准化使得不同的计算机网络能方便地互连在一起。

国际标准化组织（International Standards Qrganization，ISO）在 1979 正式颁布了一个称为开放系统互连参考模型（Open System Interconnection Reference Model，OSI/RM）的国际标准。该模型分为 7 个层次，有时也称为 OSI 七层模型。OSI 参考模型目前已被国际社会普遍接受，并被公认为是计算机网络体系结构的基础。

第三代计算机网络的典型代表是 Internet（因特网），它是在原 ARPAnet 的基础上经过改造而逐步发展起来的，它对任何计算机开放，只要遵循 TCP/IP 并申请到 IP 地址，就可以通过信道接入 Internet。这里 TCP 和 IP 是 Internet 所采用的一套协议中最核心的两个，分别称为传输控制协议（Transmission Control Protocol，TCP）和网际协议（Internet Protocol，IP）。它们虽然不是某个国际组织制定的标准，但由于被广泛采用，已成为事实上的国际标准。

4. 第四代计算机网络——宽带化、综合化、数字化网络

进入 20 世纪 90 年代后，计算机网络开始向宽带化、综合化和数字化方向发展。这就是人们常说的新一代或称为第四代计算机网络。

新一代计算机网络在技术上最重要的特点是综合化、宽带化。综合化是指将多种业务、多种信息综合到一个网络中来传送。宽带化也称为网络高速化，就是指网络的数据传输速率可达几十到几百兆比特/秒（Mbit/s），甚至能达到几到几十吉比特/秒（Gbit/s）的量级。传统的电信网、广播电视网和互联网在网络资源、信息资源和接入技术方面虽各有特点与优势，但建设之初均是面向特定业务的，任何一方基于现有的技术都不能满足用户宽带接入、综合接入的需求，因此，三网合一将是现代通信和计算机网络发展的大趋势。

实现三网合一的关键是找到实现融合的最佳技术。以 TCP/IP 为基础的 IP 网在近几年内取得了迅猛的发展。1997 年，Internet 的 IP 流量首次超过了电信网的语音流量，而且 IP 流量还在直线上升。IP 网络已经从过去单纯的数据载体，逐步发展成支持语音、数据、视频等多媒体信息的通信平台，因此 IP 技术被广泛接受为是实现三网合一的最佳技术。

5. 下一代网络（NGN）

NGN 是"下一代网络（Next Generation Network）"或"新一代网络（New Generation Network）"的缩写。NGN 是以软交换为核心，能够提供语音、视频、数据等多媒体综合业务，采用开放、标

准体系结构，能够提供丰富业务的下一代网络。

NGN 的概念已经提出多年，业界存在诸多不同的解释。在 2004 年初的国际电联 NGN 会议上，经过激烈的辩论，NGN 的定义终于有了定论：NGN 是基于分组的网络，能够提供电信业务；利用多种宽带能力和 QoS 保证的传送技术；其业务相关功能与其传送技术相独立。NGN 使用户可以自由接入到不同的业务提供商；NGN 支持通用移动性。

NGN 能够提供可靠的服务质量保证，支持语音、视频和数据多媒体业务承载能力，具有支持快速灵活的新业务生成能力，这些均无疑是电信产业发展关注的焦点。尽管对于下一代网络仍然争议颇多，但 NGN 的研究步伐一直没有停滞，变革是一定的，但是如何演进和实施仍需深入研究和探讨。

1.1.3　计算机网络的分类

计算机网络的种类很多，按照不同的分类标准，可得到不同类型的计算机网络。常见的分类有如下几种。

1. 按地理覆盖范围分类

计算机网络按地理覆盖范围的大小，可划分为局域网、城域网、广域网和互联网 4 种，如图 1-1 所示。

（1）局域网（Local Area Network，LAN）。局域网的地理覆盖范围通常在 10～1000m，如一个房间、一座办公楼和一所学校范围内的网络就属于局域网。

（2）城域网（Metropolitan Area Network，MAN）。城域网的地理覆盖范围为几千米至几十千米，它基本上是一种大型的 LAN，通常使用与 LAN 相似的技术，可以覆盖一组邻近的公司和一个城市，是介于广域网和局域网之间的网络系统。由于一个城市之内的信息交换数量较多、要求的交换速度较快，因此在当前的计算机网络发展过程中，城域网成为世界各国竞相建设的重点。

（3）广域网（Wide Area Network，WAN）。广域网的地理覆盖范围为几百千米到 1000km，又称远程网，是一种跨越地域大的网络，通常可以遍布一个国家或一个洲。

（4）互联网（Internet）。有许多网络常常使用不同的硬件和软件，实际工作中需要连接这些不同的，而且往往是不兼容的网络。这种互连的网络集合就称为互联网（Internet）。

因特网（Internet）是全球最大的互联网，它将分布在世界各地的局域网、城域网和广域网连接起来，组成目前全球最大的计算机网络，实现全球资源共享。

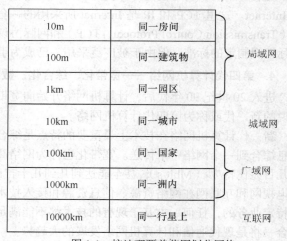

10m	同一房间	局域网
100m	同一建筑物	
1km	同一园区	
10km	同一城市	城域网
100km	同一国家	广域网
1000km	同一洲内	
10000km	同一行星上	互联网

图 1-1　按地理覆盖范围划分网络

2. 按传输介质分类

传输介质是指数据传输系统中发送者和接收者之间的物理路径。数据传输的特性和质量取决于传输介质的性质。在计算机网络中使用的传输介质可分为有线和无线两类，有线传输介质又分为电信号传输介质和光信号传输介质两类，其中双绞线、同轴电缆是传输电信号的有线传输介质，光纤是传输光信号的有线传输介质。根据网络传输介质的不同，网络可划分为有线网和无线网两种。

（1）有线网：采用同轴电缆、双绞线、光纤等物理介质来传输数据的网络。

（2）无线网：采用卫星、微波、无线电、激光等以无线形式传输数据的网络。

3. 按网络的拓扑结构分类

拓扑（Topology）是从图论演变而来的，是一种研究与大小形状无关的点、线、面特点的方法。在计算机网络中抛开网络中的具体设备，把工作站、服务器等网络单元抽象为"点"，把网络中的电缆等通信介质抽象为"线"，这样计算机网络的结构就抽象为点和线组成的几何图形，人们称之为网络的拓扑结构。网络拓扑结构对整个网络的设计，网络的功能、可靠性和费用等方面有着重要的影响。常用的网络拓扑结构有总线型结构、星型结构、树型结构、环型结构、网状型结构和混合型结构。按网络拓扑结构分类，计算机网络可划分为总线型网、星型网、环型网、树型网、混合网等。

4. 按网络的传输技术分类

根据网络的传输技术，可将网络划分为广播式网络和点到点网络。广播式网络仅有一条通信信道，网络上的所有节点共享这条通信信道。点到点网络由网络中一对对节点之间的多条连接构成，具有多条路径。

5. 按网络中使用的操作系统分类

按网络中使用的操作系统进行划分，可将网络分为 Novell Netware 网、Windows NT 网、UNIX 网、Linux 网等。

6. 按网络的传输速度分类

按网络的传输速度进行划分，可将网络分为 10Mbit/s、100Mbit/s 和 1000Mbit/s 网。

1.1.4　计算机网络的功能与应用

1. 网络的功能

计算机网络可提供各种信息和服务，具体来说主要有以下几方面的功能。

（1）数据通信。

数据通信是计算机网络的最基本功能。数据通信功能为网络中各计算机之间的数据传输提供了强有力的支持。

（2）资源共享。

计算机网络的主要目的是资源共享。计算机网络中的资源有数据资源、软件资源和硬件资源 3 类。网络中的用户可以在许可的权限内使用其中的资源，如使用大型数据库信息，下载使用各种网络软件，共享网络服务器中的海量存储器等。资源共享可以最大程度地利用网络中的各种资源。

（3）分布与协同处理。

对于复杂的大型问题可采用合适的算法，将任务分散到网络中不同的计算机上进行分布式处理。这样，可以用几台普通的计算机联成高性能的分布式计算机系统。分布式处理还可以利用网络中暂时空闲的计算机，避免网络中出现忙闲不均的现象。

（4）提高系统的可靠性和可用性。

计算机网络一般都属于分布式控制方式，相同的资源可分布在不同地方的计算机上，网络可通过不同的路径来访问这些资源。当网络中的某一台计算机发生故障时，可由其他路径传送信息或选择其他系统代为处理，以保证用户的正常操作，不会因局部故障而导致系统瘫痪。例如，某台计算机发生故障而使其数据库中的数据遭到破坏时，可以从另一台计算机的备份数据库恢复遭到破坏的数据，从而提高系统的可靠性和可用性。

2．网络的应用

正因为计算机网络有如此多的功能，使得它在工业、农业、交通、运输、邮电通信、文化教育、商业、国防及科学研究等领域获得越来越广泛的应用。工厂企业可用网络来实现生产的监测、过程控制、管理和辅助决策，实现企业信息化。铁路部门可用网络来实现报表收集、运行管理和行车调度。邮电部门可利用网络来提供世界范围内快速而廉价的电子邮件、传真和 IP 电话服务。教育科研部门可利用网络的通信和资源共享进行情报资料的检索、计算机辅助教育（CAI）和计算机辅助设计（CAD）、科技协作、虚拟会议以及远程教育。计划部门可利用网络实现普查、统计、综合平衡和预测等工作。国防工程可利用网络来进行信息的快速收集、跟踪、控制与指挥。商业服务系统可利用网络实现制造企业、商店、银行和顾客间的自动电子销售转账服务或广泛定义下的电子商务。生活中可利用网络进行视频点播，依个人爱好选择影视数据库中的节目。计算机网络的应用范围是如此广泛，以至于深刻地改变了我们的工作方式、学习方式和生活方式。

1.2　计算机网络的组成与结构

1.2.1　计算机网络的基本组成

各种计算机网络在网络规模、网络结构、通信协议和通信系统、计算机硬件及软件配置等方面存在很大差异。但不论是简单的网络还是复杂的网络，根据网络的定义，一个典型的计算机网络主要是由计算机系统、数据通信系统、网络软件及协议 3 大部分组成。计算机系统是网络的基本模块，为网络内的其他计算机提供共享资源；数据通信系统是连接网络基本模块的桥梁，它提供各种连接技术和信息交换技术；网络软件是网络的组织者和管理者，在网络协议的支持下，为网络用户提供各种服务。

1．计算机系统

计算机系统主要完成数据信息的收集、存储、处理和输出任务，并提供各种网络资源。计算机系统根据在网络中的用途可分为服务器（Server）和工作站（Workstation）两种。

（1）服务器负责数据处理和网络控制，并构成网络的主要资源。

（2）工作站又称"客户机"，是连接到服务器的计算机，相当于网络上的一个普通用户，它可以使用网络上的共享资源。

2．数据通信系统

数据通信系统主要由网络适配器、传输介质、网络互连设备等组成。

（1）网络适配器（又称网卡）主要负责主机与网络的信息传输控制，是一个可插入微型计算机扩展槽中的网络接口板。

（2）传输介质是传输数据信号的物理通道，负责将网络中的多种设备连接起来。常用的传输介质有双绞线、同轴电缆、光纤、微波、卫星等。

（3）网络互连设备是用来实现网络中各计算机之间的连接、网与网之间的互连及路径的选择。常用的网络互连设备有中继器（Repeater）、集线器（Hub）、网桥（Bridge）、路由器（Router）、交换机（Switch）等。

3．网络软件

网络软件是实现网络功能所不可缺少的软环境。网络软件一方面接受用户对网络资源的访问，帮助用户方便、安全地使用网络；另一方面管理和调度网络资源，提供网络通信和用户所需的各种网络服务。通常网络软件包括：

（1）网络协议和协议软件；

（2）网络通信软件；

（3）网络操作系统；

（4）网络管理及网络应用软件。

1.2.2　资源子网和通信子网

为了简化计算机网络的分析与设计，有利于网络的硬件和软件配置，按照计算机网络的系统功能，计算机网络可划分为资源子网和通信子网两大部分，如图 1-2 所示。

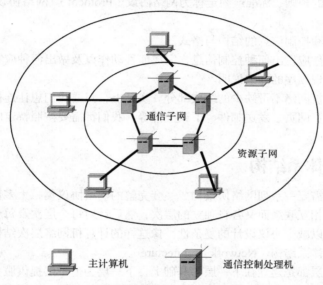

图 1-2　计算机网络的资源子网和通信子网

资源子网主要负责全网的信息处理，为网络用户提供网络服务和资源共享功能。它主要包括网络中的主计算机、终端、I/O 设备、各种软件资源和数据库等。

通信子网主要负责全网的数据通信。为网络用户提供数据传输、转接、加工、变换等通信处理工作。它主要包括通信线路（即传输介质）、网络连接设备、网络通信协议、通信控制软件等。

将计算机网络分为资源子网和通信子网，符合网络体系结构的分层思想，便于对网络进行研究和设计。资源子网、通信子网可单独规划、管理，使整个网络的设计与运行简化。通信子网可以是专用的数据通信网，也可以是公用的数据通信网。

在局域网中，资源子网主要是由网络的服务器和工作站组成，通信子网主要是由传输介质、集线器、网卡等组成。一个典型的办公管理局域网如图 1-3 所示。

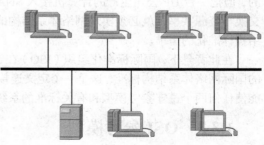

图 1-3　一个典型的办公管理局域网

1.3　计算机网络的体系结构

1.3.1　计算机网络协议

计算机网络是各类计算机系统通过通信设备、通信线路连接起来的一个复杂的系统，在这个系统中，由于计算机型号不一、设备类型各异，并且连接方式、同步方式、通信方式、线路类型等都有可能不一样，这就给网络通信带来了一定的困难。要做到各设备之间有条不紊地交换数据，所有设备必须遵守共同的规则，这些规则明确地规定了数据交换时的格式和时序。这些为进行网络中数据交换而建立的规则、标准或约定称为网络协议（Protocol）。网络协议由语法、语义和时序三大要素组成。

语法：通信数据和控制信息的结构与格式。

语义：对具体事件应发出何种控制信息，完成何种动作以及做出何种应答。

时序：对事件实现顺序的详细说明。

网络协议是计算机网络不可缺少的组成部分。实际上，只要我们想让连接在网络上的计算机进行任何操作，如浏览网页、发送邮件、下载文件等，我们都需要按照特定的协议，也就是通信规则才能完成。

1.3.2　网络体系结构

一个完整的网络需要一系列网络协议构成一套完整的网络协议集，大多数网络在设计时，是将网络划分为若干个相互联系而又各自独立的层次，然后针对每个层次及每个层次间的关系制定相应的协议，这样可以减少协议设计的复杂性。像这样的计算机网络层次结构模型及各层协议的集合称为计算机网络体系结构（Network Architecture）。

层次结构中每一层都是建立在下一层的基础上，下一层为上一层提供服务，上一层在实现本层功能时会充分利用下一层提供的服务。但各层之间是相对独立的，高层无须知道低层是如何实现的，仅需知道低层通过层间接口所提供的服务即可。当任何一层因技术进步发生变化时，只要接口保持不变，其他各层都不会受到影响。当某层提供的服务不再需要时，甚至可以将这一层取消。

网络技术在发展过程中曾出现过多种网络体系结构，由于没有统一的网络体系结构标准，所以把不同体系结构的计算机网络互连起来将十分困难，限制了计算机网络向更大规模的发展。例如，把一台 IBM 公司生产的计算机接入该公司的 SNA（System Network Architecture）网是可以的，但把一台 HP 公司生产的计算机接入 SNA 网就不是一件容易的事。若要实现更大范围的信息交换与资源共享，就必须实现网络体系结构的统一。计算机网络的发展在客观上提出了网络体系结构标准化的需求。

在此背景下，国际标准化组织（ISO）在 1979 正式颁布了开放系统互连参考模型 （OSI/RM）的国际网络体系结构标准，这是一个定义连接异构计算机网络的标准体系结构。"开放"一词表示能使任何两个遵守参考模型和有关标准的系统具有互连的能力。

1.3.3　OSI 参考模型

OSI 参考模型是一个描述网络层次结构的模型，其标准保证了各类网络技术的兼容性和互操作性，描述了数据或信息在网络中的传输过程以及各层在网络中的功能和架构。OSI 参考模型将网络划分为 7 个层次，如图 1-4 所示。

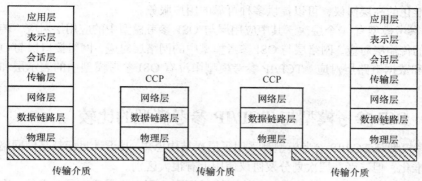

图 1-4   开放系统互连（OSI）参考模型

（1）物理层（Physical Layer）。物理层是 OSI 参考模型的最底层，主要功能是利用物理传输介质为数据链路层提供连接，以透明地传输比特流。

（2）数据链路层（Data Link Layer）。数据链路层在通信的实体间建立数据链路连接，传送以帧为单位的数据，并采用相应方法使有差错的物理线路变成无差错的数据链路。

（3）网络层（Network Layer）。网络层的功能是进行路由选择，阻塞控制与网络互连等。

（4）传输层（Transport Layer）。传输层的功能是向用户提供可靠的端到端服务，透明地传送报文，是关键的一层。

（5）会话层（Session Layer）。会话层的功能是组织两个会话进程间的通信，并管理数据的交换。

（6）表示层（Presentation Layer）表示层主要用于处理两个通信系统中交换信息的表示方式，它包括数据格式变换、数据加密、数据压缩与恢复等功能。

（7）应用层（Application Layer）。应用层是 OSI 参考模型中的最高层，应用层确定进程之间通信的性质，以满足用户的需要。它在提供应用进程所需要的信息交换和远程操作的同时，还要作为应用进程的用户代理，来完成一些为进行信息交换所必需的功能。

1.3.4　TCP/IP 参考模型

OSI 参考模型研究的初衷是希望为网络体系结构与协议的发展提供一个国际标准，但 OSI 参考模型迟迟没有成熟的网络产品，所以这一目标并没有达到。而 Internet 的飞速发展使 Internet 所遵循的 TCP/IP 参考模型得到了广泛的应用，成为事实上的网络体系结构标准。因此，提到网络体系结构，不能不提及 TCP/IP 参考模型。

TCP/IP 是一个协议集，其中最重要的是 TCP 与 IP，因此通常将这诸多协议统称为 TCP/IP 协议集，或者称为 TCP/IP。TCP/IP 参考模型也是一个开放模型，能很好地适应世界范围内数据通信的需要，它具有如下 4 个特点。

（1）开放的协议标准，可以免费使用，并且独立于特定的计算机硬件与操作系统。

（2）独立于特定的网络硬件，可以运行在局域网、广域网中，更适用于网络互连。

（3）统一的网络地址分配方案，使得网络中的每台主机的网中都具有唯一的地址。

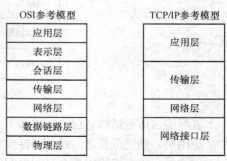

图 1-5　OSI 参考模型与 TCP/IP 参考模型

（4）标准化的高层协议，可以提供多种可靠的用户服务。

TCP/IP 参考模型有 4 个层次。其中应用层与 OSI 参考模型中的应用层对应，传输层与 OSI 参考模型中的传输层对应，网络层与 OSI 参考模型中的网络层对应，网络接口层与 OSI 参考模型中的物理层和数据链路层对应。TCP/IP 参考模型中没有 OSI 参考模型中的表示层和会话层，如图 1-5 所示。

1.3.5　OSI 参考模型与 TCP/IP 参考模型的比较

OSI 参考模型与 TCP/IP 参考模型都采用了层次结构思想，其设计目标都是使网络协议与网络体系结构标准化，但二者在层次划分及协议使用上有很大区别。

OSI 参考模型的会话层在大多数应用中很少被用到，而表示层几乎是全空的。在数据链路层与网络层之间有很多的子层插入，每个子层都有不同的功能。OSI 参考模型把"服务"与"协议"的定义结合起来，使参考模型变得格外复杂，实现起来很困难。同时，寻址、流控与差错控制在每一层里都重复出现，降低了整个系统的效率。关于数据安全性、加密与网络管理等方面的问题也在设计初期被忽略了。OSI 参考模型由于要照顾各方面的因素，使它变得大而全，所以效率很低，但它的很多研究成果、方法以及提出的概念对网络发展有很高的指导意义，是计算机网络体系结构的理论基础。

TCP/IP 参考模型在 Internet 中经受了几十年的风风雨雨，得到了 IBM、Microsoft、Novell 和 Oracle 等大型公司的支持。TCP/IP 参考模型应用广泛，支持大多数网络产品，在计算机网络体系结构中占有重要地位，是事实上的工业标准。但 TCP/IP 参考模型并不完美，也有自身的缺陷，它没有将功能与实现方法区别开，在服务、接口和协议的区别上不清楚。

1.3.6　五层体系结构

OSI 的七层体系结构的概念清楚，理论也较为完整，但是它既复杂又不实用。TCP/IP 体系结构则不同，它是一个四层的体系结构，在现在却得到了广泛的应用。不过从实质上讲，TCP/IP 只有应用层、运输层和网络层三层，最下面的网络接口层并没有具体的内容。因此，在学习计算机网络原理时，往往采取折中的办法，即综合 OSI 和 TCP/IP 的优点，采用一种只有五层的体系结构，如图 1-6 所示。

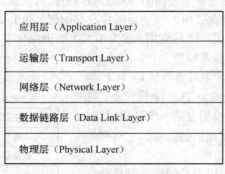

| 应用层（Application Layer） |
| 运输层（Transport Layer） |
| 网络层（Network Layer） |
| 数据链路层（Data Link Layer） |
| 物理层（Physical Layer） |

图 1-6　五层协议的体系结构

五层协议体系结构各层的功能如下。

应用层，确定进程之间通信的性质以满足用户的需要；

运输层，负责主机中两个进程之间的通信；

网络层，负责为分组交换网上的不同主机提供通信；

数据链路层，提供无差错帧传送；

物理层，透明的经实际电路传送比特流。

习　题

1. 简述计算机网络的的定义、分类和主要功能。
2. 计算机网络发展分为几个阶段？每个阶段各有何特点？
3. 计算机网络由哪几部分组成？各部分的作用是什么？
4. 谈谈你对资源共享的理解。
5. 常用的网络拓扑结构有哪几种？各有什么特点？
6. 举例说明计算机网络的主要应用范围。
7. 简述资源子网和通信子网的组成及主要特点。
8. 网络协议的 3 个基本要素是什么？
9. 常用的传输介质有哪几种？各有什么特点？
10. 计算机网络采用层次结构有什么好处？
11. OSI 参考模型由哪几层构成？它们各有什么主要功能？
12. 请描述在 OSI 参考模型中数据传输的基本过程。
13. TCP/IP 参考模型由哪几层构成？它们各有什么主要功能？
14. 请比较 OSI 参考模型与 TCP/IP 参考模型的异同点。
15. 五层体系结构由哪些层构成？它们各有什么功能？

第2章
现代通信技术概述

通信是人类传递信息、交流文化的一种重要手段。随着社会的不断进步和科学技术的发展，通信方式也不断变化，从远古时代的击鼓、烽火台到电报、电话、网络，从有线通信到无线通信，通信内容也从以话音为主发展为以数据为主，通信在我们的生产和生活当中发挥着越来越重要的作用。

现代通信技术以移动通信、光纤通信、微波通信、卫星通信为主，本章将介绍以上几种通信技术的基本概念、原理和应用，并对现代通信新技术进行简要介绍。

2.1 现代通信基本概念

2.1.1 通信系统的组成与分类

通信是指信息的传递与交换，现代通信是利用电信号、光信号、电磁波等对文字、图形、图像、声音及其他数据等信息进行有效传递或交换。

通信技术的发展大致分为 3 个阶段：以 1838 年莫尔斯发明电报为标志的初级通信阶段，以 1949 年香农提出信息论开始的近代通信阶段，以光纤通信和综合业务数字网为标志的现代通信阶段。

1. 通信系统的组成

通信的基本形式是在信源与信宿之间建立一个传输或转移信息的通道。建立该通道，实现信息传递所需的一切技术设备和传输介质的总和称为通信系统。以基本的点对点通信为例，通信系统的组成如图 2-1 所示。

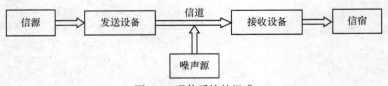

图 2-1　通信系统的组成

信源是指信息的发出者，可以是人或机器。例如，在电话通信中，主叫方或被叫方均可以是信源。

发送设备的基本功能是将信源产生的信息变换为适合在信道上传输的信号，如电话通信系统中电话机的送话器，即话筒部分就是一种发送设备。它将语声变换为电信号，并进行相应的处理（如幅度调制等），以便使电信号在电话线路上远距离传输。

信道是信号传输媒介的总称。信道可以是有线介质，如双绞线、同轴电缆、光纤等，也可以是无线介质，如传输电磁信号的自由空间。信道还可以包含某些通信设备，如网络通信中的网卡等。

接收设备的功能与发送设备相反，它将信道上接收的信号转变为接收者可以接收的信息。例如，在电话通信中，电话机的受话器，即听筒部分，将电信号转变为语声以便主叫方或被叫方听懂信息内容。

信宿是信息传输的终点，即信息接收者，可以是人或机器。

图 2-1 中噪声源并不是通信系统中的某一设备，而是由通信系统中各个环节、各种设备产生的各种干扰和噪声，这些干扰和噪声无法彻底消除，因此将其在通信系统模型中集中表示。

2. 通信系统的分类

按照不同的方式，通信系统可分成不同类别。

（1）按传输媒介分类，通信可分为两类：有线通信、无线通信。所谓有线通信，是指传输介质为架空明线、电缆、光缆等形式的通信，其特点是介质能看得见、摸得着，如明线通信、电缆通信、光缆通信等。无线通信，是指传输消息的介质是看不见、摸不着（如电磁波）的一种通信形式。常见的无线通信形式有微波通信、移动通信、卫星通信、激光通信等。

（2）按工作频段即通信设备的工作频率来分类，通信系统可分为长波通信、中波通信、短波通信、微波通信等。

（3）按通信业务的不同分类，通信系统可分为话务通信和非话务通信。电话业务属于人与人之间的通信，在电信领域中一直占主导地位。近年来，非话务通信发展迅速，它主要包括数据传输、计算机通信、电子信箱、电报、传真、可视图文及会议电视、图像通信等。另外，从广义的角度来看，广播、电视、雷达、导航、遥控和遥测等也应列入通信的范畴，因为它们都符合通信的定义。

（4）按通信者是否运动分类，通信分为移动通信和固定通信。移动通信是指通信双方至少有一方在运动中进行信息交换。固定通信是指在进行信息交换的过程中，通信双方均处于静止状态。

（5）按调制方式可将通信系统分为基带传输和频带传输。基带传输是将未经调制的信号直接传送，如音频市内电话。频带传输是对各种信号调制后传输的总称。调制方式有很多种，不同的通信系统采用不同的调制方式，如表 2-1 所示。

表 2-1　　　　　　　　　　　常见调制方式及应用场合

线性调制	常规双边带调制	广播
	抑制载波双边带调幅	立体声广播
	单边带调幅（SSB）	载波通信、无线电台、数据传输
	残留边带调幅（VSB）	电视广播、数据传输、传真
非线性调制	频率调制（FM）	微波中继、卫星通信、广播
	相位调制（PM）	中间调制方式
数字调制	幅度键控（ASK）	数据传输
	相位键控（PSK、DPSK、QPSK）等	数据传输、数字微波、空间通信
	其他高效数字调制（QAM、MSK）等	数字微波、空间通信
脉冲模拟调制	脉幅调制（PAM）	中间调制方式、遥测
	脉宽调制（PDM）	中间调制方式
	脉位调制（PPM）	遥测、光纤传输

续表

脉冲数字调制	脉码调制（PCM）	市话、卫星、空间通信
	增量调制（DM）	军用、民用电话
	差分脉码调制（DPCM）	电视电话、图像编码
	其他语言编码方式（ADPCM、APC、LPC）	中低速数字电话

（6）按照通信系统中传输模拟信号还是数字信号可将其分为模拟通信系统和数字通信系统。与模拟通信相比，数字通信具有下列优点。

- 抗干扰能力强，噪声不积累，如图2-2所示。

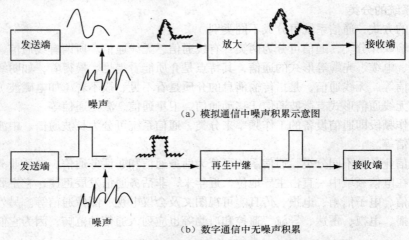

（a）模拟通信中噪声积累示意图

（b）数字通信中无噪声积累

图2-2　模拟通信系统与数字通信系统中的噪声积累示意图

- 便于存储，便于加密处理。
- 设备便于集成化、小型化。数字通信大部分采用数字逻辑电路，因此可以用大规模和超大规模集成电路来实现，从而使设备小型化、微型化。
- 便于多路复用。数字信号是时间离散信号，可以在离散时间之间插入多路数字信号以实现多路复用。
- 便于组成综合业务数字网（ISDN）。由于计算机技术、数字存储技术、数字交换技术、数字处理技术等现代技术飞速发展，许多设备、终端接口均是数字信号，因此容易与数字通信系统相连接。

相对于模拟通信来说，数字通信主要有以下两个缺点。

- 占用频带宽。一路模拟电话信号只需4kHz带宽，而数字电话则需64kHz，但随着光纤通信技术、窄带调制技术和数字频带压缩技术的发展，数字通信占用带宽的问题会逐步缩小。
- 系统设备比较复杂。数字通信中要准确地恢复信号，接收端需要严格的同步系统，以保持接收端和发送端严格的节拍一致、编码一致。因此，数字通信系统及设备一般都比较复杂。

通信系统还有其他分类方法，如按多址方式可分为频分多址通信、时分多址通信、码分多址通信、波分多址通信等；按用户类型分类，可分为公用通信和专用通信；按通信对象的位置分类，可分为地面通信、对空通信、深空通信、水下通信等。

2.1.2　通信方式与传输技术

1．通信方式
（1）按消息传送的方向与时间。

按消息传送的方向与时间可将通信方式分为单工通信、半双工通信及全双工通信 3 种。

单工通信是指消息无论何时只能单方向进行传输的一种方式。常见的单工通信方式有广播、遥控、无线寻呼等，这些系统中无论何时信号只能从广播发射台、遥控器和无线寻呼中心分别传到收音机、遥控对象和 BP 机上，而收音机、遥控对象和 BP 机无论何时都不能将信号发送给广播发射台、遥控器和无线寻呼中心。

半双工通信方式是指同一时刻通信双方只能有一方发送或接收信息，即双方不能同时发送或接收信息，某时刻一方发送信息则另一方只能接收信息。对讲机、收发报机等都是这种通信方式。

全双工通信是指通信双方可同时进行双向传输消息的方式，即同一时刻通信双方发送消息的同时也可以接收消息。电话通信是最常见的全双工通信。

（2）按数字信号排列顺序。

按照数字信号代码排列顺序不同，可将通信方式分为串行传输和并行传输，如图 2-3 所示。所谓串行传输是将代表信息的数字信号序列按时间顺序一个接一个地在信道中传输的方式。一般远距离数字通信方式大都采用串行传输，这种方式只需占用一条通路，缺点是传输时间相对较长。如果将代表信息的数字信号序列分割成两路或两路以上的数字信号序列同时在信道上传输，则称为并行传输方式。并行传输方式传输时间较短，但需要占用多条信道，设备复杂，成本高，一般用于计算机和其他高速数字系统，特别适用于设备之间的近距离通信。

（a）串行通信　　　　　　　　　　（b）并行通信

图 2-3　串行通信与并行通信

（3）按通信网络形式

通信的网络形式通常可分为 3 种：点到点直通方式、交换方式和分支方式。

点到点直通方式是指终端 A 与终端 B 之间的线路是专用的，它是通信网络中最为简单的一种形式，是网络通信的基础。

交换方式是终端之间通过交换设备灵活地进行线路交换的一种方式，即把要求通信的两终端之间的线路接通（自动接通），或者通过程序控制实现消息交换，即通过交换设备先把发送方来的消息存储起来，然后再转发至收方。这种消息转发可以是实时的，也可以是延时的。

分支方式的每一个终端（A、B、C、…、N）经过同一信道与转接站相互连接，此时，终端之间不能直通信息，必须经过转接站转接，此种方式只在数字通信中出现。分支方式及交换方式与点到点直通方式相比，有其特殊性。如要求通信网中有一套具体的线路交换与消息交换的规定和协议存在信息控制问题、网络同步问题等。

2．传输技术

为提高通信系统的传输效率，使给定信道能尽量高速、可靠的传输多个信源信息，往往需要利用多种传输技术，其中主要包括调制解调技术、信道复用技术、同步技术、抗干扰技术等。

（1）调制解调技术。

为了使信息能在给定传输媒介的频率范围内传输，需要将信源信号的频谱搬移到给定频率范围内，这可通过调制来实现。常用的调制方式有调幅、调频、调相等。调制技术是传输技术的核心问题之一。信道上的信号有基带（Baseband）信号和宽带（Broadband）信号之分。简而言之，基带信号就是将数字信号"1"或"0"直接用两种不同的电压来表示，然后送到线路上去传输。宽带信号则是基带信号进行调制后形成的频分复用模拟信号。计算机数据要经过模拟传输系统传输，必然会导致严重的信号失真，所以必须利用调制解调器（Modem）进行转换。Modem 就是由调制器（Modular）和解调器（Demodulator）这两字的字头组合而成。它的主要作用就是进行 D/A 或 A/D 转换，即模拟信号与数字信号的转换。

调制器的主要作用就是将基带数字信号的波形变换成适合于模拟信道传输的波形。最基本的二元调制方法有以下几种。

调幅（AM）：载波的幅度随着调制信号的大小变化而变化的调制方式，如"0"对应于无载波输出，"1"对应于有载波输出。

调频（FM）：载波的瞬时频率随着调制信号的大小而变，而幅度保持不变的调制方式，如"0"对应于频率 f_1，"1"对应于频率 f_2。

调相（PM）：载波的相位随原基带数字信号而变化，如 0 对应 $0°$，1 对应 $180°$。

图 2-4 中对数字信号的调幅、调频和调相分别称为移幅键控（Amplitude Shift Keying，ASK）、移频键控（Frequency Shift Keying，FSK）和移相键控（Phrase Shift Keying，PSK）。

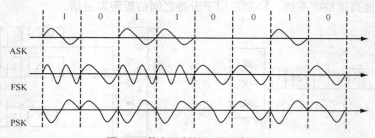

图 2-4　数字调制的 3 种基本形式

在各种信息传输或处理系统中，发送端所欲传送的消息对载波进行调制，产生携带这一消息的信号。接收端必须恢复所传送的消息才能加以利用，这就是解调。解调是调制的逆过程。不同的调制方式对应不同的解调方法。解调可分为正弦波解调和脉冲波解调。正弦波解调还可再分为幅度解调、频率解调和相位解调，此外还有一些变种如单边带信号解调、残留边带信号解调等。同样，脉冲波解调也可分为脉冲幅度解调、脉冲相位解调、脉冲宽度解调、脉冲编码解调等。对于多重调制需要配以多重解调。

（2）复用技术

在通信系统中，为高效利用传输介质，提高信道的利用率和传输能力，通常采用信道复用技术。常见的信道复用技术有如下几种。

频分复用技术（FDM）：所有的用户在同样的时间占用不同的带宽资源，如图 2-5 所示。

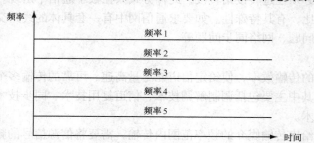

图 2-5　频分复用

时分复用技术（TDM）：所有的用户在不同的时间占用同样的频带宽度，如图 2-6 所示。

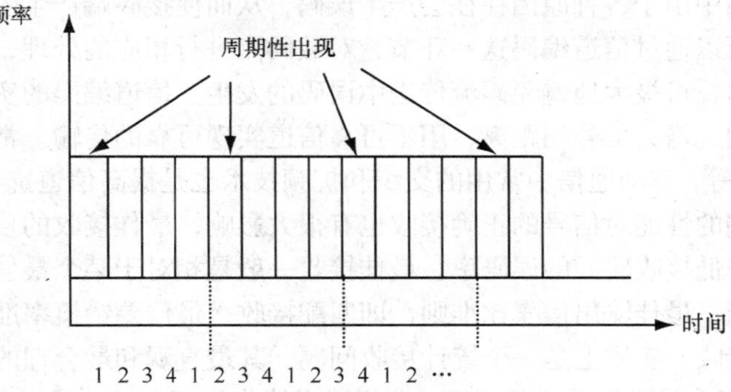

频率

周期性出现

时间

1 2 3 4 1 2 3 4 1 2 3 4 1 2 …

图 2-6　时分复用

波分复用技术（WDM）：在一根光纤上使用不同的波长同时传送多路光波信号。WDM 用于光纤信道。

码分复用技术（CDM）：通过码型来区分用户，即每个信道作为编码信道实现位传输（特定脉冲序列），每个信道都有各自的代码，并可以在同一光纤上进行传输以及异步解除复用。每个用户可以在同样的时间占用同样的频带，由于各用户使用经过特殊挑选的不同码型，因此各用户间不会造成干扰，如图 2-7 所示。

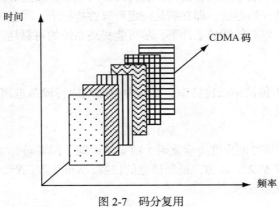

时间

CDMA 码

频率

图 2-7　码分复用

（3）同步技术。

在数字通信系统中，为实现正确通信，需要使收发双方时钟保持一致，但实际通信中收发双方往往相距很远，保持时钟一致较难，这时就需要同步技术。常用的同步技术可以分为异步通信和同步通信两种。

异步通信中收发双方的时钟是独立的，发送端可以在任意时刻开始发送字符，但必须在每一个字符加上起始位和停止位，以便使接收端能够正确地将字符接收下来。异步通信在悠闲信道中传输效率高，缺点是设备复杂，由于起始位和停止位的开销所占比例较大而使信道利用率较低，但随着光网络的发展，这已不是根本问题。

同步通信是使接收端与发送端的时钟严格保持一致，发送方先发送一个或两个特殊字符来表示数据传输的开始，该字符称为同步字符，当发送方和接收方达到同步后，就可以发送一大块数据，而不再需要每个字符都用起始位和停止位，这样可以明显地提高数据传输速率。

（4）抗干扰技术。

实际通信系统中信号在传输时都不可避免的存在噪声、色散等干扰，它们影响信息传输的可靠性。信道编码和最佳接收是两种主要的解决传输可靠性的抗干扰技术。

数字信号在传输中由于各种原因往往会产生误码，从而使接收端产生图像跳跃、不连续、出现马赛克等现象。所以通过信道编码这一环节，对数码流进行相应的处理，使系统具有一定的纠错能力和抗干扰能力，可极大地避免码流传送中误码的发生。信道编码的实质是通过增加信息冗余度，扩大信号空间，增大信号间距离，用不可靠信道实现可靠的传输。常用的信道编码有分组码、汉明码、卷积码等，移动通信中常用的交织和扩频技术也是提高信道抗干扰能力的编码方法。

通信系统接收端的性能对信号的正确接收也有很大影响，最佳接收的目标就是从噪声中最好地提取有用信号，降低接收码元的误码率。最佳接收一般是相对于某个最佳准则而言，数字通信中常用的最佳准则有：最佳输出信噪比准则，即匹配接收；最佳差错概率准则，即相关接收。带噪声的数字信号的接收，实质上是一个统计接收问题，其最直观和最合理的准则应该是"最小差错概率"，即在实际存在噪声和畸变情况下，期望错误接收的概率越小越好。通信系统中用最佳接收机来实现最佳接收，最佳接收机是通过分析发送码元的统计特性得出最佳判决公式来设计的。

2.1.3 衡量数字通信的主要指标

通信过程中我们最关心的是信息传输的快慢和准确性，相应地，衡量数字通信系统性能的指标主要是有效性和可靠性。有效性主要包括信息传输速率、符号传输速率、信道容量和频带利用率。可靠性指标包括误码率和信号抖动。通信系统的有效性和可靠性是相互矛盾的，二者往往不能同时满足最高要求。要增加系统的有效性，就得降低可靠性，反之亦然。通常的情况是依据实际系统的要求采取相对统一的办法，即在满足一定可靠性指标下，尽量提高消息的传输速率，即有效性；或者，在保证一定有效性的条件下，尽可能提高系统的可靠性。

1. 有效性指标

- 信息传输速率

信息传输速率也称为传信率或比特率，是指单位时间内传输二进制信息的位数，单位为位/秒，记作 bit/s。计算公式为

$$S=1/T \times \log_2 N \qquad (1)$$

式中，T 为一个数字脉冲信号的宽度（全宽码）或重复周期（归零码），单位为 s；N 为一个码元所取的离散值个数。通常 $N=2^K$，K 为二进制信息的位数，$K=\log_2 N$。$N=2$ 时，$S=1/T$，表示数据传输速率等于码元脉冲的重复频率。

- 符号传输速率

符号传输速率也称为传码率或码元传输速率，是指单位时间内通过信道传输的码元数，单位为波特，记作 Baud。计算公式为

$$B=1/T \qquad (2)$$

式中，T 为信号码元的宽度，单位为 s。信号传输速率也称码元速率、调制速率或波特率。由式（1）、式（2）得

$$S=B \times \log_2 N \text{ 或 } B=S/\log_2 N \qquad (3)$$

- 信道容量

信道容量表示一个信道的最大数据传输速率，单位是位/秒（bit/s）。信道容量与数据传输速率的区别是前者表示信道的最大数据传输速率，是信道传输数据能力的极限；而后者是实际的数据传输速率。像公路上的最大限速与汽车实际速度的关系一样。

- 信道频带利用率

信道频带利用率是指单位频带内的传输速率。衡量不同通信系统时，除比较其传输速率外，还应比较在这样的传输速率下使用的频带宽度。一般通信系统占用频带越宽，其信息传输速率应

该越大。

2. 可靠性指标

* 误码率

误码率是信号在传输过程中出错的概率。同样的信道特性下误码率越低，系统可靠性越好。我们通常用 P_e 表示误码率。P_e 是二进制数据位传输时出错的概率，即发生差错的码元数在传输总码元数中所占的比例。在计算机网络中，一般要求误码率低于 10^{-6}，若误码率达不到这个指标，可通过差错控制方法检错和纠错。误码率公式为

$$P_e=N_e/N \tag{4}$$

式中，N_e 为其中出错的位数，N 为传输的数据总数。

* 信号抖动

数字通信系统中信号抖动是指数字信号码元相对于标准位置的随机偏移，如图 2-8 所示。信号抖动一般由信道传输特性、噪声等引起。在多中继传输系统中，信号抖动也会产生累积。

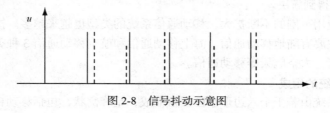

图 2-8　信号抖动示意图

2.2　移动通信

2.2.1　移动通信概述

1. 移动通信概念

移动通信是指通信双方有一方或两方处于运动中的通信，可以是移动体之间的通信，也可以是移动体和固定体之间的通信。移动通信几乎集中了有线和无线通信的最新技术成就，不仅可以传送话音信息，而且还能够传送数据信号和图像信号，使用户可随时随地、快速、可靠地进行多种信息交换。

2. 移动通信的产生与发展

现代移动通信技术的发展始于 20 世纪 20 年代，先后经历了 5 个发展阶段。

早期发展阶段（20 世纪 20～40 年代）：这一时期主要是完成通信实验和电波传播试验工作，到 40 年代已经实现了小容量专用移动通信系统，其工作频率为 30～40MHz，话音质量差，不能接入公众网。

第二阶段（20 世纪 40～60 年代）：公用移动通信业务开始产生，这一阶段从专用移动网向公用移动网过渡，网的容量较小。例如，世界上第一个公用汽车电话网，当时使用 3 个频道，间隔为 120kHz，通信方式为单工。

第三阶段（20 世纪 60～70 年代）：即进入移动通信系统改进与完善的阶段，其特点是采用大区制、中小容量，使用 450MHz 频段，实现了自动选频与自动接续。

第四阶段（20 世纪 70～80 年代）：即移动通信蓬勃发展时期。这一阶段的特点是蜂窝状移动通信网成为实用系统，我们称其为第一代蜂窝移动通信系统，即 1G（the first generation）。该系

统在世界各地迅速发展，用户要求迅猛增加，技术得到长足发展，这使得通信设备趋于小型化、微型化。

第五阶段（20世纪80年代至今）：即数字移动通信系统发展和成熟时期。在该阶段第二代数字蜂窝移动通信系统产生了，简称2G（the second generation）。数字无线传输的频谱利用率高，大大提高系统容量。另外，数字网能提供语音、数据多种业务服务，并与ISDN等兼容。欧洲首先推出了泛欧数字移动通信网（GSM）的体系。随后，美国和日本也制定了各自的数字移动通信体制。

为克服2G因技术问题无法提供宽带业务的缺陷，国际电信联盟（ITU）在20世纪末提出第三代移动通信系统，简称3G（the third generation），也称为IMT-2000。其工作频段为2000MHz，最高传输速率可达2Mbit/s。

人们还没有完全了解3G时，4G已经在实验室悄然进行。4G与传统通信技术相比，最明显的优势在于通话质量和数据通信速度。其数据速率将从3G的2Mbit/s提高到100Mbit/s，移动速率从步行到车速甚至更快。4G对无线信道的频率使用率将大大提高，之前通信系统的兼容性问题也将在4G标准中得到解决。

随着移动通信应用范围的不断扩大，移动通信系统的类型也越来越多。按设备的使用环境来看，移动通信分类主要有陆地移动通信、海上移动通信和航空移动通信3种类型。此外还有地下隧道矿井、水下潜艇、太空航天等移动通信。

3. 移动通信系统的组成

蜂窝移动通信系统由若干个六边形小区覆盖而成，呈蜂窝状，包括移动台（MS）、基站分系统（BSS）和移动业务交换中心（MSC），如图2-9所示。每个基站都有一个能够提供可靠服务的区域，即蜂窝小区。小区有超小区、宏小区、微小区等不同类型，不同的制式系统和不同的用户密度区应选择不同的小区。

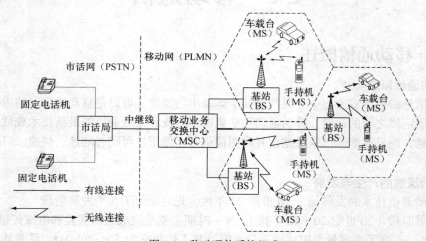

图2-9 移动通信系统组成

移动台是能够接入公用陆地移动网并得到通信服务的用户设备，包括移动终端（MS）和用户识别卡（SIM卡）。移动台有车载式、手提式、携带式等形式。

基站分系统包括一个基站控制器（BSC）和由其控制的若干个基站收发信系统（BTS），用来实现无线资源管理、固定网域移动用户之间的通信连接，完成系统信息和用户信息的传输。

移动业务交换中心是整个网络的核心，主要用来处理信息交换和信息处理以及系统集中控制管理，支持电信业务、承载业务和补充业务；支持位置登记、越区切换、自动漫游等其他网路功能。大容量移动通信系统由若干个基站构成移动网，交换中心也有多个。

2.2.2　GSM 数字蜂窝移动通信系统

1. GSM 的特点

GSM（Global System for Mobile Communications）即全球移动通信系统，1991 年开始投入使用，是世界上主要的蜂窝系统之一。它是根据欧洲标准而确定的频率范围在 900～1800MHz 的数字移动电话系统，频率为 1800MHz 的系统也被美国采纳。到 1997 年底，GSM 已经在 100 多个国家运营，成为欧洲和亚洲实际上的标准。GSM 系统是当前发展最成熟的一种数字移动通信系统，它是第二代蜂窝系统的标准，是世界上第一个对数字调制、网络层结构和业务做了规定的蜂窝系统。

GSM 的特点主要表现在以下几方面。

（1）GSM 的移动台具有漫游功能，可以实现国际漫游。

（2）GSM 可以提供多种数据业务。

（3）GSM 具有较好的保密功能。GSM 可以向用户提供以下 3 种保密方式：对移动台识别码加密，使窃听者无法确定用户的移动台电话号码，起到对用户位置保密的作用；将用户的语音、信令数据和识别码加密，使非法窃听者无法收到通信的具体内容；利用"询问—响应"过程启动"用户鉴别"单元来鉴别用户。

（4）GSM 系统容量大、通话音质好，便于数字传输，可与今后的 ISDN 兼容，还具有电子信箱、短消息业务等功能。

（5）GSM 系统采用小区制，小区覆盖半径大多为 1～25km，每个小区设有一个（或多个）基站，用以负责本小区移动通信的联络和控制等功能。

随着移动通信的不断发展，一种新型的蜂窝形式"智能蜂窝"产生了。所谓智能蜂窝，是指基站采用具有高分辨阵列信号处理能力的自适应天线系统，智能地监测移动台所处的位置，并以一定的方式将监测到的信号功率传递给移动台的蜂窝小区。智能天线利用数字信号处理技术，产生空间定向波束，使天线主波束对准移动用户信号到达方向，达到充分高效地利用移动用户信号并消除或抑制干扰信号的目的。

2. GSM 的工作频率

我国 GSM 手机占用频段主要是 900MHz 和 1800MHz，即 GSM900 和 GSM1800，GSM1800 也称为 DCS1800（1800MHz 的数字蜂窝系统）。

GSM900 的工作频段如下：

移动台发送、基站接收的上行频段为 905～915MHz；基站发送、移动台接收的下行频段为 950～960MHz。可见 GSM900 可用频带为 10MHz，上下行频段间隔 45MHz。

国际 GSM1800 规定的 DCS 频率为上行 1710～1785MHz，下行 1805～1870MHz。我国 DCS1800 原来使用频率为中国移动上行 1710～1725MHz，下行 1805～1820MHz，可用频带 15MHz；中国联通上行 1745～1755MHz，下行 1840～1850MHz，可用频带为 10MHz。随着用户数量的增加，原频带不能够满足业务需求，中国移动和中国联通各扩展了 10MHz，目前中国移动变成 1710～1735MHz、180～1830MHz，中国联通变成 1735～1755MHz、1830～1850MHz，上下行频段间隔均为 95MHz。

2.2.3　CDMA 移动通信系统

1. CDMA 基本概念

CDMA（Code Division Multiple Access）即码分多址，根据美国标准 IS-95 设计。CDMA 是在扩频通信技术的基础上发展起来的一种崭新而成熟的无线通信技术，能够更加充分的利用频谱资源，更加有效的解决频谱短缺问题，因此被视为是实现第 3 代移动通信的首选。

扩频通信，即扩展频谱通信（Spread Spectrum Communication），是一种把信息的频谱展宽之后再进行传输的技术。频谱的展宽是通过使待传送的信息数据被数据传输速率高许多倍的伪随机码序列（也称扩频序列）的调制来实现的，与所传信息数据无关。在接收端则采用相同的扩频码进行相关同步接收、解扩，将宽带信号恢复成原来的窄带信号，从而获得原有数据信息。

与普通通信相比较，扩频通信具有以下优点。

- 扩频信号具有隐蔽性。由于扩频信号被扩展到很宽的频带内，其功率谱密度明显低于环境噪声和干扰电平，信号难以检测，隐蔽性好。
- 扩频信号具有保密性。扩频通信采用伪随机序列码，接收端只有按照发送端的伪随机序列规律才能解扩频，从而恢复传输的信息，因此信号保密性好。
- 扩频信号具有很强的抗干扰能力。
- 系统容量大。扩频通信中多个用户可以共用一个频段进行码分多址通信，他们通过不同的伪随机序列作为地址码区分不同用户的信号，因此通信容量比其他多址方式更大。

2. CDMA 通信系统的特点

CDMA 系统除了具有扩频通信所有特点之外，还有以下几个特点。

- 具有软切换功能。当移动台跨越小区时，CDMA 系统是先与所到达的新小区基站进行链路连接、切换后才与原小区基站断开连接，不容易出现掉话现象，提高了通信可靠性。
- 具有软容量特性，即系统容量是可变的。在通话高峰期可以通过提高误帧率来增加可以用的信道数以满足更多的用户通话需求，这样会使得系统背景干扰稍微增加，但通话照常进行。
- 具有小区呼吸功能。当相邻小区的负荷一轻一重时，负荷重的小区可以通过减少导频的发射功率来缩小服务范围，而负荷轻的小区扩大覆盖范围，这样使负荷重的小区的边缘用户由于导频强度的不足而切换到相邻的小区，实现动态覆盖，负荷均衡。
- CDMA 手机更加绿色环保。手机辐射对人体的影响程度决定于其信号发射功率的大小，GSM 制式手机的平均发射功率为 125mw，最大发射功率 2w，而 CDMA 手机平均发射功率仅为 2mw，最大发射功率才 200mw，可见 CDMA 手机的辐射远远小于 GSM 手机，因此更加绿色环保。
- 存在多址干扰和远近效应。多址干扰是指 CDMA 通信网中任何一个信道都会受到其他用户信道地址码的干扰，这也是限制系统容量增加的一个原因。远近效应是指距离基站近的移动台发射的信号有可能完全淹没距离基站远的移动台的信号。多址干扰和远近效应都可通过功率控制来减缓其影响。

3. CDMA 通信系统的频率

我国 CDMA 系统最初频段为 800MHz，其基站收信频段为 825～835MHz，基站发信频段为 870～880MHz，随着技术的发展，目前 CDMA 也扩展到 1900MHz 频段，我国使用的 1800～1900MHz 的频段如下：基站收信频段为 1800～1825MHz，基站发信频段为 1875～1900MHz。

2.3 光纤通信

2.3.1 光纤通信的发展与现状

1880 年，美国人贝尔（Bell）发明了用光波作载波传送话音的"光电话"是现代光通信的雏型。此后由于没有合适的光源，光通信的发展停滞不前，直到 1960 年，美国人梅曼（Maiman）发明了第一台红宝石激光器，给光通信带来了新的希望。激光器的发明和应用，使沉睡了80年的光通信进入一个崭新的阶段。但由于没有找到稳定可靠和低损耗的传输介质，对光通信的研究又走入了低潮。

1966 年，英籍华裔学者高锟（C.K.Kao）和霍克哈姆（C.A.Hockham）发表了关于传输介质新概念的论文，指出了利用光纤（Optical Fiber）进行信息传输的可能性和技术途径，奠定了现代光通信——光纤通信的基础。高锟等人指出：石英纤维高达 1000 dB/km 以上的损耗，是由于材料中的杂质，如过渡金属 Fe、Cu 等离子的吸收产生的。材料本身固有的损耗基本上由瑞利（Rayleigh）散射决定，它随波长的 4 次方而下降，其损耗很小。因此，有可能通过原材料的提纯制造出适合于长距离通信使用的低损耗光纤。

1970 年，光纤研制取得了重大突破。在当年，美国康宁（Corning）公司就研制成功损耗 20dB/km 的石英光纤。在以后的 10 年中，波长为 1.55μm 的光纤损耗：1979 年是 0.20dB/km，1984 年是 0.157dB/km，1986 年是 0.154dB/km，接近了光纤最低损耗的理论极限。

1976 年，美国在亚特兰大（Atlanta）进行了世界上第一个实用光纤通信系统的现场试验，系统采用 GaAlAs 激光器作光源，多模光纤作传输介质，速率为 44.7Mbit/s，传输距离约 10km。1980年，美国标准化 FT-3 光纤通信系统投入商业应用，系统采用渐变型多模光纤，速率为 44.7Mbit/s。美国很快就敷设了东西干线和南北干线，穿越 22 个州，光缆总长达 5×10^4 km。随后，由美、日、英、法发起的第一条横跨大西洋 TAT-8 海底光缆通信系统于 1988 年建成，全长 6400km；第一条横跨太平洋 TPC-3/HAW-4 海底光缆通信系统于 1989 年建成，全长 13 200km。从此，海底光缆通信系统的建设得到了全面展开，促进了全球通信网的发展。

可以将光纤通信的发展概括为 3 个阶段。

第一阶段（1966～1976 年）：这是从基础研究到商业应用的开发时期。在这个时期，实现了短波长 0.85μm 低速率（45 或 34 Mbit/s）多模光纤通信系统，无中继传输距离约 10km。

第二阶段（1976～1986 年）：这是以提高传输速率和增加传输距离为研究目标和大力推广应用的大发展时期。在这个时期，光纤从多模发展到单模，工作波长从短波长 0.85μm 发展到长波长 1.31μm 和 1.55μm，实现了工作波长为 1.31μm、传输速率为 140～565Mbit/s 的单模光纤通信系统，无中继传输距离为 100～50km。0.85μm、1.31μm 和 1.55μm 称为目前光纤通信的 3 个实用窗口。

第三阶段（1986～1996 年）：这是以超大容量超长距离为目标，全面深入开展新技术研究的时期。在这个时期，实现了 1.55μm 色散移位单模光纤通信系统。采用外调制技术，传输速率可达 2.5～10Gbit/s，无中继传输距离可达 150～100km。

随着技术的进步和大规模产业的形成，如正在开展研究的光纤通信新技术：超大容量的波分复用（Wavelength Division Multiplexing，WDM）光纤通信系统和超长距离的光孤子（Soliton）通信系统。光纤价格不断下降，应用范围不断扩大，因而光纤已成为信息宽带传输的主要介质，光纤通信系统将成为未来国家信息基础设施的支柱。

2.3.2　光纤通信系统的组成与特点

1. 光纤通信系统的组成

光纤通信系统中传输的是光信号，比电通信系统多了光电转换设备，一般实用光纤通信系统由电端机、光发信机、光收信机、中继器和光纤或光缆 5 个部分组成，如图 2-10 所示。

电端机是常规的电子通信设备。光发信机是实现电/光转换的光端机，它将电信号进行调制成为已调光波，再将已调的光信号耦合到光缆去传输。光收信机是实现光/电转换的光端机，它将光缆传输来的光信号进行光电检测转变为电信号，经放大电路放大到足够的电平后送到接收端的电端机。

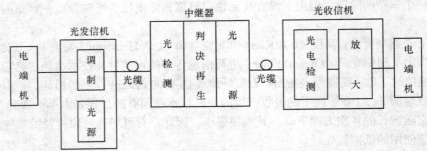

图 2-10　光纤通信系统基本组成示意图

2. 光纤通信的特点

光纤通信与电缆或微波等通信方式相比，具有如下优点。

- 传输频带极宽，通信容量很大。一根光纤的潜在带宽可达 20THz，可以同时传输 1000 亿个话路，虽然目前还未达到如此高的容量，400Gbit/s 系统已经投入商业使用。
- 由于光纤衰减小，无中继设备，故传输距离远。由于光纤具有极低的损耗系数，如目前商用石英光纤损耗已达 0.19dB/km 以下，配以合适的光电设备，可使光纤通信中继距离达数百公里以上，这是其他通信系统无法比拟的。
- 光纤抗电磁干扰，保密性好。光纤通信不受各种电磁干扰，光纤中传输的光信号只在光纤的纤芯中传输，很少泄漏出去，因此保密性好。
- 光纤尺寸小、重量轻，便于运输和敷设。
- 耐高温，耐化学腐蚀，可以应用于多种场合。
- 光纤是由石英玻璃拉制成形，原材料来源丰富，并节约了大量有色金属。

光纤通信的缺点有：光纤质地脆，机械强度差，弯曲半径不宜过小；光纤的切断和连接操作技术复杂；分路、耦合不灵活。

由于光纤通信的一系列优点，其应用领域非常广泛，如市话中继线、全球通信网、公共电信网，高质量彩色电视信号传输，工业生产现场监视和调度，航空、航天、船舰内的通信控制，电力及铁道通信交通控制信号，核电站通信，油田、炼油厂、矿井等区域内的通信。

2.3.3　光纤与光缆

1. 光纤

光纤是光导纤维的简称。光纤是由纤芯、包层、涂覆层和护套构成的一种同心圆柱体结构，如图 2-11 所示。光纤的核心部分是纤芯和包层，其中纤芯由高度透明的材料制成，是光波的主要传输通道；包层的折射率略小于纤芯，包层将光信号封闭在纤芯中并起到保护纤芯的作用。纤芯粗细、纤芯材料和包层材料的折射率，对光纤的特性起决定性影响。

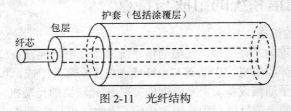

图 2-11　光纤结构

根据光纤中传输模式的多少，可将光纤分为单模光纤和多模光纤两类。光纤通信中主要使用石英光纤，以后所说的光纤也主要是指石英光纤。为了使光纤能在各种环境中使用，必须把光纤与其他元件组合起来构成光缆，使其具有良好的传输性能以及抗拉、抗冲击、抗弯、抗扭曲等机械性能。

2．光缆

光缆一般由缆芯、加强元件和护层三部分组成。缆芯是由单根或多根经二次涂覆处理后的光纤组成，用于传输光波。加强元件一般用金属丝或非金属的合成纤维，其作用是增强光缆敷设时可承受的拉伸负荷。护层主要是对已形成光缆的光纤芯线起保护作用，避免受外界机械力和特殊环境的损伤，护层一般具有阻燃、防潮、耐压、耐腐蚀等特性。

光缆按成缆结构方式不同，可分为层绞式、单位式、套管式、骨架式等。

层绞式光缆是将若干根光纤芯线以加强元件为中心绞合在一起的一种结构，这种结构适用于芯线数较少的光缆。

单位式光缆将几根至十几根光纤芯集合成一个单位，再将多个单位以强度元件为中心绞合而成，其缆芯线数量一般为几十芯。

套管式光缆是将数根光纤放入同一根塑料管中，管中填充油膏，光纤浮在油膏中。套管式光缆的结构合理、重量轻、体积小，且价格便宜。

骨架式光缆是将单根或多根光纤放入沟槽中，骨架中心是加强元件。这种结构的光缆的抗侧压性能好，但是制造工艺复杂。

按照敷设方式可以将光缆分为直埋光缆、管道光缆、架空光缆和水底光缆。

按照适用范围可分为中继光缆、海底光缆、用户光缆、局内光缆、长途光缆等。

2.3.4　光源与光电检测器

1．光源

光源是光发射机的关键器件，其功能是把电信号转换为光信号。目前，光纤通信广泛使用的光源主要有半导体激光二极管或称激光器（LD）和半导体发光二极管或称发光管（LED），有些场合也使用固体激光器。

光源一般应具有以下特点。

- 体积小，发光面积应与光纤芯径的尺寸相匹配，而且光源和光纤之间应有较高的耦合效率。
- 发射的光波波长应适合光纤的两个低损耗波段，即短波长 $0.85\mu m$ 和长波长 $1.31\mu m$、$1.55\mu m$。
- 可以直接进行光强度调制，而且与调制器的连接应该是很方便的。
- 可靠性高，工作寿命长，稳定性好，互换性好。
- 发射的光功率应足够大，并且响应速度要快。
- 温度特性要好。当温度变化时，其输出光功率及工作波长的变化在允许的范围内。

半导体激光二极管转换效率高，与光纤耦合好，当输入电流达到阈值时光谱特性好，主要用于长距离和大容量的光纤通信系统中。半导体发光二极管温度特性好，寿命长，但光谱较宽，与光纤耦合效率低，多用于中、低速率短距离光纤数字通信系统和光纤模拟信号传输系统。

2．光电检测器

光电检测器是通过光电效应，将接收到的光信号转换为电信号的器件，是光接收机的核心部件。目前，常用的光电检测器主要有半导体 PIN 光电二极管和 APD 雪崩光电二极管。

一般光纤通信系统对光电检测器有如下要求。

- 响应度足够高，即对一定的入射光功率能够输出尽可能大的光电流。
- 响应速度足够快，以适用于高速宽带系统。
- 噪声低，对信号影响小。
- PI 曲线线性好，信号光电转换不失真。
- 体积小，工作寿命长。

PIN 光电二极管是在 PN 光电二极管的 PN 结中间设置了一层惨杂浓度很低的本征半导体，其结构简单、可靠性高、工作电压低、使用方便，且量子效率高、器件噪声小、带宽高，但灵敏度比 APD 光电二极管低，因此广泛应用于灵敏度要求不高的场合。

APD 二极管灵敏度高、增益高、但电压高、结构复杂、噪声大，因此，多用于对光接收机灵敏度要求较高的场合。

2.3.5 全光网络

全光网络是指用户与用户之间的信号传输与交换全部采用光波技术完成的先进网络。它包括光传输、光放大、光再生、光交换、光存储、光信息处理、光信号多路复接/分插、进网/出网等许多先进的全光技术。从原理上讲，全光网络就是网中直到端用户节点之间的信号通道仍然保持着光的形式，即端到端的全光路，中间没有光电转换器，数据从源节点到目的节点的传输过程都在光域内进行。

全光网络具有透明性好、兼容性好、可靠性高、组网灵活，具备可扩展性、可重构性等优点，将会成为未来的高速通信网。目前光网络的发展仍处于初期阶段，只是实现了节点间的全光化，但在网络节点处仍采用电器件，这样限制了光波分复用等技术的优越性，使网络节点乃至全网络的吞吐量减小，形成"电子瓶颈"，限制了目前通信网干线总容量的进一步提高。随着全光交换技术（如空分光交换、时分光交换、波分光交换等）、光交叉连接技术、光信息放大和再生技术、光复用/解复用等技术的发展，目前的光网络中的电节点将会由光器件取代，成为纯粹的全光网络，实现高速率、大容量通信。

2.3.6 光纤通信系统的应用

光纤可以传输数字信号，也可以传输模拟信号。光纤在通信网、广播电视网与计算机网，以及在其他数据传输系统中，都得到了广泛应用。光纤通信的各种应用概括如下。

（1）通信网，包括全球通信网（如横跨大西洋和太平洋的海底光缆和跨越欧亚大陆的洲际光缆干线）、各国的公共电信网（如我国的国家一级干线、各省二级干线和县以下的支线）、各种专用通信网（如电力、铁道、国防等部门通信、指挥、调度、监控的光缆系统）、特殊通信手段（如石油、化工、煤矿等部门易燃易爆环境下使用的光缆，以及飞机、军舰、潜艇、导弹和宇宙飞船内部的光缆系统）。

（2）构成互联网的计算机局域网和广域网，如光纤以太网、路由器之间的光纤高速传输链路。

（3）有线电视网的干线和分配网；工业电视系统，如工厂、银行、商场、交通和公安部门的监控；自动控制系统的数据传输。

（4）综合业务光纤接入网，分为有源接入网和无源接入网，可实现电话、数据、视频（会议电视、可视电话等）及多媒体业务综合接入核心网，提供各种各样的社区服务。

光通信技术作为信息技术的重要支撑平台，在未来信息社会中将起到重要作用。从现代通信的发展趋势来看，光纤通信也将成为未来通信发展的主流。

2.4 微波通信

2.4.1 微波通信简介

微波通信技术问世已经半个多世纪，它是在微波频段通过地面视距进行信息传播的一种无线通信手段。最初的微波通信系统都是模拟制式，它与当时的同轴电缆载波传输系统同为通信网长途传输干线的重要传输手段。在 20 世纪 60 年代至 70 年代初期，随着微波通信相关技术的进步，人们研制出了中小容量（如 8Mbit/s、34Mbit/s）的数字微波通信系统，这是通信技术由模拟通信技术向数字通信技术发展的必然结果。20 世纪 80 年代后期，由于同步数字系列（SDH）在传输系统中的推广应用，出现了 $N\times155$Mbit/s 的 SDH 大容量数字微波通信系统。

1. 微波通信的概念与组成

微波通信是指用微波频率作为载波携带信息，进行中继（接力）通信的方式。使用电磁波的无线通信所用频段的划分如表 2-2 所示。微波是指频率在 300MHz～300GHz 范围内的电磁波，目前通常使用的微波频率范围只有 1GHz～40GHz。其相应的波长为 1m～1mm，还可以细划为分米波（300MHz～3GHz）、厘米波（3GHz～30GHz）和毫米波（30GHz～300GHz）。微波在不同的科学技术领域中得到了广泛的应用，但其最基本和主要的应用是通信和雷达。

表 2-2　　　　　　　　　　　　　　电磁波各波段频率划分

波段名称	符　号	频率范围	传播特性	适用场合
超长波	VLF	3kHz～30kHz	天波	海岸潜艇通信；远距离通信；超远距离导航
长波	LF	30kHz～300kHz	地波	越洋、中距离、地下岩层通信；远距离导航
中波	MF	300kHz～3MHz	地波与天波	船用通信；业余无线电、海上移动通信；中距离导航
短波	HF	3MHz～30MHz	地波与天波	远距离短波通信；国际定点通信、航海、航空移动通信
超短波	VHF	30MHz～300MHz	空间波	对空间飞行体通信；陆、海、空移动通信，雷达
微波	UHF SHF EHF	300MHz～3GHz 3GHz～30GHz 30GHz～300GHz	空间波	对空间飞行体通信，移动通信，数字通信；卫星通信；国际海事卫星通信

2. 微波中继通信系统的组成

一条微波接力通信线路通常由终端站、枢纽站、分路站（也有不设分路站的）和若干个中继站（也称再生站）组成，长度在几百千米甚至长达 1000～2000km，如图 2-12 所示。

（1）终端站：处在微波通信线路的两端，一般都设在省会以上的大城市。它将数字复用设备送来的基带信号或从电视台送来的电视信号，经微波设备处理后由微波发信机发射给中继站，同时将微波接收机接收到的信号，经微波设备处理后变成基带信号送给数字复用设备；或经过数字解码设备处理后还原成电视信号传送给电视台。

（2）枢纽站：大都设在省会以上的大城市，处在微波通信线路的中间，有两条以上微波通信线路汇接的城市。这样不仅可以进行本线路用户间的信息交换，也可以与其他线路的用户进行信息交流构成通信网，用户间的信息交流就更加方便。

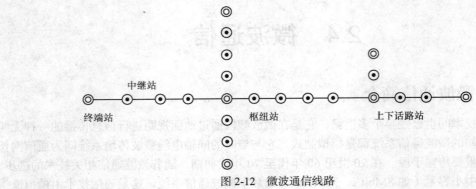

图 2-12　微波通信线路

（3）分路站：又称上下话路站，是为了适应一些地方的小容量的信息交换而设置的。其设备简单，投资小，可满足一些中小城市与省会以上城市进行信息交流。这种站型一般很少设置。

（4）中继站：是微波通信线路数量最多的站型，一般都有几个到几十个。中继站的作用是将信号进行再生、放大处理后，再转发给下一个中继站，以确保传输信号的质量。所以，中继站又叫再生站。由于中继站的作用才使得微波通信将信号传送到几百千米甚至几千千米之外。

3．微波通信的特点

微波中继通信是发展最早、技术最成熟和使用最广泛的一种远距离微波通信方式。由于微波波段频率很高，波道的绝对带宽大，因而通信容量大。此外，微波通信还有以下特点。

（1）视距通信，接力传输。微波的波长短，是以直射波的方式传播的，但地球的表面是一个曲面，这样微波在地面上的传播距离就受到了限制，一般是 50km 左右的视线距离。为进行远距离的微波通信，通常是在两个通信点之间设立多个中继站，按照接力的方式将信号一站一站地依次传递下去。

（2）稳定性好。微波的单色性特点使其受季节、时辰和气候等因素的影响较小，在视距范围内传播特性相当稳定，因此微波通信的稳定性较好。

（3）通信灵活性大，受地理环境影响小，可靠性高。微波通信是点对点通信，与有线通信方式相比，可以减少地理条件的影响，并且有抗水淹、台风、地震等自然灾害的能力，因此微波通信的可靠性高。

（4）建站快，投资少。微波通信网只需要建设站点，不需要敷设大量的电缆、光缆等有线介质，因而建设投资少，调整比较方便，维护费用也低。

2.4.2　SDH 数字微波通信系统

在数字传输系统中，有两种数字传输系列，一种叫做"准同步数字系列"（Plesiochronous Digital Hierarchy，PDH），另一种叫做"同步数字系列"（Synchronous Digital Hierarchy，SDH）。

采用 PDH 的系统，是在数字通信网的每个节点上都分别设置高精度的时钟，这些时钟的信号都具有统一的标准速率。尽管每个时钟的精度都很高，但总还是有一些微小的差别。为了保证通信的质量，要求这些时钟的差别不能超过规定的范围。因此，这种同步方式严格来说不是真正的同步，所以叫做"准同步"。由于 PDH 不能实现数字信号传输网络的智能化管理，限制了它在传输系统上的应用。

最早提出 SDH 概念的是美国贝尔通信研究所，称为光同步网络（SONET）。最初的目的是在光路上实现标准化，便于不同厂家的产品能在光路上互通，从而提高网络的灵活性。1988 年，国际电报电话咨询委员会（CCITT）接受了 SONET 的概念，重新命名为"同步数字系列（SDH）"，并且使其网络管理功能大大增强。

SDH 微波通信是新一代的数字微波传输体制，是用微波作为载体传送数字信息的一种无线通信手段，它兼有 SDH 数字通信和微波通信两者的优点，是大容量光纤传输网不可缺少的补充和保护手段。运用于微波通信中的 SDH 技术，具有传输容量大、通信性能稳定、投资小、建设周期短以及便于运行、维护和管理操作等优点，因而在数字微波传输网中已逐步取代了 PDH。SDH 技术与 PDH 技术相比，有如下明显优点。

- 统一的比特率，统一的接口标准，为不同厂家设备间的互连提供了可能。
- 网络管理能力大大加强。
- 提出了自愈网的新概念。用 SDH 设备组成的带有自愈保护能力的环网形式，可以在传输媒体主信号被切断时，自动通过自愈网恢复正常通信。
- 采用字节复接技术，使网络中的上下支路信号变得十分简单。

由于 SDH 具有上述显著优点，它将成为实现信息高速公路的基础技术之一。

2.4.3　数字微波通信的应用

由于微波具有频率高、频带宽和信息量大的特点，所以被广泛应用于各种通信业务。目前，数字微波在通信系统的主要应用场合如下。

（1）干线光纤传输的备份及补充，如点对点的 SDH 微波、PDH 微波等。主要用于干线光纤传输系统在遇到自灾害时的紧急修复，以及由于种种原因，不适合使用光纤的地段和场合。

（2）农村、海岛等边远地区和专用通信网中为用户提供基本业务的场合。这些场合可以使用微波点对点、点对多点系统，微波频段的无线用户环路也属于这一类。

（3）城市内的短距离支线连接，如移动通信基站之间、基站控制器与基站之间的互连，以及局域网之间的无线联网等，既可使用中小容量点对点微波，也可使用无须申请频率的微波数字扩频系统。

（4）应用于未来的宽带业务接入以及无线微波接入中。

2.5　卫星通信

1957 年 10 月 4 日苏联发射了世界上第一颗人造地球卫星，实现了利用静止卫星进行通信的设想。1963 年美国成功发射实用的地球同步卫星，这标志着第 I 代国际通信卫星已经开始应用，目前已经发展到第 Ⅶ 代国际通信卫星。本节简单介绍卫星通信的基本知识和目前常用的几种数字卫星通信系统。

2.5.1　卫星通信简介

1. 卫星通信的概念

卫星通信是宇宙无线电通信的一种形式，是利用人造地球卫星作为中继站，转发或反射无线电波，在两个或多个地球站之间进行的通信。这里所说的地球站是指设在地球表面，包括地面、海洋和大气中的通信站。

作为中继站的卫星通常离地面很高，因此只需经过一次中继转接便可进行长距离的通信。如果卫星相对于地面站来说是运动的，则称之为移动卫星或非同步卫星，用移动卫星作中继站的卫星通信系统称为移动卫星通信系统。当卫星的轨道是圆形且在赤道平面上，卫星离地面 35 786.6km，飞行方向与地球自转方向相同时，从地面上任意一点看，卫星都是静止不动的，这种对地静止的卫星称为同步通信卫星。卫星通信使用微波频段为 300MHz～30GHz，采用高频信号的目的是保证地面上发射的电磁波能够穿透电离层到达卫星。

卫星通信的目的是扩大信息的覆盖面，减少地面微波中继站，减少信息传播过程中的故障率，极大地提高信息的传输范围，提高信号的传送质量。

2. 卫星通信常用术语

- 上行频率：指发射站把信号发射到卫星上用的频率。由于信号是由地面向上发射，所以叫上行频率。

- 转发器：指卫星上用于接收地面发射来的信号，并对该信号进行放大，再以另一个频率向地面进行发射的设备。一颗卫星上可以有多个转发器。

- 下行频率：指卫星向地面发射信号所使用的频率，不同的转发器所使用的下行频率不同。换句话说，当我们接收不同的节目内容时，所使用的下行频率不同，在使用卫星接收机时所设置的参数也就不同，如果设置不正确，将不能接收相应的节目内容。例如，我国鑫诺一号卫星用于数据广播的下行频率之一为 12 620MHz。由于一颗卫星上有多个转发器，所以会有多个下行频率。

3. 卫星通信系统的特点

卫星通信系统与其他通信系统相比，具有以下特点。

（1）通信距离远，建设成本几乎与距离无关。

由于一颗卫星几乎覆盖地球的 1/3，其最大通信距离约为 18 000km，利用三颗同步卫星，就能够使信号覆盖地球的表面。

（2）覆盖面积大，可以进行多址通信。

卫星的覆盖区域是面覆盖，卫星天波束覆盖的区域内任一地点都可设置地球站来实现信息传输，即一颗通信卫星可以同时实现多方向、多地球站同时进行相互通信。

（3）通信频带宽，容量大。

卫星通信采用微波波段，频带很宽，而且一颗卫星上可以设置多个转发器，故通信容量很大。卫星通信系统能够传输高质量的电视信号、多路电话、高速数据等多种信号。

（4）通信质量好，可靠性高。

由于卫星通信的电波主要是在大气层以外的宇宙空间内传播，而宇宙空间几乎是一种真空状态，因此可以看做均匀媒质的自由空间，几乎不受气候和气象变化的影响，而且通常只经过卫星一次转发，噪声影响小，故通信质量好。

同步卫星通信还存在如下一些缺点。

（1）对通信卫星要求较高。这是由于卫星发射过程技术复杂，发射成功的卫星在宇宙空间无人维护，因此应该选择可靠性高、使用寿命长的卫星。

（2）卫星通信系统中地球站发射机功率要足够大，接收机灵敏度要足够高。这是因为从卫星发出的信号要经过 3 万多千米的传输，必然会有很大损耗，信号变得很微弱，因此要求地球站有大功率的发射机和灵敏度足够高的接收机。

（3）卫星通信信号延迟大。卫星与地球站之间距离约为 3.6 万千米，信号从一个地球站发射经过卫星到达另一个地球站至少要走 7.2 万千米，双向通信的话则需 14.4 万千米，电磁波以 30 万千米/秒的速率传播，这样双向通信时至少会有 0.48s 的延迟，不适合实时性要求高的系统。

2.5.2　卫星通信系统的组成与工作方式

1. 卫星通信系统的组成

卫星通信系统包含通信卫星和各种地面站。从功能上分，地面除通信系统地面站外，还有测控系统和监控管理系统站，如图 2-13 所示。

图 2-13　卫星通信系统的基本组成

（1）通信卫星主要起无线电中继作用，靠卫星上的转发器和天线系统来完成。

（2）测控系统的作用是在卫星发射过程中对卫星进行跟踪，并且控制卫星准确地进入轨道上的定点位置。

（3）监控管理系统的作用是在通信开通之前，对通信系统的参数进行测试和鉴定。在通信业务开展过程中，对系统参数进行监控和管理。这种管理监测功能通常由系统监控中心来承担。

（4）地面站是无线电接收和发射站，用户通过它们接入卫星线路进行通信。卫星通信的地面站是卫星通信系统中重要的组成部分，它是连接卫星线路和用户的中枢。卫星中继站类似于微波接力通信系统的中继站，地面站相当于接力通信系统中的终端站，所以卫星通信地面站也叫卫星通信系统的终端站。

2．卫星通信系统的工作方式

卫星通信系统可以实现单工或双工通信，其工作方式有单跳和双跳两种。

单跳单工是最基本的方式，它由一条上行线路和一条下行线路构成，如图 2-14（a）所示。之所以称为单跳是因为两个地球站之间的通信只经过一次卫星转发。在静止卫星通信系统中大多是单跳工作。

双跳是指两地球站之间的通信需要经过两次卫星转发。双跳有两种情况，如图 2-14（b）和（c）所示。图（b）中两个边远的地球站在同一个卫星覆盖区，其信号经过中央主站中继并经同一个卫星转发才能被对方接收。图（c）中两个地球站在不同的卫星覆盖区，并且在这两个卫星共视区之外，这样其信号传输需要经过共视区的中继地球站进行中继后经过两个卫星转发，这样的方式一般用于国际卫星通信系统中。

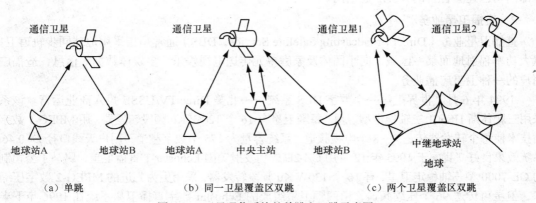

（a）单跳　　　　　　　（b）同一卫星覆盖区双跳　　　　　（c）两个卫星覆盖区双跳

图 2-14　卫星通信系统的单跳和双跳示意图

2.5.3　卫星通信系统的应用

近年来，卫星通信技术发展层出不穷。开始应用的新技术有 VSAT 系统、中低轨道的移动卫星通信系统等。

1. VSAT 卫星通信系统

VSAT 通信是卫星通信的一种，VSAT（Very Small Aperture Terminal），意思是甚小口径卫星通信终端，通常指终端天线口径在 1.2～2.8m，具有高度软件控制功能的卫星通信地球站。VSAT 通信系统一般可以工作在两个频段，分别是 14（上行）/11（下行）GHz 的 Ku 频段和 6（上行）/ 4（下行）GHz 的 C 频段。

VSAT 主要用于传输实时数据业务，语音通信、电视接收等。VSAT 网是由众多甚小天线地球站组成，这些甚小口径卫星地球站称为卫星 VAST。VSAT 卫星通信地球站设备结构简单，全固态化、尺寸小、耗能小，系统集成与安装方便。例如，海湾战争期间，美国 CNN 新闻记者在巴格达的占地独家报道采用的就是 VSAT 通信地面站进行的。

VSAT 卫星通信组网方式灵活方便，其网络结构形式可分为星形网络、网状网络和混合网络 3 类，它们各具特色。

（1）星形网络是由一个处于中心城市的枢纽站作为主站和若干个远端用户终端站作为 VSAT 小站组成。小站与小站之间不能直接进行通信，必须经过主站转接，按"小站—卫星—主站—卫星—小站"方式构成通信链路，这是星形 VSAT 网络链接用于通话的一个缺陷，故而这种传输适用于数据业务或录音电话，而不适用于实时语音业务。

（2）网状网络链接一改星形网络链接方式，它同样由一个主站和若干小站组成，只是小站之间可以按"小站—卫星—小站"通信链路无须再经过主站转接。从而使传输时延比星形网络的减少一半，只有 0.27s，用户在通话时还可适应。此时的主站借助于网络管理系统，负责各 VSAT 小站分配信道和监控它们的工作状态。

（3）混合网络是融星形网络和网状网络于一体的网络，集中各自有利的方式完成链接。网中各 VSAT 小站之间可以不通过主站转接，而直接进行双向通信。

一般情况下，星形网以数据通信为主，兼容语音业务。网状网和混合网以语音通信为主，兼容数据传输业务。

VSAT 通信技术目前已比较成熟，新技术、新产品也在逐步丰富 VSAT 通信，使其更加完善，运营更加方便。目前，我国的金融银行业、石油、地震、人防、民航、气象、新闻、报业及军事等部门均已建立各自的 VSAT 通信网。

2. 直播卫星业务

直播卫星业务（Direct Broadcasting Satellite Service，DBS）通常是指采用地球同步轨道卫星，以大功率辐射地面某一区域，向小团体及家庭单元传送电视娱乐、多媒体数据等信息，造福广大用户的一种卫星广播业务。

1994 年 6 月，世界上第一个数字 DBS 系统——北美 Direc TV/USSB 投入商业运营。该系统采用三颗休斯 HS601 三轴稳定型卫星，每颗卫星有 16 个 120W Ku 频段转发器，用 MPEG-1 数字压缩技术使每个转发器传送 4～8 个电视频道，系统容量为 175 个数字频道，用户天线口径 D=0.46m，系统效果良好。我国于 1995 年 12 月用 CZ-2E 成功发射美国 Echostar-1 直播卫星，属马丁公司制造的 GE-7000 型三轴稳定卫星，有 16 个 130W Ku 频段转发器，采用更为先进的 MPEG-2 数字压缩技术，卫星可传送 96 个压缩频道，由两颗卫星组成的 Echostar 数字直播卫星系统在 1996 年下半年投入运行。

数字化作为 DBS 的发展方向已引起各国的关注，数字 DBS 正在世界范围内蓬勃应用，符合 MPEG-2、DVB 标准的数字电视压缩卫星编码设备及大规模数字处理芯片处在不断发展之中。高频段（Ku 及以上）、多媒体也将应用于数字 DBS 中。

3. 海事卫星通信系统

20 世纪 70 年代中期为了增强海上船只的安全保障，国际电信联盟决定将 L 波段中的 1535MHz～1542.5MHz 和 1636.3MHz～1644MHz 分配给航海卫星通信业务。1982 年形成了由国际海事卫星组织（Inmarsat）管理的 Inmarsat 系统，开始提供全球海事卫星通信服务。1989 年决定把业务从海事扩展到陆地。1994 年 12 月的特别大会上，国际海事卫星组织改名为国际移动卫星组织，其英文缩写为"Inmarsat"。

目前，Inmarsat 是一个有 79 个成员国的国际卫星移动通信组织，约在 143 个国家拥有 4 万多台各类卫星通信设备，它已经成为唯一的全球海上、空中和陆地商用及遇险安全卫星移动通信服务的提供者。中国作为创始成员国之一，由中国交通部和中国交通通信中心分别代表中国参加了该组织。

Inmarsat 系统由船站、岸站、网络协调站、卫星等部分组成。船站（SES）是设在船上的地球站。岸站（CES）是指设在海岸附近的地球站，归各国主管部门所有，并归他们经营。它既是卫星系统与地面系统的接口，又是一个控制中心。网络协调站（NCS）是整个系统的一个重要组成部分。在每个洋区至少有一个地球站兼作网络协调站，并由它来完成该洋区内卫星通信网络必要的信道控制和分配工作。

Inmarsat 通信系统的空间段由 4 颗工作卫星和在轨道上等待随时启用的 4 颗备用卫星组成。这些卫星位于距离地球赤道上空约 35 700km 的同步轨道上，轨道上卫星的运动与地球自转同步，即与地球表面保持相对固定位置。所有 Inmarsat 卫星受位于英国伦敦 Inmarsat 总部的卫星控制中心（SCC）控制，以保证每颗卫星的正常运行。4 颗卫星覆盖区分别是大西洋东区、大西洋西区、太平洋区和印度洋区。目前使用的是 Inmarsat 第三代卫星，它们拥有 48dBW 的全向辐射功率，比第二代卫星高出 8 倍。第三代卫星上可以动态地进行功率和频带分配，从而大大提高了卫星信道资源的利用率。

Inmarsat 航空卫星通信系统主要提供飞机与地球站之间的地对空通信业务。该系统由卫星、航空地球站和机载站 3 部分组成，如图 2-15 所示。

目前，Inmarsat 的航空卫星通信系统已能为旅客、飞机操纵、管理和空中交通控制提供电话、传真和数据业务。从飞机上发出的呼叫，通过 Inmarsat 卫星送入航空地球站，然后通过该地球站转发给世界上任何地方的国际通信网络。

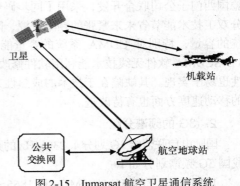

图 2-15　Inmarsat 航空卫星通信系统

2.6　现代通信新技术

前面介绍了几种传统的通信手段，随着人们对通信要求的日益提高以及电子、计算机技术的迅猛发展，各种新技术不断涌现，如 3G，三网融合技术，智能光网络技术，蓝牙、Wi-Fi、WiMax、Zigbee 等无线通信技术以及 IPv6 技术等，这些新技术的逐步应用使得通信业务的可靠性、有效性、服务多样性等各方面均有很大提高。Wi-Fi、WiMax、Zigbee 等无线通信技术以及 IPv6 技术在后续章节将有所介绍，因此本节只介绍 3G、三网融合、智能光网络以及智能网方面的内容。

2.6.1　3G 移动通信技术

2G 和 2.5G 移动通信系统能够提供语音业务、数据业务等多种服务，语音质量好，用户设备小巧且便宜，使之成为目前用户数量最多的通信系统。但是其存在数据传输速率低，兼容性不好，全球漫游困难等缺陷，人们开始呼吁更快更好的新一代移动通信系统的诞生。国际电信联盟（ITU）1996年主导协调了第三代宽带数字通信系统的标准化进程，2000年IMT-2000国际移动通信系统（即3G移动通信系统）开始投入商用，从此3G逐渐走入了人们的视线，越来越多的人们开始了解3G并办理3G业务，享受其带来的高质量的语音业务和高速率的数据业务。

1. 3G的标准

3G的主流标准为WCDMA（Wideband Code Division Multiple Access）、CDMA2000（Code Division Multiple Access 2000）和TD-SCDMA（Time-Division Synchronous Code Division Multiple Access）。

WCDMA即宽带码分多址，该技术可在5MHz的带宽内，提供最高384kbit/s的用户数据传输速率，能够支持移动/手提设备之间的语音、图像、数据以及视频通信，速率可达2Mbit/s（对于局域网而言）或者384kbit/s（对于宽带网而言）。

CDMA2000也称为CDMA-MC（CDMA Multi-Carrier），由美国高通北美公司为主导提出，摩托罗拉、Lucent和后来加入的韩国三星公司都有参与，韩国现在是该标准的主导者。CDMA2000可支持语音、分组和数据等业务，还可实现QoS的协商。它对CDMA（IS-95）系统的完全兼容，成熟性和可靠性有保障，是第二代向第三代移动通信过渡最平滑的选择。但是CDMA2000使用的多载波传输方式比WCDMA的直接扩频序列对频率资源的浪费大。该标准与WCDMA以及TD-SCDMA不兼容，目前我国电信采用的是该标准。

TD-SCDMA即时分-同步码分多址，是由我国工业和信息化部电信科学技术研究院提出，与德国西门子公司联合开发，采用了同步码分多址技术、智能天线技术和软件无线技术。它采用时分双工技术能节省未来紧张的频率资源，降低设备成本。其独特的智能天线技术，能大大提高系统的容量，特别对CDMA系统的容量能增加50%，且降低了基站的发射功率，减少了干扰。TD-SCDMA软件无线技术能利用软件修改硬件，在设计、测试方面非常方便，不同系统间的兼容性也易于实现。其缺陷在于技术的成熟性方面比另外两种技术要欠缺，它在抗快衰落和终端用户的移动速度方面也有待改进。

2. 3G的频谱分配

国际电信联盟给3G划分了230MHz的频带，上行为1885～2025MHz，下行为2110～2200MHz。我国3G频谱划分如下：

1710～1755/1805～1850MHz和1865～1880/1945～1960MHz，带宽共120MHz，用于蜂窝移动通信业务；1880～1900/1960～1980MHz，带宽共40MHz，原计划用于无线接入（FDD方式），现只批准我国自行研制的S-CDMA系统使用1880～1885MHz的频段；1900～1920MHz，带宽共20MHz，用于无线接入（可用于DECT和PHS等时分或码分方式），主要用来解决集中在密集办公室区域的专业网以及机关、团体和家用无绳电话等需求；2400～2483.5MHz，带宽共83.5MHz，主要用于短距离、短信息的数据通信系统以及计算机数据通信系统等，该段频率与工业、科学、医疗设备（ISM）无线电电磁波辐射频段共用；2535～2599MHz，带宽共64MHz，临时性用于多路微波有线电视传输系统。

3. 3G的特点

第三代移动通信系统的主要特点如下。

（1）第三代移动通信系统是一个在全球范围内覆盖和使用的系统。它将使用共同的频段、全球统一标准或兼容标准，实现全球无缝漫游。

（2）第三代移动通信系统具有支持多媒体业务的能力，特别是支持Internet业务。现有的移动通信系统主要以提供语音业务为主，随着发展一般也仅能提供 100～200kbit/s 的数据业务，GSM 演进到最高阶段的速率能力为 384kbit/s。而第三代移动通信系统的业务能力将比第二代有明显的改进。

（3）第三代移动通信系统的业务支持从语音、分组数据到多媒体业务；应能根据需要提供带宽。在 ITU 规定的第三代移动通信无线传输技术的最低要求中，必须满足在以下 3 个环境的 3 种要求：快速移动环境，最高速率达 144kbit/s；室外到室内或步行环境，最高速率达 384kbit/s；室内环境，最高速率达 2Mbit/s。

（4）第三代移动通信系统便于过渡、演进。由于第三代移动通信引入时，第二代网络已具有相当规模，所以第三代的网络一定要能在第二代网络的基础上逐渐灵活演进而成，并应与固定网兼容。

（5）第三代移动通信系统支持非对称传输模式。由于新的数据业务，如 WWW 浏览等具有非对称特性，上行传输速率往往只需要几千比特每秒，而下行传输速率可能需要几百千比特每秒，甚至上兆比特每秒才能满足需要。

第三代移动通信系统使用更高的频谱效率，通过相关检测、软切换、智能天线和快速精确的功率控制等新技术的应用，有效地提高系统的频谱效率和服务质量。

4．3G 提供的业务

从用户体验的角度可以将 3G 业务分为以下几类。

（1）通信类业务，主要包括语音业务、视频通话业务以及手机与互联网视频通话业务。

（2）娱乐类业务，如音乐、影视、新闻点播，图片、铃声下载、互动游戏等。

（3）资讯类业务，如新闻类资讯、便民资讯、财经类资讯等，用户可以通过手机获得电话簿、交通实况、宾馆和就餐等服务。

（4）互联网业务，用户可以在 3G 手机上收发、保存电子邮件，可以使用 QQ、Fetion、MSN 等即时通信工具，还可以收发文字、图片、视频等多媒体信息。

（5）电子支付业务，用户可以用 3G 手机实现网上支付、现场刷卡等各种支付功能。

（6）定位服务，用户可以通过 3G 手机的 GPS 功能对其所在位置进行定位并得到该位置相关信息。

（7）监控服务，用户可以用 3G 手机远程监视、控制家用电器。

2.6.2　三网融合技术

三网融合是指电信网、互联网和广播电视网三大网络通过技术改造，能够提供包括语音、数据、图像等综合多媒体的通信业务。"三网融合"并不是三大网络的物理合一，而主要是指其高层业务应用的融合。具体来说，是通过电缆和光纤传输信号的有线电视公司借助其设备优势，纷纷进入电话和网络市场；电话公司则通过设施升级和兼并等方式开始拓展网络和电视服务，从而缩小原属不同领域的企业所提供服务的差异性，使"语音＋视频＋数据"逐渐一体化。"三网融合"实现后，民众可用电视遥控器打电话，在手机上看电视剧，或无线接入即可实现通信、看电视、上网等。

三网融合不仅是将现有网络资源有效整合、互联互通，而且会形成新的服务和运营机制，并有利于信息产业结构的优化，以及政策法规的相应变革。融合以后，不仅信息传播、内容和通信服务的方式会发生很大变化，企业应用、个人信息消费的具体形态也将会有质的变化。三网融合将会从根本上改变文化信息资源保存、管理、传播、使用的传统方式和手段，为知识创新和文明建设营造一个汲取文化信息的良好环境。三网融合从不同角度和层次上分析，涉及技术融合、业务融合、行业融合、终端融合及网络融合，目前更主要的是应用层次上互相使用统一的通信协议。

IP 优化光网络就是新一代电信网的基础，是三网融合的结合点。

目前，我国为加快推进三网融合，决定了 12 个城市作为三网融合的试点城市：北京、辽宁省大连市、黑龙江省哈尔滨市、上海市、江苏省南京市、浙江省杭州市、福建省厦门市、山东省青岛市、湖北省武汉市、湖南省长株潭地区、广东省深圳市、四川省绵阳市。其中，上海作为三网融合条件最好、试点布局推进最快的地区，率先建成覆盖 50 万用户的下一代广播电视网示范网。

三网融合的实现，将会带来以下好处。

（1）信息服务由单一业务转向文字、语音、数据、图像、视频等多媒体综合业务。

（2）极大地减少基础建设投入，并简化网络管理，降低维护成本。

（3）使网络从各自独立的专业网络向综合性网络转变，网络性能得以提升，资源利用水平进一步提高。

（4）不仅继承了原有的语音、数据和视频业务，而且通过网络的整合，衍生出了更加丰富的增值业务类型，如图文电视、VoIP（Voice over Internet Protocol）、视频邮件、网络游戏等，极大地拓展了业务提供的范围。

三网融合通过三者的相互交叉和融合，其应用将遍及智能交通、环境保护、政府工作、公共安全、平安家居、智能消防、工业监测、老人护理、个人健康等多个领域。

为了使三网融合得到大力的推进，我国制定了三网融合发展的阶段性目标：从 2010 年至 2012年，重点开展广电和电信业务双向进入试点；2013 年至 2015 年，总结推广试点经验，全面实现三网融合发展。目前，我国只是迈出了三网融合的第一步，虽然还有很多困难，但将来要提供更多的三网融合方面的服务，用户传统的收看习惯和理念将彻底改变。

2.6.3　智能光网络技术

智能光网络也称为自动交换光网络（Automatically Switched Optical Network，ASON），是一种以软件为核心，具有灵活性、高可扩展性的，能够在光层上安装用户的请求自动进行光路连接的光网络基础设施。智能光网络可以实现流量控制功能，允许将网络资源动态地分配给路由；可以实现业务的快速恢复；可以提供新的业务类型，诸如按需带宽业务和光层虚拟专用网等；支持目前传送网可以提供的各种速率和不同信号特性（如格式、比特率等）的业务。

智能光网络产生、发展的重要原因有如下几点。

（1）传统网络扩展性差，不能实现实时管理，网络拓扑的变化不能实时反映到网管。

（2）传统光网络带宽利用率及效率低。

（3）由于宽带数据业务和专线出租业务等的高速增长，网络容量越来越大，调度压力增加，对网络的自动调度功能需求日益迫切。

（4）由于数据业务的突发性，传统网络的静态配置模式已无法满足要求。

（5）网络运营商则希望提供更多的增值业务来降低其运营成本，提供利润。

智能光网络的核心技术是光交换技术和路由信令协议，其优势集中表现在组网应用的动态、灵活、高效和智能方面，具体有如下几点。

（1）提供了灵活、安全的 Mesh 组网，以及业务路径优化、业务调度、业务可恢复性和差异化的业务服务。

（2）提高了网络生存性、带宽利用率和网络可扩展性。

（3）缩短了业务建立、带宽动态申请和释放的时间。

（4）加快了端到端的业务提供、配置、拓展和恢复速度。

（5）简化了网络管理，减少了组网成本和维护管理运营费用，网络资源、拓扑可自动发现，带宽可动态申请和释放，网络负载自动均衡和优化。

（6）可实现不同网络，不同厂家互连、互通，还可以引入新的增值业务类型和新商业模式，如按需带宽、带宽出租、批发、贸易、分级的带宽业务、动态波长分配租用业务、光拨号业务、动态路由分配、光虚拟专用网、业务等级协定等 。

智能光网络是一种实现未来光网络智能化升级的有效方案，智能光网络技术的出现将大大改变未来整个信息网络的面貌，使网络的效率和性能得到最大体现。

2.6.4　智能网技术

智能网（Intelligent Network，IN）是 1992 年由原 CCITT 标准化提出的一个名词，它是一个能快速、方便、灵活、经济、有效地生成和实现各种新业务的体系。智能网是在原有通信网络基础上，为迅速、快捷地提供新业务而设置的一种附加网络结构。智能网依靠先进的 7 号信令系统和大型集中数据库技术，将网络的业务呼叫交换功能与业务控制功能彻底分离，将业务的执行环境独立于业务的提供，这样用户对网络有更强的控制功能，能够方便、灵活的获取各种所需信息，实现了电信网集中、快速提供业务的目的。智能网的目标是为所有的通信网络服务，包括公用电话交换网、公用分组交换数据网、移动通信网、窄带综合业务数字网、宽带综合业务数字网、IP网等。

智能网具有以下特点。

（1）把对业务的控制从交换机中分离出来，把智能化和交换功能分离开，由附加的智能网络层完成对业务的集中控制。

（2）业务生成独立于业务运行环境，因此能够快速提供业务。

（3）网络各节点之间、各功能之间都有标准接口及其相应的通信协议，而与某种特定业务无关，这是实现不同厂家设备互连的基础。

（4）与现有网络兼容，可以有效利用现有网络资源完成智能功能。

（5）网络功能模块化。智能网的业务被分成若干个最基本的功能单元，并模块化。使用这些功能单元可生成不同的业务，从而有效利用网络资源，降低网络成本。

综上所述，智能网的产生能够以较低的成本快速开辟新业务，且能便于电信业务管理部门进行业务管理。

智能网一般由业务管理系统、智能外设、业务控制点、业务交换点、信令转移点等构成。业务管理系统靠一个计算机系统来完成业务管理，它主要负责业务管理控制、业务配置控制、数据库管理、网络监视、网络话务管理、网络数据收集等全部管理服务。智能外设用来向网络终端用户提供使用业务时所需要的各种资源。业务控制点是智能网的核心部分，主要负责执行其业务逻辑程序，并提供业务所需数据。业务交换点主要提供呼叫控制和业务交换功能，如接收用户呼叫，执行呼叫建立、呼叫保持，接收和识别智能业务的呼叫等。信令转移点用来沟通业务交换点与业务控制点之间的信号联络，转接 7 号信令。

目前我国的固定智能网已经覆盖了全国 31 个省/直辖市，我国已标准化的智能网业务有自动电话记账卡业务、被叫几种付费、虚拟专用网业务、通用个人通信业务、广域集中用户交换机、电子投票、大众呼叫业务等。

习　题

1. 了解现代通信网的发展趋势。
2. 一个完整的数据通信系统是由哪几部分组成的？
3. 数字通信的优点有哪些？
4. 评价通信系统优劣的主要性能指标是什么？
5. 信道容量与数据传输速率的区别是什么？
6. 试解释下列名词：
   SDH　WDM　CDMA　3G　DBS　GSM　ASON　IN
7. 简述数字微波通信的特点。
8. 卫星通信有何特点？其工作方式有哪些？
9. 目前 3G 的主流标准有哪些？其工作频率如何划分？
10. 3G 通信有何特点？
11. 什么是"三网融合"？有何好处？
12. 什么是智能光网络？
13. 什么是智能网？有何特点？
14. 智能网一般由哪几部分组成？

第3章
局域网基础知识

局域网是计算机网络中的一个重要分支，自 20 世纪 70 年代中期产生至今，得到了飞速的发展。目前，局域网技术已经在企业、机关、学校乃至家庭中被广泛应用，对整个社会的信息化产生了无法估量的影响。本章将介绍局域网基础知识以及局域网技术。

3.1 局域网概述

3.1.1 局域网的概念

美国电子电气工程师协会（IEEE）对局域网的定义为：局域网中的数据通信被限制在几米至几千米的地理范围内，如一幢办公楼、一座工厂或一所学校，能够使用具有中等或较高数据传输速率的物理信道，并且具有较低的误码率，局域网是专用的，由单一组织机构所使用。这一定义虽然没有被普遍认同，但它确定了局域网在地理范围、经营管理规模、数据传输速率等方面的主要特征。

（1）局域网覆盖的地理范围是有限的，通常在几米至几千米内，但这一点并非严格定义，一个办公室网络、一个园区网络都是局域网。

（2）局域网是由若干通信设备，包括计算机、终端设备与各种互连设备组成。

（3）局域网的内部通常具有比广域网高的数据传输速率（10～100Mbit/s），吉比特的局域网也已经出现；误码率较低，一般在 10^{-8}～10^{-11}，而且具有较短的时延。

（4）局域网可以使用多种传输介质来连接，包括双绞线、同轴电缆、光纤等。

（5）局域网不是纯计算机网络，而是一种数据通信网络。

（6）局域网可以是点对点式，也可以采用多点连接或广播连接方式。

（7）局域网侧重于共享信息的处理问题，而不是传输问题。

局域网最基本的目的是为连接在网上的所有计算机或其他设备之间提供一条传输速率较高、误码率较低和价格较低廉的通信信道，从而实现相互通信及资源共享。由此可见，局域网是指局限在一定地理范围内的若干数据通信设备通过通信介质互连的数据通信网络。

3.1.2 局域网的组成

一个局域网的基本组成主要包括网络服务器、网络工作站、网络适配器、集线器、交换机、传输介质等，在网络操作系统和特定的网络软件支持下，完成局域网特定的网络功能。

1. 网络服务器

在网络系统中，有一些计算机和设备允许别的计算机共享它的资源，另外也会应其他计算机或设备的请求来提供服务或共享资源，这就是网络服务器。服务器按照它所提供的资源类型不同可以分为设备服务器、管理服务器、应用程序服务器、通信服务器和 Web 服务器等几种。

（1）设备服务器是为网络用户提供共享的设备，如硬盘驱动器、打印机。

（2）管理服务器是为网络用户提供管理功能的服务器，如文件服务器、权限服务器、域名服务器等。

（3）应用程序服务器是应用软件由单用户向网络版转移的过程中，使服务器功能更强、容量更大、提供更多的输入/输出端或插槽，在网络版的应用软件的支持下，形成的专门的服务器，如数据库服务器等。

（4）通信服务器是网络系统中提供数据交换的服务器，如调制解调器等。

（5）Web 服务器是实现 Web 功能的，提供互联网资源的服务器，如内联网（Intranet）WWW 服务器、外联网（Extranet）WWW 服务器等。

2. 网络工作站

在局域网中，被连接在网络中只是向服务器提出请求或共享网络资源，不为别的计算机提供服务的计算机称为工作站。工作站要参与网络活动，必须先与网络服务器连接，并且进行登录才可以。当它退出网络时，也可以作为一台独立的 PC 使用。

网络服务器和网络工作站在进入和退出网络时是有明显区别的。服务器必须是先进后出，即在网络需要时进入，当所有工作站都退出时方可退出。工作站是无顺序要求的，可以按照需要随时登录或退出。

3. 网络适配器

网络适配器（Net Interface Card，NIC）又叫网卡，是计算机联网的重要硬件设备，通常插入计算机总线插槽内或某个外部接口的扩展卡上，与网络服务器、工作站相连，实现了计算机和网络的物理硬件之间的连接。

网卡按总线宽度分为 16 位或 32 位，服务器通常采用 32 位的网卡。网卡按总线类型可分为 ISA、EISA、PCI、PCMCIA 和并行接口。其中 PCI 接口支持"即插即用"，既可用于工作站，又可用于服务器；对于笔记本电脑，通常采用 PCMCIA 总线或并行接口的便携式网卡。

网卡按接口类型可分为：AUI 接口，连接粗同轴电缆；BNC 接口，连接细同轴电缆；RJ-45 接口，连接非屏蔽双绞线；对于采用光纤传输介质的网卡，常见的接口类型为 SC 或 ST 型接口。

每个计算机的网卡都有一个固化的网卡地址，该地址是唯一的、不可重复的一串十六进制数，所有可用的网卡地址总数约为 70 亿个。

网卡的基本功能如下。

（1）数据转换。数据在计算机内是并行数据，在计算机外是串行传输，网卡就完成对数据进行并/串和串/并转换的功能。

（2）数据缓存。这是网卡的一个重要功能，它运用缓存的传输技术协调局域网介质和计算机设备之间的速率，以防止数据在传输过程中丢失和实现传输控制。

（3）通信服务。网卡中提供的通信协议服务软件，通常被固化在网络接口卡的只读存储器中。

3.1.3 局域网的分类

（1）按照网络的通信方式局域网可以分为 3 种：专用服务器局域网、客户机/服务器局域网和对等局域网。

① 专用服务器局域网（Server-Based）是一种主/从式结构，即"工作站/文件服务器"结构的

局域网。它是由若干台工作站及其一台或多台文件服务器，通过通信线路连接起来的网络。在该结构中，工作站可以存取文件服务器内的文件和数据及共享服务器存储设备，服务器可以为每一个工作站用户设置访问权限。但是，工作站相互之间不可能直接通信，不能进行软硬件资源的共享，这使得网络工作效率降低。Netware 网络操作系统是工作于专用服务器局域网的典型代表。

② 客户机/服务器局域网（Client/Sever）由一台或多台专用服务器来管理控制网络的运行。该结构与专用服务器局域网相同的是所有工作站均可共享服务器的软硬件资源，不同的是客户机之间也可以相互自由访问，所以数据的安全性较专用服务器局域网差，服务器对工作站的管理也较困难。但是，客户机/服务器局域网中服务器的负担相对降低，工作站的资源也得到充分利用，提高了网络的工作效率。通常，这种组网方式适用于计算机数量较多，位置相对分散，信息传输量较大的单位。工作站一般安装 Windows 2000/XP 及 Win 7 操作系统，Windows 2000 Server/2003 Server/2008 Server 是客户机/服务器局域网的代表网络操作系统。

③ 对等局域网又称为点对点（Point-to-Point）网络，即通信双方使用相同的协议来通信。每个通信结点既是网络的提供者——服务器，又是网络服务的使用者——工作站；并且各结点和其他结点均可进行通信，可以共享网络中各计算机的存储容量和具有的处理能力。对等局域网的组建和维护较容易，且成本低，结构简单；但数据的保密性较差，文件存储分散，而且不易升级。

（2）从采用的介质访问控制方法角度来看，局域网可以分为共享介质局域网和交换式局域网两种。共享介质局域网可以分为以太网、令牌总线、令牌环与 FDDI，以及在此基础上发展起来的快速以太网、吉比特以太网和 FDDI II 等。交换式局域网可以分为交换式以太网、ATM 局域网仿真、IP over ATM、MPOA，以及在此基础上发展起来的虚拟局域网。

3.2　局域网体系结构

3.2.1　局域网参考模型

1980 年 2 月美国电子和电气工程师协会（IEEE）成立了局域网标准委员会，简称 IEEE 802 委员会。IEEE 802 委员会专门从事局域网标准化工作，对局域网体系结构进行了定义，称为 IEEE 802 参考模型，如图 3-1 所示。IEEE 802 参考模型与 OSI 参考模型的物理层和数据链路层相对应。局域网没有路由问题，任何两点之间可以用一条直线链路进行传输，所以不需要设置网络层。考虑到局域网种类繁多，其介质访问控制方法也各不相同，为了使局域网中的数据链路层

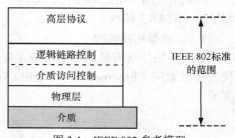

图 3-1　IEEE 802 参考模型

不至于过于复杂，并减轻其负担，局域网参考模型将数据链路层划分为逻辑链路控制（Logical Link Control，LLC）子层与介质访问控制（Media Access Control，MAC）子层。把与访问各种传输介质有关的问题都放在 MAC 子层，把与介质访问无关的部分都集中在 LLC 子层。

3.2.2　IEEE 802 标准

局域网技术的飞速发展使局域网在传输介质的使用、介质访问控制方式以及数据链路控制方法等方面呈现出多样化，为了使不同系统能相互交换信息，IEEE 成立了局域网标准委员会（IEEE

802 委员会），专门从事局域网标准化工作。IEEE 802 共有 12 个分委会，分别制定了相应的标准，有些标准还在不断完善与制定中，其中 IEEE 802.1～IEEE 802.6 已成为 ISO 的国际标准。IEEE 802 标准如下。

（1）IEEE 802.1 标准，定义了局域网体系结构、网络互连、网络管理以及性能测试。

（2）IEEE 802.2 标准，定义了 LLC 子层功能与服务。

（3）IEEE 802.3 标准，定义了 CSMA/CD 总线介质访问控制子层与物理层规范。

（4）IEEE 802.4 标准，定义了令牌总线（Token Bus）介质访问控制子层与物理层规范。

（5）IEEE 802.5 标准，定义了令牌环（Token Ring）介质访问控制子层与物理层规范。

（6）IEEE 802.6 标准，定义了城域网（MAN）介质访问控制子层与物理层规范。

（7）IEEE 802.7 标准，定义了宽带网络技术。

（8）IEEE 802.8 标准，定义了光纤传输技术。

（9）IEEE 802.9 标准，定义了综合语音与数据局域网（IVD LAN）技术。

（10）IEEE 802.10 标准，定义了可互操作的局域网安全性规范。

（11）IEEE 802.11 标准，定义了无线局域网技术。

（12）IEEE 802.12 标准，定义了新型高速局域网标准。

（13）IEEE 802.14 标准，定义了用于协调 HFC 网络的前端和用户站点间数据通信的协议。

（14）IEEE802.15 标准，定义了无线个人网技术，其代表技术是 zigbee。

（15）IEEE802.16 标准，定义了无线城域网（MAN）技术。

3.3　局域网技术

决定局域网特性的主要技术为局域网拓扑结构、传输介质及介质访问控制方法。

3.3.1　局域网拓扑结构

局域网在网络拓扑结构上形成了自己的特点，常见的拓扑结构有总线型（BUS）、环型（RING）和星型（STAR）结构。

1. 总线型拓扑结构

总线型拓扑结构是局域网中最主要的拓扑结构之一，它采用广播式多路访问的方法，典型代表是以太网（Ethernet）中的 10BASE-5 和 10BASE-2 网络，总线型局域网的连接如图 3-2 所示。

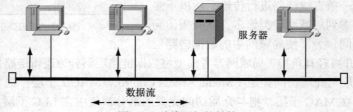

图 3-2　总线型拓扑结构

总线型局域网的特点如下。

（1）所有结点都通过网卡直接连接到一条作为公共传输介质的总线口。

（2）总线结构的传输介质可以是双绞线或同轴电缆。

（3）总线两端都有终结器即电阻，用于吸收任何信号，避免信号从两端反射时产生冲突。

（4）所有结点无主从关系，可能同时会有多个结点发送数据，所以易产生"冲突"。

2．环型拓扑结构

环型拓扑结构克服了总线结构易产生"冲突"的缺点，数据在环型结构上是单向传输的。环型局域网的连接如图 3-3 所示，典型代表是 IBM 公司的 Token Ring 网络。

环型局域网的特点如下。

（1）环型局域网是点对点连接的闭合的环型网络，结构对称性好。

（2）数据只能沿着一个固定的方向（顺时针或逆时针）来传送。

（3）结点是按照其在环中的物理位置来依次传递信息的。

（4）环型拓扑通常作为网络的主干。

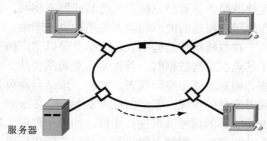

图 3-3　环型局域网的拓扑结构

3．星型拓扑结构

局域网中用得最广泛的是星型拓扑结构，其中的每一个结点都直接连在一个公共结点上，该公共结点可以是交换机或集线器或转发器。星型局域网的连接如图 3-4 所示，典型代表是以太网（Ethernet）中的 10BASE-T 网络。

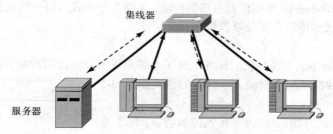

图 3-4　星型局域网的拓扑结构

星型拓扑结构的特点如下。

（1）存在一个中心结点，且每个结点都与中心结点组成链路来双向传输信息，或中心结点以"广播"方式来传递信息。

（2）中心结点可以是交换机或集线器，其他结点通过它们与中心结点进行数据的交换和传输。

（3）相邻的非中心结点之间不能直接进行数据的交换和传输。

以上分别讨论了 3 种拓扑结构的局域网，而在实际应用中，一个局域网可能是任何几种结构的扩展与组合，但是无论何种组合都必须符合 3 种拓扑结构的工作原理和要求。

3.3.2　局域网的介质访问控制方法

在 20 世纪 80 年代初期，IEEE 802 委员会在制定 IEEE 802 参考模型的同时制定了一系列的标准，这些标准统称为 IEEE 802 标准。其中的 IEEE 802.3、IEEE 802.4 和 IEEE 802.5 标准就定义了 CSMA/CD、Token Bus 和 Token Ring 3 种介质访问控制的规范，因为局域网不存在路由选择的问题，存在的是如何"和平"共享介质的问题。而这一问题的解决主要在数据链路层内，我们已经知道 IEEE 802 参考模型中规定数据链路层包括介质访问控制（MAC）子层和逻辑链路控制（LLC）子层。与介质访问有关的内容都在 MAC 子层上。那么，从介质访问这个角度来考虑，局域网的介质访问控制方法有以下 3 种。

1. CSMA/CD

CSMA/CD（Carrier Sense Mulitiple Access/Collision Detect）即带碰撞检测的载波侦听多址。CSMA/CD 适合于总线结构，是用来解决多结点共享传输介质的问题。它的工作原理是："先听后发，边听边发，冲突停止，随机延迟后重发"。所谓"听"就是冲突检测，将发送结点发出的信号波形与从总线上接收到的信号波形进行比较，若总线上同时出现两个或多个的发送信号，则它们重叠的结果波形与原结点发送的波形不相同，说明冲突已经产生。若从总线上接收到的信号波形与原结点发送的波形相同，说明冲突未产生。

在总线拓扑结构中，一个结点是以"广播"方式在介质上发送和传输数据的。当总线上的一个结点在发送数据时，首先侦听总线是否处于空闲状态。若有信号传输，则为忙；若没有信号传输，则总线处于空闲状态；此时，该结点即可发送。但是，也可能有多个结点同时侦听到空闲并同时发送的情况，那么也可能发生"冲突"。所以，结点在发送数据时，先将它发送的信号与总线上接收到的信号波形进行比较，如果一致则无冲突产生，发送正常结束；如果不一致说明总线上有冲突产生，则结点停止发送数据，随机延迟，等待一定时间后重发。

CSMA/CD 的最大缺点是发送的时延不确定。当网络负载很重时，冲突会增多，降低网络效率。

目前，应用最广的一类总线局域网即以太网（Ethernet）采用的就是 CSMA/CD 机制。例如，10 BASE-5、10 BASE-2、10 BASE-T、10 BASE-F 等常见的以太网。这种记号的含义是：10 表示信号的传输速率是 10Mbit/s；BASE 表示基带传输；5 或 2 分别表示每一段的最大长度为 500m 或 200m；T 和 F 分别表示传输介质是双绞线和光纤。

2. 令牌总线

令牌总线（Token Bus）这一机制标准定义了令牌总线型介质访问控制方法。

所谓令牌是一种特殊的控制帧。令牌帧的格式如图 3-5 所示。

SD	AC	ED

图 3-5　令牌帧的格式

帧中 SD 表示帧的开始；AC 表示接入控制信息，标志着令牌的忙/闲；ED 表示结束定界符。当各站点都没有帧发送时，令牌的形式为 011111111，称为空令牌。Token Bus 是在总线拓扑结构中建立一个逻辑环，环中的每个结点中都有上一结点地址（PS）与下一结点地址（NS）。令牌按照环中结点的位置依次循环传递。每一结点必须在它的最大持有时间内发完帧，如果未发完，只能等待下次持有令牌时再发送。环中令牌传递顺序与该结点在总线上的物理位置无关。

在下列情况下，结点必须交出令牌。

（1）该结点中没有数据等待发送。

（2）该结点提前发送完要发送的帧。

（3）该结点未发送完，但持有令牌的最大时间到。

Token Bus 与 CSMA/CD 相比，发送时延确定，并具有"无冲突"的特点，但是需要完成下列环维护工作。

（1）环初始化。

（2）结点的加入与撤出。

（3）环恢复（出现令牌丢失或多个令牌时）。

（4）支持优先级。

3. 令牌环

令牌环（Token Ring）产生于 1969 年贝尔实验室的 NEW HALL 环网，主要用于环型结构，既可用双绞线连接也可用光纤实现。它不同于 Token Bus 的是令牌环网中的结点连接成的是一个物理环结构，而不是逻辑环。环工作正常时，令牌总是沿着物理环中结点的排列顺序依次传递的。

当 A 结点要向 D 结点发送数据时，必须等待空闲令牌的到来。A 持有令牌后，传送数据。B、C、D 都会依次收到帧。但只有 D 结点对该数据帧进行复制，同时将此数据帧转发给下一个结点，直到最后又回到了源结点 A。此时 A 结点不再进行转发，否则会造成死循环。A 结点是对数据进行检查，看本次发送过程中是否出错，并且生成一个新的令牌发送给下一结点。

当结构中负载较轻时，令牌环的效率较低，因为在发送前站点必须等待令牌的到来；负载重时，令牌环的效率比较高。所以，它的优点是：时延确定，适合重负载的环境，并支持优先级服务。它的最大缺点是令牌环的维护复杂，实现比较困难。

3.3.3 局域网传输介质

在网络系统中，设备的连接、传输都是通过传输介质来实现的。局域网的传输介质可分为导向的（Guided）和非导向的（Unguided）两类，也可称为有线介质和无线介质。常用的有线介质有同轴电缆、双绞线和光纤，无线介质有微波、无线电波、红外线等。早期局域网中应用最多的传输介质是同轴电缆，随着技术发展，双绞线与光纤的应用发展也十分迅速。在局部范围内的中、高速局域网中使用双绞线；在远距离传输中使用光纤；在有移动结点的局域网中采用无线技术的趋势已经越来越明朗化。

1. 同轴电缆

同轴电缆（Coaxial Cable）以硬铜线为芯，外包一层绝缘材料和网状的外屏蔽层，上面又覆盖一层保护性材料。单根同轴电缆的直径为 1.02～2.54cm，如图 3-6 所示。

图 3-6 同轴电缆结构示意图

同轴电缆具有高带宽和极好的噪声抑制特性。同轴电缆的带宽取决于电缆长度。1km 的电缆可以达到 1～2Gbit/s 的数据传输速率。还可以使用更长的电缆，但是传输率要降低，这时可使用中继器来放大信号。同轴电缆一般安装在设备与设备之间。在每一个用户位置上都装备有一个连接器，为用户提供接口。目前，同轴电缆大量被双绞线、光纤取代，但仍广泛应用于有线电视和某些局域网。

同轴电缆可分为两种基本类型：基带同轴电缆和宽带同轴电缆。基带同轴电缆屏蔽线是用铜做成的，特征阻抗为 50Ω 的电缆，传输速率可达 10Mbit/s，用于数字传输。宽带同轴电缆的屏蔽层通常是用铝冲压成的，特征阻抗为 75Ω 电缆，用于模拟传输，是使用有限电视电缆进行模拟信号传输的同轴电缆系统。宽带系统和基带系统的一个主要区别是：宽带系统由于覆盖的区域广，因此，需要模拟放大器周期性地加强信号。

根据同轴电缆直径的大小，50Ω 的基带同轴电缆又可分为粗同轴电缆与细同轴电缆，它们均用于总线型拓扑结构。粗缆适用于比较大型的局域网，它的标准距离长，可靠性高。相反，细缆安装则比较简单，造价低，但由于安装过程要切断电缆，两头需装上基本网络连接头，然后接在 T 型连接器两端，所以当接头多时容易产生接触不良的隐患，这是目前运行中的以太网所发生的最常见故障之一，所以同轴电缆将逐步被非屏蔽双绞线或光缆取代。

2. 双绞线

双绞线（Twisted Pairwire）是综合布线工程中最常用的一种传输介质。它是由两根具有绝缘保护层的铜导线组成。把两根绝缘的铜导线按一定密度互相绞在一起，可降低信号干扰的程度，每一根导线在传输中辐射的电波会被另一根线上发出的电波抵消。如果把一对或多对双绞线放在一个绝缘套管中便成了双绞线电缆（也称双扭线电缆），如图 3-7 所示。

图 3-7 双绞线结构示意图

与其他传输介质相比，双绞线在传输距离、信道宽度和数据传输速度等方面均受到一定限制，但价格较为低廉。目前，双绞线可分为非屏蔽双绞线（Unshilded Twisted Pair，UTP）和屏蔽双绞线（Shielded Twisted Pair，STP）。屏蔽双绞线电缆的外层由铝泊包裹，以减小幅射，但并不能完全消除辐射。屏蔽双绞线价格相对较高，安装时要比非屏蔽双绞线电缆困难。

非屏蔽双绞线电缆具有以下优点。

（1）无屏蔽外套，直径小，节省所占用的空间。

（2）重量轻，易弯曲，易安装。

（3）将串扰减至最小或加以消除。

（4）具有阻燃性。

（5）具有独立性和灵活性，适用于结构化综合布线。

双绞线主要是用来传输模拟声音信息的，但同样适用于数字信号的传输，特别适用于较短距离的信息传输。在传输期间，信号的衰减比较大，并且产生波形畸变。双绞线电缆主要用于星型拓扑结构，即以集线器或交换机为中心，各工作站均用双绞线与中心连接，可靠性比较高，若任一连线发生故障，都不会影响网络中的其他计算机，而且故障的诊断和修复较容易。采用双绞线的局域网的带宽取决于所用导线的质量、长度及传输技术。双绞线电缆定义了如下 5 类不同质量的型号。

第 1 类：主要用于传输语音，不用于数据传输。

第 2 类：传输频率为 1MHz，用于语音传输和最高传输速率 4Mbit/s 的数据传输。

第 3 类：该电缆的传输频率为 16MHz，用于语音传输及最高传输速率为 10Mbit/s 的数据传输。

第 4 类：该类电缆的传输频率为 20MHz，用于语音传输和最高传输速率为 16Mbit/s 的数据传输。

第 5 类：该类电缆增加了绕线密度，外套一种高质量的绝缘材料，传输频率为 100MHz，用于语音传输和最高传输速率为 100Mbit/s 的数据传输。

局域网常使用第 3 类、第 4 类、第 5 类双绞线，为了适应网络速度的不断提高，现又出现了超 5 类和 6 类双绞线。

3. 光纤

光纤和同轴电缆相似，只是没有网状屏蔽层。中心是光传播的玻璃芯。光纤是一种细微而柔韧的介质，纤芯的尺寸及纯度决定了光的传输质量。光纤的结构如图 3-8 所示。

光纤主要分为两大类：单模光纤（Single Mode Fiber）和多模光纤（Multi Mode Fiber）。单模光纤的纤芯直径很小，在给定的工作波长上只能以单一模式传输，传输频带宽，传输容量大。多模光纤是在给定的工作波长上，能以多个模式同时传输的光纤。与单模光纤相比，多模光纤的传输性能较差。

图 3-8 光纤的结构示意图

用光纤来传送电信号时，有两种光源可被用作信号源：发光二极管（Light-Emitting Diode，LED）和半导体激光二极管（Injection Laser Diode，ILD）。光纤的接收端由光电二极管 PIN 构成。光缆中传输的是光束，由于光束不受外界电磁干扰与影响，而且本身也不向外辐射信号，因此它适用于长距离的信息传输以及要求高度安全的场合。光纤传输系统的原理如图 3-9 所示。

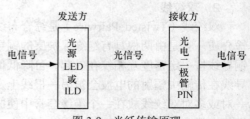

图 3-9 光纤传输原理

4. 无线介质

如果通信线路要越洋过海，翻山越岭，那么靠导向传输介质是很难实现的，只有通过非导向传输才可实现。通常，对无线介质的发送与接收是靠天线发射吸收电磁波来实现的。无线传输方向有两种类型，一种是定向的直线传输，另一种是全方位的传输。

无线传输使用的频段很多：频率范围为 2～40GHz 的称为微波频率；30MHz～1GHz 称为广播无线电波；3×10^{11}Hz～2×10^{14}Hz 称为红外线频谱。

微波系统是无线局域网中主要的传输介质，频率高、带宽宽、传输速率也高，主要用于长途电信服务、语音和电视转播。微波系统又分为地面微波通信和卫星微波通信。微波信号传输的主要特点如下。

（1）相邻站点间必须直视。因为微波信号没有绕射的功能，也不能穿越障碍物。

（2）大气对微波的吸收与散射影响较大。

（3）具有高度的方向性。地面微波通信采用点对点式通信，卫星微波有时也可用于多点通信。

广播无线电波是全方向性的，不要求用碟状天线，而且无线电波波长较长，受到的衰减相对较少。广播无线电波包括甚高频（VHF）及部分的超高频（UHF）频段。

红外线传输能够穿透墙体或其他一些部件，因此，微波系统中的安全问题和干扰问题都不存在，常用于医疗系统及各领域中。

目前，无线介质的数据传输速率为 1～2Mbit/s，若采用特殊技术可达到 10Mbit/s。传输距离在室内为 200m，室外为几十千米。

3.4　共享介质局域网

传统的共享介质局域网主要有以太网（Ethernet）、令牌环网（Token Ring）和 ARCnet 网。

3.4.1　以太网

以太网（Ethernet）由美国 Xerox 公司与 StandFord 大学于 1975 年联合推出，目的是把办公室里的工作站与昂贵的计算机连接起来，实现资源共享。后来 Xerox 公司、Intel 公司和 DEC 共同合作，于 1980 年正式推出 10Mbit/s 以太网标准。IEEE 802 委员会 1983 年公布的 IEEE 802.3 标准基本上和以太网标准一致，因此，以太网标准是世界上第一个局域网技术工业标准。

传统以太网有 3 种标准，分别是细缆以太网 （10BASE-2）、粗缆以太网（10BASE-5）和双绞线以太网（10BASE-T）。以太网的主要技术规范如下。

（1）拓扑结构：总线型或星型。

（2）介质访问控制方式：CSMA/CD。

（3）传输速率：10Mbit/s。

（4）传输介质：同轴电缆（50Ω基带传输）或双绞线。

（5）网卡接口：细缆 BNC 接口、粗缆 AUI 接口和双绞线 RJ45 接口。

（6）网段最大个数：5 段 4 个中继器或 Hub 级连个数≤4。

（7）最大工作站数：1024 个。

3.4.2　令牌环网

令牌环网（Token Ring）于 1980 年由 IBM 公司推出，该产品占据了一定的市场，至今 Novell

公司在组建环网的配置上只支持 IBM 公司的 Token Ring 及其兼容产品。虽然令牌环网比以太网和 ARCnet 网花费大，但它在传输效率、实时性、地理范围等网络性能上都优于采用 CSMA/CD 介质访问控制方式的以太网。令牌环网的主要技术规范如下。

（1）拓扑结构：环型。

（2）介质访问控制方式：IEEE 802.5 Token Ring。

（3）传输速率：4～16Mbit/s（与网卡相关）。

（4）传输介质：STP 双绞线、UTP 双绞线和光纤。

（5）网卡接口：9 针电缆插座 DB9（连接 STP）、RJ45 接口（连接 UTP）。

（6）最大工作站数：使用 STP 可连接 2～260 台设备，使用 UTP 可连接 2～72 台设备。

令牌环网的双环拓扑结构主要由两个通信介质环组成，能防止一个站点或一段光纤损坏造成全网瘫痪，提高了网络可靠性。

3.4.3　令牌总线网

令版总线（ARCnet）网由美国的 Datapoint 公司于 1977 年推出，它采用 IEEE 802.4 介质访问控制方式，是一种配置相当灵活的局域网。ARCnet 网的主要技术规范如下。

（1）拓扑结构：星型、总线型及混合型。

（2）介质访问控制方式：IEEE 802.4 Token Bus。

（3）传输速率：2.5Mbit/s，新型 ARCnet Plus 网的传输速率可达 100 Mbit/s。

（4）传输介质：93Ω的同轴电缆、100Ω的 UTP 双绞线、光纤。

（5）网卡接口：低阻网卡适用于星型网络，高阻网卡适用于总线型网络。

（6）最大工作站数：255 台。

3.5　高速局域网

传统以太网的数据传输速率是 10Mbit/s，若局域网中有 N 个结点，那么每个结点平均能分配到的带宽为 10/N Mbit/s。但是，随着网络规模的不断扩大，结点数目的不断增加，平均分配到各结点的带宽将越来越少，而且冲突现象会大量发生，这使网络效率急剧下降。提高网络效率使用较多的技术是提高网络的数据传输速率，从 10Mbit/s 提高到 100～1000Mbit/s。我们把速率达到或超过 100Mbit/s 的局域网称为高速局域网。下面介绍几种常见的高速局域网。

3.5.1　100BASE-T 技术

1993 年 IEEE 802 委员会将 100BASE-T 的快速以太网定为正式的国际标准 IEEE 802.3u，作为对 IEEE 802.3 的补充。100BASE-T 的网络拓扑结构和工作模式是类同于 10Mbit/s 的星型拓扑结构 10BASE-T，介质访问控制仍采用 CSMA/CD 方法。100BASE-T 的一个显著特性是它尽可能地采用了 IEEE 802.3 以太网的成熟技术，因而，它很容易被移植到传统以太网的环境中。

100BASE-T 和传统以太网的不同之处在于物理层。原 10Mbit/s 以太网的附属单元接口由新的媒体无关接口所代替，接口下采用的物理媒体也相应地发生了变化。为了方便用户网络从 10Mbit/s 升级到 100Mbit/s，100BASE-T 标准还包括有自动速度侦听功能。这个功能使一个适配器或交换机能以 10Mbit/s 和 100Mbit/s 两种速度发送，并以另一端的设备所能达到的最快的速度进行工作。

IEEE 802.3u 新标准还规定了以下 3 种不同的物理层标准。

（1）100BASE-TX：使用 2 对 UTP 5 类线或 STP。

（2）100BASE-T4：使用 4 对 UTP 3 类线或 5 类线。

（3）100BASE-FX：使用两对光纤。

以上 3 种都是全双工的工作方式，其中一对用于发送，一对用于接收。

3.5.2　光纤分布式数据接口

光纤分布式数据接口（Fiber Distributed Data Interface，FDDI）是以光纤作为传输介质的高速主干网。它具有以下一些技术特点。

（1）在物理层提出了物理层介质相关子层（Physical Layer Medium Dependent，PMD）与物理层协议（Physical Layer Protocol，PHY）。

（2）FDDI 使用基于 IEEE 802.5 令牌环标准的环网介质访问控制（MAC）协议。

（3）FDDI 是高速的令牌环网。其传输速率为 100Mbit/s，连网的站点数 ≤1000 个。

（4）FDDI 的网络结构是具有容错能力的双环拓扑结构。

（5）具有动态分配带宽的能力，能支持同步和异步数据传输。

（6）可以使用单模和多模光纤。

目前出现的 FDDI 交换技术的端口价格也呈下降趋势，同时在传输距离和安全性方面也有比较大的优势，因此它是大型网络骨干的一种比较好的选择，如图 3-10 所示。同时，新一代的 FDDI 标准 FFOL（FDDL Follow-On-LAN）正在研究中，传输速率可能达到 150Mbit/s～2.4Gbit/s。

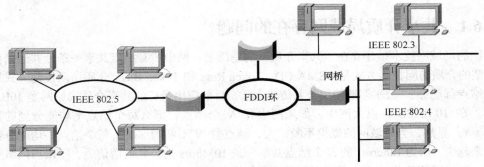

图 3-10　FFDI 用做园区的主干网

3.5.3　吉比特以太网

1998 年 2 月，由 IEEE 802 委员会正式通过了关于吉比特以太网的标准 IEEE 802.3z。吉比特以太网的传输速率达到 1000Mbit/s。吉比特以太网在物理层使用两种成熟的技术：一种是传统的 10Mbit/s 和 100Mbit/s 的以太网；另一种是光纤通道技术，它将每比特数据的发送时间由 100ns 降低到 1ns。

IEEE 802.3z 标准在 LLC 子层使用 IEEE 802.2 标准，在 MAC 子层使用 CSMA/CD 方法，只在物理层定义了新的标准。吉比特以太网的物理层标准如下。

（1）1000BASE-X 标准是基于光纤通道的物理层。使用的传输介质有：1000BASE-SX 使用波长为 850nm 的多模光纤，距离为 300～550m；1000BASE-LX 使用波长为 1300nm 的单模光纤，距离可达到 3000m；1000BASE-CX 使用的是短距离的屏蔽双绞线 STP，距离可达到 25m。

（2）1000BASE-T 标准是 4 对 5 类非屏蔽双绞线 UTP，距离可达到 25～100m。该标准中增加了吉比特介质的专用接口（Gigabit Media Independent Interface，GMII），它将物理层与 MAC 子层分隔开来。吉比特以太网的协议结构如图 3-11 所示。

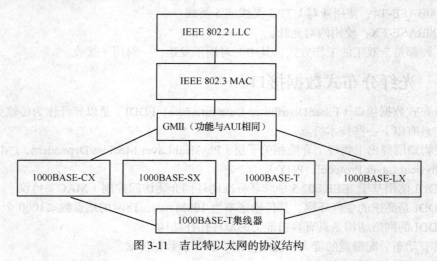

图 3-11　吉比特以太网的协议结构

3.6　交换局域网

3.6.1　共享介质局域网存在的问题

传统的局域网技术是建立在"共享介质"的基础上，网中所有结点共享一条公共通信传输介质，典型的介质访问控制方式是 CSMA/CD、Token Ring 和 Token Bus。介质访问控制方式用来保证每个结点都能够 "公平"地使用公共传输介质。目前应用最广的共享介质局域网是 10BASE-T 以太网。在 10 BASE-T 以太网中，如果网中有 N 个结点，那么每个结点平均能分到的带宽为 10Mbit/s/N。显然，当局域网的规模不断扩大，结点数 N 不断增加时，每个结点平均能分到的带宽将越来越少。因为 Ethernet 的 N 个结点共享一条 10Mbit/s 的公共通信信道，所以当网络结点数 N 增大、网络通信负荷加重时，冲突和重发现象将大量发生，网络效率急剧下降，网络传输延迟增长，网络服务质量下降。为了克服网络规模和网络性能之间的矛盾，人们提出了将"共享介质方式"改为"交换方式"的方案，这就推动了"交换局域网"技术的发展。交换局域网的核心设备是局域网交换机，它可以在它的多个端口之间建立多个并发连接。图 3-12 所示为交换局域网的工作原理，图中交换机为站点 A 和站点 E，站点 B 和站点 F，站点 C 和站点 D 分别建立了 3 条并行、独立的链路，使之能同时实现 A 和 E、B 和 F、C 和 D 之间的通信。

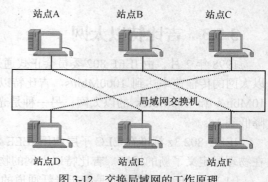

图 3-12　交换局域网的工作原理

3.6.2　交换局域网的特点

交换局域网是指以数据链路层的帧为数据交换单位，以以太网交换机为基础构成的网络。它根本上解决了共享以太网所带来的问题，其特点如下。

（1）允许多对站点同时通信，每个站点可以独占传输通道和带宽。

（2）灵活的接口速率。

（3）具有高度的网络可扩充性和延展性。

（4）易于管理、便于调整网络负载的分布，可有效地利用网络带宽。

（5）交换局域网与以太网、快速以太网完全兼容，它们能够实现无缝连接。

（6）可互连不同标准的局域网。

3.6.3　交换局域网的工作原理

1. 交换局域网的基本结构

交换局域网的核心设备是局域网交换机，它可以在它的多个端口之间建立多个并发连接。为了保护用户已有的投资，局域网交换机一般是针对某类局域网（例如，802.3 标准的 Ethernet 或 802.5 标准的 Token Ring）设计的。

典型的交换局域网是交换以太网（Switched Ethernet），它的核心部件是以太网交换机。以太网交换机可以有多个端口，每个端口可以单独与一个结点连接，也可以与一个共享介质式的以太网集线器（Hub）连接。

如果一个端口只连接一个结点，那么这个结点就可以独占整个带宽，这类端口通常被称作"专用端口"；如果一个端口连接一个与端口带宽相同的以太网，那么这个端口将被以太网中的所有结点所共享，这类端口被称为"共享端口"。典型的交换以太网结构如图 3-13 所示。

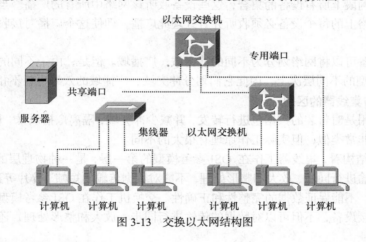

图 3-13　交换以太网结构图

2. 局域网交换机的工作原理

局域网交换机的结构与工作原理如图 3-14 所示。图中的交换机有 6 个端口，其中端口 1，4，5，6 分别连接了结点 A、结点 B、结点 C 与结点 D。那么交换机的"端口号/MAC 地址映射表"就可以根据以上端口号与结点 MAC 地址的对应关系建立起来。如果结点 A 与结点 D 同时要发送数据，那么它们可以分别在 Ethernet 帧的目的地址字段（DA）中添上该帧的目的地址。例如，结点 A 要向结点 C 发送帧，那么该帧的目的地址 DA=结点 C；结点 D 要向结点 B 发送帧，那么该帧的目的地址 DA=结点 B。当结点 A、结点 D 同时通过交换机传送 Ethernet 帧时，交换机的交换控制中心根据"端口号/MAC 地址映射表"的对应关系找出帧的目的地址的输出端口号，那么它就可以为结点 A 到结点 C 建立端口 1 到端口 5 的连接，同时为结点 D 到结点 B 建立端口 6 到端口 4 的连接。这种端口之间的连接可以根据需要同时建立多条，也就是说可以在多个端口之间建立多个并发连接。

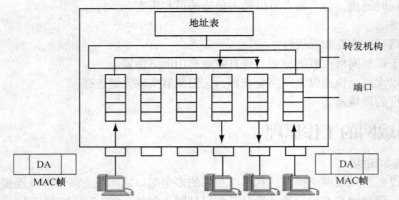

图 3-14　局域网交换机的结构与工作原理

3.6.4　局域网交换机技术

1.　冲突域和广播域

冲突域是物理上连在一起可能发生冲突的网络分段。一个冲突域的典型特征就是同一时刻只允许一台主机发送数据，否则冲突就会产生。

广播域是指网段上所有设备的集合，这些设备收听该网络中所有的广播。当网络中一台主机发送广播时，网络上的每个设备必须收听并且处理此广播，即使这个广播对接收它的设备没有任何的帮助。

网络互连设备可以将网络划分为不同的冲突域、广播域。但是，由于不同的网络互连设备可能工作在 OSI 模型的不同层次上，因此它们划分冲突域、广播域的效果也各不相同。

2.　交换机与集线器的区别

交换机的作用是对封装的数据包进行转发，并减少冲突域，隔离广播风暴。从组网的形式看，交换机与集线器非常类似，但实际工作原理有很大的不同。

从 OSI 体系结构看，集线器工作在 OSI/参考模型的第一层，是一种物理层的连接设备，因而它只对数据的传输进行同步、放大和整形处理，不能对数据传输的短帧、碎片等进行有效的处理，不进行差错处理，不能保证数据的完整性和正确性。交换机工作在 OSI 参考模型的第二层，属于数据链路层的连接设备，不但可以对数据的传输进行同步、放大和整形处理，还提供数据的完整性和正确性的保证。

从工作方式和带宽来看，集线器是一种广播模式，一个端口发送信息，所有的端口都可以接收到，容易发生广播风暴；同时集线器共享带宽，当两个端口间通信时，其他端口只能等待。交换机是一种交换方式，一个端口发送信息，只有目的端口可以接收到，能够有效地隔离冲突域，抑制广播风暴；同时每个端口都有自己的独立带宽，两个端口间的通信不影响其他端口间的通信。

3.　交换机的技术特点

目前，局域网交换机主要是针对以太网设计的。一般来说，局域网交换机主要有以下几个技术特点。

（1）低交换传输延迟。

（2）高传输带宽。

（3）允许 10Mbit/s/100Mbit/s 共存。

（4）支持虚拟局域网服务。

4. 第三层交换技术

简单地说，第三层交换技术就是"第二层交换技术+第三层转发"。第三层交换技术的出现，解决了局域网中网段划分之后网段中的子网必须依赖路由器进行管理的局面，解决了传统路由器低速、复杂所造成的网络瓶颈问题。

一个具有第三层交换功能的设备，是一个带有第三层路由功能的第二层交换机，但它是两者的有机结合，而不是简单地把路由器设备的硬件及软件叠加在局域网交换机上。由于仅仅在路由过程中才需要第三层处理，绝大部分数据都通过第二层交换转发，因此第三层交换机的速度很快，接近第二层交换机的速度，同时比相同路由器的价格低很多。可以相信，随着网络技术的不断发展，第三层交换机有望在大规模网络中取代现有路由器的位置。

3.6.5 虚拟局域网

1. 虚拟局域网的概念

虚拟局域网（Virtual Local Area Network，VLAN）是一组逻辑上的设备和用户，这些设备和用户并不受物理位置的限制，可以根据功能、部门及应用等因素将它们组织起来，相互之间的通信就好像它们在同一个网段中一样，如图 3-15 所示。VLAN 是一种比较新的技术，工作在 OSI 参考模型的第 2 层和第 3 层，一般通过对第三层交换机进行设置来实现，一个 VLAN 就是一个广播域，VLAN 之间的通信是通过第 3 层的路由器来完成的。1999 年，IEEE 提出了针对 VLAN 的 IEEE802.1Q 标准。

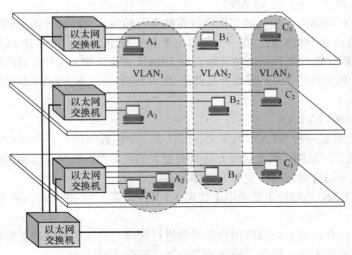

图 3-15　虚拟局域网结构示意图

如图 3-15 所示，使用以太网交换机将 10 个工作站划分为 3 个虚拟局域网：$VLAN_1$、$VLAN_2$ 和 $VLAN_3$。在虚拟局域网上的每一个工作站都可以收到同一个虚拟局域网上其他工作站发出的广播。例如，工作站 $A_1 \sim A_4$ 同属于一个虚拟局域网 $VLAN_1$。当工作站 A_3 向 $VLAN_1$ 中发送广播数据时，其他工作站 A_1、A_2 和 A_4 将会收到广播的信息，虽然它们与工作站 A_3 不连在同一个交换机上。相反，工作站 B_2 和 C_2 与 A_3 连接在同一交换机上，但是都不会收到工作站 A_3 发出的广播信息。由此可见，虚拟局域网是用户和网络资源的逻辑组合，不受其物理连接和地理位置的限制，可以根据实际需求方便地进行组合。

VLAN 除了能将网络划分为多个广播域，从而有效地控制广播风暴的发生，使网络的拓扑结构变得非常灵活以外，还可以用于控制网络中不同部门、不同站点之间的互相访问。

VLAN 是为解决以太网的广播问题和安全性而提出的一种协议，它在以太网帧的基础上增加了 VLAN 头，用 VLAN ID 把用户划分为更小的工作组，限制不同工作组间的用户互访，每个工作组就是一个虚拟局域网。虚拟局域网的好处是可以限制广播范围，并能够形成虚拟工作组，动态管理网络。

2．虚拟局域网的实现技术

虚拟局域网在实际中的应用很广泛，依据连接设备及不同的需求，组建虚拟局域网的方法有很多。不同虚拟局域网组网方法的区别，主要表现在对虚拟局域网成员的定义方法上，通常有以下 4 种。

（1）基于交换机端口的 VLAN。

基于交换机端口的 VLAN 的划分是最简单、有效的 VLAN 划分方法，它按照局域网交换机端口来定义 VLAN 成员。VLAN 从逻辑上把局域网交换机的端口划分开来，从而把终端系统划分为不同的部分，各部分相对独立，在功能上模拟了传统的局域网。基于端口的 VLAN 又分为在单交换机端口和多交换机端口定义 VLAN 两种情况。

（2）基于 MAC 地址的 VLAN。

基于 MAC 地址的 VLAN 是用终端系统的 MAC 地址定义的 VLAN。MAC 地址其实就是指网卡的标识符，每一块网卡的 MAC 地址都是唯一的。这种方法允许工作站移动到网络的其他物理网段，而自动保持原来的 VLAN 成员资格。适用于规模较小的网络，随着网络规模的扩大，网络设备、用户的增加，则会在很大程度上加大管理的难度。

（3）基于路由协议（IP）的 VLAN。

路由协议工作在网络层，相应的工作设备有路由器和路由交换机（即三层交换机）。该方式允许一个 VLAN 跨越多个交换机，或一个端口位于多个 VLAN 中。在按 IP 划分的 VLAN 中，很容易实现路由，即将交换功能和路由功能融合在 VLAN 交换机中。这种方式既达到了作为 VLAN 控制广播风暴的最基本目的，又不需要外接路由器。但这种方式对 VLAN 成员之间的通信速度不是很理想。

（4）基于 IP 组播的 VLAN。

IP 组播实际上也是一种 VLAN 的定义，即认为一个组播组就是一个 VLAN，这种划分的方法将 VLAN 扩大到了广域网，因此这种方法具有更大的灵活性，而且也很容易通过路由器进行扩展，当然这种方法不适合局域网，主要是效率不高。

目前，对于 VLAN 的划分主要采取上述第（1）种和第（3）种方式，第（2）种方式为辅助性的方案。

虚拟局域网可以在逻辑上对网络用户和资源进行管理，提高了网络的扩展性和移动性；提供了一种控制网络广播的方法；提高了网络的安全性；简化了网络的管理。

3.7　无线局域网

随着网络的发展，局域网越来越多的应用于企业、校园和家庭，局域网的普及极大地方便了数据交换和数据共享。传统局域网中的布线问题较为复杂，给局域网的使用带来了诸多不便。无线局域网既可以较好地满足局域网数据交换与共享的需求，又可以减少对布线的要求和开支，正在逐渐成为传统局域网的有效的延伸和补充，广泛被人们采用。

3.7.1　无线局域网的概念及特点

无线局域网（Wireless Local Area Network，WLAN）是利用无线通信技术在一定的局部范围内建立的网络，是计算机网络与无线通信技术相结合的产物，它以无线多址信道作为传输媒介，提供传统有线局域网的功能，能够使用户真正实现随时、随地、随意地接入网络。

无线局域网最初是作为有线局域网络的延伸而出现的，各团体、企事业单位广泛地采用了无线局域网技术来构建其办公网络。但随着应用的进一步发展，无线局域网技术正逐渐从传统意义上的局域网技术发展成为"公共无线局域网"，成为互联网宽带接入手段。无线局域网技术具有易安装、易扩展、易管理、易维护、高移动性、保密性强、抗干扰等特点。无线局域网不但能够代替传统的物理布线，而且还能够在传统布线无法进行的环境或行业中实现组网。

3.7.2　无线局域网技术标准

目前，组建无线局域网采用的标准主要是 IEEE 制定的 IEEE 802.11 标准，主要对网络的物理层和介质访问控制层进行了规定，已经产品化的无线局域网标准主要有 3 种，即 802.11b、802.11g 和 802.11a。

1. IEEE 802.11b 标准

IEEE 802.11b 标准是由 IEEE 于 1999 年 9 月批准的，该协议的无线网络工作在 2.4GHz 频率下，最高速率可达 11Mbit/s，传输的速率随着环境干扰或传输距离的变化，可以实现在 1Mbit/s、2Mbit/s、5.5Mbit/s 以及 11Mbit/s 之间自动切换。室内通信距离为 30～50m，信号传输不受墙壁阻挡。IEEE 802.11b 产品是目前技术最成熟、价格最低廉、应用最为广泛的产品。

IEEE 802.11b+是一个非正式的标准，是 IEEE 802.11b 标准的增强版，与 IEEE 802.11b 完全兼容。它采用了特殊的调制解调技术，能够实现高达 22Mbit/s 的通信速率，是 IEEE 802.11b 可实现速率的两倍，但是在价格上却与 IEEE 802.11b 产品相差无几，因此，具有很好的市场前景。

2. IEEE 802.11a 标准

IEEE 802.11a 标准同样是在 1999 年制定的，其主要工作在 5GHz 的频率下，数据传输速率可以达到 54Mbit/s，基本满足了现行局域网大多数应用的速度需求，可以支持语音、数据、图像的传输，但是因为工作的频段不同，其与 IEEE 802.11b 协议不兼容。同时，因为 IEEE 802.11a 芯片的价格过于昂贵，所以目前市场上并不普及。

3. IEEE 802.11g 标准

IEEE 802.11g 标准于 2003 年 6 月正式推出，它是在 IEEE 802.11b 标准上改进的标准，也工作在 2.4GHz 频带，最高传输速率可达 54Mbit/s。因为它也工作在 2.4GHz 频带，所以可以与 IEEE 802.11b 兼容。随着人们对无线局域网数据传输的要求，IEEE 802.11g 标准也已经逐渐普及到无线局域网中，与 IEEE 802.11b 标准的产品共同占有了无线局域网市场的大部分。值得注意的是，当同时使用 IEEE 802.11b 标准的产品与 IEEE 802.11g 标准的产品组建无线局域网时，二者之间不能直接实现通信，必须借助于无线 AP 才能正常通信。

3.7.3　无线局域网的组网设备

无线网络的硬件设备主要包括 4 种：无线网卡、无线接入点、无线路由器和无线天线。当然，并不是所有的无线网络都需要以上 4 种设备。事实上，只需几块无线网卡，就可以组建一个小型的对等式无线网络。当需要扩大网络规模时，或者需要将无线网络与传统的局域网连接在一起时，才需要使用无线接入点。只有当实现 Internet 接入时，才需要无线路由。而无线天线主要用于放大信号，以接收更远距离的无线信号，从而扩大无线网络的覆盖范围。

1. 无线网卡

无线网卡是无线局域网中最基本的硬件设备，作用类似于以太网卡，作为无线网络的接口，实现与无线网络的连接。它主要有 3 种类型，即笔记本电脑专用的 PCMCIA 无线网卡、台式计算机专用网卡 PCI 无线网卡及笔记本和台式计算机都可以使用的 USB 无线网卡。

PCMCIA 无线网卡专用于笔记本电脑，与有线网卡的区别在于用无线发送、接收电路代替了 RJ-45 接口，支持热插拔，可方便地实现移动式无线接入，如图 3-16 所示。

PCI 接口无线网卡适用于普通的台式计算机使用。其实 PCI 接口的无线网卡只是在 PCMCIA 无线网卡的基础上添加了一块 PCI，使用时先将 PCI 转接卡插到计算机主板的 PCI 插槽中，然后再将无线网卡插到 PCI 转接卡中，如图 3-17 所示。

USB 接口无线网卡是通过 USB 接口和计算机相连的无线收发设备，如图 3-18 所示。由于笔记本和台式机都具有 USB 接口，因此这种无线网卡既可用于笔记本电脑，也可用于台式计算机，是当前比较流行的无线网卡类型。

图 3-16　PCMCIA 无线网卡　　　图 3-17　PCI 无线网卡　　　图 3-18　USB 无线网卡

2. 无线接入点

无线接入点或称无线 AP（Access Point），其作用类似于以太网中的集线器。当网络中增加一个无线 AP 之后，即可成倍地扩展网络覆盖直径。另外，也可使网络中容纳更多的网络设备。通常情况下，一个 AP 最多可以支持多达 80 台计算机的接入，当然，推荐数量为 30 台。图 3-19 所示为 D-Link 无线 AP。

图 3-19　无线 AP

无线 AP 都拥有一个或多个以太网接口，用于无线与有线网络的连接，可以将安装双绞线网卡的计算机与安装无线网卡的计算机连接在一起，从而达到拓展网络的目的。这样无线局域网的终端用户就能够共享有线局域网的资源或通过有线局域网连接到互联网。另外，借助于 AP 可接入固定网络的特性，还可以将分散在各处的无线 AP 利用双绞线连接在一起，实现类似于"小灵通"的无线漫游。另外，借助于 AP，还可以实现若干固定网络的远程廉价连接，既无须架设光缆，也无须考虑由施工而可能带来的各种麻烦。安装于室外的无线 AP 通常称为无线网桥，主要用于实现室外的无线漫游、无线网络的空中接力，或用于搭建点对点、点对多点的无线连接。

3. 无线路由器

无线路由器是无线 AP 与宽带路由器的结合。借助于无线路由器，可实现无线网络中的互联网连接共享，实现 ADSL、Cable Modem 和小区宽带的无线共享接入。如果不购置无线路由，就必须在无线网络中设置一台代理服务器才可以实现互联网连接共享。图 3-20 所示为 D-Link 无线路由器。

图 3-20　无线路由器

4. 无线天线

当计算机与无线 AP 或其他计算机相距较远时，随着信号的减弱，或者传输速率明显下降，或者根本无法实现与 AP 或其他计算机之间通信，此时，就必须借助于无线天线对所接收或发送的信号进行增益。无线天线有多种类型，常见的有两种，一种是室内天线，如图 3-21 所示，优点是方便灵活，缺点是增益小，传输距离短；另

图 3-21 室内无线天线

一种是室外天线。室外天线的类型比较多，常用的是锅状的定向天线和棒状的全向天线。室外天线的优点是传输距离远，比较适合远距离传输。

目前，无线局域网的应用越来越普遍，除了以上常见的无线组网设备之外，还有无线打印机、无线摄像头等不同种类的无线设备，它们具有与有线局域网设备相同的功用。

3.7.4 无线局域网的组网结构

由于局域网只涉及 OSI 模型的最低两层：物理层和数据链路层，所以网络结构相对简单。在 IEEE 802.11 标准中，具体将无线局域网结构分为点对点模式和基站模式两种标准形式。点到点模式指无线网卡和无线网卡之间的通信方式，只要在计算机上插上无线网卡就可以与另一台具有无线网卡的计算机之间实现无线连接，进行信息交换。基站模式是指所有计算机都与无线 AP 连接，通过 AP 来进行计算机之间的连接和信息交换，是较为常用的方式。

针对不同的网络应用环境或需要，无线局域网可以采用不同的接入方式来实现计算机之间的互连。一般来说，根据接入方式的不同，无线局域网可以采取 4 种组网方式：网桥连接型、无线 AP 接入型、Hub 接入型和无中心接入型。

1. 网桥连接型

当两个独立的有线局域网需要互连但是相互之间又不便于进行物理连线时，可以采用无线网桥进行连接。这里可以选择具有网桥功能的无线 AP 来实现网络连接，这种网络连接属于点对点连接，无线网桥不仅提供了两个局域网间物理层与数据链路层的连接，还为两个局域网内的用户提供路由与协议转换的较高层的功能，如图 3-22 所示。

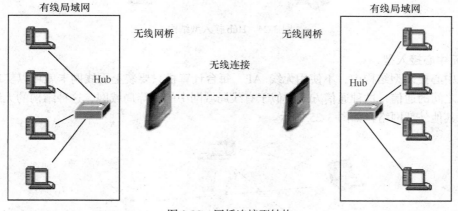

图 3-22 网桥连接型结构

2. 无线 AP 接入型

利用无线 AP 作为 Hub 组建星型结构的无线局域网，具有与有线 Hub 组网方式类似的特点。这种局域网可以采用类似于交换型以太网的工作方式，但要求无线 AP 具有简单的网内交换功能，如图 3-23 所示。

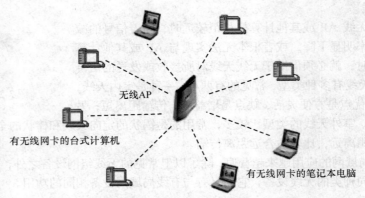

图 3-23　无线 AP 接入型结构

3. Hub 接入型

多台装有无线网卡的计算机利用无线 AP 连接在一起，再通过 Hub 接入有线局域网，实现一个网络中无线部分与有线部分的连接。在这种结构中，如果使用带路由功能的无线 AP 或添加路由器，则可以与独立的有线局域网连接，如图 3-24 所示。

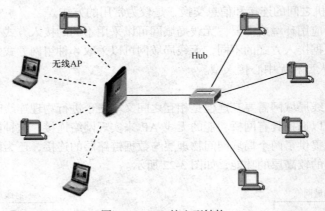

图 3-24　Hub 接入型结构

4. 无中心接入型

在无中心接入型结构中，不使用无线 AP，每台计算机只要装上无线网卡就可以实现任意两台计算机之间的通信，这种通信方式类似于有线局域网中的对等局域网，这种结构的无线网络不能连接到其他外部网络，如图 3-25 所示。

图 3-25　无中心接入型结构

3.8　网络互连技术

国际标准化组织（ISO）提出了 OSI/RM 作为计算机网络体系结构的参考模型，但并非所有的计算机网络都严格遵守这个标准，大量同构网、异构网仍然存在（包括各种各样的局域网、城域网和广域网）。为了达到更大范围内的信息交换和资源共享，需要将这些网络互相连接起来。网络互连是计算机网络发展到一定阶段的产物，是网络技术中的一个重要组成部分。

3.8.1　网络互连的定义

网络互连是指用一定的网络互连设备将多个拓扑结构相同或不同的网络连接起来，构成更大规模的网络。网络互连的目的是使得网络上的一个用户可以访问其他网络上的资源，实现网络间的信息交换和资源共享。网络互连允许不同的传输介质、拓扑结构共存于一个大的网络中。

根据网络的地理覆盖范围，网络互连可分为以下 4 种类型。

（1）局域网之间的互连（LAN-LAN）。局域网与局域网的互连是实际中最为常用的一种互连形式，其互连结构如下。

· 同构网互连。同构网互连是指具有相同协议的局域网的互连。这种互连比较简单，使用网桥就可以实现多个局域网的互连。

· 异构网互连。异构网互连是指具有不同网络协议的共享介质局域网的互连。这种互连也可以通过网桥实现。

（2）局域网与广域网之间的互连（LAN-WAN）。局域网与广域网的互连应用广泛，可通过路由器或网关实现互连。

（3）广域网之间的互连（WAN-WAN）。

（4）通过广域网实现的局域网之间的互连（LAN-WAN-LAN）。两个分布在不同地理位置的局域网通过广域网实现互连。

无论是哪种类型的互连，每个网络都是互连网络的一部分，是一个子网。子网设备、子网操作系统、子网资源和子网服务将成为一个整体，使互连网络上的所有资源实现共享。

3.8.2　网络互连的层次

由于网络体系结构上的差异，实现网络互连可在不同的层次上进行。按 OSI/RM 参考模型的层次划分，可将网络互连分为 4 个层次，如图 3-26 所示。

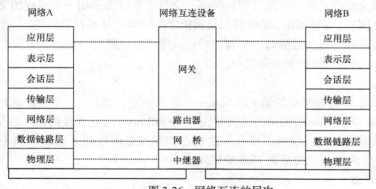

图 3-26　网络互连的层次

与之对应的网络互连设备如下。

（1）中继器（Repeater）：实现物理层的互连。

（2）网桥（Bridge）：实现数据链路层的互连。

（3）路由器（Router）：实现网络层的互连。

（4）网关（Gateway）：实现网络高层的互连。

（5）交换机（Switch）：实现链路层或网络层的互连。

3.8.3 网络连接设备

计算机与计算机或工作站与服务器进行连接时，除了使用连接介质外，还需要一些中介设备来进行互连。常用的连接设备可划分为以下几种类型。

1. 网络物理层互连设备

（1）中继器。

由于信号在网络传输介质中有衰减和噪声，使有用的数据信号变得越来越弱，因此为了保证有用数据的完整性，并在一定范围内传送，要用中继器（Repeater）把所接收到的弱信号分离，并再生放大以保持与原数据相同。中继器是连接网络线路的一种装置，常用于两个网络结点之间物理信号的双向转发工作。中继器是最简单的网络互连设备，主要完成物理层的功能，负责在两个结点的物理层上按位传递信息，完成信号的复制、调整和放大功能，以此来延长网络的长度。值得注意的是，中继器不具备检查错误和纠正错误的功能，因此如果有错误的数据，经中继器复制到另一电缆段时则仍是错误的。

一般情况下，中继器的两端连接的是相同的媒体，主要是用同轴电缆进行连接；但有的中继器也可以完成不同媒体的转接工作。从理论上讲中继器的使用是无限的，网络也可以无限延长。事实上这是不可能的，因为网络标准中都对信号的延迟范围作了具体的规定，中继器只能在此规定范围内进行有效的工作，否则会引起网络故障。以太网标准中就约定了一个以太网上只允许出现 5 个网段，最多使用 4 个中继器，而且其中只有 3 个网段可以挂接计算机终端。

（2）集线器。

集线器（Hub）可以说是一种特殊的中继器，区别在于集线器能够提供多端口服务，也称为多口中继器。作为网络传输介质间的中央结点，它克服了介质单一通道的缺陷。以集线器为中心的优点是：当网络系统中某条线路或某结点出现故障时，不会影响网上其他结点的正常工作。集线器技术发展迅速，已出现交换技术（在集线器上增加了线路交换功能）和网络分段方式，提高了传输带宽。按结构的不同，集线器可分为交换式、共享式和可堆叠共享式 3 种。

- 交换式 Hub。

目前，集线器和交换机之间的界限已变得模糊。交换式集线器采用一个纯粹的交换系统代替传统的共享介质中继网段。应该指出，集线器和交换机之间的特性几乎没有区别。一个交换式 Hub 重新生成每一个信号并在发送前过滤每一个包，而且只将其发送到目的地址。交换式 Hub 可以使 10Mbit/s 和 100Mbit/s 的站点用于同一网段中。

- 共享式 Hub。

共享式 Hub 提供了所有连接点的站点间共享一个最大频宽。例如，一个连接着几个工作站或服务器的 100Mbit/s 共享式 Hub 所提供的最大频宽为 100Mbit/s，与它连接的站点共享这个频宽。共享式 Hub 不过滤或重新生成信号，所有与之相连的站点必须以同一速度工作（10Mbit/s 或 100Mbit/s）。所以共享式 Hub 比交换式 Hub 价格便宜。

- 堆叠共享式 Hub。

堆叠共享式 Hub 是共享式 Hub 中的一种，当它们级联在一起时，可看做是网中的一个大 Hub。

当 6 个 8 口的 Hub 级联在一起时，可以看做是 1 个 48 口的 Hub。当想以少量的投资组建网，但又想满足未来用户增长的需要，选择这类集线器是最理想的。

2. 数据链路层互连设备

（1）网桥。

网桥（Bridge）也称桥接器，是连接两个局域网的存储转发设备，用它可以完成具有相同或相似体系结构网络系统的连接，是一个局域网与另一个局域网之间建立连接的桥梁。网桥的作用是扩展网络和通信的手段，在各种传输介质中转发数据信号，扩展网络的距离，同时又有选择地将有地址的信号从一个传输介质发送到另一个传输介质，并能有效地限制两个介质系统中无关紧要的通信。

根据网桥连接的范围，网桥可分为本地网桥和远程网桥。本地网桥是指在传输介质允许长度范围内互连网络的网桥；远程网桥是指连接的距离超过网络的常规范围时使用的远程桥，通过远程网桥互连的局域网将成为城域网或广域网。如果使用远程网桥，则远程网桥必须成对出现。在网络的本地连接中，网桥可以使用内桥和外桥。内桥是文件服务的一部分，是通过文件服务器中的不同网卡连接起来的局域网，由文件服务器上运行的网络操作系统来管理。外桥安装在工作站上，实现两个相似或不同的网络之间的连接。外桥可以是专用的，也可以是非专用的。作为专用网桥的工作站不能当普通工作站使用，只能建立两个网络之间的桥接。而非专用网桥的工作站既可以作为网桥，也可以作为工作站。另外，还有远程网桥是实现远程网之间连接的设备，通常远程桥使用调制解调器与传输介质，如用电话线实现两个局域网的连接。

网桥与中继器相比，具有以下特点。

① 网桥可以实现不同类型的局域网互连，而中继器只能实现以太网间的相连。

② 网桥可以实现大范围的局域网互连，而中继器只能将 5 段以太网相连，且不能超过一定距离。

③ 网桥可以隔离错误帧，提高网络性能。而中继器互连的以太网区段，随着用户的增多，冲突加大，网络性能将会降低。

④ 网桥的引入可以提高局域网的安全性。

（2）交换机。

网络交换技术是近几年来发展起来的一种结构化的网络解决方案。它是计算机网络发展到高速传输阶段而出现的一种新的网络应用形式。交换机在外观上很像集线器，连接方式也相近，所以又叫做交换式集线器。由于交换机市场发展迅速，产品繁多，而且功能上越来越强，所以用企业级、部门级、工作组级到桌面进行交换机分类。

3. 网络层互连设备

路由器（Router）是用于连接多个逻辑上分开的网络。逻辑网络是指一个单独的网络或一个子网。当数据从一个子网传输到另一个子网时，可通过路由器来完成。因此，路由器具有判断网络地址和选择路径的功能，它能在多网络互连环境中建立灵活的连接，可用完全不同的数据分组和介质访问方法连接各种子网。路由器只接收源站或其他路由器的信息，它不关心各子网使用的硬件设备，但要求运行与网络层协议相一致的软件。路由器的工作原理如图 3-27 所示。

4. 应用层互连设备

在一个计算机网络中，当连接不同类型而协议差别又较大的网络时，则要选用网关设备。网关的功能体现在 OSI 参考模型的最高层，它将协议进行转换，将数据重新分组，以便在两个不同类型的网络系统之间进行通信。由于协议转换是一件复杂的事，一般来说，网关只进行一对一转换，或是少数几种特定应用协议的转换，网关很难实现通用的协议转换。用于网关转换的应用协议有电子邮件、文件传输和远程工作站登录等。

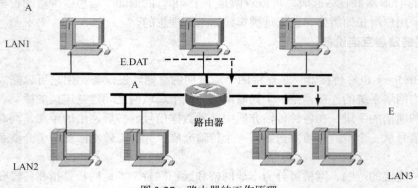

图 3-27 路由器的工作原理

网关和多协议路由器（或特殊用途的通信服务器）组合在一起可以连接多种不同的系统。和网桥一样网关可以是本地的，也可以是远程的。

习　　题

1. 局域网的主要特点是什么？

2. 局域网的基本拓扑结构有哪些？各有何特点？

3. 试说明在局域网中 3 种介质访问控制方法的异同点。

4. 简述同轴电缆、双绞线和光纤 3 种传输介质的特点及适用范围。

5. 集线器与交换机的区别是什么？

6. 网卡的功能是什么？

7. 网络互连设备主要有哪几种类型？

8. 局域网的种类有哪些，它们的主要特点是什么？

9. 快速以太网和传统以太网的主要区别是什么？

10. 请说明虚拟局域网的基本工作原理。

11. 请说明局域网交换机的基本工作原理。

12. 为什么网络规模扩大与节点增多会影响网络性能？怎样解决网络规模与网络性能之间的矛盾？

13. 简述无线局域网的概念及特点。

14. 简述无线局域网技术标准有哪些？各有什么特点？

15. 无线局域网的组网设备有哪些？组网结构有哪些？

16. 网络互连的定义是什么？它有哪几种形式？

17. 网络互连分为哪几个层次？各层对应的网络互连设备是什么？

第4章
Internet 基础知识

当今社会是信息化的社会，Internet 已成为全球信息传递的一种高速、有效而方便的手段。Internet 是使用 TCP/IP 将全世界不同国家、不同地区、不同部门和不同类型的计算机，国家骨干网、广域网和局域网，通过网络互连设备连接而成的、全球最大的开放式计算机网络。所谓计算机网络就是计算机通过数据通信系统相互连接成一个网络，在这个网络中可以实现数据通信及资源共享等功能。无论用户身在何处，只要用户的计算机与 Internet 建立了连接，就可以使用 Internet 进行数据通信、资源共享等。Internet 为人们的生活、工作带来了极大的方便。因此，对广大学生来说，了解 Internet，掌握 Internet 已经成为一种必要。可以毫不过分地讲，Internet 是人类历史上最伟大的成就之一，它的重要意义可以与工业革命的巨大影响相媲美。

4.1 Internet 概述

4.1.1 Internet 的定义

Internet 是国际互联网，又称因特网、互联网，是广域网的进一步扩展。通俗地说，Internet 是将世界上各个国家和地区成千上万的同类型和异类型网络互连在一起而形成的一个全球性、开放性的大型网络系统。它是当今世界上最大的和最著名的国际性资源网络。Internet 就像是在计算机与计算机之间架起的一条条高速公路，各种信息在上面快速传递，这种高速公路网遍及世界各地，形成了像蜘蛛网一样的网状结构，使得人们可以在全球范围内交换各种各样的信息。Internet 实际上是由世界范围内众多计算机网络连接而成的网络，它不是一个具有独立形态的网络，而是由计算机网络汇合成的一个网络集合体。Internet 的魅力在于它提供了信息交流和资源共享的环境。与 Internet 连接，意味着可以分享其上丰富的信息资源，可以和其他 Internet 用户以各种方式进行信息交流。在这一方面，Internet 所起的巨大作用是其他任何社会媒体或服务机构都无法比拟的。Internet 连接了成千上万个局域网和数亿个用户。除去设备规模、统计数字、使用方式和发展方向上的明显优势外，Internet 正以一种令人难以置信的速度发展。

从网络通信技术的角度看，Internet 是以 TCP/IP 连接各个国家、各个地区及各个机构的计算机网络的数据通信网。从信息资源的角度看，Internet 是集各个部门、各个领域的各种信息资源为一体，供网上用户共享的信息资源网。今天的 Internet 已远远超过了网络的含义，它是一个社会。1995 年 10 月 24 日，美国的联邦网络署（FNC）一致通过了定义 Internet 这个术语的决议，这个定义从通信协议、物理连接、资源共享、相互联系和相互通信的角度综合考虑，即 Internet 是具有下列特性的全球信息网。

（1）基于 IP（或其后继者）的全球唯一的地址空间，逻辑地连接在一起。

（2）能够支持使用 TCP/IP 协议集（或其后继者及其他与 IP 兼容的协议）来通信。

（3）TCP/IP 是实现互联网连接性和互操作性的关键，就像胶水一样把成千上万的 Internet 上的各种网络互连起来。

（4）公开或私下地提供、利用或形成在上述通信与相关基础设施之上的高层服务。

（5）Internet 是一个网络用户的集团，网络使用者在使用网络资源的同时，也为网络的发展壮大贡献自身的力量。

（6）Internet 是所有可被访问和利用的信息资源的集合。

4.1.2　Internet 的发展

1．Internet 的起源与发展

Internet 起源于 1969 年美国国防部建立的 ARPAnet（Advanced Research Projects Agency Network，高级研究计划局通信网），是用于军事实验的网络。1984 年 ARPAnet 分解成两部分：民用科研网（ARPAnet）和军用计算机网络（MILNET）。1986 年 NSFNET（National Science Foundation Network，美国国家科学基金会网）建立，NSFNET 接管 ARPAnet 并改名为 Internet。

NSFNET 用于连接当时的 6 大超级计算机中心和美国的大专院校学术机构。该网络由美国 13 个主干结点构成，主干结点向下连接各个地区网，再连到各个大学的校园网，采用 TCP/IP 作为统一的通信协议标准，速率由 56kbit/s 提高到 1.544Mbit/s。

Internet 在美国是为了促进科学技术和教育的发展而建立的。因此，在 1991 年以前，Internet 被严格限制在科技、教育和军事领域，1991 年以后才开始转为商用。自 1994 年以来，利用 Internet 进行商业活动成为世界经济的一大热点。可以说 Internet 的普及应用是人类社会由工业社会向信息社会发展的重要标志。

2．Internet 在中国的发展

Internet 在中国的发展大致可以分为两个阶段，第一阶段是 1987～1993 年，我国的一些科研部门通过与 Internet 联网，与国外的科技团体进行学术交流和科技合作，主要从事电子邮件的收发业务；第二阶段是 1994 年以后，以中科院、北大和清华为核心的"中国国家计算机网络设施（The National Computing and Networking Facility of China，NCFC）"通过 TCP/IP 和 Internet 全面连通，从而获得了 Internet 的全功能服务。NCFC 的网络中心的域名服务器作为中国最高层的网络域名服务器，是中国网络发展史上的一个里程碑。

20 世纪 90 年代我国在公用电话网普及的基础上，相继建立了中国分组交换数据网（ChinaPAC）、中国公用数字数据网（ChinaDDN）和中国帧中继网（ChinaFBN），以这些公用物理通信链路为基础，组建形成了中国的 Internet。目前，国内的 Internet 主要由 9 大骨干互联网络组成，其中，中国教育和科研计算机网、中国科技网、中国公用计算机互联网和中国金桥信息网是典型的代表。

中国教育和科研计算机网（Chinese Education and Research Network，CERNET）是由原国家计委投资、原国家教委主持建设。其目的是建设一个全国性的教育研究基地，把全国大部分的高等院校和中学连接起来，推动校园建设和促进信息资源的交流共享，推动我国教育和科研事业的发展。网络总控

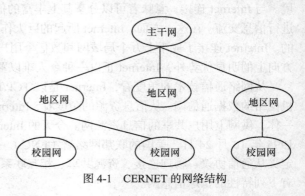

图 4-1　CERNET 的网络结构

中心设在清华大学。CERNET 的网络结构如图 4-1 所示。

中国科技网（Chinese Science and Technoloy Network，CSTNET）由中国科学院主管。网络由两级组成，以北京地区为中心，共设置了 27 个主站点，分别设在北京和全国部分大、中城市，该网络中心还承担着国家域名服务的功能。

中国公用计算机互联网（ChinaNET）是由原中国邮电部投资建设的中国公用 Internet，是中国最大的 Internet 服务提供商。ChinaNET 也是一个分层体系结构，由核心层、区域层和接入层 3 个层次组成。ChinaNET 用户接入方式如图 4-2 所示。

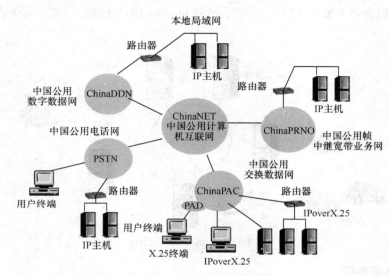

图 4-2　ChinaNET 用户接入方式示意图

中国金桥信息网（ChinaGBN）简称金桥网，是由电子工业部所属的吉通公司主持建设实施的计算机公用网，为国家宏观经济调控和决策服务。

3．第二代 Internet

从 1993 年起，由于 WWW 技术的发明及推广应用，Internet 面向商业用户和普通公众开放，用户数量开始以滚雪球的方式增长，各种网上的服务不断增加，接入 Internet 的国家也越来越多，再加上 Internet 先天不足，如带宽过窄、对信息的管理不足，造成信息传输的严重阻塞。为了解决这一难题，1996 年 10 月，美国 34 所大学提出了建设下一代因特网（Next Generation Internet，NGI）的计划，表明要进行第二代 Internet（Internet 2）的研制。研究的重点是网络扩展设计、端到端的服务质量（QoS）和安全性 3 个方面。第二代 Internet 又是一次以教育科研为向导，瞄准 Internet 的高级应用，是 Internet 更高层次的发展阶段。第二代 Internet 的建成，将使多媒体信息可以实现真正的实时交换，同时还可以实现网上虚拟现实和实时视频会议等服务。例如，大学可以进行远程教学，医生可以进行远程医疗等。第二代 Internet 计划进展之快以及它引起的反响之大，都超出了人们的意料。也许只要三五年普通老百姓就可以应用它，到那时离真正的"信息高速公路"也就不远了。如果要跟踪第二代 Internet 的发展，可以访问 www.Internet2.edu。

中国第二代因特网协会（中国 Internet 2）已经成立，该协会是一个学术性组织，将联合众多的大学和研究院，主要以学术交流为主，进行选择并提供正确的发展方向，其工作主要涉及三个方面：网络环境、网络结构、协议标准及应用。在 2004 年 2 月，我国的第一个下一代互联网（CNGI）的主干网 CERNET2 试验网正式开通，并提供服务。CERNET2 目前以 2.5～10Gbit/s

的速率连接北京、上海和广州 3 个 CERNET 的核心结点，并与国际下一代互联网连接。这标志着中国互联网的发展已经逐步与国际水平接轨。

4.1.3 Internet 的组成

Internet 是全球最大的、开放的、由众多网络和计算机互连而成的计算机互联网。它连接各种各样的计算机系统和网络，无论是微型计算机还是专业的网络服务器，无论是局域网还是广域网。不管在世界的什么位置，只要共同遵循 TCP/IP，即可接入 Internet。概括来讲，整个 Internet 主要由 Internet 服务器（资源子网）、通信子网和 Internet 用户 3 部分组成，其结构示意如图 4-3 所示。

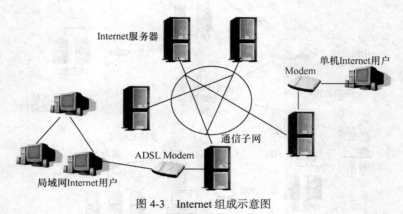

图 4-3　Internet 组成示意图

1．Internet 服务器

Internet 服务器是指连接在 Internet 上提供给网络用户使用的计算机，用来运行用户端所需的应用程序，为用户提供丰富的资源和各种服务，通常也称资源子网。Internet 服务器一般要求全天 24 小时运行，否则 Internet 用户可能无法访问该服务器上的资源。

一般来说，一台计算机如果要成为 Internet 服务器，需要向有关管理部门提交申请。获得批准后，该计算机将拥有唯一的 IP 地址和域名，从而为成为 Internet 服务器做好准备。有一点需注意，申请成为 Internet 服务器及 Internet 服务器的运行期间都需要向管理部门支付一定的费用。

2．通信子网

通信子网是指用来把 Internet 服务器连接在一起，供服务器之间相互传输各种信息和数据的通信设施。它由转接部件和通信线路两部分组成，转接部件负责处理及传输信息和数据，而通信线路是信息数据传输的"高速公路"，多由光缆、电缆、电力线、通信卫星、无线电波等组成。

3．Internet 用户

只要通过一定的设备，如利用电话线和 ADSL 等接入 Internet，即可访问 Internet 服务器上的资源，并享受 Internet 提供的各种服务，从而成为 Internet 用户。Internet 用户可以是单独的计算机，也可以是一个局域网。将局域网接入 Internet 后，通过共享 Internet，可以使网络内的所有用户都成为 Internet 用户。

对于拥有普通电话线和 Modem 的计算机用户，如果要接入 Internet，需要向当地的 ISP（Internet Service Providers，网络服务提供商）申请一个上网账号。然后通过电话拨入 ISP 的服务器和所申请的账号登录来接入 Internet。目前，许多 ISP 提供了不需专门申请的公用账号，任何人都可以使用电话线通过公用账号接入 Internet（如 16900、16500 等），为普通计算机用户享受 Internet 服务提供了很大便利。

4.2　Internet 的基本原理

4.2.1　Internet 的基本工作原理

了解 Internet 的基本工作原理，对于弄懂计算机网络如何工作是很重要的，从而在理论上可以解释为什么 Internet 能提供那么多有用的服务项目。

1. 分组交换——Internet 工作原理之一

Internet 采用共享传输线路的方法，利用分组交换的技术来达到资源共享的这一目的。

使用共享传输线路使得多台设备共享一条传输线路，这样可以只使用少量的线路和少量的交换设备，从而可以节约资金。但在时间上产生了延迟。

人们针对如何既享受共享传输线路节约资金的优点，又避免共享传输线路在时间上产生延迟的缺点，提出了不同的解决方案。

有线电视的方法就是其解决方案之一，它是利用现有有线电视系统开发的一种计算机网络技术。但由于大多数通信线路的带宽不像有线电视的同轴电缆的带宽那么"宽"，所以不能采用和有线电视相同的方法来解决线路的延迟问题。实际上，在 Internet 上使用的是一种与有线电视完全不同的技术，那就是同一时间只允许一台计算机访问网络上的共享资源。为了防止一台计算机由于长时间的任意占有共享线路而导致其他计算机都要等候很长的时间，将网络中每台计算机所要传输的数据，划分成若干大小相同的信息小包，计算机网络为每台计算机轮流发送这些信息小包，直到发送完毕为止。这种分割总量，轮流发送的规则就叫做分组交换。每次所能传送数据的单位称为一个分组（就是前面提到的信息小包）。

目前的计算机网络，无论是局域网还是广域网，都使用了分组交换技术。下面为了说明为什么分组交换可以避免延迟举一个例子。

例如，有 3 台计算机 A、B、C，分别要在网络中发送的数据量是 80 字节、100 字节和 40 字节，那么网络在给这 3 台计算机传送数据时，并不是先为 A、B 或 C 发送完所有的数据再发送另两个计算机的数据，而是规定每一次的传输量，如每次发送 20 字节，实际的传送过程如表 4-1 所示。这种设计使得 A、B、C 3 台计算机（无论发送数据的多少）所等待的时间都是最合理的。

表 4-1　　　　　　　　　　　　　　传输过程

计算机代号	发送的轮次	每次传输量	累积传输量
A	1	20	20
B	1	20	20
C	1	20	20
A	2	20	40
B	2	20	40
C	2	20	40
A	3	20	60
B	3	20	60
A	4	20	80
B	4	20	80
B	5	20	100

为了使网络硬件能够区分不同的分组，首先，每个分组具有同样的格式，而且每个分组的开始都应包括一个信息头，其后才是数据。每个分组开始的头部都包含两个重要的地址：发送该分组的计算机地址（称为源地址）和该分组所到达的计算机地址（称为目标地址）。这和寄信用的信封差不多，信封上既要写上收信人的地址（相当于目标地址），还要写上发信人的地址（相当于源地址）。虽然分组的交换技术对每个分组中的数据长度做了限制，但它允许发送方传输不超过最大长度的任何长度的分组。在大多数分组交换网络中，分组传输得很快。分组交换技术允许网络上的任一台计算机在任何时候都能发送数据。更为重要的是，每台计算机并不知道同一时刻还有多少台计算机在使用网络。关键是由于分组交换系统能够在有新的一台计算机准备发送数据和网络中的某一台计算机接收发送数据时，能够立即进行自动调整，因而每台计算机在任意给定的时刻都能公平地分享网络线路。

网络共享的自动调整是通过网络接口硬件实现的。也就是说，网络共享无须任何"计算"，也不需要各计算机在开始使用网络之前进行协调。相反，任何一台计算机可以在任何地方任何时候产生分组。当一个分组就绪后，计算机的接口硬件开始等待，等轮到自己发送时，就把分组发送出去。因而从计算机的角度来看，公平地使用共享网络是自动的，即由网络硬件处理所有的细节。

总之，分组交换系统能使多台计算机在一个共享网络上进行通信具有最小的延迟，因为分组交换将每个数据包分成若干很小的分组，并且让使用共享网络的所有计算机轮流发送它们的分组（信息小包）。

2. 客户机和服务器程序——Internet 工作原理之二

客户机/服务器系统（Client/Server System）是目前分布式网络普遍采用的一种技术，也是 Internet 所采用的最重要的技术之一。网络的一种基本用途是允许资源共享，这种共享是通过两个独立的程序来完成的，它们分别运行在不同的计算机上，如图 4-4 所示。一个程序称为服务器程序（简称服务器），服务器的主要功能是接收从客户计算机来的连接请求（称为 TCP/IP 连接），解释客户的请求，完成客户请求并形成结果，将结果传送给客户。另一个程序称为客户机程序（简称客户机），客户机（本地计算机及客户软件）的主要功能是接收用户输入的请求，与服务器建立连接，将请求传送给服务器，接收服务器送来的结果，以可读的形式显示在本地机的显示屏上。

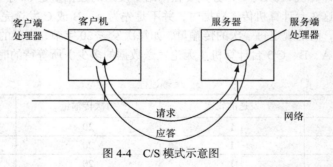

图 4-4　C/S 模式示意图

Internet 所提供的服务都是采用这种客户机/服务器的模式，如微软公司的浏览器程序 Internet Explorer（简称 IE）和 Netscape 公司的浏览器程序 Navigator 都是典型的 Web 客户机程序。Internet 上所使用的客户机程序和服务器程序有许多可以免费从 Internet 上获取。在获取这些程序之前，首先要明确自己需要什么样的和什么版本的客户机程序和服务器程序。这些要求是根据主机上运行的操作系统的类型而定的，目前大多数客户机程序是免费的。

客户机/服务器系统的优点如下。

（1）提高了工作的效率。在主从式的结构中，客户端负责与使用者交谈，并向服务器提出请求，服务器负责处理相关的交互操作，为客户端提供服务。在客户机/服务器模式中，将工作的负担交给客户端和服务器分别处理，减轻了服务方的负担，从而进一步提高了工作的效率。

（2）提高了系统的可扩充性。采用客户机/服务器模式，使用开放式的设计，可以不限于特定的硬件，主从双方可以根据各自的具体状况，配置各自独立的设备，不论设备的优劣，只需具备各自独立的功能即可，可以根据各自的所需，分配各自的工作，进一步降低了成本。

3. P2P 技术——Internet 工作原理之三

最近几年，对等计算（Peer-to-Peer，P2P）迅速成为计算机界关注的热门话题之一，财富杂志更将 P2P 列为影响 Internet 未来的四项科技之一。

点对点技术（peer-to-peer，P2P）又称对等互联网络技术，是一种网络新技术，依赖网络中参与者的计算能力和带宽，而不是把依赖都聚集在较少的几台服务器上。P2P 是一种分布式网络，网络的参与者共享他们所拥有的一部分硬件资源（处理能力、存储能力、网络连接能力、打印机等），这些共享资源需要由网络提供服务和内容，能被其他对等节点（Peer）直接访问而无须经过中间实体。在此网络中的参与者既是资源（服务和内容）提供者（Server），又是资源（服务和内容）获取者（Client）。P2P 打破了传统的 Client/Server（C/S）模式，在网络中的每个结点的地位都是对等的。每个结点既充当服务器，为其他结点提供服务，同时也享用其他结点提供的服务，如图 4-5 所示。

图 4-5　P2P 模式示意图

目前，P2P 主要应用在文件共享（如 BitTorrent、eMule、PPlive、迅雷等）、即时通信（如 QQ、MSN、Skype 等）、协同计算及搜索引擎等领域。Internet 上各种 P2P 应用软件层出不穷，用户数量急剧增加。大量 P2P 软件的用户使用数量分布从几十万、几百万到上千万并且急剧增加，并给 Internet 带宽带来巨大冲击。

P2P 技术的优点如下。

（1）非中心化（Decentralization）：网络中的资源和服务分散在所有结点上，信息的传输和服务的实现都直接在结点之间进行，可以无须中间环节和服务器的介入，避免了可能的瓶颈。P2P 的非中心化基本特点，带来了其在可扩展性、健壮性等方面的优势。

（2）可扩展性：在 P2P 网络中，随着用户的加入，不仅服务的需求增加了，系统整体的资源和服务能力也在同步地扩充，始终能较容易地满足用户的需要。整个体系是全分布的，不存在瓶颈。理论上其可扩展性几乎可以认为是无限的。

（3）健壮性：P2P 架构天生具有耐攻击、高容错的优点。由于服务是分散在各个结点之间进行的，部分结点或网络遭到破坏对其他部分的影响很小。P2P 网络一般在部分结点失效时能够自动调整整体拓扑，保持其他结点的连通性。P2P 网络通常都是以自组织的方式建立起来的，并允许结点自由地加入和离开。P2P 网络还能够根据网络带宽、结点数、负载等变化不断地做自适应式的调整。

（4）高性能/价格比：性能优势是 P2P 被广泛关注的一个重要原因。随着硬件技术的发展，个人计算机的计算和存储能力以及网络带宽等性能依照摩尔定理高速增长。采用 P2P 架构可以有效地利用互联网中散布的大量普通结点，将计算任务或存储资料分布到所有结点上。利用其中闲置的计算能力或存储空间，达到高性能计算和海量存储的目的。通过利用网络中的大量空闲资源，可以用更低的成本提供更高的计算和存储能力。

（5）隐私保护：在 P2P 网络中，由于信息的传输分散在各结点之间进行而无须经过某个集中环节，用户的隐私信息被窃听和泄露的可能性大大缩小。此外，目前解决 Internet 隐私问题主要采用中继转发的技术方法，从而将通信的参与者隐藏在众多的网络实体之中。在传统的一些匿名通信系统中，实现这一机制依赖于某些中继服务器结点。而在 P2P 中，所有参与者都可以提供中继转发的功能，因而大大提高了匿名通信的灵活性和可靠性，能够为用户提供更好的隐私保护。

（6）负载均衡：P2P 网络环境下由于每个结点既是服务器又是客户机，减少了对传统 C/S 结构服务器计算能力、存储能力的要求，同时因为资源分布在多个结点，更好的实现了整个网络的负载均衡。

虽然与传统的 C/S 模式相比，P2P 在很多方面表现出无可比拟的优越性。但是它在结点管理、信息的定位搜索、安全方面也存在一些问题。随着 P2P 技术的进一步研究，它将给信息社会带来更多的机遇与挑战。

4.2.2　Internet 与局域网的关系

简单地说，Internet 又叫互联网，是一个由各种不同类型和规模的、独立运行和管理的计算机网络组成的世界范围的巨大计算机网络——全球性计算机网络。组成互联网的计算机网络包括小规模的局域网（LAN）、城市规模的区域网（MAN）以及大规模的广域网（WAN）等。这些网络通过普通电话线、高速率专用线路、卫星、微波和光缆等线路把不同国家的大学、公司、科研部门及军事和政府等组织的网络连接起来。

4.3　Internet 的服务

Internet 为人们提供了一个巨大的并且在迅速增长的信息资源库，用户可从中获得各方面的信息，如自然、政治、历史、科技、教育、卫生、娱乐、政府决策、金融、商业、气象等。其中主要的服务资源包括以下几项。

1．E-mail

E-mail（Electronic Mail）是 Internet 最主要繁荣的服务之一，也是最基本的和用户最常用的服务之一。它是利用计算机网络来发送和接收邮件。Internet 用户可以向 Internet 上的任何人发送和接收任何数据类型的信息，发送的电子邮件可以在几秒到几分钟内送往分布在世界各地的邮件服务器中，那些拥有电子信箱的收件人可以随时取阅。目前 E-mail 的状况是免费和收费电子邮件并存。收费电子邮件是发展趋势，服务质量也会越来越完善。

2．WWW

WWW 是 World Wibe Web 的缩写，又称为 W3、3W 或 Web，中文译为全球信息网或万维网。WWW 是融合信息检索技术与超文本和超媒体技术而形成的使用简单、功能强大的全球信息系统。它将文本、图像、声音和其他资源以超文本（HTML）的形式提供给访问者，是 Internet 上最方便和最受欢迎的信息浏览方式。

> Web 常常被媒体描述成 Internet，许多人也把 Web 当做 Internet。但是实际上并不是这样的，Web 只是 Internet 的一个部分，是众多基于 Internet 服务的一种。Web 最受关注的原因在于它是 Internet 中发展最快、最容易使用的部分。

3．FTP

FTP（File Transfer Protocol）是 WWW 出现以前 Internet 中使用最广泛的服务。FTP 用来在计算机之间传输文件。访问 FTP 服务器和 WWW 服务器是不同的，要访问一个 FTP 服务器上的信息资源，一般先在该服务器上进行注册，以获得合法的用户账号（用户名 Username 和口令 Password），此为非匿名 FTP 服务器。还有一种匿名 FTP 服务器，它的用户名是 Anonymous，口令是自己的电子邮件地址，输入匿名的用户名和口令后便可享受此项服务。

4. 远程登录与 BBS

远程登录服务（Telnet）用于在网络环境下实现资源的共享。利用远程登录，可以将自己的计算机暂时变成远程计算机的终端，从而直接调用远程计算机的资源和服务。远程计算机登录的前提是必须成为该系统的合法用户并拥有相应的 Internet 账户和口令。目前国内 Telnet 最广泛的应用是登录 BBS（Bulletin Board System），BBS 也称为公告板服务、联机信息服务系统或计算机在线信息服务（Online Service）。它与一般街头和校园内的公布栏性质相同，只不过 BBS 是通过计算机来传播或取得信息的。

5. USENET

USENET（网络论坛或新闻组），也称为 NewsGroup，是针对有关的专题讲座而设计的，是共享信息、交换意见和知识的地方。简单地说就是一个基于网络的计算机组合，这些计算机被称为新闻服务器，不同的用户通过一些工具软件（如 Outlook Express 中的新闻组）可连接到新闻服务器上，阅读其他人的消息并可以参与讨论。USENET 是一个完全交互的超级电子论坛，任何一个网络用户都能进行相互交流。它具有海量信息、直接交互性、全球互联性及主题鲜明等特点，与 WWW、E-mail、Telnet、FTP 同为互联网提供的重要服务内容之一。在国外，新闻组账号和上网账号、E-mail 账号一起并称为三大账号，由此可见其使用的广泛程度。由于种种原因，国内的新闻服务器数量很少，各种媒体对于 USENET 介绍得也较少。

USENET 与 WWW 服务不同，WWW 服务是免费的，任何能够上网的用户都能浏览网页，而大多数新闻组则是一种内部服务，即一个公司、一个学校的局域网内有一个服务器，根据本地情况设置讨论区，并且只对内部机器开放，从外面无法连接。国内外对外开放的新闻组较少，但是用途极大。目前，可用的开放的新闻组有：新凡（news：//news.newsfan.net），济南万千（news://news.webking.com.cn），宁波（news://news.cnnb.net），奔腾新闻组（news://news.cn99.com），微软（news://msnews.microsoft.com），前线（news://freenews.netfront.net）等。

6. 信息查询服务

在 Internet 中有很多有用的信息，但是这些信息分布在不同的计算机上，如何才能检索到所需要的信息，是广大用户关心的问题。Archie、Gopher 和 WAIS 都可以解决方便检索问题。但是随着 WWW 信息网络的广泛流行，这些检索手段都被 Web 搜索方式所替代。

（1）Archie：它的作用是帮助用户找到相关的匿名 FTP 网站。假设用户想要一个特别文件，Archie 就会告诉他，哪些匿名 FTP 主机存有这个文件。事实上，如果没有 Archie 服务器，大多数匿名 FTP 资源是无法得到的。

（2）Gopher：是 Internet 上较早出现的一种交互式、菜单式的信息查询工具，提供面向文本信息的查询服务。Gopher 服务器对用户提供树形结构的菜单索引，引导用户查询信息，使用非常方便。但由于 WWW 的迅速崛起，Gopher 服务已经逐渐被 WWW 所取代。

（3）WAIS：广域信息服务（Wide Area Information Service，WAIS）是提供查找分布在 Internet 上信息的另一种方法。WAIS 可以同时检索许多数据库。只要告诉 WAIS 要检索内容的关键词。WAIS 将在有关数据库中检索出所需文件。

7. 娱乐和会话服务

通过 Internet 不仅可以同世界各地的 Internet 用户进行实时通话，通过一些专门的设备，甚至可以传递视频和声音。此外，还可以参与各种游戏和娱乐，如网上棋牌大战，通过网络在线看影片等。

8. 名录服务

名录服务可分为白页服务和黄页服务两种。前者用来查找人名或机构的 E-mail 地址，后者用来查找提供各种服务的 IP 主机地址。

9. 电子商务服务

在网上进行贸易已经成为现实，而且发展得如火如荼，它已经在海关、外贸、金融、税收、销售和运输等方面得到了应用。电子商务现在正向一个更加纵深的方向发展，随着社会金融基础设施及网络安全设施的进一步健全，电子商务将在世界上引起一轮新的革命。当在真正的购物网页中填写订单或者准备给商店付款时，应该确定该网页是安全的。在大多数浏览器中，安全站点是由窗口底部的一个金色的已锁住的挂锁或者一个完整的（未断开的）金钥匙表示的。如果看到一个断开的钥匙或者未锁住的挂锁，或者根本没有图标，那么就应该在其他地方购物。

除了上述服务外，还有一系列其他服务，如网络 IP 电话、远程医疗、远程教学等。总之，Internet 为用户提供了各种各样的服务，有了 Internet，人类的文化生活日益丰富多彩。

4.4 Internet 的 IP 地址与域名系统

在日常生活中，需要记住各种类型的地址以便与他人通信联络，如邮政编码、街道地址、门牌编号等，在 Internet 上也是这样。如果一个通信系统允许任何一台主机与其他主机通信，就说这个通信系统提供了通用通信服务（Universal Communication Service）。为了识别这种通信系统上的计算机，需要建立一种普遍接受的标识方法。这就如同通过邮局寄信，信封上必须有收件人的地址，包括国家、城市、街道、门牌号以及邮政编码。在 Internet 上定义了两种方法来标识网上的计算机，分别是 Internet 的 IP 地址和域名。

4.4.1 IPv4 地址

1. IPv4 地址分类

Internet 上的数据能够发送到目的端的原因是：任何一个连接到 Internet 上的计算机都有一个唯一的网络地址。为了确保 Internet 上的每一个网络地址始终是唯一的，国际网络信息中心组织（InterNIC）根据公司网络的大小为其分配了一系列 IP 地址（又称为 Internet 地址）。Internet 在概念上可以分为 3 个层次，如图 4-6 所示。最高层是 Internet；第二层为各个物理网络，简称为"网络层"；第三层是各个网络中所包含的许多主机，简称为"主机层"。这样，IP 地址便由网络号和主机号两部分构成，如图 4-7 所示。由此可见，IP 地址结构明显带有位置信息，给出一台主机的地址，马上就可以确定它在哪一个网络上。

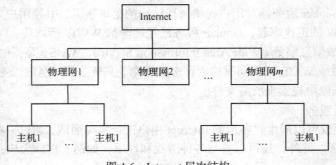

图 4-6 Internet 层次结构

根据 TCP/IP 规定，IP 地址由 32 位组成。由图 4-7 可以看出，IP 地址包括网络号和主机号。网络号用来区分 Internet 中不同的网络；主机号用来区分同一网络中不同的计算机。不能为两个

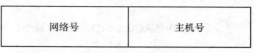

图 4-7　IP 地址结构

网络分配相同的网络号，也不能为同一个网络中的两台计算机分配相同的主机号，但同一个主机号值可以用于不同的网络中。例如，如果一个 Internet 包含 3 个网络，被分配的网络号分别为 1、2 和 3，分配给网络 1 中的 3 台计算机的主机号分别为 2、4、6，而分配给网络 2 和网络 3 中的 3 台计算机的主机号也可以使用 2、4、6。

IP 地址的层次结构保证了两个重要特性：每台计算机被分配了一个唯一的地址；网络号是全球范围统一分配的，但主机号的分配无须关心全球范围的唯一性，仅考虑本地的唯一性即可。如果两台计算机连到不同的物理网络上，那么它们地址的网络号是不同的；如果两台计算机连到相同的物理网络上，则它们地址的主机号是不同的。

一旦选择了 IP 地址的长度并决定将 IP 地址划分成两部分后，就必须决定 IP 地址的每部分中应该放置多少位。网络号需要足够的位数以允许一个唯一的网络号被分配给 Internet 中的每个物理网络；主机号也需要足够的位数以允许连接到网络上的每台计算机被分配一个唯一的主机号。位数的正确选择有时候是困难的，因为增加一部分的位数就意味着减少另一部分的位数。可以选择一个能够容纳许多网络的网络号，但会限制每个物理网络的大小。同样也可以选择一个物理网络可以容纳很多计算机的主机号，但限制了网络的整体数量。

Internet 管理委员会按照网络规模的大小，将 Internet 的 IP 地址分为 A、B、C、D、E 五类。A 类地址适用于大型网络，B 类地址适用于中型网络，C 类地址适用于小型网络，D 类地址用于组播，E 类地址用于实验。图 4-8 所示为 5 种地址类，前几位用于标识不同的类型以及网络号和主机号的划分。

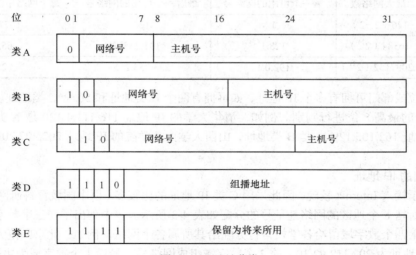

图 4-8　IP 地址分类

将 IP 地址分类是为了更好地满足不同用户的要求。当某个单位申请得到一个 IP 地址时，实际上是获得了具有同样网络号的一块地址，其中具体的各个主机号可以由该单位自行分配，只要做到在该单位管辖的范围内没有重复的主机号即可。对于计算机或路由器来说，IP 地址就是 32 位的二进制码。为了提高可读性，常常把 32 位 IP 地址中的每 8 位转换为一个十进制数，并且在这些十进制数字之间加上一个点，称之为点分十进制记法，如图 4-9 所示。

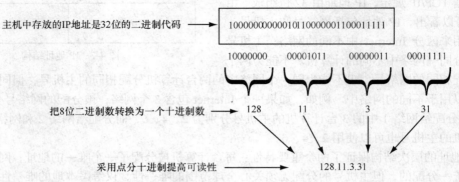

图 4-9　IP 地址的点分十进制记法

根据图 4-8 可以将 IP 地址的第一部分网络号的十进制取值范围归纳如下。

A 类　　1～126（0 和 127 不能用）；

B 类　　128～191；

C 类　　192～223；

D 类　　224～239；

E 类　　240～255。

虽然 IP 地址被分为 5 类，但常用的 IP 地址却只有 A 类、B 类和 C 类 3 种。表 4-2 所示为 A、B、C 类网络的特性，包括 A、B、C 类地址所拥有的最大网络数、第一个可用的网络号、最后一个可用的网络号和每个网络中的最大主机数。

表 4-2　　　　　　　　　　　　　　A、B、C 类网络的特性

网络类别	最大网络数	第一个可用的网络号	最后一个可用的网络号	每个网络中的最大主机数
A	126（2^7-2）	1	126	16777214
B	16384（2^{14}）	128.1	191.255	65534
C	2097152（2^{21}）	192.0.1	223.255.255	254

一个单位或部门可拥有多个 IP 地址，如可拥有两个 B 类地址和 50 个 C 类地址。地址的类别可从 IP 地址的最高 8 位进行判别。例如，清华大学的 IP 地址 116.111.4.120 是 A 类地址，北京大学的 IP 地址 162.105.129.11 是 B 类地址，山西大学商务学院的 IP 地址 202.207.209.200 是 C 类地址。

2. 中国的 IP 地址

我国由于接入 Internet 较晚，因此采用 C 类 IP 地址的比较多。以中国教育科研网（CERNET）为例，它对所辖 8 个地区的网络地址号的分配如表 4-3 所示。表中列出了前三个数字域中的十进制值，而将第四个数字域留给各学校自行分配给其所属各个网络。例如，北京师范大学计算中心某主机的 IP 地址为 202.112.92.30（前 3 个数字域组成网络号，最后 1 个数字域为主机号）。

表 4-3　　中国教育科研网（CERNET）中 8 个地区网的网络号（前 3 个字节的十进制值）

地区（代表城市）	网络 ID
华北地区（北京）	202.112.49
华东（南）地区（上海）	202.112.26
华中地区（武汉）	218.199.102

续表

地区（代表城市）	网络 ID
西南地区（成都）	202.112.14
华南地区（广州）	59.42.210
西北地区（西安）	202.200.142
东北地区（沈阳）	202.112.31
华东（北）地区（南京）	202.112.23

4.4.2　特殊 IP 地址

1．3 个特殊 IP 地址段

由于 IP 地址资源紧缺，为了在各部门内部构建 Intranet 环境及新技术发展、测试方便，Internet 国际组织保留了 3 个特殊网络地址段用于内部网的扩展使用。它们是：

10.0.0.0～10.255.255.255、172.16.0.0～172.31.255.255、192.168.0.0～192.168.255.255

这 3 个网段只能用于内部网，不能跨网段和路由，即在 Internet 上无法直接找到标记这 3 个网段地址的主机。标记这 3 个网段地址的主机必须通过代理（Proxy）或 NAT（Network Address Transfer）经过 IP 地址转换才能与 Internet 进行通信。大多数内部网使用这 3 个特殊网络地址进行内部网络互连，同时也缓解了 IP 地址的紧缺局面。

2．回送地址

A 类网络地址 127 是一个保留地址，叫做回送地址（Loopback Address），最常用的回送地址为 127.0.0.1，在主机上有一个接口，称为回送地址接口（Loopback Interface）。IP 规定，含网络号 127 的分组不能出现在任何网络上，主机和路由器不能为该地址广播任何寻径信息。当主机往 127.0.0.1 发送信息时，数据包经过协议栈的处理，又回到本地机自己，使用它可以实现对本机网络协议的测试或实现本地进程间的通信。

3．网络地址

网络地址又称网段地址。网络号不空而主机号全 "0" 的 IP 地址表示网络地址，即网络本身。例如，地址 210.40.13.0 表示其网络地址为 210.40.13。

4．直接广播地址

网络号不空而主机号全 "1" 表示直接广播地址，表示这一网段下的所有用户。广播地址的应用代表同时向网络中的所有主机发送信息。例如，210.40.13.255 就是 C 类地址中的一个直接广播地址，表示 210.40.13 网段下的所有用户。

5．有限广播地址

网络号和主机号都是全 "1" 的 IP 地址是有限广播地址，即 255.255.255.255，当需要在本子网内广播但又不知道本子网的网络号时，可以利用有限广播地址。

6．本机地址

网络号和主机号都为全 "0" 的 IP 地址表示本机地址。若主机想在本子网内通信，但又不知道本子网的网络号，那么可以利用 "0" 地址。

4.4.3　子网及子网掩码

1．子网的概念

在 Internet 上，接入的网络用户是以 IP 地址为单位进行管理的。例如，在一个 C 类地址（一个 C 类地址可连入 254 台计算机）上接入了 200 台计算机，则把这 200 台计算机作为一个组来看待。但在局域网内部，将 200 台计算机作为一个整体很难进行管理。因此，有必要对其进行分组，即可将这 200 个计算机用户分成若干个小组，如分成 8 个组，每组平均 25 台计算机，每一个小组就是一个子网。可以按用户的性质来划分子网，也可以按地理区域划分子网，还可以按部门划分子网。例如，山西大学可以按学院划分子网，也可以按办公楼划分子网。

2．子网地址

前面讲过，IP 地址由网络号和主机号两部分组成，引进了子网的概念后，则将 IP 地址中的主机号地址部分再一分为二，一部分作为"本地网络内的子网号"，另一部分作

网络号	子网号	子网内主机号

图 4-10　子网编址模式

为"子网内主机号"。这样一来，IP 地址则是由网络号、子网号和子网内主机号 3 部分组成。子网编址模式如图 4-10 所示。

这样在 IP 地址中，网络地址部分不变，原主机地址划分为子网地址和主机地址。这时 IP 地址结构就变成了 4 个层次，如图 4-11 所示。

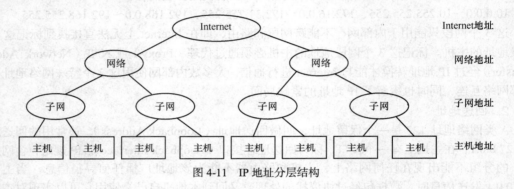

图 4-11　IP 地址分层结构

在 Internet 上，主机必须找到与其通信的主机所连接的网络，才能进一步完成数据通信的过程。划分子网后，由 IP 地址中的网络号和子网号共同构成网络地址，标识主机所连接的网络。

【例 4-1】某单位因需要申请了一个 C 类网络地址 192.10.31.0；为了便于管理，现需要划分 20 个子网，每个子网中放 5 台主机。请问：该子网应如何划分？划分后的子网地址分别是什么？

【解】规划方法：

① 对于 C 类地址，要从最后 8 位中分出几位作为子网号：

因为 $2^4 < 20 < 2^5$

所以应选择 5 位作为子网号，这样共可提供 30 个子网号（全"0"和全"1"一般不使用），完全满足了划分 20 个子网的需要。

② 检查剩余的位数能否满足每个子网中主机台数的要求：

因为子网号为 5 位，故还剩 3 位可以作为主机号，而且 $2^3 - 2 > 5$

所以可以满足每个子网中放置 5 台主机的要求。

③ 将网络地址 192.10.31.0 转化成二进制表示方式：

10000000 00001010 00011111 00000000

④ 5 位子网号的 30 种组合方式为：

00001　00010　00011 …… 11110

第 1 个子网，第 2 个子网，第 3 个子网，…，第 30 个子网对应的子网号为：8，16，24，…，240。

⑤ 所划分的子网地址为：

11000000 00001010 00011111 <u>00001000</u>　即　192.10.31.8

11000000 00001010 00011111 <u>00010000</u>　即　192.10.31.16

11000000 00001010 00011111 <u>00011000</u>　即　192.10.31.24

11000000 00001010 00011111 <u>00100000</u>　即　192.10.31.32

⋮

11000000 00001010 00011111 11110000　即　192.10.31.240

3．子网掩码

子网掩码（subnet mask）又叫网络掩码、地址掩码、子网络遮罩，它是一种用来指明一个 IP 地址的哪些位标示的是主机所在的子网以及哪些位标示的是主机的位掩码。子网掩码不能单独存在，它必须结合 IP 地址一起使用。子网掩码只有一个作用，就是将某个 IP 地址划分成网络地址和主机地址两部分。和 IP 地址一样，子网掩码也是由 32 位组成的，也由 4 个十进制数表示，中间用"."进行分隔。将 IP 地址的网络地址全改为 1，主机地址全改为 0，就是子网掩码。

对于一个 IP 地址，如何计算其归属哪一个子网，其在子网中的主机号又是多少？可以用下述方法计算子网地址及子网内部的主机地址。用子网掩码和 IP 地址相"与"便得到其所属的网段地址（Network ID，即网络号+子网号），这样主机就可以得知与其通信主机所连接的网络，以便进一步完成数据的传输；用子网掩码的反码和 IP 地址相"与"便得到其所属子网的内部主机号（Host ID）。

子网掩码的使用手法就是靠"借"，或可以说靠"抢"：就是从左往右按需要将本来属于主机地址的一些连续的比特转为子网地址来使用。也就是将预设的网络掩码的"1"逐渐地往右增加，相对的，网络掩码的"0"则越来越少。这样的结果当然是可以获得更多的网络地址，换句话说，可以将一个大的 IP 网络分割成更多的子网络，而每一个子网络的主机数目却相应地减少。

【例 4-2】已知某主机的 IP 地址 202.117.1.207，子网掩码 255.255.255.224，求：该主机所在子网地址、网络号、子网号和主机号。

【解】求解步骤：

① IP 地址点分二进制表示　　　　　　11001010. 01110101. 00000001.11001111

② 子网掩码的二进制表示　　∧　11111111. 11111111. 11111111.11100000

③ 子网的网络地址　　　　　　　　　11001010. 01110101. 00000001.11000000

所以，该子网所在的子网地址是：202.117.1.192，网络号为 202.117.1，子网号为 6。同理，将主机 IP 地址与子网掩码的反码做"与"运算得出主机号为 15。

4．子网掩码的用途

子网掩码有两个用途：第一个用途是将网络分成若干个子网，使得一个单位或部门尽可能地节省 IP 地址，又便于管理；第二个用途是用来区分 IP 地址中的子网号和主机号。在同一类 IP 地址中，不同网段的用户之间不能相互访问，这就间接起到了保护用户不被非法访问的作用，同时，还能有效地防止广播风暴。

设在一个局域网上有 4 台计算机 Host A、Host B、Host C、Host D 的 IP 地址和子网掩码的配置如表 4-4 所示。

表 4-4   子网掩码配置表

主　　机	IP 地址	子 网 掩 码	网 段 号	内部主机号
Host A	202.200.10.135	255.255.255.128	202.200.10.128	17
Host B	202.200.10.200	255.255.255.128	202.200.10.128	72
Host C	202.200.10.66	255.255.255.192	202.200.10.64	2
Host D	202.200.10.85	255.255.255.224	202.200.10.64	21

根据在局域网内同一网段的计算机才能互相访问的原则，从表 4-4 的配置情况可得到下述 4 种结果。

（1）Host A 和 Host B 属于同一网段（202.200.10.128），因此 Host A 和 Host B 之间可以相互访问。

（2）Host C 和 Host D 也属于同一网段（202.200.10.64），因此 Host C 和 Host D 之间也可以相互访问。

（3）Host A 与 Host C 及 Host D 不属于同一网段，所以 Host A 既不能与 Host C 相互访问，也不能与 Host D 相互访问。

（4）Host B 与 Host C 及 Host D 不属于同一网段，所以，Host B 既不能与 Host C 相互访问，也不能与 Host D 相互访问。

4.4.4　无类域间路由

Internet 的主机数成倍增长，因此 Internet 面临 B 类地址匮乏、路由表爆炸和整个地址耗尽等危机。无类域间路由（Classless Inter Domain Routing，CIDR）就是为解决这些问题而开发的一种直接的解决方案，它使 Internet 得到足够的时间来等待 IPv6 的开发。CIDR 1993 年提出后很快就得到推广应用。

1. CIDR 编址方法

CIDR 的基本思想是取消 IP 地址的分类结构，将多个地址块聚合在一起生成一个更大的网络，以包含更多的主机。CIDR 将 32 位 IP 地址分为两个部分：网络前缀（或简称为"前缀"）用来指明网络；主机号用来指明

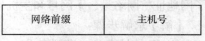

图 4-12　CIDR 编址模式

主机。因此，CIDR 使 IP 地址从三级地址又回到了两级地址，编址模式如图 4-12 所示。CIDR 还使用"斜线记法"，即在 IP 地址后面加上斜线"/"，然后写上网络前缀所占的位数。

CIDR 把网络前缀都相同的连续的 IP 地址称为一个"CIDR 地址块"，只要知道 CIDR 地址块中的任何一个 IP 地址，就可以知道这个地址的起始地址和最大地址，以及地址块中的地址数。例如，已知 IP 地址 200.23.16.12/23 是某 CIDR 地址块中的一个地址，现在把它写成二进制表示，其中前 23 位是网络前缀，而后 9 位是主机号，表示如下：

200.23.16.12/23=11001000 00010111 00010000 00001100

从这个地址块所表示的地址范围很容易得出，最小地址为 200.23.16.0，最大地址为 200.23.17.255。其中主机号为全"0"和全"1"的地址一般不用。上面的地址块可记为 200.23.16.0/23，可以表示传统分类中的 500 个 C 类地址。

由于 CIDR 地址块中有很多地址，所以路由表中就用 CIDR 地址来查找目的网络，它使得路由表中的一个项目就可以表示传统分类地址中的很多条记录，称为路由聚合，也称为构成超网。它可以限制路由器中路由表的增大，减少路由通告；同时，CIDR 有助于 IPv4 地址的充分利用。如果没有采用 CIDR，在 1994～1995 年，Internet 上一个路由表的记录就会超过 7 万多条，而使用

了 CIDR 之后，在 1996 年一个路由表的记录数为 3 万多个。

CIDR 记法有很多形式，如地址块 193.120.0.0/14 可以简写为 193.120/14，也就是把点分十进制中低位连续的 0 省略；另一种简化表示方法是在网络前缀的后面加一个星号*，如 11000001.011110*，意思是在星号*之前是网络前缀，而星号*后表示 IP 地址中的主机号，可以是任意值。CIDR 一般使用 13～27 位可变网络前缀。

【例 4-3】一个 ISP 被分配了一些 C 类网络，这个 ISP 准备把这些 C 类网络分配给各个用户群，目前已经分配了 4 个 C 类网段给用户，如果没有实施 CIDR 技术，ISP 的路由器的路由表中会有 4 条下连网段的路由条目，并且会把它通告给 Internet 上的路由器。通过实施 CIDR 技术，我们可以在 ISP 的路由器上把这 4 个网段 192.168.12.0/24，192.168.13.0/24，192.168.14.0/24，192.168.15.0/24 汇聚成一条路由 192.168.12.0/22。这样 ISP 路由器只向 Internet 通告 192.168.12.0/22 这一条路由，大大减少了路由表的数目，从而为网络路由器节省出了存储空间。图 4-13 所示为 CIDR 地址汇聚举例。

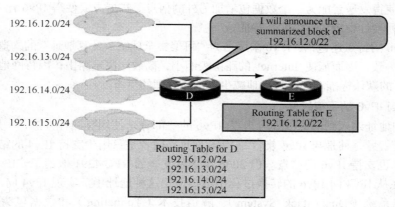

图 4-13　CIDR 地址汇聚举例

2. CIDR 子网掩码

为了方便进行路由选择，CIDR 采用 32 位的地址掩码。地址掩码是由一串 1 和 0 组成的，而 1 的个数就是网络前缀的长度。虽然 CIDR 不使用子网了，但由于有一些网络还在使用子网和子网掩码，因此 CIDR 所使用的地址掩码也可以称为子网掩码。例如，200.23.16.12/23 地址块的子网掩码是：11111111 11111111 11111110 00000000。CIDR 不使用子网是指在 CIDR 编址中并没有指明若干字段作为子网字段，但是当一个组织分配到一个 CIDR 地址块之后，其仍可以根据自身的需求进一步划分子网。这些子网的网络地址也是由网络前缀和主机号两部分组成的，但子网的前缀要比整个组织的网络前缀更长一些。

4.4.5　IPv6 地址

当前在 Internet 上使用的 IP 地址是在 1978 年确定的协议，它由 4 段 8 位二进制数构成。由于 Internet 协议的当时版本号为 4，因而称为 "IPv4"。IPv4 的地址长度是 32 位（bit），理论上可以支持多达 16 000 000 个网络，容纳四十多亿台主机（2^{32}=4 294 967 296），但由于 IP 对地址进行了分类，分成 A、B、C 等类地址，实际可用的网络数和主机数远小于上述数目。随着 IP 业务的爆炸式增长，Internet 上的 IP 地址已经不能满足实际的需要。此外，现有 IP 网络协议还存在安全等问题，随着 IP 在下一代通信网络中标准地位的确立，迫切需要有新的 IP 来代替现有的 IP。RFC1883 定义的 IPv6 就是在这种情况下产生的下一代 IP。

1. IPv6 的特点

与现有的 IPv4 相比，IPv6 具有以下特点

（1）扩大了地址空间。这是 IPv6 的最大特点，IPv6 将地址长度从 IPv4 的 32 位扩展到 128 位，可以提供约 3.4×10^{38} 个地址。IPv6 的地址是由 8 组 16 位组成的，其表示方法与 IPv4 不同，IPv4 是点分十进制记法，而 IPv6 是冒号十六进制记法。IPv4 的地址可以作为 IPv6 地址的一部分使用，可将 IPv4 的地址映射到 IPv6 的 32 位，如 IPv4 的地址"202.13.181.100"，表示成 IPv6 的地址则为"0:0:0:0:0:0:202.13.181.100"。

（2）简化了 IP 报头的格式，易于扩充。为了降低报文的处理开销和占用的网络带宽，IPv6 对 IPv4 的报头格式进行了简化。由于 IPv6 改变了 IPv4 报头的设置方法，从而增加了选择设定的灵活性，能很好地适应新增功能。

（3）安全性。IPv6 定义了实现协议认证、数据完整性和数据加密所需的有关功能。

（4）支持协议扩展。IPv6 并不像 IPv4 那样规定了所有可能的协议特征。相反，设计者提供了一种方案，使得发送者能为一个数据包增加另外的信息。扩展方案使得 IPv6 比 IPv4 更灵活，意味着随时能在设计中增加所需的新特征。

此外，IPv6 的特点还包括：IPv6 采用名为"可聚集全球统一计算地址"的构造，使地址构造与网络拓扑相一致，因而能使 Internet 的路由表缩小，高效地决定路由；因特网地址的自动分配和设置是 IPv6 的默认标准功能，极大地减少了网络管理的负担。

2. IPv4 到 IPv6 的平稳过度

把 IPv4 的地址纳入到 IPv6 地址，作为 IPv6 的一部分来使用有两种方法，一是映射 IPv4 而得到 IPv6 地址，另一种是与 IPv4 兼容的 IPv6 地址。前者是只用于支持 IPv4 的结点，后者是用于既支持 IPv4 也支持 IPv6 的结点。但 2006 年 2 月发表的 RFC 4291 取消了"IPv4 兼容的 IPv6 地址"，因为在从 IPv4 向 IPv6 的转换过程中不再使用这种地址了。实现 IPv4 向 IPv6 转移的技术包括双堆栈系统（Dual Stack System）、隧道技术（Tunneling）和数据包头翻译（Header Translation）。

现在，平稳过渡的基本策略已经形成，分为以下 5 个阶段，如图 4-14 所示。

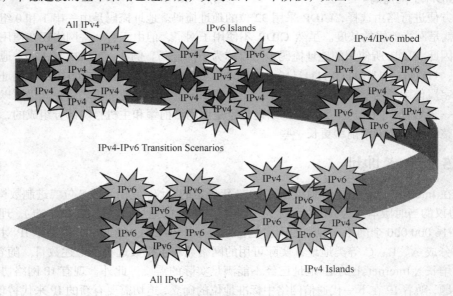

图 4-14　IPv4 向 IPv6 平稳过渡的 5 个阶段

阶段一：IPv4 一统天下的时候。

阶段二：IPv6 的"小岛"存在于 IPv4 的"海洋"之中。

阶段三：IPv6 与 IPv4 平分秋色。

阶段四：IPv4 的"小岛"存在于 IPv6 的"海洋"之中。

阶段五：IPv6 完全取代 IPv4。

为了保证平滑的过渡，IPv6 在设计时必须考虑以下 4 个目标。

（1）逐步过渡：已有的 IPv4 网络结点可以随时过渡，而不受限于相关网络结点运行 IP 的版本。

（2）逐步部署：新的 IPv6 网络结点可以随时增加到网络中。

（3）地址兼容：当 IPv4 网络结点演进到 IPv6 时，IPv4 的 IP 地址还可以继续使用。

（4）降低费用：在过渡时，只需较低的费用和很少的准备工作。

3. IPv6 的应用

作为下一代因特网基础的 IPv6 经过多年的开发，已经开始从试验阶段向实用阶段过渡。1995年决定主要规格后，IPv6 便成为在 Internet 上传输的数据地址及格式的下一代 IP 的规范。在有关标准化的讨论告一段落后，便开始作为通信用的软件安装于路由器和 UNIX 工作站上。1996 年 2 月美国新罕布什尔大学的 IOL（相互操作性实验室）进行了第一个相互连接实验，随后美日一些厂家也参加了这类实验。1997 年，以验证 IPv6 为主要目的的实验网络 6-Bone 的规模从 1996 年 7 月的 3 个国家（丹麦、芬兰和日本）迅速扩大到 29 个国家，包括 IBM、HP、Sun、DEC、SGI、富士通、日立等在内的 20 多家厂家参加了对于 IPv6 的操作系统和路由器的开发。在美国，IPv6 已经开始在 vBNS（超高带宽网络服务）上运行，目前多数核心路由器均支持 IPv6。

4.4.6　域名系统

1. DNS 简介

由于数字的 IP 地址不便记忆，从 1985 年起，在 IP 地址的基础上开始向用户提供域名系统（Domain Name System，DNS）服务，即用字符来识别网上的计算机，用字符为计算机命名，称为域名。域名和 IP 地址之间的对应关系有点像人的姓名和他身份证号码之间的关系一样。很显然，在日常生活中，记忆人的姓名比身份证号码容易得多。域名必须对应一个 IP 地址，而 IP 地址不一定有域名。域名与 IP 地址之间关系是一对一（或者多对一）的。域名虽然便于人们记忆，但主机之间只能互相识别 IP 地址，它们之间的转换工作由 DNS 域名系统来完成。DNS 域名系统是一个以分级的、基于域的命名机制为核心的分布式命名数据库系统，它可以存储网络中所有主机的域名和对应的 IP 地址，并完成域名和 IP 地址之间的转换。

分布式是为了解决单一主机负载过重的问题，层次化是为了解决线性平面结构查找速度比较慢的问题。DNS 采用客户/服务器模式，DNS 服务器使用 UDP 的 53 端口和 DNS 客户通信。在客户需要解析主机域名对应的 IP 地址时，DNS 客户向 DNS 服务器 UDP 的 53 号端口发送名字解析请求，由 DNS 服务器查找数据库得到对应的 IP 地址，并以 DNS 响应的形式返回给 DNS 客户。DNS 由 3 个部分组成：域名空间、域名服务器和解析器。

2. 域名空间

所有主机的域名以树形（倒树）结构构成域名空间。在名字空间中树根称为根域，根域采用空标签（没有名字）。根域下面设置若干顶级域，由 InterNIC 分类。InterNIC 采用两种方法进行分类：一种方法是按类别进行划分，如 com、net、org、gov、edu、mil 等；另一种方法是按国家进行划分，如 cn（中国）、us（美国）和 ca（加拿大）等。顶级域下还设置二级域、三级域等。在国别顶级域名下的二级域名由各个国家自行确定，域名体系结构如图 4-15 所示。

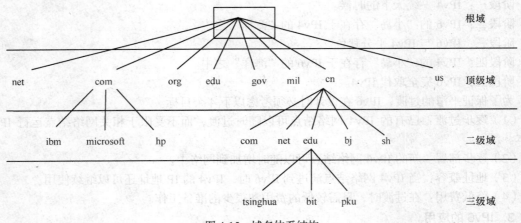

图 4-15　域名体系结构

在 DNS 树中，每一个结点都用一个简单的字符串（不带点）标识。这样，在 DNS 域名空间的任何一台计算机都可以用从叶结点到根的结点标识，中间用点"."相连接的字符串来标识：叶结点名.三级域名.二级域名.顶级域名。

结点标识是由英文字母和数字组成（按规定不超过 63 个字符，大小写不区分），级别最低的写在最左边，级别最高的顶级域名写在最右边，高一级域包含低一级域。完整的域名不超过 255 个字符。例如，www.sdsy.sxu.edu.cn 这个域名表示山西大学商务学院的一台 WWW 服务器，它和一个唯一的 IP 地址对应。该域名中 WWW 是一台主机名，这台计算机是由 sdsy 域管理的；sdsy 表示山西大学商务学院，它属于山西大学（sxu）的一部分；sxu 是中国教育领域（edu）的一部分，edu 又是中国（cn）的一部分。这种表示域名的方法可以保证主机域名在整个域名空间中的唯一性。因为即使两个主机的标识是一样的，只要它们的上一级域名不同，那么它们的主机域名就是不同的。

中国国家计算与网络设施（The National Computing and Networking Facility of China，NCFC）成立后，cn 域名移回中国，科学院网络中心充当国家网络信息中心的职能（CNNIC），负责 cn 以下的域名的分配。CNNIC 按照国际分类方法进行分类，按类别分成 com、net、org、gov、edu、mil 等；按地域分成 bj（北京）、sh（上海）、hk（香港）等。清华网络中心充当教育网（CERNET）网络信息中心，负责 edu 以下域名的分配。

3. 域名服务器

名字服务器是 DNS 服务器的核心，负责存储域名和 IP 地址的对应关系，并对客户的解析请求进行处理。管辖区（Zone）是域名空间的一部分，名字服务器保存区内的域名空间中的地址映射，一个名字服务器可以管理一个或若干个管辖区。名字服务器数据库通过资源记录登记映射关系，资源记录包括以下类型。

（1）授权起始（SOA）：标明负责管辖区域的开始。

（2）主机记录（A）：名字到地址的映射。

（3）别名记录（CNAME）：主机的别名。

（4）名字服务器（NS）：域的权威名字服务器。

（5）邮件交换记录（MX）：域的邮件交换主机。

（6）指针记录（PTR）：地址到名字的映射。

域名服务器的组织也采用层次化的分级结构。最高级域名服务器是一个根服务器，它管理到各个顶级域名服务器的连接。任何一台域名服务器只负责对域名系统中的一部分域名进行管理，仅包括整个域名数据库中的一部分信息。例如，根服务器用来管理顶级域名，但根服务器不负责对顶级域名下面的三级域名进行转换，但服务器一定能够找到所有二级域名服务器。这样，当用户使用域名访问网上的某台主机时，首先由本地域名服务器负责解析，如果查到匹配的 IP 地址，就立即返回给客户端，否则，本地域名服务器再以客户的身份，向上一级域名服务器发出解析请求；上一级域名服务器会在本级管理域名中进行查询，如果找到则返回，否则再向更高一级域名服务器发出请求。依此类推，直到最后找到目标主机的 IP 地址为止。

4. 解析器

IP 地址是 Internet 上唯一通用的地址格式，所以当以域名方式访问某台远程主机时，域名系统首先将域名"翻译"成对应的 IP 地址，通过 IP 地址与该主机联系，并且以后的所有通信都将用到 IP 地址。将域名转换为 IP 地址的过程称为域名解析，域名解析包括正向解析（域名转换为 IP 地址）和反向解析（IP 地址转换为域名）。域名解析是依靠一系列域名服务器完成的，这些域名服务器构成了域名系统。Internet 的域名系统是一个分布式的主机信息数据库，终端用户与域名服务器之间、几个域名服务器之间都采用客户机/服务器方式工作。域名服务器除了负责域名到 IP 地址的解析外，还必须具有与其他域名服务器传送消息的能力，一旦自己不能进行域名到 IP 地址的解析，它必须要知道如何去联络其他的域名服务器，来完成这个解析任务。

解析方法：客户可以向 DNS 服务器请求的查询有以下 3 种方法。

（1）漫游查询：被查询的名字服务器需要回答请求的数据或回答请求的数据不存在。

（2）迭代查询：被查询的名字服务器给出它当前可以返回的最好答案，答案可能是解析的地址或是可以回答客户请求的另一台名字服务器。

（3）反向查询：解析已知 IP 地址的主机名。

5. 中国互联网的域名规定

为了适应 Internet 的迅速发展，我国成立了"中国互联网络信息中心"，并颁布了中国互联网络域名规定。

（1）中国互联网络信息中心成立

国务院信息化工作领导小组办公室于 1997 年 6 月 3 日在北京主持召开"中国互联网络信息中心成立暨《中国互联网络域名注册暂行管理办法》发布大会"，宣布中国互联网络信息中心（China Network Information Center，CNNIC）工作委员会成立，并发布《中国互联网络域名注册暂行管理办法》和《中国互联网络域名注册实施细则》。自成立之日起，CNNIC 负责我国境内的互联网络域名注册、IP 地址分配、自治系统地址号的分配、反向域名登记等注册服务，同时还提供有关的数据库服务及相关信息与培训服务。

CNNIC 由国内知名专家和国内四大互联网络（ChinaNET、CERNETt、CSTNET 和 ChinaGBN）的代表组成，是一个非营利性的管理和服务机构，负责对我国互联网络的发展、方针、政策及管理提出建议，协助国务院信息办公室实施对中国互联网络的管理。

中国互联网络信息中心的成立和《中国互联网络域名注册暂行管理办法》及《中国互联网络域名注册实施细则》的制定，使我国互联网络的发展进入有序和规范化的发展轨道，并且更加方便与 Internet 信息中心（InterNIC）、亚太互联网络信息中心（APNIC）及其他国家的 NIC 进行业务交流。

（2）中国互联网络的用户域名规定

根据已发布的《中国互联网络域名注册暂行管理办法》，中国互联网络的域名体系最高级为 cn。二级域名共 40 个，分为 6 个类别域名和 34 个行政区域名。二级域名中除了 edu 的管理和运行由中国教育和科研计算机网络信息中心负责之外，其余由 CNNIC 负责。有关中国域名规定的详细资料可登录 CNNIC 的 WWW 站点 http://www.cnnic.net.cn 查询。

习　题

1. 什么是 Internet？简述 Internet 的发展历程。

2. 叙述 Internet 与局域网之间的关系。

3. 域名系统的主要功能是什么？

4. 划分子网的原因是什么？

5. Internet 上的一个 B 类网络的子网掩码为 255.255.240.0。问每个子网上最多有多少台主机？

6. 在 Internet 上一台主机的域名与它的 IP 地址之间是否有联系？有什么样的联系？

7. 中国国内互连网网络的用户域名有何规定？

8. 中国的四大互连网络是指哪 4 个网络？

9. Internet 能够提供哪些服务？

10. 确定下列 IP 地址各是哪一类？

  101.011.12.145   210.40.0.33   14.25.36.254   130.10.0.145

  225.224.223.222   241.244.0.34   200.201.202.203   02.03.04.05

11. 设某台计算机的 IP 地址为"168.95.11.9"，其子网掩码为"255.255.255.0"，计算出这台计算机的网络地址和主机地址的值。

12. 特殊的 IP 地址有哪些？各有什么用途？

13. 一个 C 类地址最大能表示 256 个 IP 地址，为什么最多只能连接 254 台主机？

14. 有两个 CIDR 地址块 202.128/11 和 202.130.28/22。是否有哪一个地址块包含了另一个地址？如果有，请指出，并说明理由。

15. 下面的前缀中的哪一个和地址 152.7.77.159 及 152.31.47.252 都匹配？请说明理由。

（1）152.40/13；

（2）153.40/9；

（3）152.64/12；

（4）152.0/11。

16. 有如下 4 个/24 地址块，其中哪一个是进行最大可能的聚合。

（1）212.56.132.0/24；

（2）212.56.133.0/24；

（3）212.56.134.0/24；

（4）212.56.135.0/24。

17. 已知 CIDR 地址块中的一个地址是 140.120.84.24/20，试求这个地址块中的最小地址和最大地址。地址掩码是什么？地址块中有多少个地址？

第5章
物联网基础知识

随着电子、通信、计算机等技术的迅猛发展，一个新的事物悄然出现，并迅速地被人们广泛关注，它就是"物联网"。物联网是物理世界的联网需求和信息世界的扩展需求催生出的新型网络。物联网被看做信息领域的一次重大变革机遇，据权威机构预测，未来10年内物联网就可能大规模普及，为解决现代社会问题带来极大贡献。

本章首先介绍物联网的概念、起源、发展，重点介绍物联网的体系结构和关键技术，包括射频识别技术、感知技术、通信技术及计算技术，最后对其应用进行简单介绍。

5.1 物联网概述

5.1.1 什么是物联网

物联网即"物品的互联网"，其英文名称为"The Internet of things"，主要解决物品到物品（Thing to Thing，T2T），人到物品（Human to Thing，H2T），以及人与人（Human to Human，H2H）之间的互连。

目前，不同领域研究者对物联网的定义侧重点不同，短期内还没有达成共识，物联网还没有一个精确且公认的定义。温家宝在2010年政府工作报告中对物联网作了如下定义：物联网指通过信息传感设备，按照约定的协议，把任何物品与互联网连接起来，进行信息交换和通信，以实现智能化识别、定位、跟踪、监控和管理的一种网络。它是在互联网基础上延伸和扩展的网络。

国际电信联盟（ITU）2005年的一份报告曾这样描绘物联网时代的图景：司机出现操作失误时汽车会自动报警；公文包会提醒主人忘记带了什么东西；衣服会告诉洗衣机对颜色和水温的要求等。在物联网的世界中，物品能够彼此"交流"而无须人的干预。物联网时代的到来将会使我们的生活发生翻天覆地的变化。

物联网的核心是人与物以及物与物之间的信息交互，实现对物品的智能化管理。物联网将传统互联网的用户终端由个人计算机延伸到任何需要实时管理的物品，以加强人与物品的信息交流，提高工作效率，节省操作成本。

通过分析物联网的概念得知，物联网应该具备信息获取、信息传输、信息处理及策略实施功能。信息的获取通过识别和感知技术来实现，信息传输则需要可靠高效的有线、无线通信网络，识别和感知将会产生多种格式的海量数据，处理这些数据则要用到云计算、模式识别等智能技术。

根据物联网具备的功能以及信息流程，可以将其基本特征概括为以下几点。

（1）全面感知，传输信息多样化。要实现对物品的智能化管理首先需要识别、感知物品信息，物联网利用射频识别、二维码、传感器等感知、捕获、测量技术随时随地对物体进行信息采集和获取，每个数据采集设备都是一个信息源，因此信息源是多样化的；另外，不同设备采集到的物品信息的内容和数据格式也是多样化的，如传感器可能是温度传感器、湿度传感器或浓度传感器，不同传感器传递的信息内容和格式会存在差异。

（2）物联网将各种有线、无线网络与互联网融合，进行信息可靠传递。物联网中每一件物品均具有通信功能，它们通过各种有线、无线网络随时随地进行可靠的信息交互和共享，在信息传输过程中，为了保障数据的正确性和及时性，必须适应各种异构网络和协议。

（3）物联网广泛应用各种智能计算技术进行管理调控。物联网上的传感器难以计数，每个传感器定时采集信息，不断地积累，形成海量信息。物联网利用各种智能计算技术，如机器学习、数据挖掘、云计算、专家系统等对海量的感知数据和信息进行分析并处理，实现智能化的管理和控制。

物联网的分类有多种，如按照接入方式、应用类型等方式进行分类，类似于计算机网络划分为专用网网络和公众网络。我们从物联网的用户范围不同，可分为公众物联网和专用物联网两种。公众物联网是指为满足大众生活和信息的需求提供的物联网服务，而专用物联网就是满足企业、团体或个人特色应用需求，有针对性地提供专业性的物联网业务应用。专用物联网可以利用公众网络（如 Internet）、专网（如局域网、企业网络或移动通信互联网中公用网络中的专享资源等）进行信息传送。

5.1.2　物联网的起源与发展

物联网概念并不是新概念，其最早出现在比尔·盖茨 1995 年的《未来之路》一书。美国麻省理工学院 1998 年创造性地提出了当时被称作 EPC 系统的物联网构想，并于 1999 年建立的自动识别中心（Auto-ID Labs）提出网络无线射频识别系统——把所有物品通过射频识别等信息传感设备与互联网连接起来，实现智能化识别和管理。2003 年，美国《技术评论》将传感网络技术列为未来改变人们生活的十大技术之首。2005 年 4 月 8 日，在日内瓦举办的信息社会世界峰会上，ITU 成立了泛在网络社会（Ubiquitous Network Society）国家专家工作组，提高了一个在国际上讨论物联网的常设咨询机构。同年 11 月 17 日 ITU 在突尼斯举行的信息社会世界峰会上正式确定了"物联网"的概念，并随后发布了《ITU Internet reports 2005——the Internet of things》，介绍了物联网的特征、相关的技术、面临的挑战和未来的市场机遇。ITU 在报告中指出，我们正站在一个新的通信时代的边缘，信息与通信技术的目标已经从满足人与人之间的沟通，发展到实现人与物、物与物之间的连接，无所不在的物联网通信时代即将来临。物联网使我们在信息与通信技术的世界里获得一个新的沟通维度，将任何时间、任何地点、连接任何人，扩展到连接任何物品，万物的连接就形成了物联网。泛在网络、M2M（Machine to Machine）等技术名称其实都是物联网的前称。

近年来，越来越多的国家开始了基于物联网的发展计划和行动，美国智能电网、智慧地球、欧洲物联网行动计划、日韩基于物联网的 U 社会战略等纷纷出台。

美国在物联网技术研究开发和应用方面一直居世界领先地位，RFID 技术最早在美国军方使用，无线传感网络也首先用于作战单兵联络。新一代物联网、网格计算技术等也首先在美国开展研究，最新开发的各种无线传感技术标准也主要由美国企业所掌控。美国在国家情报委员会发表的《2025 对美国利益潜在影响的关键技术》报告中，将物联网列为 6 种关键技术之一。2009 年 2 月 17 日，奥巴马总统签署生效的《2009 年美国恢复与再投资法案》中提出在智能电网、卫生医疗信息技术应用和教育信息技术进行大量投资，这些投资建设与物联网技术直接相关。

2009 年 6 月 18 日，欧盟委员会发表了《Internet of things——an action plan for Europe》，描述了物联网的发展前景，在世界范围内首次系统地提出了物联网发展和管理设想，并提出了 12 项行动保障物联网加速发展，标志着欧盟已经将物联网的实现提上日程。2009 年 10 月，欧盟委员会以政策文件的形式对外发布了物联网战略，提出要让欧洲在基于物联网的智能基础设施发展上领先全球，欧盟委员会还将于 2011—2013 年间每年新增 2 亿欧元进一步加强研发力度，同时拿出 3 亿欧元专款支持物联网相关公司合作短期项目建设。

日本的物联网发展有与欧美国家一争高下的决心。2004 年 5 月日本总务省向日本经济财政咨询会议正式提出了以发展 Ubiquitous 社会为目标的 U-Japan 构想。在总务省的 U-Japan 构想中，希望在 2010 年将日本建设成一个"实现随时、随地、任何物体、任何人（anytime，anywhere，anything，anyone）均可连接的泛在网络社会"。2009 年 7 月 6 日日本政府的信息技术战略本部正式推出至 2015 年的中长期信息技术发展战略，将其命名为"i-Japan 战略 2015"。i-Japan 战略的目标是实现以国民为中心的数值安心、活力社会。该战略强化了物联网在交通、医疗、教育和环境监测等领域的应用。日本旨在通过数字化社会的实现，提升国家的竞争力，参与解决全球性的重大问题。

2009 年 10 月 13 日，韩国通信委员会通过了《物联网基础设施构建基本规划》，将物联网市场确定为新增长动力，提出了"通过构建世界最先进的物联网基础实施，打造未来广播通信融合领域超一流信息通信技术强国"的目标，并确定了构建物联网基础设施、发展物联网服务、研发物联网技术、营造物联网扩散环境 4 大领域和 12 项详细课题。以欧盟和韩国为代表的上述物联网行动计划的推出，标志着物联网相关技术和产业的前瞻布局已在全球范围内展开。

我国将物联网作为战略性新兴产业予以重点关注和推进。2009 年 8 月 7 日，温家宝视察无锡时提出"感知中国"理念，由此推动了物联网概念在国内的重视，成为继计算机、互联网和移动通信之后引发新一轮信息产业浪潮的核心领域。2009 年 11 月 3 日，温家宝向首都科技界发表了题为《让科技引领中国可持续发展》的讲话，再次强调科学选择新兴战略性产业非常重要，并指示要着力突破传感网、物联网关键技术。在 2009 年 12 月的国务院经济工作会议上，明确提出了要在电力、交通、安防和金融行业推进物联网的相关应用。2010 年 3 月 5 日，温家宝在《政府工作报告》中将"加快物联网的研发应用"明确纳入重点产业振兴。国务院、发展和改革委员会、工业和信息化部、科学技术部等都在研究制定促进物联网产业发展的扶持政策，由此，推动了中国物联网建设从概念推广、政策制定、配套建设到技术研发的快速发展。我国已在无线智能传感器网络通信技术、微型传感器、传感器终端机、移动基站等方面取得重大进展，目前我国已拥有从材料、技术、器件、系统到网络的完整产业链，我国传感网标准体系已形成初步框架，向国际标准化组织提交的多项标准提案已被采纳，中国与德国、美国、韩国一起成为国际标准制定的主导国之一。

5.1.3　物联网与互联网的区别

"互联网"已经成为现代社会人与人交流沟通、传递信息的纽带，互联网对我们人类社会的发展、对促进社会信息化、实现工业信息化起了不可替代的作用。但是互联网的所有应用都是针对人与人这个特定领域的，物联网的出现才使人与物、物与物之间的对话得以变成现实。我们可以把物联网看做传统互联网的自然延伸，因为物联网的信息传输基础仍然是互联网；也可以把它看做是一种新型网络，因为其用户端延伸和扩展到了物品与物品之间，这与互联网大不相同。我们可以从终端、接入方式、数据采集与传输、应用领域等几方面将互联网与物联网进行比较。

（1）物联网的终端比互联网更加多样化。互联网最初的终端只有计算机，现在除计算机外还有手持终端 PDA、固定与移动电话、电视机顶盒等。与此相比，物联网的终端则更加多样化，物联网的目的在于将联网有好处且能联网的东西都联起来，其终端可以是我们的家用电器，如电冰箱、洗衣机、空调、电饭锅等；还可以是日常用品，如小到钥匙、公文包、手表，大到汽车、房屋、桥梁、道路等；甚至可以是有生命的人或动植物。物联网的每个终端都可寻址，终端之间可以进行通信，且每个终端都是可以控制的。

（2）物联网的终端系统接入方式与互联网不同。互联网的终端接入方式主要是有线接入和无线接入两种，而物联网则是根据需要选择无线传感器网络或 RFID 应用系统的接入方式。物联网中的传感器结点需要通过无线传感器网络的汇聚结点接入互联网；RFID 芯片则通过读写器与控制主机连接，再通过控制结点的主机接入互联网。因此，由于互联网与物联网的应用系统不同，所以接入方式也不同。但是，物联网应用系统是运行在互联网核心交换结构的基础之上的，在规划和组建物联网应用系统的过程中，基本上不会改变互联网的网络传输系统结构与技术，这正体现出互联网与物联网的相同之处。

（3）与互联网相比，物联网具有主动感知的特点。互联网中，无论是基本服务（如 Telnet、E-mail、FTP、Web、电子政务、电子商务、远程医疗、远程教育等）还是基于对等结构的 P2P 网络新应用（如网络电话、网络电视、博客、播客、即时通信、搜索引擎、网络视频、网络游戏、网络广告、网络出版、网络存储与分布式计算服务等），都是人与人之间的信息交互与共享，在互联网端结点之间传输的文本文件、语音文件、视频文件都是由人直接输入或在人的控制下通过其他输入设备（如扫描仪等）输入的。而物联网的终端采用的是传感器、RFID，物联网感知的数据是传感器主动感知或者是 RFID 读写器自动读出的。所以说与互联网相比较，物联网中信息的采集具有主动性的特点。

（4）物联网具有不同应用领域的专用性。互联网目前广泛应用于各个行业，但是不同领域使用的互联网是相同的，而不同应用领域的物联网则具有领域专用性。例如，汽车电子领域物联网、医疗卫生领域的物联网、环境监测领域的物联网、仓储物流领域的物联网、楼宇监控领域的物联网等各不相同。由于不同应用领域具有完全不同的网络应用需求和服务质量要求，物联网结点大部分都是资源受限的结点，只有通过专用联网技术才能满足物联网的应用需求。而互联网是通过 TCP/IP 技术互连全球所有的数据传输网络，虽然可以在较短时间实现了全球信息互连、互通，但是也带来了互联网上难以克服的安全性、移动性、服务质量等一系列问题。物联网的应用特殊性以及其他特征，使得它无法再复制互联网成功的技术模式。

除以上几点之外，物联网在网络的稳定性、可靠性以及安全性和可控性等方面比互联网要求更高。物联网是与许多关键领域物理设备相连的网络，网络的稳定性必须得到保证。例如，在仓储物流应用领域，仓储的物联网必须稳定地检测进库和出库的物品，不能有任何差错，不能像现在的互联网一样，时常网络不通，时常电子邮件丢失等。医疗卫生的物联网，必须要求具有很高的可靠性，保证不会因为由于物联网的误操作而威胁病人的生命。物联网的绝大多数应用都涉及个人隐私或机构内部秘密，这就要求其必须提供严密的安全性和可控性，即物联网系统应具有保护个人隐私、防御网络攻击的能力。

5.2 物联网体系结构与关键技术

5.2.1 物联网体系结构

体系结构是对系统的抽象描述。物联网系统既涉及规模庞大的智能电网，又包含智能医疗的医疗设备。目前，世界各国都在结合具体行业推广物联网的应用，形成全球的物联网系统还需要很长时间。提出面向全球物联网、适应各种行业应用的体系结构，具有很大的困难。现在研究人员通常只是从具体行业或小的系统去探索物联网的体系结构。

1．物联网现有的体系结构

（1）物品万维网体系结构。

物品万维网（Web of Things，WOT）的体系结构定义了一种面向应用的物联网，即将万维网服务嵌入系统中，采用简单的万维网服务形式使用物联网。这是一个以用户为中心的物联网体系结构，它试图把互联网中成功的、面向信息获取的万维网应用结构移植到物联网上，用于简化物联网的信息发布和获取。

（2）物联网自主体系结构。

为适应于异构的物联网无线通信环境需要，Guy Pujolle 提出了一种采用自主通信技术的物联网自主体系结构，如图 5-1 所示。所谓自主通信是指以自主件为核心的通信，自主件在端到端层次以及中间节点，执行网络控制面已知的或新出现的任务，自主件可以确保通信系统的可进化特性。由图 5-1 可知物联网的自主体系结构包含了数据面、控制面、知识面和管理面。数据面主要用于数据分组的传递；控制面通过向数据面发送配置报文，优化数据面的吞吐量以及可靠性；知识面提供整

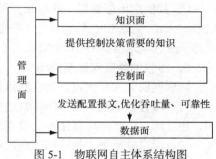

图 5-1　物联网自主体系结构图

个网络信息的完整视图，并且提炼成为网络系统的知识，用于指导控制面的适应性控制；管理面协调和管理数据面、控制面和知识面的交互，提供物联网的自主能力。

（3）物联网的 EPC 体系结构。

目前物流仓储的物联网应用都依赖于产品电子代码（Electronic Product Code，EPC）网络，该网络体系结构如图 5-2 所示，主要组成部件包括产品电子代码，这是一种全球范围内标准定义的产品数字标识；电子标签和阅读器，电子标签通常采用射频标识（RFID）技术存储 EPC，阅读器是一种阅读电子标签内存储的 EPC 并且传递是一组具有特殊属性的程序模块或服务，用户可以根据某种应用需求定制和集成 EPC 中间件中的不同功能部件，其中最重要的部件是应用层事件（ALE），用于处理应用层相关的事件；EPC 信息服务（EPC-IS），该服务包括两个功能，一是存

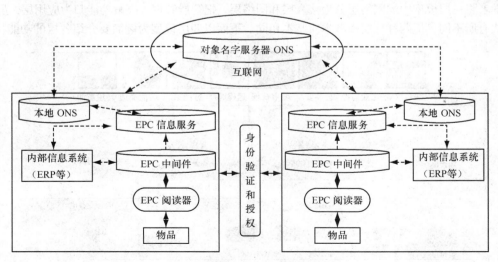

图 5-2　物联网的 EPC 体系结构图

储 EPC 中间件处理的信息，二是查询相关的信息；对象名字服务（ONS），类似于域名服务器，其中的信息可用于给物流仓储管理信息系统的装置；EPC 中间件，这是指向某个存放 EPC 中间件信息的 EPC-IS 服务器。

EPC 网络包括以下 3 个层次。

① 实体和内部层次。该层由 EPC、RFID 标签、RFID 阅读器、EPC 中间件组成。这里的 EPC 中间件实际上屏蔽了各类不同的 RFID 之间的信息传递技术，把物品的信息访问和存储转化成为一个开放的平台。

② 商业伙伴之间的数据传输层。这层最重要的部分是 EPC-IS，企业成员利用 EPC-IS 服务器处理被 ALE 过滤之后的信息，这类信息可以用于内部或者外部商业伙伴之间的信息交互。

③ 其他应用服务层。这层最重要的部分是 ONS，ONS 用于发现所需的 EPC-IS 的地址。EPC-global（全球 EPC 管理机构）委托全球著名的域名服务机构 VeriSign（威瑞信）公司提供 ONS 全球服务，全球至少有 10 个数据中心提供 ONS 服务。

2. 建议的物联网体系结构

物联网研究人员建议，物联网体系结构设计应该遵循以下 6 条原则。

（1）多样性原则。物联网体系结构必须根据物联网结点类型的不同，分成多种类型的体系结构，建立唯一的标准体系结构是没有必要的。

（2）时空性原则。物联网正在发展之中，其体系结构必须能够满足物联网的时间、空间和能源方面的需求。

（3）互联性原则。物联网体系结构必须能够平滑地与互联网连接。

（4）安全性原则。物物互连之后，物联网的安全性将比计算机互联网的安全性更为重要，物联网体系结构必须能够防御大范围内的网络攻击。

（5）扩展性原则。对于物联网体系结构的架构，应该具有一定的扩展性，以便最大限度地利用现有网络通信基础设施，保护已投资利益。

（6）健壮性原则。物联网体系结构必须具备健壮性和可靠性。

也有不少学者提出了分层的物联网体系结构模型，目前以三层模型和四层模型为主，分别如图 5-3 和图 5-4 所示。比较两图不难看出，四层模型是将三层模型中高性能计算、智能管理控制、决策部分的功能独立为一层，有的学者称该层为管理服务层，也有学者称其为支撑层、信息整合层；有的学者将三层模型中的网络层分为接入层和网络层，把智能管理、决策功能归为应用层，虽然分层方式有所不同，但两种分层模型本质基本相同。下面以四层模型为例简要介绍各层的功能特点。

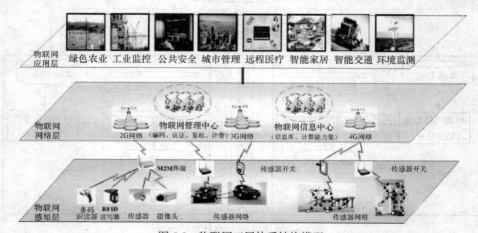

图 5-3　物联网三层体系结构模型

图 5-4 物联网四层体系结构模型

（1）感知层。

感知层是物联网联系物理世界和信息世界的纽带，该层包括各种信息传感设备和智能感知系统，如射频识别（RFID）、无线传感器、全球定位系统（GPS）等。感知层设备的计算能力有限，其主要功能是完成信息采集和信号处理工作，这些设备中多采用嵌入式系统软件与之适应。例如，RFID 标签中存储着规范而具有互用性的信息，通过无线数据通信网络将其自动采集到中央信息系统，实现物品识别和管理，如高速公路不停车收费系统、超市仓储管理系统都是基于 RFID 技术的系统。无线传感器网络则通过各种传感器对物质属性、环境状态、行为模式等动态和静态信息进行大规模、分布式、长期、实时的获取，将获取到的信息通过网络层提交后台处理，如环境监测、污染监控等就是基于无线传感器网络技术的物联网。

（2）网络层。

网络层的作用是将感知层数据接入互联网，供上层服务使用。互联网、IPv6 网、各种无线网络以及卫星、移动通信网是其基础设施。其中，无线网络包括无线城域网（WiMAX）、无线局域网（Wi-Fi）、无线个域网蓝牙、ZigBee 等无线通信技术，可以实现各种不同环境下的网络接入，为实现物物相连提供重要的基础设施。由于感知层采集到的信息量非常大，因此要求网络层的数据处理能力在 10^3MIPS 级。

（3）支撑层。

有些学者称该层为管理服务层，该层主要是在高性能网络计算环境下，利用各种智能算法、云计算、分布式并行计算等技术将网络层提供的海量信息进行整合，为应用层提供支撑平台。该层主要设备包括大型计算机群、云计算设备、海量存储设备等，利用运筹学理论、数据挖掘、机器学习、专家系统、群智能等手段对数据信息进行实时控制和管理，以实现智能化信息处理、信息融合、态势分析、预测计算等，为应用层提供服务。

（4）应用层。

应用层为用户提供物联网应用接口，由各种应用服务器组成，应包含各种类型用户界面显示设备以及管理设备等，应用层是物联网体系结构的最高层，它可以根据用户需求提供各种服务，如智能交通、环境监测、智能电网、绿色农业等。应用层能够应该结合不同行业用户需求特点，构建面向行业的综合管理平台，以便更好地提供准确的信息服务，完成更精细的智能化信息管理。

5.2.2 识别技术——RFID

感知和识别技术是物联网的基础，是联系物理世界和信息世界的桥梁。我们生活中已有一些成熟的自动识别技术，如条形码技术、IC 卡技术、语音识别技术、虹膜识别技术、指纹识别技术、人脸识别技术等，这些技术的应用给我们的生产、生活带来方便的同时，另一项更具优势的识别技术逐步成熟并很快席卷全球，该技术就是非接触射频识别技术（Radio Frequency Identification，RFID），RFID 与互联网的结合使得物联网的诞生成为了可能。

1. RFID 的概念

RFID 又称电子标签，是一种非接触式的自动识别技术，它通过利用无线射频信号在阅读器和射频卡之间进行非接触双向数据传输，以达到自动识别目标对象，快速进行物品追踪和数据交换的目的。识别工作无须人工干预，与传统的条形码、IC 卡相比，射频卡具有非接触、阅读速度快、无磨损、寿命长、存储数据能力大、可工作于各种恶劣环境等优势。在国外，RFID 已广泛应用于工业自动化、商业自动化、交通运输控制管理等众多领域。

2. RFID 起源与发展

RFID 技术是继承了雷达的概念并由此发展出的一种新技术。雷达（Radar）诞生于 1922 年，当时作为一种识别敌方飞机的有效兵器，在第二次世界大战中发挥了重要的作用，同时雷达技术也得了极大的发展。至今，雷达技术还在不断发展，人们正在研制各种用途的高性能雷达。1948 年哈里·斯托克曼发表的"利用反射功率的通信"奠定了射频识别 RFID 的理论基础。RFID 技术的发展可按 10 年期划分，如表 5-1 所示。

从全球的范围来看，美国政府是 RFID 应用的积极推动者，美国在 RFID 标准的建立、相关软硬件技术的开发与应用领域均走在世界前列。欧洲 RFID 标准追随美国主导的 EPC global 标准。在封闭系统应用方面，欧洲与美国基本处在同一阶段。日本虽然已经提出 UID（Ubiquitous ID）标准，但主要得到的是本国厂商的支持，如要成为国际标准还有很长的路要走。RFID 在韩国的重要性得到了加强，政府给予了高度重视，但至今韩国在 RFID 的标准上仍模糊不清。目前，美国、英国、德国、瑞典、瑞士、日本、南非等国家均有较为成熟且先进的 RFID 产品。

表 5-1　　　　　　　　　　　　RFID 发展历程表

时　期	事　件
1941～1950 年	雷达的改进和应用催生了 RFID 技术，1948 年奠定了 RFID 技术的理论基础
1951～1960 年	早期 RFID 技术的探索阶段，主要处于实验室实验研究
1961～1970 年	RFID 技术的理论得到进一步发展，开始尝试一些新应用
1971～1980 年	RFID 技术与产品研发处于一个大发展时期，各种 RFID 技术测试得到加速。出现了最早的商业应用
1981～1990 年	RFID 技术及产品进入商业应用阶段，各种规模应用开始出现
1991～2000 年	RFID 技术标准化问题日趋得到重视，RFID 产品得到广泛采用，并逐渐成为人们生活中的一部分
2000 年至今	标准化问题日趋为人们所重视，RFID 产品种类更加丰富，有源电子标签、无源电子标签及半无源电子标签均得到发展，电子标签成本不断降低，规模应用行业扩大

相较于欧美等发达国家或地区，我国在 RFID 产业上的发展还较为落后。目前，我国 RFID 企业总数虽然超过 100 家，但是缺乏关键核心技术，特别是在超高频 RFID 方面。从包括芯片、天线、标签、读写器等硬件产品来看，低高频 RFID 技术门槛较低，国内发展较早，技术较为成熟，产品应用广泛，目前处于完全竞争状况；超高频 RFID 技术门槛较高，国内发展较晚，技术相对欠缺，从事超高频 RFID 产品生产的企业很少，更缺少具有自主知识产权的创新型企业。

从产业链上看，RFID 的产业链主要由芯片设计、标签封装、读写设备的设计和制造、系统集成、中间件、应用软件等环节组成。目前，我国还未形成成熟的 RFID 产业链，产品的核心技术基本还掌握在国外公司的手里，尤其是芯片、中间件等方面。中低、高频标签封装技术在国内已经基本成熟，但是只有极少数企业已经具备了超高频读写器设计制造能力。国内企业基本具有 RFID 天线的设计和研发能力，但还不具备应用于金属材料、液体环境上的可靠性 RFID 标签天线设计能力。系统集成是发展相对较快的环节，而中间件及后台软件部分还比较弱。

3. RFID 系统组成与工作原理

（1）系统组成。

典型的 RFID 系统一般由标签（Tag）、天线（Antenna）、数据传输和处理系统组成，数据传输和处理系统通常被封装在一起，统称为阅读器（Reader）。因此，工业界常将 RFID 系统分为标签、天线和阅读器三部分，如图 5-5 所示。

图 5-5　RFID 工作原理示意图

① 标签。标签即射频卡，由耦合元件及芯片组成，标签含有内置微型天线，用于和射频天线间进行通信。每个标签内部存有唯一的电子编码，附着在物体上，用来标识目标对象。

根据供电方式不同可将标签分为有源标签、无源标签和半无源标签。

有源电子标签又称主动标签，标签的工作电源完全由内部电池供给，同时标签电池的能量供应也部分地转换为电子标签与阅读器通信所需的射频能量。有源标签作用距离较远，但寿命有限，体积较大，成本高，且不适合在恶劣环境下工作。

无源电子标签（被动标签）没有内装电池，在阅读器的读出范围之外时，电子标签处于无源状态，在阅读器的读出范围之内时，电子标签从阅读器发出的射频能量中提取其工作所需的电源。无源电子标签一般均采用反射调制方式完成电子标签信息向阅读器的传送。无源标签作用距离比有源标签短，但寿命长，对工作环境要求不高。

半无源射频标签内的电池供电仅对标签内要求供电维持数据的电路或者标签芯片工作所需电压的辅助支持，本身耗电很少的标签电路供电。标签未进入工作状态前，一直处于休眠状态，相当于无源标签，标签内部电池能量消耗很少，因而电池可维持几年，甚至长达 10 年有效；当标签进入阅读器的读出区域时，受到阅读器发出的射频信号激励，进入工作状态时，标签与阅读器之间信息交换的能量支持以阅读器供应的射频能量为主（反射调制方式），标签内部电池的作用主要在于弥补标签所处位置的射频场强不足，标签内部电池的能量并不转换为射频能量。

按照载波频率可将标签分为低频标签、中频标签和高频标签。低频标签主要有 125kHz 和

134.2kHz 两种，中频标签频率主要为 13.56MHz，高频标签主要为 433MHz、915MHz、2.45GHz、5.8GHz 等。低频系统主要用于短距离、低成本的应用中，如多数的门禁控制、校园卡、动物监管、货物跟踪等。中频系统用于门禁控制和需传送大量数据的应用系统；高频系统应用于需要较长的读写距离和高读写速度的场合，其天线波束方向较窄且价格较高，在火车监控、高速公路收费等系统中应用。

按调制方式的不同可分为主动式和被动式。主动式标签用自身的射频能量主动地发送数据给读写器；被动式标签使用调制散射方式发射数据，它必须利用读写器的载波来调制自己的信号，该技术适合用门禁或交通中，因为读写器可以确保只激活一定范围之内的标签。在有障碍物的情况下，用调制散射方式，读写器的能量必须来去穿过障碍物两次。而主动方式的标签发射的信号仅穿过障碍物一次，因此主动方式工作的标签主要用于有障碍物的应用中。

按作用距离可将标签分为密耦合卡（作用距离小于 1cm）、近耦合卡（作用距离小于 15cm）、疏耦合卡（作用距离约 1m）和远距离卡（作用距离为 1～10m，甚至更远）。

② 天线。天线与阅读器相连接，用来在标签和阅读器之间传递射频信号。有些系统还通过阅读器的 RS232 或 RS485 接口与外部计算机（上位机主系统）连接，进行数据交换。

③ 阅读器。阅读器是用来读取标签信息的设备，可以是手持式或固定式。阅读器可以连接一个或多个天线，但每次使用时只能激活一个天线。

（2）工作原理。

RFID 系统在实际应用中，当标签进入磁场后，接收阅读器发出的射频信号，凭借感应电流所获得的能量发送出存储在芯片中的产品信息（无源标签或被动标签），或者主动发送某一频率的信号（有源标签或主动标签）；阅读器读取信息并解码后，送至中央信息系统进行有关数据处理。

（3）RFID 技术特点。

RFID 的工作原理与条形码相似，但由于采用电子标签而比条形码更具优势，其主要技术特点如下。

① 数据的读写更方便。只要通过 RFID 阅读器即可不需接触，直接读取信息至数据库内，且可一次处理多个标签，并可以将物流处理的状态写入标签，供下一阶段物流处理用。

② 标签容易小型化和多样化。RFID 在读取上并不受尺寸大小与形状的限制，不需为了读取精确度而配合纸张的固定尺寸和印刷品质。RFID 电子标签更可往小型化与多样形态发展，以便应用于不同产品。

③ 耐环境性好。传统条形码的载体是纸张，容易受到污染，但 RFID 对水、油和化学药品等物质具有很强的抵抗性。此外，由于条形码是附于塑料袋或外包装纸箱上，所以特别容易受到折损；RFID 卷标是将数据存在芯片中，因此可以免受污损。RFID 在黑暗或脏污的环境中，也可以读取数据。

④ 可重复使用。条形码印刷上去之后就无法更改，而 RFID 标签为电子数据，可以重复地新增、修改、删除，方便信息的更新，可以反复被覆写，因此可以回收标签重复使用。

⑤ 穿透性强。RFID 若被纸张、木材和塑料等非金属或非透明的材质包覆的话，也可以进行穿透性通信。不过如果是铁质金属的话，就无法进行通信。而条形码扫描机必须在近距离而且没有物体阻挡的情况下，才可以辨读条形码。

⑥ 数据的记忆容量大。一维条形码的容量是 50Bytes，二维条形码最大的容量可储存 2～3000 字符，RFID 最大的容量则有数兆字节。随着记忆载体的发展，数据容量也有不断扩大的趋势。未来物品所需携带的资料量会越来越大，对卷标所能扩充容量的需求也相应增加。

⑦ 安全性和准确性更好。由于 RFID 承载的是电子信息，其数据内容可经由密码保护，使其内容不易被伪造及变造。还可以通过校验或循环冗余校验的方法来保证射频标签中存储的数据的

准确性。

（4）RFID 工作频率。

RFID 系统的工作频率一般是指阅读器发送信息时所使用的频率。其典型的工作频率有低频 125kHz、133kHz，高频 13.56MHz、27.12MHz，以及超高频 433MHz、860～960MHz、2.45GHz、5.8GHz。

低频系统工作频率范围为 30～300kHz，一般使用无源标签，其通信范围一般小于 1m，其基本特点是电子标签的成本较低、标签内保存的数据量较少、阅读距离较短、电子标签外形多样（卡状、环状、钮扣状、笔状）、阅读天线方向性不强等，多用于近距离、低速、数据量少的识别应用中。典型应用有：动物识别、容器识别、工具识别、电子闭锁防盗（带有内置应答器的汽车钥匙）等。

高频系统一般指其工作频率为 3～30MHz，其通信距离也小于 1m，数据传输速率比低频高，高频标签由于可方便地做成卡状，广泛应用于电子车票、电子身份证、电子闭锁防盗（电子遥控门锁控制器）、小区物业管理、大厦门禁系统等。

超高频系统一般指其工作频率为 300MHz～3GHz，其标签可以是有源或无源的，通信距离一般大于 1m，最大可超过 10m。其阅读器数据传输速率高，可以在很短时间内读取大量电子标签。其典型应用包括供应链管理、生产线自动化、航空包裹管理、集装箱管理、铁路包裹管理、后勤管理系统等。

（5）RFID 的应用。

RFID 技术以其独特的优势，逐渐被广泛应用于工业、商业、交通运输控制管理等领域。随着大规模集成电路技术的进步以及生产规模的不断扩大，RFID 产品的成本将不断降低，其应用越来越广泛。表 5-2 所示为 RFID 技术的典型应用。

表 5-2　　　　　　　　　　　　　　　RFID 的应用列表

应用领域	应用说明
物流	物流仓储是 RFID 最有潜力的应用领域之一，不少国际物流巨头都在积极试验 RFID 技术，以期在将来大规模应用提升其物流能力。可应用的过程包括：物流过程中的货物追踪，信息自动采集、仓储管理应用、港口应用、邮政包裹、快递等
交通	高速不停车收费、出租车管理、公交车枢纽管理、铁路机车识别等，已有不少较为成功的案例，应用潜力很大
汽车	应用于汽车的自动化、个性化生产、汽车的防盗、汽车的定位，可以作为安全性极高的汽车钥匙
零售	由沃尔玛、麦德隆等大超市一手推动的 RFID 应用，可以为零售业带来包括降低劳动力成本、商品的可视度提高，降低因商品断货造成的损失，减少商品偷窃现象等好处。可应用的过程包括：商品的销售数据实时统计、补货、防盗等
身份识别	RFID 技术由于天生的快速读取与难伪造性，而被广泛应用于个人的身份识别证件，如现在世界各国开展的电子护照项目，我国的第二代身份证、学生证等各种电子证件
制造业	应用于生产过程的生产数据实时监控、质量追踪、自动化生产、个性化生产等。在贵重及精密的货品生产领域应用更为迫切
服装业	可以应用于服装的自动化生产、仓储管理、品牌管理、单品管理、渠道管理等过程，随着标签价格的降低，这一领域将有很大的应用潜力。但是在应用时，必须得仔细考虑如何保护个人隐私的问题
医疗	可以应用于医院的医疗器械管理、病人身份识别、婴儿防盗等领域。医疗行业对标签的成本比较不敏感，所以该行业将是 RFID 应用的先锋之一

续表

应用领域	应用说明
防伪	RFID 技术具有很难伪造的特性，但是如何应用于防伪还需要政府和企业的积极推广。可以应用的领域包括：贵重物品（烟、酒、药品）的防伪，票证的防伪等
资产管理	各类资产（贵重的或数量大相似性高的或危险品等）管理。随着标签价格的降低，几乎可以涉及所有的物品
食品	水果、蔬菜、生鲜、食品等保鲜度管理。由于食品、水果、蔬菜、生鲜上含水分多，会影响正常的标签识别，所以该领域的应用将在标签的设计及应用模式上有所创新
动物识别	训养动物、畜牧牲口、宠物等识别管理、动物的疾病追踪、畜牧牲口的个性化养殖等
图书馆	书店、图书馆、出版社等应用。可以大大减少书籍的盘点。管理时间，可以实现自动租、借、还书等功能。在美国、欧洲、新加坡等已有图书馆应用成功案例。在国内有图书馆正在测试中
航空	制造、旅客机票、行李包裹追踪。可以应用于飞机的制造，飞机零部件的保养及质量追踪、旅客的机票、快速登机、旅客的包裹追踪
军事	弹药、枪支、物资、人员、卡车等识别与追踪。美国在伊拉克战争中已有大量使用。美国国防部已与其上万的供应商正在对军事物资进行电子标签标识与识别
其他	门禁、考勤、电子巡更、一卡通、消费、电子停车场等

5.2.3 感知技术——传感技术

传感技术是连接物理世界和信息世界的另一个重要技术，在当今信息化过程中发挥着重要作用。传感技术利用传感器和多跳自组织传感器网络，协作感知、采集网络覆盖区域中被感知对象的信息。我国国家标准《传感器通用术语》（GB7665 – 87）中对传感器（Transducer/Sensor）的定义是："能够感受规定的被测量并按照一定规律转换成可用输出信号的器件或装置"，该定义说明传感器是一种检测装置，其输出量是某一被测量，可能是物理量，也可能是化学量、生物量等，它能够将其输出量按一定规律变换为电信号或其他形式的信息输出，以满足信息的传输、处理、存储、显示、记录、控制等要求。传感器是实现自动检测和自动控制的首要环节，物联网的端部就可以是各种类型的传感器。

传感器在科学技术领域、工农业生产以及日常生活中发挥着越来越重要的作用。人类社会对传感器提出的越来越高的要求是传感器技术发展的强大动力。目前，传感器信息获取技术已经从过去的单一化渐渐向集成化、微型化和网络化方向发展。无线传感器网络（Wireless Sensor Network，WSN）是传感器技术与无线网络技术相结合的产物，具有非常广泛的应用前景，其发展和应用，将会给人类的生活和生产的各个领域带来深远影响。无线传感器网络综合了微电子技术、嵌入式计算技术、现代网络及无线通信技术、分布式信息处理技术等先进技术，能够协同地实时监测、感知和采集网络覆盖区域中各种环境或监测对象的信息，并对其进行处理，处理后的信息通过无线方式发送，并以自组多跳的网络方式传送给观察者。传感器网络在军事、工农业、环境监测，医疗护理、抢险救灾、危险区域远程控制及智能家居等领域都有潜在的使用价值，已经引起了许多国家学术界和工业界的高度重视。本小节将对无线传感器网络进行简要介绍。

1．发展历程

早在 20 世纪 70 年代，就出现了将传统传感器采用点对点传输、连接传感控制器而构成传感器网络雏形，我们把它归之为第一代传感器网络。随着相关学科的不断发展和进步，传感器网络还具有了获取多种信息信号的综合处理能力，并通过与传感控制器的相联，组成了有信息综合处理能力的传感器网络，这是第二代传感器网络。而从 20 世纪 90 年代开始，采用现场总线连接传感器，组建成智能化传感器网络。第四代传感器网络正在研发，大量多功能、多信息信号获取能力的传感器被运用，采用自组织无线接入网络，与传感器网络控制器连接，构成无线传感器网络。

发达国家如美国，非常重视无线传感器网络的发展，IEEE 正在努力推进无线传感器网络的应用和发展，波士顿大学（Boston Unversity）还创办了传感器网络协会（Sensor Network Consortium），期望能促进传感器联网技术开发。美国的《技术评论》杂志在论述未来新兴十大技术时，更是将无线传感器网络列为第一项未来新兴技术，《商业周刊》预测的未来四大新技术中，无线传感器网络也列入其中。可以预计，无线传感器网络的广泛是一种必然趋势，它的出现将会给人类社会带来极大的变革。

我国无线传感网的研究起步不晚，中科院从 1999 年就专设相关知识创新工程，开始了无线传感网的研究，并在国家中长期科学技术规划纲要中明确将无线传感网作为一项优先发展主题。目前，无线传感网已经成为国内有关大学和研究所的研究热点之一，为无线传感网标准的制定奠定了良好的学术基础。我国信息化标准委员会也已经成立了无线传感网工作小组，标准的制定正在进行。国内第一个无线传感网产业发展联盟于 2007 年 11 月在杭州成立，预示着我国无线传感网已经开始发力。

2．组成与特点

（1）组成。

无线传感器网络由称为"智能微尘"或"智能尘埃"的具有计算机功能的超微型传感器构成，这些传感器也称为"传感结点"，这些结点由传感器、微处理器、通信系统和电源 4 部分构成，将一些微尘散放在一个场地中，它们就能够通过无线链路相互定位，自我重组形成网络，收集数据并向基站传递信息。其结构如图 5-6 所示。

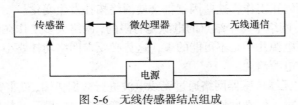

图 5-6　无线传感器结点组成

无线传感器网络由大量传感结点通过自组织方式构成网络，协同形成对目标的感知现场。典型的无线传感器网络结构如图 5-7 所示。

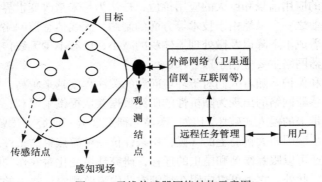

图 5-7　无线传感器网络结构示意图

传感结点具有原始数据采集、本地信息处理、无线数据传输及与其他结点协同工作的能力，依据应用需求，还可能携带定位、能源补给或移动等模块。结点可采用飞行器撒播、火箭弹射或人工埋置等方式部署。

目标是网络感兴趣的对象及其属性，有时特指某类信号源。传感结点通过目标的热、红外、声纳、雷达或震动等信号，获取目标温度、光强度、噪声、压力、运动方向或速度等属性。传感结点对感兴趣目标的信息获取范围称为该结点的感知视场，网络中所有结点视场的集合称为该网络的感知视场。当传感结点检测到的目标信息超过设定阈值，需提交给观测结点时，被称为有效结点。

观测结点一方面在网内作为接收者和控制者，被授权监听和处理网络的事件消息和数据，可向传感器网络发布查询请求或派发任务；另一方面面向网外作为中继和网关完成传感器网络与外部网络间信令和数据的转换，是连接传感器网络与其他网络的桥梁。通常假设观测结点能力较强，资源充分或可补充。观测结点有被动触发和主动查询两种工作模式，前者被动地由传感结点发出的感兴趣事件或消息触发，后者则周期扫描网络和查询传感结点，较常用。

传感结点检测的目标信号经本地简单处理后通过邻近传感结点多跳传输到观测结点。用户和远程任务管理单元通过外部网络，比如卫星通信网络或 Internet，与观测结点进行交互。观测结点向网络发布查询请求和控制指令，接收传感结点返回的目标信息。

（2）特点。

无线传感器网络具有如下主要特点。

① 自组织。传感器网络系统的结点具有自动组网的功能，结点间能够相互通信协调工作。

② 结点分布空间面积大。无线传感器网络可以根据实际感知现场，分散放置传感结点，如军事、农业等应用方面，可将传感器结点在目标地点撒落，形成大面积监视网络。

③ 多跳路由。结点受通信距离、功率控制或节能的限制，当结点无法与网关直接通信时，需要由其他结点转发完成数据的传输，因此网络数据传输路由是多跳的。

④ 动态网络拓扑。在某些特殊的应用中，无线传感器网络是移动的，传感器结点可能会因能量消耗完或其他故障而终止工作，这些因素都会使网络拓扑发生变化。

⑤ 结点能源受限。网络中每个结点的电源是有限的，网络大多工作在无人区或者对人体有伤害的恶劣环境中，更换电源几乎是不可能的事，这势必要求网络功耗要小，以延长网络的寿命，而且要尽最大可能节省电源消耗。

⑥ 传输能力有限。无线传感器网络通过无线电波进行数据传输，低带宽是其天生缺陷。同时，信号之间还存在相互干扰，信号自身也在不断地衰减等诸多因素导致其传输能力有限。

3. 应用现状

无线传感器网络在军事、农业、环境监测、医疗卫生、工业、智能交通、建筑物监测、空间探索等领域有着广阔的应用前景和巨大的应用价值，被认为是未来改变世界的十大技术之一、全球未来四大高技术产业之一。虽然由于技术等方面的制约，无线传感器网络的大规模商业应用还有待时日，但近年随着成本下降以及微处理器体积的减小，已有不少无线传感器网络开始投入使用。目前，无线传感器网络主要应用于以下领域。

（1）环境的监测和保护。随着人们对于环境问题的关注程度越来越高，需要采集的环境数据也越来越多，无线传感器网络的出现为随机性的研究数据获取提供了便利，并且还可以避免传统数据收集方式给环境带来的侵入式破坏。比如，英特尔研究实验室研究人员曾经将 32 个小型传感器连进互联网，以读出缅因州大鸭岛上的气候，用来评价一种海燕巢的条件。

无线传感器网络还可以跟踪候鸟和昆虫的迁移，研究环境变化对农作物的影响，监测海洋、大气和土壤的成分等。此外，它也可以应用在精细农业中来监测农作物中的害虫、土壤的酸碱度和施肥状况等。

（2）建筑结构监测。无线传感器网络用于监测建筑物的健康状况，不仅成本低廉，而且能解决传统监测布线复杂、线路老化、易受损坏等问题。南加州大学的一种监测建筑物的无线传感器网络系统除了监测建筑物的健康状况外，还能够定位出建筑物受损伤的位置。

（3）医疗护理。无线传感器网络在医疗研究、护理领域也可以大展身手。罗彻斯特大学的科学家使用无线传感器创建了一个智能医疗房间，使用微尘来测量居住者的重要征兆（血压、脉搏和呼吸）、睡觉姿势以及每天 24 小时的活动状况。英特尔公司也推出了无线传感器网络的家庭护理技术。该技术是作为探讨应对老龄化社会的技术项目（Center for Aging Services Technologies，CAST）的一个环节开发的。该系统通过在鞋、家具以家用电器等家中道具和设备中嵌入半导体传感器，帮助老龄人士、阿尔茨海默氏病患者以及残障人士的家庭生活。利用无线通信将各传感器联网可高效传递必要的信息从而方便接受护理，还可以减轻护理人员的负担。英特尔主管预防性健康保险研究的董事 Eric Dishman 称，在开发家庭用护理技术方面，无线传感器网络是非常有前途的。

（4）智能交通应用。1995 年，美国交通部提出了到 2025 年全面投入使用的"国家智能交通系统项目规划"。该计划利用大规模无线传感器网络，配合 GPS 定位系统等资源，除了使所有车辆都能保持在高效低耗的最佳运行状态、自动保持车距外，还能推荐最佳行使路线，对潜在的故障可以发出警告。中国科学院沈阳自动化所提出了基于无线传感器网络的高速公路交通监控系统，结点采用图像传感器，在能见度低、路面结冰等情况下，能够实现对高速路段的有效监控。

（5）军事领域。由于无线传感器网络具有密集型、随机分布的特点，使其非常适合应用于恶劣的战场环境中，包括侦察敌情、监控兵力、装备和物资，定位目标物，实时监视战场状况，监测核攻击或生物化学攻击等多方面用途。2005 年，美国军方采用 Crossbow 公司结点构建了枪声定位系统，结点部署于目标建筑物周围，系统能够有效地自组织构成监测网络，监测突发事件（如枪声、爆炸等）的发生，为救护、反恐提供有力帮助。美国国防部远景计划研究局已投资几千万美元，帮助大学进行智能尘埃传感器技术的研发。

5.2.4　网络与通信技术

网络与通信技术为物联网数据提供传输通道，是物联网信息传递和服务支撑的基础设施。物联网应用到的网络与通信技术有互联网技术、移动通信技术及无线通信技术。由于本书第 2 章已经对通信技术进行了详细介绍，因此本小节只做简要补充。

1. 互联网技术

物联网是互联网的扩展和延伸，物联网的实现离不开互联网技术。互联网从诞生、成长到发展成熟经历了 40 年，彻底改变了人类的生产、生活方式。人们现在正期待着下一代互联网（Next Generation Internet，NGI）的到来，NGI 时代，IPv4 将被 IPv6 取代，这样人们不用再担心地址不够用的问题，还可以实现物联网中任何物品都可以被寻址以达到控制物品的目的。NGI 将比现在的互联网规模更大，且更安全，速度更快，用户接入不受地理位置限制，更方便。

物联网将互联网的终端扩展到了任何物品，将人与物紧密联系，很大程度上加强了人类对物理世界的控制能力，这对互联网技术具有很大的挑战性。物联网应用中的互联网应能够实现各种异构设备、异构网络的接入和互连，例如，以传感器网络为代表的末梢网络在规模化应用后，面临与骨干网络的接入问题，并且其网络技术与需要与骨干网络进行充分协同；物联网应用要求实现有线、无线无缝接入，这些都需要研究固定、无线和移动网及自治计算与连网技术等。可以说互联网为物联网提供应用平台，同时物联网对互联网提出了更高的要求，也能反过来促进互联网的进一步发展。

2. 移动通信技术

物联网的一大特点是全面感知，为实现无所不在的感知识别，物联网需要一个无处不在的通信网络。移动通信网具有覆盖广、建设成本低、部署方便、具备移动性等特点，使得无线网络将成为物联网主要的接入方式，而固定通信作为融合的基础承载网络将长期服务于物联网。物联网的终端都需要以某种方式连接起来，发送或者接收数据，考虑到方便性、信息基础设施的可用性以及一些应用场景本身需要随时监控的目标就是在活动状态下，因此移动网络将是物联网最主要的接入手段。

移动通信网是实现未来物联网应用的重要基础设施，它赋予物联网强大通信能力，物联网的概念也为移动通信发展注入了强大推动力。移动通信的发展经历了 1G、2G、2.5G 到现在的 3G，很多消费者还没有全面了解 3G 就已经面对 4G 的召唤了，可见移动通信发展之迅速。2009 年 10 月，中国向国际电信联盟提交 TD-LTE-Advanced（LTE-A）技术方案，并被正式确定为 4G 国际标准候选技术。

4G 是第四代移动通信及其技术的简称，是集 3G 与 WLAN 于一体并能够传输高质量视频图像以及图像传输质量与高清晰度电视不相上下的技术产品。4G 系统能够以 100Mbit/s 的速度下载，比拨号上网快 2000 倍，上传的速度也能达到 20Mbit/s，并能够满足几乎所有用户对于无线服务的要求。而在用户最为关注的价格方面，4G 与固定宽带网络在价格方面不相上下，而且计费方式更加灵活机动，用户完全可以根据自身的需求确定所需的服务。此外，4G 可以在 DSL 和有线电视调制解调器没有覆盖的地方部署，然后再扩展到整个地区。4G 与传统的通信技术相比，在通话质量及数据通信速度方面有着不可比拟的优越性。

4G 通信尚在规划、设计中，但人们构思的 4G 将会有以下特征。

（1）通信速度更快。专家则预估，第四代移动通信系统可以达到 10～20Mbit/s，甚至最高可以达到高达 100Mbit/s 速度传输无线信息，这种速度会相当于 2009 年最新手机的传输速度的 1 万倍左右。

（2）网络频谱更宽。每个 4G 信道会占有 100MHz 的频谱以达到 100Mbit/s 的传输速度，相当于 W-CDMA 3G 网路的 20 倍。

（3）通信更加灵活。未来 4G 手机更应该算得上是一只小型计算机了，而且 4G 手机从外观和式样上，会有更惊人的突破，眼镜、手表、化妆盒等以方便和个性为前提，任何一件能看到的物品都有可能成为 4G 终端。未来的 4G 通信使人们不仅可以随时随地通信，更可以双向下载传递资料、图画、影像等。

（4）智能性能更高。4G 的智能性不仅表现在 4G 通信的终端设备的设计和操作具有智能化，更重要的是 4G 手机可以实现许多难以想象的功能，如 4G 手机能根据环境、时间及其他设定的因素来适时地提醒手机的主人此时该做什么事，或者不该做什么事。

（5）兼容性能更平滑。未来 4G 应当具备全球漫游，接口开放，能跟多种网络互连，终端多样化，以及能从 2G 平稳过渡等特点。

（6）实现更高质量的多媒体通信。未来的 4G 通信能满足第三代移动通信尚不能达到的在覆盖范围、通信质量、造价上支持的高速数据和高分辨率多媒体服务的需要。

（7）通信费用更加便宜。在建设 4G 通信网络系统时，通信营运商们会考虑直接在 3G 通信网络的基础设施之上，采用逐步引入的方法，这样就能够有效地降低运行者和用户的费用。

可见，4G 时代，任何物品都可以成为网络的一部分，它们之间可以实现高速、可靠通信，这正是物联网所需要的，4G 将会为物联网的网络层提供重要技术支撑，成为物联网重要的网络接入方式。

3. 无线通信网络

无线通信没有有线网络在连接空间上的局限性，将成为物联网的另一重要网络接入方式。无线通信网络按照其传输速率高低可分为无线宽带网络，如 Wi-Fi（Wireless Fidelity）、WiMAX（Worldwide Interoperability for Microwave Access）和无线低速网络，如蓝牙（BlueTooth）、红外

（Infrared）、紫蜂（ZigBee）等。

（1）无线宽带网络。

按照传统的定义，宽带超过 1.54Mbit/s 的网络即为宽带网络。Wi-Fi、WiMAX 的带宽均达到了 10～100Mbit/s，是典型的无线宽带网络。

① Wi-Fi。Wi-Fi 原为无线保真 Wireless Fidelity 的缩写，是一种可以将个人计算机、手持设备（如 PDA、手机）等终端以无线方式互相连接的技术。在无线局域网范畴 Wi-Fi 指"无线相容性认证"，是无线局域网联盟（Wireless Local Area Network Alliance，WLANA）所持有的一个商标，目的是改善基于 IEEE 802.11 标准的无线网路产品之间的互通性。现在 Wi-Fi 已成为 IEEE 802.11 标准的统称，也是无线局域网的代名词。

Wi-Fi 具有以下特点。

● 无线电波的覆盖范围广，基于蓝牙技术的电波覆盖范围非常小，半径大约只有 15m，而 Wi-Fi 的半径则可达 100m，可用于办公大楼等更多场合。

● 传输速度非常快，可以达到 54Mbit/s，可满足大多数应用场合中人们对传输速率的要求。

● 无须布线，能够满足移动办公用户的需求。

能够访问 Wi-Fi 网络的地方被称为热点。Wi-Fi 热点通过在互联网连接安装访问点来创建。当一台支持 Wi-Fi 的设备遇到一个热点时，可以用无线连接到该无线网络。大部分热点都位于供大众访问的地方，如机场、咖啡店、旅馆、书店以及校园等。许多家庭和办公室也拥有 Wi-Fi 网络。虽然有些热点是免费的，但是大部分稳定的公共 Wi-Fi 网络是由互联网服务提供商（ISP）提供的，因此会在用户连接到互联网时收取一定费用。

Wi-Fi 为无线局域网设备提供了一个世界范围内可用的，费用极低且带宽极高的无线空中接口，该技术必将成为物联网实现无线高速网络互连的重要手段。

② WiMAX。WiMAX 是 Worldwide Interoperability for Microwave Access 的缩写，即全球微波互联接入，WiMAX 也叫 802.16 无线城域网或 802.16，是又一种为企业和家庭用户提供"最后一公里"的宽带无线连接方案，能提供面向互联网的高速连接。由于它所规定的无线系统覆盖范围可高达 50km，因此 802.16 系统主要应用于城域网。

IEEE802.16 标准的提出，弥补了 IEEE 在无线城域网标准上的空白。IEEE802.16 标准又称为 IEEE Wireless MAN 空中接口标准，是工作于 2～66GHz 无线频带的空中接口规范。IEEE802.16 标准系列到目前为止包括 802.16、802.16a、802.16c、802.16d、802.16e、802.16f 和 802.16g 7 个标准。根据使用频带高低的不同，802.16 系统可分为应用于视距和非视距两种。当信号载波波长较短时容易被物体阻挡且多径传播问题严重，适于视距传输；当载波波长较长时可绕过障碍物传输，适于非视距传输。802.16 的频段中，2～11GHz 频带应用于非视距范围，而使用 10～66GHz 频带的系统应用于视距传输。根据是否支持移动特性，802.16 标准又可分为固定宽带无线接入空中接口标准和移动宽带无线接入空中接口标准，标准系列中的 802.16、802.16a、802.16d 属于固定无线接入空中接口标准，而 802.16e 属于移动宽带无线接入标准。

WiMAX 具有以下特点。

● 传输距离更远。WiMAX 所能实现的 50km 的无线信号传输距离是无线局域网所不能比拟的，网络覆盖面积是 3G 发射塔的 10 倍，只要少数基站建设就能实现全城覆盖，这样就使得无线网络应用的范围大大扩展。

● 提供更高速的宽带接入。据悉，WiMAX 所能提供的最高接入速度是 70Mbit/s，这个速度是 3G 所能提供的宽带速度的 30 倍。

● 提供优良的最后一公里网络接入服务。作为一种无线城域网技术，它可以将 Wi-Fi 热点连接到互联网，也可作为 DSL 等有线接入方式的无线扩展，实现最后一公里的宽带接入。WiMAX

可为 50km 线性区域内提供服务，用户无须线缆即可与基站建立宽带连接。

- 提供多媒体通信服务。由于 WiMAX 比 Wi-Fi 具有更好的可扩展性和安全性，从而能够实现多媒体通信服务。

由上可见 WiMAX 比 Wi-Fi、3G 更具优势，但其最大缺陷在于不能支持用户在移动过程中无缝切换，这是与当前的 3G 无法相比的。WiMAX 论坛把解决这个问题的希望寄托于未来的 802.16m 标准上，而 802.16m 的进展情况还存在不确定因素。

WiMAX 网络的主要组件为基站和用户设备。WiMAX 基站安装在一个立式物体或高楼来广播无线信号，每个基站可以提供数十甚至上百兆比特的带宽；用户可以用笔记本电脑或移动互联网设备（Mobile Internet Device，MID）接收信号。

WiMAX 可以向固定、便携式和移动的用户提供宽带无线连接，还能够提供为电信基础设施、企业园区和 Wi-Fi 热点提供回程。Wi-Fi 可提供 54Mbit/s 的无线接入速度但传输距离有限，3G/4G 传输范围广但接入速度慢，而 WiMAX 的出现则弥补了这两个不足。因此，Wi-Fi、WiMAX 以及 3G/4G 的融合将会创造出一个更加完美的宽带无线网络，从而促进互联网的进一步延伸，也在物联网中扮演重要角色，成为其骨干网络设施。

（2）无线低速网络。

物联网应用中，并非所有场合都要求高速网络，对低速无线网络也有广泛需求。目前使用较多的低速无线网络主要有蓝牙、红外以及新发展起来的紫蜂。

① 蓝牙。蓝牙是一种目前广泛应用的短距离通信（一般 10m 内）的无线电技术。能在包括移动电话、PDA、无线耳机、GPS 设备、游戏平台 PS3、笔记本电脑、无线外围设备（如蓝牙鼠标、蓝牙键盘）等众多设备之间进行无线信息交换。

蓝牙技术于 1994 年由瑞典爱立信公司研发。1997 年，爱立信与其他设备生产商联系，并激发了他们对该项技术的浓厚兴趣。1998 年 2 月，5 个跨国大公司，包括爱立信、诺基亚、IBM、东芝和 Intel 组成了一个特殊兴趣小组，他们共同的目标是建立一个全球性的小范围无线通信技术，即现在的蓝牙。

蓝牙采用调频技术，工作频段为全球通用的 2.4GHz，该波段是一种无须申请许可证的工业、科技、医学无线电波段，因此，使用蓝牙技术不需要支付任何费用。蓝牙的数据速率为 1Mbit/s，采用时分双工传输方案被用来实现全双工传输。蓝牙可以支持异步数据信道、多达 3 个同时进行的同步语音信道，还可以用一个信道同时传送异步数据和同步语音。每个语音信道支持 64kbit/s 同步语音链路。异步信道可以支持一端最大速率为 721kbit/s 而另一端速率为 57.6kbit/s 的不对称连接，也可以支持 43.2kbit/s 的对称连接。

截至 2010 年 7 月，蓝牙共有 6 个版本，即 V1.1/1.2/2.0/2.1/3.0/4.0。随着版本的提升，数据传输率、抗干扰性能和通信距离不断增加。V1.1 为最早期版本，传输率为 748～810kbit/s，容易受到同频率产品的干扰；蓝牙 V3.0 的数据传输率提高到了大约 24Mbit/s，是蓝牙-2.0 的 8 倍，传输距离为 10m 以内，可以轻松用于录像机至高清电视、PC 至 PMP（Portable Media Player，便携式媒体播放器）、UMPC（Ultra-mobile Personal Computer，超级移动个人计算机）至打印机之间的资料传输；蓝牙 V4.0 的数据传输率可达 25 Mbit/s，有效传输距离可达到 100m。

通过使用蓝牙技术产品，人们可以免除居家、办公等室内环境电缆缠绕的苦恼，鼠标、键盘、打印机、膝上型计算机、耳机、扬声器等均可以在 PC 环境中无线使用。目前，蓝牙广泛应用于人们工作、娱乐、旅游等各种生活场景中，在物流业也有成功应用，未来几年，蓝牙技术在移动设备和汽车中的实施将不断增长。蓝牙因其频段全球通用、设备小巧、功耗低、成本低、易于使用等优势将会成为未来物联网低速率信息传输的重要手段。

② 红外。红外是一种利用红外线传输数据的无线通信方式，采用红外波段内的近红外线，波

长为 0.75～25μm。红外自 1974 年发明以来得到很普遍的应用，如红外线鼠标、红外线打印机、红外线键盘等。红外传输采用点对点方式，传输距离一般为 1m 左右，由于红外线的波长较短，对障碍物的衍射能力差，适合于短距离、方向性强的无线通信场合。红外设备一般具有体积小、成本低、功耗低、无须频率申请等优势。

由于后来出现的蓝牙技术从通信距离、传输速度、安全性等方面均优于红外，因此其市场逐渐被 USB 连线和蓝牙所取代。但是目前仍有很多设备，如手机、笔记本电脑灯，保留了对红外的兼容性。

物联网中对红外技术的应用不仅仅局限于通信，红外传感系统就是利用红外线为介质进行测量的系统。利用红外技术可以实现对红外目标的搜索和跟踪，可产生整个目标红外辐射分布图像即热成像，还可以用于辐射和光谱测量、红外测距等。

③ 紫蜂（ZigBee）

紫蜂是一种新兴的短距离无线通信技术，是 IEEE 802.15.4 协议的代名词。可以说紫蜂是因蓝牙在工业、家庭自动化控制以及工业遥测遥控领域存在功耗大、组网规模小、通信距离有限等缺陷而诞生的。IEEE 802.15.4 协议于 2003 年正式问世，该协议使用 3 个频段：2.4～2.483 GHz（全球通用）、902～928 MHz（美国）和 868.0～868.6MHz（欧洲）。

ZigBee 具有以下特点。

- 低功耗特性。这是 ZigBee 的突出优势。通常 ZigBee 结点所承载的应用数据速率都比较低，在不需要通信时，结点可以进入很低功耗的休眠状态，此时能耗可能只有正常工作状态下的千分之一。由于一般情况下，休眠时间占总运行时间的大部分，有时正常工作的时间还不到百分之一，因此达到很高的节能效果。在低耗电待机模式下，2 节 5 号干电池可支持 1 个结点工作 6～24 个月甚至更长，而蓝牙能工作数周、Wi-Fi 可工作数小时。

- 数据速率比较低。ZigBee 工作在 20～250 kbit/s 的较低速率，分别提供 250 kbit/s（2.4GHz）、40kbit/s（915 MHz）和 20kbit/s（868 MHz）的原始数据吞吐率，除掉信道竞争应答和重传等消耗，真正能被应用所利用的速率可能不足 100Kbit/S，并且余下的速率可能要被邻近多个结点和同一个结点的多个应用所瓜分，因此 ZigBee 适用于数据传输速率要求低的传感和控制领域。

- 可靠性有保障。ZigBee 物理层采用了扩频技术，能够在一定程度上抵抗干扰，MAC 层采用 CSMA（载波侦听多路访问）方式使结点发送前先监听信道，可以起到避开干扰的作用。当 ZigBee 网络受到外界干扰，无法正常工作时，整个网络可以动态地切换到另一个工作信道上。

- 近距离传输特性。ZigBee 传输范围一般为 10～100m，如果增加射频发射功率，传输距离可增加到 1～3km，这是相邻结点间的传输距离。如果通过路由和结点间通信的接力，传输距离将可以更远。

- 组网规模大。ZigBee 可采用星状、片状和网状网络结构，由一个主结点管理若干子结点，最多一个主结点可管理 254 个子结点，同时主结点还可由上一层网络结点管理，最多可组成 65 000 个结点的大网。而蓝牙每个网络只能容纳 8 个结点。

以上特点使得 ZigBee 成为无线传感网领域最著名的无线通信协议，目前已成功应用于多种行业的传感和控制中，如表 5-3 所示，它必将成为未来物联网低速率传输环境下的重要无线通信方式。

表 5-3   ZigBee 应用领域

应用领域	应用说明
家庭和楼宇网络	空调系统的温度控制、照明的自动控制、窗帘的自动控制、煤气计量控制、家用电器的远程控制等
工业控制	各种监控器、传感器的自动化控制

续表

应用领域	应用说明
商业	智慧型标签等
公共场所	烟雾探测器等
农业控制	利用传感器收集各种土壤信息和气候信息
医疗	老人与行动不便者的紧急呼叫器和医疗传感器等

5.2.5　云计算与智能决策技术

物联网中，各种设备将会产生大量数据，将海量数据收集、分析、处理并作出决策是物联网的最终目的，实现这一目的需要高性能的计算、决策技术，云计算以及各种智能计算技术能很好的解决这一问题，是实现物联网的关键技术之一。

1. 云计算技术

（1）云计算的概念。

云计算（Cloud Computing）是由分布式计算、并行处理、网格计算、效用计算、网络存储等传统计算技术和网络技术发展来的一种新兴的商业计算模型。云计算的核心思想，是将大量用网络连接的计算资源统一管理和调度，构成一个计算资源池向用户按需服务。目前，对于云计算的认识还在不断的发展变化，云计算没仍没有普遍一致的定义。

中国网格计算、云计算专家刘鹏给出如下定义："云计算是一种商业计算模型。它将计算任务分布在大量计算机构成的资源池上，使各种应用系统能够根据需要获取计算力、存储空间和信息服务"。

狭义的云计算指的是厂商通过分布式计算和虚拟化技术搭建数据中心或超级计算机，以免费或按需租用方式向技术开发者或者企业客户提供数据存储、分析以及科学计算等服务，如亚马逊数据仓库出租生意。

广义的云计算指厂商通过建立网络服务器集群，向各种不同类型客户提供在线软件服务、硬件租借、数据存储、计算分析等不同类型的服务。广义的云计算包括了更多的厂商和服务类型，如国内用友、金蝶等管理软件厂商推出的在线财务软件，谷歌发布的 Google 应用程序套装等。

云计算的"云"就是存在于互联网上的服务器集群上的资源，它包括硬件资源（服务器、存储器、CPU 等）和软件资源（如应用软件、集成开发环境等），"云"中的资源在使用者看来是可以无限扩展的，并且可以随时获取，按需使用，随时扩展，按使用付费。本地计算机只需要通过互联网发送一个需求信息，远端就会有成千上万的计算机为你提供需要的资源并将结果返回到本地计算机，这样，本地计算机几乎不需要做什么，所有的处理都在云计算提供商所提供的计算机群来完成。

（2）云计算的特点。

从用户的角度来看，云计算具有以下特点。

① 云计算提供了最可靠、最安全的数据存储中心，用户不用再担心数据丢失、病毒入侵等麻烦。在云计算模式中，我们可以将文档保存在类似 Google Docs 的网络服务上，由"云"的另一端，有全世界最专业的团队来管理我们的信息，有全世界最先进的数据中心来保存数据。同时，严格的权限管理策略可以使我们放心地与指定的人共享数据。这样，我们可以享受到最好、最安全的服务，不用再担心因病毒攻击、计算机故障等导致硬盘上的数据无法恢复使得数据丢失或损坏，或数据被非法用户窃取。

② 云计算对用户端的设备要求最低，使用方便。云计算模式下我们不需要再不断升级软件、系统，在浏览器中直接编辑存储在"云"的另一端的文档，便可以随时与他人分享信息，再也不用担心软件是否是最新版本，再也不用为软件或文档染上病毒而发愁。因为在"云"的另一端，有专业的 IT 人员帮我们维护硬件，安装和升级软件，防范病毒和各类网络攻击，帮我们做我们以前在个人计算机上所做的一切。

③ 云计算可以轻松实现不同设备间的数据与应用共享。我们日常生活中常常需要将数据在不同设备之间进行复制、共享，不同设备的数据同步方法种类繁多，操作复杂，要在这许多不同的设备之间保存和维护最新的一份数据，必须付出难以计数的时间和精力。在云计算的网络应用模式中，数据只有一份，保存在"云"的另一端，我们所有电子设备只需要连接互联网，就可以同时访问和使用同一份数据。

④ 云计算为我们使用网络提供了几乎无限多的可能。云计算为存储和管理数据提供了几乎无限多的空间，也为我们完成各类应用提供了几乎无限强大的计算能力。个人计算机或其他电子设备不可能提供无限量的存储空间和计算能力，但在"云"的另一端，由数千台、数万台甚至更多服务器组成的庞大的集群却可以轻易地做到这一点，云计算的潜力却几乎是无限的。

⑤ 极其廉价。由于"云"的特殊容错措施可以采用极其廉价的结点来构成，"云"的自动化集中式管理使大量企业无须负担日益高昂的数据中心管理成本，用户可以充分享受"云"的低成本优势，云计算模式下用户常常只需花费几百美元、几天时间就能完成以前需要数万美元、数月时间才能完成的任务。

云计算技术方面具有如下特点。

① 规模超大，且具有可扩展性。云计算要赋予用户前所未有的计算能力，因此，"云"规模相当大，企业私有云一般拥有数百上千台服务器，Google 云计算已经拥有 100 多万台服务器。为满足用户规模增长的需要，"云"的规模可以动态扩展。

② 虚拟化。云计算支持用户在任意位置、使用各种终端获取应用服务。所请求的资源来自"云"，而不是固定的有形的实体。应用在"云"中某处运行，而用户无须了解或担心运行的具体位置。

③ 高可靠性。"云"使用了数据多副本容错、计算结点同构可互换等措施来保障服务的高可靠性，使用云计算比使用本地计算机更可靠。

④ 通用性。云计算不针对特定的应用，在"云"的支撑下可以构造出千变万化的应用，同一个"云"可以同时支持不同的应用运行。

（3）云计算的服务形式。

目前公认的云计算的三大服务模式分别是 IaaS、PaaS 和 SaaS。

① IaaS（Infrastructure-as-a-Service）：基础设施即服务。消费者通过 Internet 可以从完善的计算机基础设施获得服务。目前，只有世纪互联集团旗下的云快线公司号称要开拓新的 IT 基础设施业务，但究其本质，它只能实现主机托管业务的延伸，很难与亚马逊等企业相媲美。

② PaaS（Platform-as-a-Service）：平台即服务。PaaS 实际上是指将软件研发的平台作为一种服务，以 SaaS 的模式提交给用户。因此，PaaS 也是 SaaS 模式的一种应用。但是，PaaS 的出现可以加快 SaaS 的发展，尤其是加快 SaaS 应用的开发速度。但是纵观国内市场，只有八百客一个孤独的舞者拥有 PaaS 平台技术。可见，PaaS 还是存在一定的技术门槛，国内大多数公司还没有此技术实力。

③ SaaS（Software-as-a-Service）：软件即服务。它是一种通过 Internet 提供软件的模式，用户无须购买软件，而是向提供商租用基于 Web 的软件，来管理企业经营活动。相对于传统的软件，SaaS 解决方案有明显的优势，包括较低的前期成本，便于维护，快速展开使用等。比如红麦软件

的舆情监测系统。

除以上模式外，还有比较早的 MSP，即管理服务提供商，这种应用更多是面向 IT 行业而不是重点用户，常用于邮件病毒扫描、程序监控等。

云计算对物联网各个层次都很重要，它可以为分析与优化提供超级计算能力，可使得更多的应用被更容易地创建，能够更高效地提供更可靠的服务，能够促进物联网底层传感数据的共享。云计算是实现物联网的技术基础，它将为大规模物联网的行业应用提供必须的计算环境。

2. 智能决策技术

物联网通过将数据采集、传输并进行计算处理之后，最终目的是对物品实现智能化管理。智能化管理是建立在海量数据上的，有效利用海量信息并作出智能决策是物联网应用的关键。智能决策技术起源于 20 世纪 80 年代初期，是管理决策科学、运筹学、计算机科学与人工智能相结合的产物。智能决策系统利用人工智能和专家系统技术在定性分析和不确定推理上的优势，充分利用人类在求解问题时的经验和知识，为解决决策中常见的定性问题、模糊问题和不确定性问题提供新的途径。目前智能决策方法主要有基于人工智能、基于数据仓库和基于范例推理 3 种，下面分别对其做简要介绍。

（1）基于人工智能的智能决策。

人工智能是用人工方法在机器（计算机）上实现的智能，主要研究如何用计算机来表示和执行人类的智能活动，以模拟人脑所从事的推理、学习、思考、规划等思维活动，并解决需要人类的智力才能处理的复杂问题，如医疗诊断、管理决策、自然语言理解等。基于人工智能的智能决策方法主要有专家系统、机器学习和基于 Agent3 种。

专家系统是目前人工智能中应用较成熟的一个领域，专家系统是一个具有大量的专门知识与经验的程序系统，它应用人工智能技术和计算机技术，根据某领域一个或多个专家提供的知识和经验，进行推理和判断，模拟人类专家的决策过程，以解决那些需要人类专家处理的复杂问题。简而言之，专家系统是一种模拟人类专家解决领域问题的计算机程序系统。

专家系统一般由知识库、推理机和数据库组成，它使用非数量化的逻辑语句来表达知识，用自动推理的方式进行问题求解。基于专家系统的智能决策系统使用数量化方法将问题模型化后，利用对数值模型的计算结果来进行决策。专家系统近年广泛应用于工程、科学、医药、军事、商业等方面且成果丰硕，其功能应用可概括为解释、预测、诊断、故障排除、设计、规划、监督、控制、分析、行程安排、架构设计等，专家系统甚至在某些领域还超过人类专家的判断，在复杂的物联网应用中，专家系统将成为高层智能决策的重要技术支撑之一。

机器学习是继专家系统之后人工智能应用的又一重要研究领域。机器学习是研究计算机怎样模拟或实现人类的学习行为，以获取新的知识或技能，重新组织已有的知识结构使之不断改善自身的性能。它是人工智能的核心，是使计算机具有智能的根本途径，其应用遍及人工智能的各个领域。机器学习通过在数据中搜索统计模式和关系，把记录聚集到特定的分类中，产生规则和规则树，这样不仅能够提供关于预测和分类模型，还能从数据中产生明确的规则。递归分类算法、神经网络、模糊逻辑、遗传算法、粗糙集理论等是当前备受关注的机器学习方法。

Agent 是目前人工智能领域的研究热点，其概念和技术出现在分布式应用系统的开发之中，并表现出明显的实效性。社会中的某些个体经过协商之后可求得问题的解，这些个体就是 Agent。Agent 概念被引入人工智能和计算机领域后便迅速成为研究热点。在分布式计算领域，人们通常把在分布式系统中持续自主发挥作用的、具有自主性、交互性、反应性和主动性特征的活着的计算实体称为 Agent。这些计算实体可以是类 UNIX 进程(或线程)、计算机系统、仿真器、机器人。在经典的客户/服务器计算模型中，服务器就是一种典型的反应式 Agent。

智能决策系统中，人们根据不同的具体任务构造不同的 Agent 来满足需要，如由人机界面组成的界面 Agent，对信息进行各种操作的信息 Agent，能在负责网络系统中自由移动并通过与服务设施和其他 Agent 相互协作来完成全局性目标的移动 Agent 等。在物联网中，各种 Agent 将在不同的应用领域发挥重要作用。

（2）基于数据仓库的智能决策。

数据仓库是决策支持系统和联机分析应用数据源的结构化数据环境。数据仓库通过多数据源信息的概括、聚集和集成，建立面向主题、集成、时变、持久的数据集合，从而为决策提供可用信息。目前数据仓库技术已经相当成熟，并在企业决策中发挥着重要作用，几乎美国所有大型企业都已建立或规划建立自己的数据仓库。

数据挖掘是从大量数据中析取有用的、前所未知的和最终可理解的知识的过程。数据挖掘可以建立在数据仓库之上，基于数据仓库的挖掘可以更好的保障数据挖掘的效果。目前人们常将数据挖掘与知识工程相结合，通过数据挖掘获得知识，再把知识放入知识库中用于推理。数据仓库和数据挖掘都是从历史数据中获得对决策至关重要的信息的决策方法。

（3）基于范例推理的智能决策。

基于范例推理是从过去的经验中发现解决当前问题线索的方法。过去事件的集合构成一个范例库，即问题处理的模型，当前处理的问题成为目标范例，记忆的问题或情景成为源范例，这样在处理问题时，先在范例库中搜索与目标范例具有相同属性的源范例，再通过范例的匹配情况进行调整，基于范例推理简化了知识获取的过程，对过去的求解过程的复用提高了问题求解的效率，对难以通过计算推导来求解的问题可以发挥很好的作用。

以上各种智能决策方法在精准农业、智能电网、智能家居、产品质量监控等多种行业都有成功应用。例如，有学者将神经网络、模糊聚类等方法用于精准农业的精准施肥中。精准农业通过植入土壤或暴露在空气中的传感器来监控土壤状况、温度、湿度等，将获得的数据通过物联网传输到远程控制中心，通过智能决策方法对数据进行分析并作出关于施肥、灌溉等的合理决策。产品质量监控中，通过利用监控仪器收集产品加工条件或控制参数，如温度、湿度、时间等，通过数据挖掘等智能决策方法对数据进行分析来获得产品质量与加工条件之间的关系，从而获得改进产品质量的建议。

5.3　物联网的应用

物联网技术是在互联网技术基础上的延伸和扩展，其用户终端延伸到了任何物品，可以实现任何物品之间的信息交换和通信，因此其应用以"物品"为中心，可遍及交通、物流、教学、医疗、卫生、安防、家居、旅游及农业等领域，在未来 3 年内中国物联网产业将在智能电网、智能家居、数字城市、智能医疗、车用传感器等领域率先普及。本节主要介绍物联网在智能物流、智能家居、智能交通和智能医疗方面的应用。

1. 智能物流

物流业是物联网的热门应用之一，现代物流的发展经历了粗放型、系统化、电子化到智能物流 4 个阶段，智能物流正是在物联网技术的支持下诞生的。物联网将带来物流配送网络的智能化，带来敏捷智能的供应链变革，带来物流系统中物品的透明化与实时化管理，实现重要物品的物流可追踪管理。随着物联网的发展，一个智慧物流的美好前景将很快在物流业实现。

中国物流技术协会副理事长王继祥认为物联网将把物流业带入智慧的时代，在物流业中物联网主要应用于如下 4 大领域。

（1）基于 RFID 等技术建立的产品的智能可追溯网络系统，如食品的可追溯系统、药品的可追溯系统等。这些智能的产品可追溯系统为保障食品安全、药品安全提供了坚实的物流保障。

（2）智能配送的可视化管理网络，通过 GPS 卫星导航定位，对物流车辆配送进行实时、可视化在线调度与管理。

（3）基于声、光、机、电、移动计算等各项先进技术，建立全自动化的物流配送中心，实现局域内的物流作业的智能控制、自动化操作的网络。例如，货物拆卸与码垛是码垛机器人，搬运车是激光或电磁到人的无人搬运小车，分拣与输送是自动化的输送分拣线作业、入库与出库作业是自动化的堆垛机自动化的操作，整个物流作业系统与环境完全实现了全自动与智能化，是各项基础集成应用的专业网络系统。

（4）基于智能配货的物流网络化公共信息平台。

在全新的物流体系之下，把智能可追溯网络系统、智能配送的可视化管理网络、全自动化的物流配送中心连为一体，就产生了一个智慧的物流信息平台。该平台利用现代信息传输融合技术如互联网、电信网、广电网等形成互连互通、高速安全的信息网络，积极开发应用 RFID 系统、全球卫星定位系统（GPS）、地理信息系统（GIS）、无线视频以及各种物流技术软件，建立面向企业和社会服务的"车货仓三方对接"、"制造业物流业跨行业联动"、"食品质量溯源追踪监控"、"集装箱运输箱货跟踪"、"危险化学品全方位监管"、"国际国内双向采购交易"等物联网技术应用平台。该平台可实现异构系统间的数据交换及信息共享，实现整个物流作业链中众多业主主体相互间的协同作业、设计架构出配套的机制及规范，以保证体系有序、安全、稳定地运行，具有重大的社会和经济效益。

目前，物联网在物流业的应用中有不少成功案例，如挪威最大的禽肉产品生产商及供应商的 IT 子公司 Matiq，利用可跟踪技术来追踪家禽和肉产品从农场、供应链直至超市货架的物流情况。Matiq 公司在每个产品包装上都附上 RFID 芯片，用来确保产品在供应链中处于最佳状态，以提高产品质量控制和食品安全，确保产品严格遵守政府食品行业要求。该公司在整个价值链上捕获和分析数据，提高了效率，降低了成本，并能及时响应不断变化的客户购买模式，实现了供应链优化。

国际快递巨人联邦快递为包裹推出了一种跟踪装置和网络服务，可以实时显示包裹温度、地点以及其他重要信息，如是否被打开过，目前该公司已经与 50 家保健公司和生命科学公司展开试点合作，用于跟踪手术工具包、器官、医疗设备等。

2. 智能家居

下班之前，通过计算机或手机给家里的家电发个指令，空调、热水器或电饭煲就会工作起来。当主人一回到家里，室内已温暖如春，热水器里面的水也刚好可以洗澡了，而电饭煲里飘出阵阵米香，等待着主人享用……这种看起来像科幻小说里的的生活场景就是物联网将给我们带来的智能家居所能提供的生活。

智能家居的起源可以追溯的到 20 世纪 80 年代初，当时大量的电子技术的被应用到家用电器上，最初被称为住宅电子化（Home Electronics，HE）；80 年代中期，将家用电器、通信设备与安保防灾设备各自独立的功能综合为一体后，形成了住宅自动化（Home Automation，HA）；80 年代末，由于通信与信息技术的发展，出现了对住宅中各种通信、家电、安保设备通过总线技术进行监视、控制与管理的商用系统，这在美国称为 Smart Home，也就是现在智能家居的原型。物联网的发展成为智能家居发展的催化剂，智能家居系统逐步朝着网络化、信息化、智能化方向发展，智能终端设备的产品也将逐步走向成熟，由于应用 RFID 无线射频识别设备，产品逐渐向着无线的方向发展，也从一定程度上降低了产品的成本，更容易推广和接受。

智能家居系统是利用先进的计算机、嵌入式系统和网络通信技术，将家庭中的各种设备如照明系统、环境控制、安防系统、网络家电、音视频设备等通过家庭网络连接到一起，实现对家庭设备的远程操控。智能家居能让用户更方便的管理家庭设备，如通过无线遥控器、手机、互联网或语言识别等方式控制家电，智能家居中的各种设备之间也可以通信，这对提高现代人类生活质量，创造舒适、安全、便利、高效的生活有非常重要的作用。智能家居的安全、高效、快捷、方便、智能化等优势使其具有广阔市场前景，相信不久的将来就会在普通家庭普及。

国内外居住环境不同，智能家居的应用需求也不同。国外居住的环境多以别墅、独体式房屋为主，智能家居更侧重信息网络的联通，家庭娱乐的控制等方面，如发短信让在家"待命"的电饭锅开始煮饭，通过计算机操作，指挥家里的电视机、节能灯、电冰箱等。而我国的居住环境多以住宅小区式为主，所以发展的重点主要集中在智能安防方面。

智能安防系统通过外接的多种无线传感器如烟感、水浸、温度、门磁、煤气、红外等，实现对外部环境的感知、监控。如果发生火灾，温度和烟感传感器就能够将数据无线传输到报警主机，报警主机接收信号后，作出判断，然后发出现场警报和远程报警，以便用户及时采取措施，减少损失。一旦发生非法入侵、失火、水淹等意外情况，传感器向终端发出警告，终端会对警告信息进行处理，在现场鸣笛告警，并实时拍照和录像，然后把文字和图像信息上网发送到主人的电子邮箱或手机上，同时报告小区的保安，采取必要的措施，以降低住户的损失。

3. 智能交通

随着经济发展，城市规模不断扩大，人口持续增长，城市交通压力也与日俱增，交通拥堵已经越来越严重；大城市的街道俨然成了一个巨大的"停车场"。在这个大"停车场"里，每辆汽车的发动机一刻不停地在转动，不仅无休止地消耗着宝贵的汽油，而且会产生大量的废气，对环境造成严重的污染。100 万辆普通汽车发动机停车空转 10 min，就会消耗 14 万升汽油。我们急需一个智能化的交通控制系统，"物联网"带来的智能交通系统就能有效地解决这一系列问题。

智能交通系统是以传统的交通工程理论与实践为基础，以提高交通系统的可靠性、安全性、经济性、舒适性及运行效率为目的，将先进的信息技术、数据通信技术、电子传感技术、电子控制技术及计算机处理技术等有效集成，运用于整个地面运输管理体系而建立起的一种在大范围内、全方位发挥作用的，实时、准确、高效的综合运输管理系统。

关于智能交通的研究工作最早可追溯到美国 1960～1970 年开发的电子道路诱导系统（Electronic Route Guidance System，ERGS）、日本外贸工业部 1973 年开发的汽车交通综合控制系统（Comprehensive Automobile Traffic Control System，CATCS），以及德国在 20 世纪 70 年代开发的公路信息系统（Autofahrer Leit und Information System，ALI）。但智能交通概念的正式提出以及智能交通研究及实施的大力开展应从 1991 年美国智能交通学会的成立算起。

目前的智能交通系统主要包括以下几方面：交通管理系统、交通信息服务系统、公共交通系统、车辆控制与安全系统、不停车电子收费系统等。

交通管理系统主要用于动态交通响应，可以收集实时交通数据、实时响应交通流量变化、预测交通堵塞、监测交通事故、控制交通信号或给出交通诱导信息，系统可以进行大范围的交通监测与检测，包括交通信息、交通查询、收费闸门、自动收费、干线信号控制等，以促进交通管理，改善交通状况。

交通信息服务系统主要完成交通信息的采集、分析、交换和表达，协助道路使用者从出发点顺利到达目的地，使出行更加安全、高效、舒适。典型的交通信息服务系统有路径引导及路径规划、动态交通信息、陆路车辆导航、交通数字通信、停车信息、天气及路面状况预报、汽车电脑及各种预报提示系统。

公共交通系统应用先进的电子技术优化公交系统的操作，确定合理的上车率，提供车辆共享服务，为乘客提供实时信息，自动响应行程中的变化等，如多模式公交系统、卡通计费、实时车辆转乘信息、车辆搭乘信息、实时上车率信息、公交车辆调度实时优化、公交车辆定位与监控系统等。

车辆控制与安全系统利用车载感应器、电脑和控制系统等对司机的驾驶行为进行警告、协助和干预，以提高安全性和减少到了堵塞。该系统功能有驾驶警告和协调、车辆全自动控制、自动方向盘控制、自动刹车、自动加速、超速警告、撞车警告、司机疲劳检测、车道检测、磁片导航等。采用该系统，当汽车发生事故时，车载设备会及时向交管中心发出信息，以便及时应对、减少道路拥堵；如果在汽车和汽车点火钥匙上植入微型感应器，当喝了酒的司机掏出汽车钥匙时，钥匙能通过气味感应器察觉到酒气，并通过无线信号立即通知汽车"不要发动"，汽车会自动罢工，并"命令"司机的手机给其亲友发短信，通知他们司机所在的位置，请亲友前来处理。汽车、钥匙、手机互相联络，保证了司机和路上行人的安全。

不停车电子收费系统通过路边车道设备控制系统的信号发射与接收装置，识别车辆上设备内特有编码，判别车型，计算通行费用，并自动从车辆用户的专用帐户中扣除通行费。对使用不停车电子收费车道的未安装车载器或车载器无效的车辆，则视作违章车辆，实施图像抓拍和识别，会同交警部门事后处理。与传统人工收费方式不同，不停车电子收费系统带来的好处有：无须收费广场，节省收费站的占地面积；节省能源消耗，减少停车时的废气排放和对城市环境的污染；降低车辆部件损耗；减少收费人员，降低收费管理单位的管理成本；实现计算机管理，提高收费管理单位的管理水平；对因缺乏收费广场而无条件实施停车收费的场合，有实施收费的可能；无须排队停车，可节省出行人的时间等；避免因停车收费而造成收费口堵塞，形成新的瓶颈等。

目前国内外智能交通成功案例以不停车电子收费系统和交通诱导服务系统居多。例如，德国高速公路启用卫星卡车收费系统，为几十万辆卡车装配了车上记录器来记录卡车行驶状况并自动缴费。该系统使用了大量红外线监视器以及带监视功能的监控车来回巡逻，使用该系统后道路上没有发生严重堵塞问题。另外，挪威、新加坡、奥地利、法国等也都有成功的电子收费系统。

我国智能交通的典型案例有北京奥运智能交通管理系统、上海世博智能交通系统、南京智能交通诱导服务系统、四川泸州智能交通管理系统、重庆电子车牌系统等。北京奥运期间，安装在道路上的上百台交通事件检测器组成的交通事件自动报警系统，可在第一时间发现路面出现的交通事故、交通拥堵等各种意外事件实现自动报警，并对事件过程全程录像，为后续处理工作提供准确的依据。意外事件自动报警应用以来，对交通意外事件的处置时间平均减少 3～5min。交通诱导系统利用分布在全市主干路、环路的 228 块大型路侧可变情报信息板，每两分钟一次将本区域个性化的，以红、黄、绿 3 种颜色分别表示拥堵、缓行和畅通的实时路况信息，提供给道路交通参与者。同时，每天发布奥运交通管制、道路限行、绕行路线等交通服务信息上千条，实现对奥运车辆和社会车辆的全程连续诱导。

4. 智能医疗

物联网技术应用于医疗卫生领域，将会彻底颠覆我们现在的就医模式和医疗行业的管理模式。智能医疗能够帮助医院实现对人的智能化医疗和对物的智能化管理工作，支持医院内部医疗信息、设备信息、药品信息、人员信息、管理信息的数字化采集、处理、存储、传输、共享等，实现物资管理可视化、医疗信息数字化、医疗过程数字化、医疗流程科学化、服务沟通人性化，能够满足医疗健康信息、医疗设备与用品、公共卫生安全的智能化管理与监控等方面的需求。

应用物联网技术可以促进健康管理信息化与智能化，远程急救，医疗设备及药房、药品的智能化管理等，使得病人就医更便捷，医生工作更高效，医院管理更安全。

智能医疗将使得人们被动治疗转变为主动健康管理，用户可以建立完备的、标准化的个人电子健康档案，与医院直接对话，实现健康维护和疾病及早治疗。运用物联网技术，通过使用生命体征检测设备、数字化医疗设备等传感器，采集用户的体征数据，如血压、血糖、血氧、心电等，通过有线或无线网络将这些数据传递到远端的服务平台，由平台上的服务医师根据数据指标，为远端用户提供保健、预防、监测、呼救于一体的远程医疗与健康管理服务体系，如图 5-8 所示。

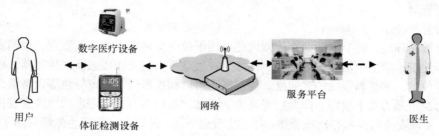

图 5-8　健康管理信息化与智能化

远程急救系统可以利用 GPS 定位技术查找最近的急救车进行调派，并对移动急救车辆的行进轨迹进行监控。救护车内的监护设备采集急救病人的生命体征信息，该信息与急救车内的摄像视频信号通过无线网络实时上传至急救指挥中心和进行抢救的医院急诊中心，从而实现在最短时间内对病人采取最快的救护措施，挽救生命。

利用 RFID 技术则可以实现医疗设备及药房、药品的智能化管理。将医疗设备的 RFID 中存入生产商和供应商的信息、设备的维修保养信息、医疗设备不良记录跟踪信息等，简化以设备巡检、维护。设备维护巡检后的信息在现场可以录入手持机，同时存储于设备上的芯片，回到科室后将手持机内的信息上传到中央处理器内，进行相应的数据存储及处理。利用各类传感器管理病房和药房温度、湿度、气压，监测病房的空气质量和污染情况。医院的工作人员佩戴 RFID 胸卡，防止未经许可的医护、工作人员和病人进出医院，监视、追踪未经许可进入高危区域的人员。将药品名称、品种、产地、批次及生产、加工、运输、存储、销售等环节的信息都存于 RFID 标签中，当出现问题时，可以追溯全过程。把信息加入到药品的 RFID 标签的同时，可以把信息传送到公共数据库中，患者或医院可以将标签的内容和数据库中的记录进行对比，从而有效地识别假冒药品。患者也能利用 RFID 标签，确认购买的药品是否存在问题。利用 RFID 技术在用药过程的各个环节加入防误机制，过程包括处方开立、调剂、护理给药、病人用药、药效追踪、药品库存管理、药品供应商进货、保存期限及保存环境条件以及用药成本之控管与分析。

5. 校园物联网

物联网在校园中的应用主要是通过利用物联网技术改变师生和校园资源相互交互的方式，以便提高交互的明确性、灵活性和响应速度，从而实现智慧化服务和管理的校园模式。具体来说，就是把感应器装到食堂、教室、供水系统、图书馆、实验室等各种物体中，并被普遍连接，形成"物联网"，然后与现有互联网整合，实现教学、生活、管理与校园资源的整合。物联网在教育中的应用大概可以分成下面几个领域。

（1）信息化教学。

利用物联网建立泛在学习环境。可以利用智能标签识别需要学习的对象，并且根据学生的学习行为记录，调整学习内容。这是对传统课堂和虚拟实验的拓展，在空间上和交互环节上，通过实地考察和实践，增强学生的体验。例如，生物课的实践性教学中需要学生识别校园内的各种植物，可以为每类植物粘贴带有二维码的标签，学生在室外寻找到这些植物后，除了可以知道植物的名字，还可以用手机识别二维码从教学平台上获得相关植物的扩展内容。

（2）教育管理。

物联网在教育管理中可以用于人员考勤、图书管理、设备管理等方面。例如，带有 RFID 标签的学生证可以监控学生进出各个教学设施的情况，以及行动路线。又如，将 RFID 用于图书管理，可通过 RFID 标签可方便地找到图书，并且可以在借阅图书的时候方便地获取图书信息而不用把书一本一本拿出来扫描。将物联网技术用于实验设备管理可以方便地跟踪设备的位置和使用状态，方便管理。

（3）智慧校园。

智能化教学环境，控制物联网在校园内还可用于校内交通管理、车辆管理、校园安全、师生健康、智能建筑、学生生活服务等领域。例如，在教室里安装光线传感器和控制器，根据光线强度和学生的位置，调整教室内的光照度。控制器也可以和投影仪和窗帘导轨等设备整合，根据投影工作状态决定是否关上窗帘，降低灯光亮度。又如，对校内有安全隐患的地区安装摄像头和红外传感器，实现安全监控和自动报警等。在学生安全方面，可以通过为学生佩戴存储了学生年级、班级、入学时间、家庭住址、父母电话等信息的多功能学生卡，实现刷卡考勤，遇险呼救，GPS定位，银行储蓄等功能，这样即方便了学校对学生的管理，保障学生安全，也方便父母随时通过手机查看孩子的位置，与孩子对话，了解情况。

物联网在校园中应用可谓前景广阔，但也面临一些问题，如成本问题、师生隐私、维护管理等都是目前存在的亟待解决的问题。虽然这些应用尚处于摸索阶段，但我们期盼的"网络学习无处不在、网络科研融合创新、校务治理透明高效、校园文化丰富多彩、校园生活方便周到"的"智慧校园"一定会实现。

除以上应用之外，智能医疗还可以通过智能药瓶来自动提示病人服药时间，医生远程监控病人服药量，减少误服机会；将微型检测机器人口服进入人体，配合外接无线通信设备实现远程诊疗，减少病人痛苦，提高诊疗精准率；利用手术辅助机器人进行手术操作，帮助外科医生更加精确地进行外科手术，避免医疗事故的发生等。

目前我国智能医疗已有一些成功案例，如上海闵行区中心医院与中国电信合作，通过使用Wi-Fi 扫描仪、Wi-Fi 心电图、Wi-Fi 护士 PDA 等无线 Wi-Fi 技术，利用 3G 手机实现医生移动工作站、医院移动信息查询、危急值提示等功能实现了无线医疗，有效利用和整合有限医疗资源，提高社会整体医疗效率。

习　题

1. 简述物联网的定义和特点。
2. 物联网与互联网相比有哪些不同之处？
3. 试比较物联网与互联网体系结构有何不同。
4. 现有的物联网体系结构有哪些？物联网四层体系结构每层功能如何？
5. 什么是 RFID？简要说明其系统组成及工作原理。
6. 无线传感网由哪些部分组成？有何特点？
7. Wi-Fi、WiMAX 有哪些不同之处？试对蓝牙、红外、ZigBee 3 种低速无线网络技术做比较。
8. 什么是云计算？云计算有什么特点？云计算对物联网的实现有什么作用？
9. 目前常用的智能决策方法有哪些？举例说明其在物联网中的应用。
10. 请查阅资料列举两个物联网的应用实例。

技术篇

第6章
局域网的组建与实例

本章介绍组建局域网所需的基本知识、基本过程和操作方法,并给出了 3 个组网实例。通过学习本章,学生应对如何组网有一个全面的了解,进而达到自己组建局域网的目的。

6.1 局域网组网的基本知识

本节介绍如何将用户的需求转变为组建局域网方案的过程,主要包括局域网功能的确定,网结构、网类型的选择,硬件、软件的选择,以及网上资源共享和成本核算的内容。

6.1.1 待组局域网功能的确定

组建一个局域网,首先确定所组建的局域网应具有的功能,这决定着整个网络组建的方案。功能确定的步骤如下。

1. 了解需求

了解需求就是当用户有组网愿望时,组网单位或公司从用户那里获得任务的过程。如果是自己给自己组网,虽然没有这一步,但自己也要明确自己的需求。

2. 调查分析

在确定要组建局域网后,组网人员应该到用户单位进行调查,以便得到用户组网的目的、范围及已有的条件。组网的目的就是用户在组建好局域网后,利用局域网将要干什么,完成什么功能。组网范围就是指用户的哪些部门要使用局域网,使用局域网的程度如何以及这些部门的位置分布。已有条件是指用户是否有局域网,硬件有些什么,软件有些什么,能否使用等。

3. 确定功能

根据了解调查分析的结果,确定所组局域网的功能。局域网能实现的功能很多,如在局域网上收发信息,播放 VCD,进行聊天以及实现语音通信,访问 Internet,共享设备、软件等。

6.1.2 局域网类型的确定与网络拓扑结构的选择

局域网的功能确定以后,根据确定的功能和用户的情况,就可以进行局域网结构的确定和网络类型的选择了。

1. 局域网结构的确定

如前所述,根据通信方式的不同,局域网可以分为 3 种:专用服务器局域网、客户机/服务器局域网和对等局域网。

由于专用服务器局域网安装和维护困难,且工作站上的软硬件资源无法直接共享,目前这种结构一般不采用。而客户机/服务器局域网，因其既能实现工作站之间的互访，又能共享服务器的资源，所以在计算机数量较多，位置分散，信息量传输大的大型局域网组建中采用。对于计算机数量较少，分布较集中，成本要求低的小型局域网，常采用对等局域网结构。对等局域网组建、使用和维护都很容易、很简单，这是它在小范围中被广泛采用的原因。

2. 网络类型的选择

网络类型有星型、总线型、环型、树型和网状 5 种。在组建局域网时常采用前 3 种，即星型、总线型和环型；树型和网状在广域网中比较常见。

星型局域网结构简单，组网容易，控制和管理方便，传输速度快，且容易增加新站点。但可靠性低，网络共享能力差，一旦集线器（Hub）出现故障会导致全网瘫痪。

总线型局域网结构简单、灵活，可扩充性好，网络可靠性高，共享资源能力强，成本低，安装方便。但其安全性低，监控比较困难，不能集中控制；所有工作站共用一条总线，实时性较差；增加新站点不如星型局域网容易。

环型局域网各工作站都是独立的，可靠性好，容易安装和监控，成本低。但由于环路是封闭的，不便于扩充，且信息传输效率较低。

现在，在组建局域网之前主要考虑几个因素，即安全性、可扩充性、信息传输等，由于环型局域网可扩充性和信息传输两方面的不足，所以，一般不选；而总线型局域网安全性和扩充性不如星型局域网好，因此，目前组建局域网大多数采用的是星型局域网。

6.1.3　硬件与软件的选择

局域网结构和类型确定以后，就应该开始选择整个网络需要的硬件和软件。选择时，应按照一定的原则进行。

1. 硬件的选择原则

硬件选择的一般原则是要注重目的性和经济性。注重目的性，就是要在选择每一种硬件时，要明确所选择的硬件是系统所必需的；注重经济性，就是指在选择硬件时，一方面要考虑硬件的先进性；另一方面，也要考虑性能价格比，只要能满足网络的要求就可以，不必追求最好。

网络硬件主要包括服务器、工作站、网卡、传输介质、集线器等。对于不同的硬件，在选择时，除了上面的两点外，还需考虑其他具体的因素。

（1）服务器。

选择服务器，还需要考虑以下几方面。

- 是否需要选择服务器级别的计算机。
- CPU 的速度要求。
- 服务器是否支持双 CPU 或以上。
- 存储容量要求，并能够扩充。
- 插槽尽可能多，以满足尽可能多的接口卡。
- 如果是文件服务器，要考虑服务器所使用的磁盘系统，因为它保存着大量的数据资料。
- 使用成熟的产品，建议不要使用新的未经充分检验的产品。

（2）工作站。

选择工作站考虑的因素中，最重要的是在工作站上预计要进行的处理类型，一般来说，基本上能够满足所需要进行的处理事务就行了。目前的工作站大部分采用普通的微型计算机。

（3）网卡。

选择网卡还需考虑以下几方面。

- 网卡的接口类型。常见的网卡接口有 BNC 接口和 RJ-45 接口。在总线型局域网中，网线用的是同轴电缆，选用 BNC 接口网卡；在星型局域网中，网线用的是双绞线，选用 RJ-45 接口网卡。

- 总线类型。网卡按总线类型分为 ISA 网卡、PCI 网卡等。ISA 网卡是 16 位，传输速度最快能达 10Mbit/s；PCI 网卡是 32 位，传输速度可达 100Mbit/s。目前市面上大多是 10/100Mbit/s 的自适应 PCI 网卡。

- 传输速度。对于普通小型局域网，可选用 10Mbit/s 的 ISA 网卡；在交换式局域网中，应选用速度较快的 100Mbit/s 的网卡，特别是服务器，应选用 100Mbit/s 的 PCI 网卡。

（4）传输介质。

组建局域网使用的传输介质主要就是双绞线和同轴电缆。上面已叙述过，在星型局域网中，网线用的是双绞线，考虑性能价格比，一般选择非屏蔽的双绞线，如果组建 10Mbit/s 局域网选择 3 类的非屏蔽的双绞线，如果组建 100Mbit/s 局域网选择 5 类的或超 5 类的非屏蔽的双绞线；在总线型局域网中，网线用的是同轴电缆，同样考虑性能价格比，一般选择同轴细缆。

（5）集线器。

从需求角度来说，集线器的选择，主要考虑的因素如下。

- 上级设备的带宽。如果上级设备允许占用 100Mbit/s 的带宽，自然可选择 100Mbit/s 的集线器；否则 10Mbit/s 集线器就能够满足要求，因为上级设备的速度有限，下级选择再快的设备也没有用。

- 连接的结点数。根据网络中计算机的数量来决定集线器的端口数目。

- 应用需求。一般来说，传输的内容不涉及语音、图像，且传输量相对较小，选择 10Mbit/s 的集线器就可以了；如果传输量较大，且涉及多媒体，就应该选择 100Mbit/s 的集线器。

- 是否级联或堆叠。如果在网络中集线器要级联，则要选择可级联式集线器；如果在网络中集线器要堆叠，则要选择可堆叠集线器。

- 接口类型。有的集线器不仅有 RJ-45 接口，而且还备有 AUI 接口和 BNC 接口。如果集线器要连接不同的网络，就应该选择有相应接口的集线器。

2. 软件的选择原则

选择软件应遵循的原则如下。

（1）软件要满足网络和网络功能的要求。

不管是网络操作系统，还是其他通用软件，都必须根据网络的结构和网络要实现的功能来选择。不要将网络中不需要的软件安装到服务器和工作站中，以免软件之间发生冲突和相互干扰。

（2）软件要具有兼容性。

选择软件时尽可能要选择一个软件商的软件。但是，一个软件商不可能生产所有的软件，因此，在选择软件时，就应该注重软件的兼容性，使不同软件商的软件能正常运行在同一个网络中。

（3）软件能够获得长期、稳定的技术支持。

再好的软件，总还有不足的地方。因此，要选择有良好售后服务、售后支持的软件。一旦网络中的软件出现问题，可求助于软件的售后服务系统，使问题得到解决。另外，好的软件商对自己的软件会不断地进行改进，通过 Internet 发布补丁程序，使用户的软件得到改善和升级。

当然，对于常组建的局域网结构，软件选择已形成了一定习惯。组建对等局域网，各工作站一般选择 Windows XP/2000 Professional 操作系统；组建客户机/服务器局域网，网络服务器选择 Windows 2000/2003 Server 操作系统，工作站可选择 Windows XP/2000 Professional 等操作系统。其他通用软件都尽可能选择 Microsoft 公司生产的相应软件。

6.1.4　网上资源共享方案

组建网络的最终目的就是实现网络资源的共享。所谓网络资源就是指网络中的计算机通过网络可以使用网络中其他计算机或服务器的项目，如文件夹、打印机、软盘驱动器、光盘驱动器等。下面介绍几种局域网中共享资源的方案。

1．共享文件夹

在网络资源共享中，文件夹的共享是最常用的。将某台计算机上的文件夹设置为共享后，其他计算机就可以像使用自己的文件夹一样，对这些文件夹中的内容进行操作。具体方法请参看 6.2.6 小节中的相关内容。

2．映射网络驱动器

映射网络驱动器就是将其他计算机的硬盘、光驱以及可移动磁盘映射为自己计算机的网络驱动器。经映射后，自己计算机上就增加了一个驱动器号（例如，计算机的最后一个驱动器是 E:，增加的驱动器号就是 F:），当对这个驱动器操作时，实际就是对相应的项目（硬盘、光驱或可移动磁盘）进行操作。

3．共享网络打印机

共享网络打印机就是将其他计算机的打印机设置为共享，自己的计算机安装上与被共享的打印机一样的打印机驱动程序，并选择被共享的打印机作为自己的网络打印机，这样，当自己的计算机要打印文件时，就会驱动被共享的打印机进行打印。具体实现方法参看 6.2.6 小节中的相关内容。

6.1.5　成本核算

一个局域网的成本主要包括软件成本、硬件成本以及设计和施工的费用 3 部分。

1．软件成本

软件成本是指组建局域网所需各种软件（包括网络操作系统和完成网络功能的所有通用软件）的购买费用的总和。原则上，所有软件都要通过正规渠道购买正版软件，不能为了省钱，而使用盗版软件，这样会影响网络的可靠性和安全性。

2．硬件成本

硬件成本是指组建局域网所需各种硬件的购买费用的总和。硬件不仅包括设备（如计算机、打印机、集线器等）还包括网线、网线的接头以及组网的工具。当组建小型局域网时，由于是自己组建，且所使用的软件都是普通软件，手头已有，如没有，也容易找到。因此，组网的成本主要就是硬件成本。而硬件成本又分为设备成本和连接成本，设备成本主要指计算机、打印机等的购买费用；连接成本就是指将设备连接组成网络所需材料的费用。由于在许多情况下设备是已经有的，所以组网成本只核算连接费用。

3．设计和施工费用

组建局域网，特别是组建大型的局域网，一般都要聘请网络专家进行网络的设计，以便组建出高水平、高性能的网络。另外，在进行网络布线以及设备固定时，也要请专门的网络施工人员进行。这些所花费的钱，就属于设计和施工费用。

6.2　局域网的组网

本节介绍组建局域网的过程以及相关操作，主要包括组网需要工具的准备以及网线制作、网卡安装、局域网布线与连接、网络操作系统安装和局域网调试与设置的方法。通过本节的学习，学生应该对局域网组建有一个全面的认识。

6.2.1　工具的准备与网线制作

组建局域网的第一步就是用网线将所有设备连接起来，而制作网线、连接设备的过程中需要一些专用工具和普通工具，这些在组网前必须准备好，然后才可以开始组网。

1. 工具的准备

一般在制作网线、连接设备时常用的工具有双绞线压线钳、双绞线测试仪和万用表等，下面简单介绍一下。

（1）双绞线压线钳。

双绞线压线钳用于压接 RJ-45 连接头（即水晶头），此工具是制作双绞网线的必备工具。通常压线钳根据压脚的多少分为 4P、6P 和 8P 几种型号，网络双绞线必须使用 8P 的压线钳，如图 6-1 所示。

（2）双绞线测试仪。

一般的双绞线测试仪可以通过使用不同的接口和不同的指示灯，来检测双绞线。测试仪有两个可以分开的主体，方便连接不在同一房间或者距离较远的网线的两端。网线可以连通是一切网络通信的前提，组建较多计算机结点的网络最好准备该测试仪，否则会给组网工作带来不必要的麻烦。图 6-2 所示为"能手"牌双绞线测试仪。

（3）万用表

万用表通常用于测量电压、电阻等，其中测量电阻的功能可以用来测试网线是否连通，由于连通的网线电阻几乎为零，因此，可以通过测试电缆的两端的电阻是否为零来确定网线制作成功与否。图 6-3 所示为一种普通的万用表。

另外，还需准备的工具有扳手、尖嘴钳、斜口钳、电烙铁、一套螺丝刀等。

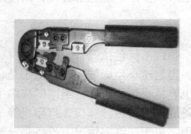
图 6-1　双绞线压线钳

图 6-2　双绞线测线仪

图 6-3　万用表

2. 网线的制作

组建局域网时，常用的网线是双绞线。

制作双绞网线就是给双绞线的两端压接上 RJ-45 连接头。通常，每条双绞线的长度不超过100m。

● 双绞线的连接顺序。

在制作双绞网线时，首先要清楚双绞线中每根芯线的作用。如果将 5 类双绞线的 RJ-45 连接头有卡榫的一面朝下、带金属片的一端向前，那么从左到右各插脚的编号依次是 1 到 8，其中各插脚的用途见表 6-1。不管是 100Mbit/s 的网络还是 10Mbit/s 的网络，8 根芯线都只使用了4 根。

表 6-1 双绞线对应 RJ-45 连接头每根芯线的作用

插脚编号	作　　用	插脚编号	作　　用
1	输出数据（＋）	2	输出数据（－）
3	输入数据（＋）	4	保留为电话使用
5	保留为电话使用	6	输入数据（－）
7	保留为电话使用	8	保留为电话使用

- 双绞线的连接方法。

连接方法有两种：正常连接和交叉连接。

正常连接是将双绞线的两端分别都依次按白橙、橙、白绿、蓝、白蓝、绿、白棕、棕色的顺序（这是国际 EIA/TIA 568B 标准，也是当前公认的 10BASE-T 及 100BASE-TX 双绞线的制作标准）压入 RJ-45 连接头内。这种方法制作的网线用于计算机与集线器的连接。

可以不按上述颜色顺序排列芯线，只要保持双绞线两端接头的芯线顺序一致即可。但这不符合国际压线标准，与其他人合作时，容易出错，而且会对网络速度有轻微影响。

交叉连接是将双绞线的一端按国际压线标准 EIA/TIA 568B，即白橙、橙、白绿、蓝、白蓝、绿、白棕、棕，压入 RJ-45 连接头内；另一端将芯线 1 和 3、2 和 6 对换，即依次按白绿、绿、白橙、蓝、白蓝、橙、白棕、棕色的顺序压入 RJ-45 连接头内。这种方法制作的网线用于计算机与计算机的连接或集线器间的级联。

- 双绞网线的制作。

第 1 步　剪一段适当长度的双绞线。

第 2 步　用压线钳将双绞线一端的外皮剥去约 2.5cm，并将 4 对芯线成扇形分开，从左到右顺序为白橙/橙、白蓝/蓝、白绿/绿、白棕/棕。这是刚刚剥开线时的默认顺序。

第 3 步　将双绞线的芯线按连接要求的顺序排列。

第 4 步　将 8 根芯线并拢，要在同一平面上，而且要直。

第 5 步　将芯线剪齐，留下大约 1.5cm 的长度，注意不要太长或太短（如果平行的部分太长，芯线间的相互干扰会增强，在高速网络下会影响效率。如果太短，接头的金属片不能完全接触到芯线，会导致接触不良，使故障率增加）。

第 6 步　将双绞线插入 RJ-45 连接头中，注意将连接头的卡榫朝下，金属铜片向前，插入双绞线的端口对着自己，左边的第一线槽即为第一脚。

第 7 步　检查 8 根芯线是否已经全都充分、整齐地排放在连接头的里面。

第 8 步　用压线钳用力压紧连接头后取出即可。

第 9 步　重复上面的步骤，压接双绞线另一端的连接头。

至此，一根双绞线网线就制作成功了。

6.2.2　网卡的安装

网卡的安装实际上又分为安插网卡和安装网卡驱动程序两步。

1. 安插网卡

安插网卡与安插其他接口卡（如显示卡、声卡）一样，最主要的是要胆大心细。具体操作的方法如下。

第 1 步　将双手触摸一下其他金属物体，释放身上的静电，避免静电的负作用，以防烧坏主板及其他设备。

第 2 步　关闭计算机及其他外设的电源，将计算机背面的接线全部拔掉，注意不要带电操作。

第 3 步　卸掉主机外壳螺丝，打开主机机箱。

第 4 步　从防静电袋中取出网卡，将网卡插入空的与其相匹配的主板插槽中，使网卡上面的一个螺丝孔正好贴在机箱的接口卡固定面板上，而且与接口卡固定面板上的孔也很接近，拧上螺丝固定牢。

ISA 卡的插槽是黑色的；PCI 卡的插槽是白色的；AGP 卡的插槽是暗红色的。

第 5 步　装上机壳，拧上螺丝，并将先前拆下的机箱后面的接线连接好。

这样，网卡就安插完了。

2. 安装网卡驱动程序

网卡安插完成后，在正常的情况下，重新开机进入 Windows 时便会自动出现"找到新硬件"的提示框；接着，系统会提示插入 Windows 系统安装光盘；插入 Windows 系统安装光盘后，系统会自动完成网卡驱动程序的安装。

另一种情况是网卡无法被系统识别，重新开机时没有找到。这时可以手工添加网卡驱动程序，方法如下。

第 1 步　从"开始"菜单的"设置"中，选中"控制面板"命令，进入"控制面板"窗口，双击"添加/删除硬件"图标，就会出现"添加/删除硬件向导"对话框。

第 2 步　单击"下一步"按钮，在提示"选择一个硬件任务"的对话框中，选择第一项"添加/排除设备故障"。

第 3 步　单击"下一步"按钮，在提示"选择一个硬件设备"的对话框中，选择"设备"列表中的第一项"添加新硬件"。

第 4 步　单击"下一步"按钮，在提示"查找新硬件"的对话框中，选择第二项"否，我想从列表选择硬件"。

第 5 步　单击"下一步"按钮，在提示"硬件类型"的对话框中，选择"硬件类型"列表中的"网卡"。

第 6 步　单击"下一步"按钮，在提示"选择网卡"的对话框中，单击"从磁盘安装"按钮。

第 7 步　在出现"从磁盘安装"对话框后，将商家提供的网卡驱动程序软盘或光盘放入相应的驱动器中，并单击"浏览"按钮。

第 8 步　在出现"查找文件"对话框后，选择与网卡匹配的驱动程序（网卡说明书中会给出），并单击"打开"按钮。

接下来系统会读取驱动程序进行安装。在这个过程中，系统还可能提示插入 Windows 系统安装光盘，按照提示插入就可以了。

重新启动系统后，网卡驱动程序就安装完成了。

6.2.3　局域网的布线与连接

现在组建局域网采用的网络拓扑结构最多的是星型，其次是总线型。星型局域网布线采用双绞网线；总线型局域网布线采用同轴网线。布线原则以及网线与设备的连接方法如下。

1. 布线原则

对于星型局域网，一般要求：

- 布线时不可形成循环。

另外，对于 10BASE 局域网，还要求：

- 使用 3 类非屏蔽双绞线；
- 每条双绞线的长度不超过 100m；
- 网络中最多可以级联 5 台集线器（Hub），且集线器间的线长也不超过 100m；
- 网络的最大传输距离是 600m。

而对于 100BASE 局域网，则要求：

- 使用 5 类非屏蔽双绞线；
- 每条双绞线的长度不超过 100m；
- 网络中只允许级联两台集线器（Hub），且两台集线器（Hub）间的连接距离不能超过 5m；
- 网络的最大传输距离是 205m。

对于总线型局域网（如 10BASE-2 对等网），要求：

- 网线一线到底，中间不可分叉，也不可形成循环；
- 两个终结器之间的网络区域叫网端（每一个总线型局域网的两端都必须各安装一个终结器），每个网端最长不超过 175m；
- 在一个网端内不可超过 30 台计算机，且相邻两台计算机之间的网络长度不小于 0.5m；
- 采用 50ΩRG-58A/U 同轴电缆以及 50Ω终结器作为连接设备；
- 若使用中继器连接多个网段，任意两台计算机之间的电缆总长度不超过 925m；
- 任意两台计算机之间的中继器不可超过 4 个。

2. 网线与设备的连接。

网线与设备的连接就是根据网络的拓扑结构，用网线将计算机以及其他设备连接起来。

（1）总线型局域网的连接。

总线型局域网就是使用制作好的同轴网线以串联形式通过 T 形头将所有的计算机连接在一起构成网络，方法如下。

首先是 T 形头与网卡连接，即将 T 形头插到网卡 BNC 阳性插头上，插入后需旋转 90°使接头的卡口卡好；然后是 T 形头与同轴网线连接，即将两根同轴网线 BNC 阴性插头分别插到 T 形头两端的 BNC 阳性接头，插入后也需旋转 90°卡好（注意，每根同轴网线的两端分别接一台计算机）；最后，在端头的两台计算机的 T 形头的空余 BNC 阳性接头上插接 50Ω终结器，其中一端要插接有接地环的终结器，并要使接地环良好接地。

另外，作为服务器的计算机要连接在整个网络的端头。

（2）星型局域网的连接。

星型局域网是使用制作好的双绞网线将所有的计算机同集线器连接在一起构成的网络。方法如下。

每台计算机都用一根双绞网线同集线器连接，即用双绞网线一端的 RJ-45 连接头插入计算机背面网卡的 RJ-45 插槽内；用另一端的 RJ-45 连接头插入集线器的空余 RJ-45 插槽内。在插的过程中，要听到"喀"的一声，表示 RJ-45 连接头已经插好了。

在有些办公场所，每个房间都已通过墙壁、天花板和地板布好了网线，连接到了中心机房的配线柜中。网线连接时，只需将每个房间的计算机连接到自己墙壁的墙座上，集线器放置在中心机房并用网线与配线柜中的接线板连接上就可以了。

6.2.4 局域网操作系统的安装

网络硬件连接后，需要给服务器和客户机（或工作站）安装操作系统。由于现在大多数服务器采用 Windows 2000 Server 或 Windows 2003 Server，而客户机（或工作站）多数采用 Windows XP，因此，下面简单介绍一下 Windows XP 和 Windows 2003 Server 的安装。

1．Windows XP 的安装

Windows XP 有两种版本：一种是 Windows XP Home Edition，另一种是 Windows XP Professional。通常，网络中的客户机选择后者。

（1）硬件要求。

- CPU：233MHz Pentium/Celeron 或更快。
- 内存：128MB 以上。
- 硬盘：最少需要 1.5GB 空间。

（2）安装方式。

- 升级安装：将以前是 Windows 98/Me 操作系统的计算机升级到 Windows XP 的安装。
- 全新安装：对未安装任何操作系统或是不保留原操作系统的计算机进行 Windows XP 的安装。

（3）安装过程。

在安装之前先将客户机设置为光驱先启动（在开机时按 Del 键，进入 CMOS 进行设置）。为了减少不必要的麻烦，这里建议对客户机进行全新安装。由于安装过程都是向导式操作，因此，这里没有给出安装界面图。

首先将 Windows XP 系统安装光盘放入光驱启动客户机，接下来的操作如下。

第 1 步　在"欢迎使用 Microsoft Windows XP"界面中，选择第一项"安装 Microsoft Windows XP"。

第 2 步　进入"安装类型"界面后，在"安装类型"下拉列表框中选择"全新安装（高级）"，单击"下一步"按钮。

第 3 步　在"产品密钥"文本框中输入产品序列号，单击"下一步"按钮。

第 4 步　在"安装选项"对话框中，可以选择语言和区域等，在这里，默认值是"中文（中国）"，直接单击"下一步"按钮。

第 5 步　在"是否升级到 NTFS 文件系统"对话框中，要确定是否将硬盘的分区升级为 NTFS 文件系统。选择"升级驱动器"，单击"下一步"按钮。

第 6 步　进入"获得更新的安装程序文件"对话框，如果选择"是，下载更新的安装程序文件"，计算机会开始连接 Internet，访问 Windows XP 站点更新安装文件。Windows XP 的更新可以在安装完后进行，因此，选择"否，跳过这一步继续安装 Windows"，单击"下一步"按钮，计算机会重新启动。

第 7 步　计算机重新启动后，进入"选择操作类型"界面，按 Enter 键，即开始安装 Windows XP。

第 8 步　出现许可协议界面后，按 F8 键接受协议，进入"确定安装 Windows XP 的磁盘分区"界面。在这个界面上，可以对硬盘进行分区，分好后，选中要安装 Windows XP 的分区，并按 Enter 键，程序将对该分区进行格式化。

第 9 步　格式化完成后，安装程序开始向 Windows 安装文件夹中复制安装文件。复制结束后要重新启动计算机，进入正式的安装界面。安装界面的左侧显示安装进程和一个大致的剩余时间，右侧是 Windows XP 的简介。

第 10 步　在出现"区域和语言选项"对话框时，如果不更改中文版 Windows XP 默认的语言和区域，就直接单击"下一步"按钮。

第 11 步　在"自定义软件"对话框中，输入用户名和单位，单击"下一步"按钮。

第 12 步　在"计算机名和系统管理员密码"对话框中，输入计算机名和密码，单击"下一步"按钮。

第 13 步　进入"日期和时间"对话框中，调整好日期和时间后，单击"下一步"按钮。

第 14 步　在"网络设置"对话框中，如果需要 TCP/IP 之外的其他协议，如 NWLink、IPX/SPX 和 NetBEUI 等，则要选择"自定义"。这里，我们选择"典型"（安装完成以后可以再进行设置），单击"下一步"按钮。

第 15 步　在"工作组或域"对话框中，在"工作组或域"文本框中输入相应的名字。工作组名和域名由网络管理员统一确定，对等局域网中的计算机一般选择工作组；客户机/服务器局域网中的客户机选择域，并要网络管理员在该域中给你创建一个计算机账户并分配权限。单击"下一步"按钮。

第 16 步　计算机进入最后的安装进程，安装程序自动执行注册组件和保存设置。完成后，需要再次重新启动，进入开始注册界面，一般选择"现在不注册"。单击"下一步"按钮。

第 17 步　在"输入计算机使用者的名称"界面中，输入用户名。也可以在系统安装完成后，在"控制面板"中进行。单击"下一步"按钮。

第 18 步　进入"设置完成"界面，单击"完成"按钮。

至此，Windows XP 的安装就全部完成了。

2. Windows 2003 Server 的安装

（1）准备工作。

- 准备好 Windows Server 2003 Standard Edition 安装光盘。
- 可能的情况下，在运行安装程序前用磁盘扫描程序扫描所有硬盘，检查硬盘错误并进行修复；否则，安装程序运行时如检查到有硬盘错误会很麻烦。
- 用纸张记录安装文件的产品序列号。
- 如果未安装过 Windows 2003 系统，而现在正使用 Windows XP/2000 系统，建议用驱动程序备份工具（如驱动精灵）将 WindowsXP/2000 系统下的所有驱动程序备份到硬盘上。
- 如果想在安装过程中格式化 C 盘或 D 盘，请备份 C 盘或 D 盘上的内容。
- 导出电子邮件账户和通信簿。
- 将 "C:\DocumentsandSettings\Administrator（或你的用户名）\" 中的"收藏夹"目录复制到其他盘，以备份收藏夹；可能的情况下将其他应用程序的设置导出。

（2）硬件要求。

基于 x86 的计算机：

- CPU：一个或多个主频不低于 550MHz 的 Intel Pentium/Celeron 系列、AMD K6/Athlon/Duron 系列或兼容的 CPU。
- 内存：128MB 以上。
- 硬盘：最少需要 2GB 空间。

基于 Itanium 体系结构的计算机：

- CPU：一个或多个主频不低于 733MHz 的 CPU。
- 内存：1GB 以上。
- 硬盘：最少需要 3GB 空间。

（3）安装过程。

第1步 重新启动系统，将光驱设为第一启动盘，保存设置。

第2步 将 Windows Server 2003 安装光盘放入光驱，重新启动系统。

第3步 当界面出现"Press any key to boot from CD.."时，快速按下回车键，否则不能启动 2003 系统安装。

第4步 在 Windows Server 2003 安装界面出现提示"要现在安装 Windows，请按 ENTER"时，按下回车键。

第5步 在接受许可协议和选择安装分区（这里选 C）等步骤后，出现转换文件系统的界面，选择"将磁盘分区转换为 NTFS"选项。这样，可以在保留磁盘分区数据的情况下将所选分区 C 转换成 NTFS 文件系统。如果选择安装系统的分区是空的，可以选择"用 NTFS 文件系统格式化磁盘分区"，对选择的分区进行格式化。

第6步 格式化完成后，开始复制系统文件，并初始化 Windows 配置。初始化完成后，系统将会自动在 15s 后重新启动。

第7步 重新启动后，出现 Windows Server 2003 启动界面，完成选择区域和语言选项（一般选用默认值），单击"下一步"按钮。

第8步 输入你的姓名、单位后，单击"下一步"按钮。

第9步 输入产品密钥，单击"下一步"按钮；在"授权模式"对话框，选择"每服务器，同时连接数"方式，将计算机安装成服务器，并更改连接数。单击"下一步"按钮。

第10步 输入计算机名称、管理员密码（该密码为 Administrator 系统管理员的密码），单击"下一步"按钮。

第11步 进行日期和时间设置，时区选择北京，单击"下一步"按钮。

第12步 网络设置一般选择"典型设置"，单击"下一步"按钮。

第13步 选择计算机是加入"域"还是"工作组"。显然，此时网络中还没有域，所以选中"不，此计算机不在网络上，或者在没有域的网络"单选钮。然后在下方的文本框中输入工作组名称（如 Myhome），安装结束后再将其升级为域名。

第14步 单击"下一步"按钮开始安装组件，完成后最后一次重新启动计算机。

第15步 重新启动时出现欢迎使用界面，需按组合键 Ctrl+Alt+Delete 才能继续启动；按下组合键后，出现登录界面。

第16步 输入系统管理员 Administrator 的用户名和密码，单击"确定"按钮。

第17步 进入 Windows Server 2003 的桌面，并弹出"管理您的服务器"向导窗口，可以进行服务器的配置。如果你不想每次启动都出现这个窗口，可选择窗口左下角 "在登录时不要显示此项"选择框后关闭窗口。关闭窗口后即见到 Windows Server 2003 的桌面。

至此，Windows Server 2003 的安装就完成了。

3. Windows 组件的安装

Windows 操作系统的一些功能需要其提供的组件来支持。不管是哪种 Windows 操作系统，组件的安装方法都大同小异。具体方法如下。

第1步 进入"控制面板"窗口。

第2步 双击"添加/删除程序"图标，进入"添加/删除程序"对话框。

第3步 单击"添加/删除 Windows 组件"按钮，进入"Windows 组件向导"对话框。

第4步 在"Windows 组件向导"对话框中双击要安装的通用软件的复选框图标。

接下来，按照对话框所提示的操作进行即可。

6.2.5　网络协议的添加与配置

局域网中服务器及各工作站计算机在安装好网卡，并用网线连接好以后，还不能立刻进行通信，需给网络中的各计算机添加通信协议，设置计算机标识、IP 地址、登录域以及文件夹的共享和打印机的共享等。

1．添加通信协议

在组建局域网时，常用的通信协议有 TCP/IP、IPX/SPX 和 NetBEUI。正常情况下，各计算机安装了网卡驱动程序以后，系统就会自动为相应的网卡安装 TCP/IP，如果用户还需要添加其他协议，可以选择自己需要的协议进行添加。添加的方法如下。

首先检查是否已经安装了要添加的通信协议：进入"控制面板"窗口，双击"网络和拨号连接"图标，进入"网络和拨号连接"窗口，双击"本地连接"图标，在弹出的"本地连接状态"对话框中单击"属性"按钮，出现"本地连接属性"对话框，如图 6-4 所示。在"此连接使用下列选定的组件"列表框中列出了已经安装的组件，查看其中有没有要添加的通信协议。

如果没有，则进行添加操作：在图 6-4 所示的"本地连接属性"对话框中单击"安装"按钮；出现"选择网络组件类型"对话框，选择"协议"，并单击"添加"按钮；出现"选择网络协议"对话框，如图 6-5 所示。在"网络协议"列表框中列出了 Windows 2003 Server/ Windows XP 提供的组件协议在当前系统中尚未安装的部分，双击欲添加的协议（例如 Apple Talk 协议），或选中欲添加的协议后单击"确定"按钮，选中的协议将会被添加至"本地连接属性"列表框中。

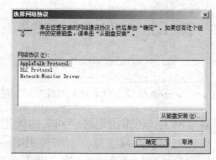

图 6-4　"本地连接属性"对话框　　　　图 6-5　"选择网络协议"对话框

另外，还可以通过单击"选择网络协议"对话框中的"从磁盘安装"按钮从磁盘添加其他网络协议组件。大部分网络协议在添加之后就可以直接使用，但也有部分协议需重新启动系统后才能生效。

2．设置 IP 地址

网络中的计算机之间实现相互通信必须有相应的地址标识，即 IP 地址。在给各计算机设置 IP 地址之前该计算机必须先添加 TCP/IP，然后才能进行如下的操作。

第 1 步　在计算机桌面上用鼠标右键单击"网上邻居"图标，从打开的快捷菜单中选择"属性"命令，打开"网络和拨号连接"窗口。

第 2 步　用鼠标右键单击"本地连接"图标，从打开的快捷菜单中选择"属性"命令，打开"本地连接属性"对话框，如图 6-4 所示。

第 3 步　在"此连接使用下列选定的组件"列表框中选定"Internet 协议（TCP/IP）"组件。

第4步　单击"属性"按钮，打开"Internet 协议（TCP/IP）属性"对话框，如图 6-6 所示。

第5步　选中"使用下面的 IP 地址"单选钮，并在相应的文本框中输入 IP 地址和子网掩码，如"192.168.5.24"和"255.255.255.0"。"默认网关"文本框中输入的是本地路由器或网桥的 IP 地址，以实现网络间的信息传输，这里输入的是"192.168.5.1"。对于一个不与其他网络相连的单独局域网，默认网关可以不用输入。

第6步　选中"使用下面的 DNS 服务器地址"单选钮，并在相应的文本框中输入首选 DNS 服务器和备用 DNS 服务器的 IP 地址。

要将局域网连接到 Internet，必须在网络中安装一台 DNS 服务器，负责完成域名与 IP 地址之间的转换以及域名的管理。网络中的客户机只要将本机首选 DNS 服务器的 IP 地址指向它，就可以得到服务。备用 DNS 服务器在主 DNS 服务器无法正常工作时代替主服务器为客户机提供服务。如果网络中没有 DNS 服务器，首选 DNS 服务器和备用 DNS 服务器的 IP 地址可以不用输入。

第7步　如果用户希望为选定的网卡指定附加的 IP 地址和子网掩码或添加网关地址，则单击"高级"按钮，打开"高级 TCP/IP 设置"对话框，如图 6-7 所示。用户最多可以指定 5 个附加 IP 地址和子网掩码，这对于包含多个逻辑 IP 网络进行物理连接的系统很有用。

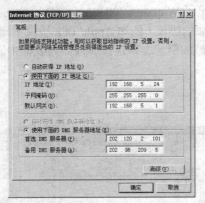
图 6-6　"Internet 协议（TCP/IP）属性"对话框

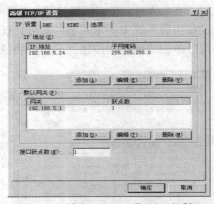
图 6-7　"高级 TCP/IP 设置"对话框

对于多个网关，还需指定每个网关的优先权，通过使其 IP 地址在列表中的顺序变高或变低来相应地使其优先权变高或变低。系统使用第一个网关地址并接下来向下依次查找，直到它找到一个服务于信宿地址的网关为止。"接口跃点数"文本框中可以输入或修改接口指标的数值，该数值是用来设置网关的接口指标以实现网络连接的。如果"默认网关"列表框中有多个网关选项，则系统会自动启用接口指标数值最小的一个网关，默认情况下接口指标的数值为 1。

完成每一步的设置后，都单击"确定"按钮。

3. 设置计算机标识

在局域网中，无论是服务器计算机还是工作站计算机都要有一个独立不重复的名字来标识，便于在网络中互相访问。计算机标识包括计算机名和所属的工作组或域。在 Windows XP 和 Windows 2003 Professional 中设置计算机标识的方法基本一样，这里以 Windows 2003 Professional 为例，过程如下。

第1步　在计算机桌面上用鼠标右键单击"我的电脑"图标，从打开的快捷菜单中选择"属性"命令，打开"系统特性"对话框。

第2步　选择"网络标识"选项卡，单击"属性"按钮，打开"标识更改"对话框，如图 6-8 所示。

第 3 步　在"计算机名"文本框中输入计算机名。同一网络中不能有同名计算机。

第 4 步　如果所设置的计算机属于某个域，则单击"隶属于"选项中的"域"单选钮，并在其下的文本框中输入域名，所输入的域名必须是服务器中已存在的域名。如果所设置的计算机属于某个工作组，则单击"隶属于"选项中的"工作组"单选钮，并在其下的文本框中输入工作组名。

第 5 步　单击"确定"按钮。

图 6-8　"标识更改"对话框

4. 设置登录域

在客户机/服务器网络中，装有 Windows XP 和 Windows 2003 Professional 的客户机要登录到 Windows 2003 Server 服务器定义的某个域，需要进行如下步骤的设置。

第 1 步　启动计算机，以计算机管理员（如 administrator）身份登录到桌面。用鼠标右键单击"我的电脑"图标，从打开的快捷菜单中选择"属性"命令，打开"系统特性"对话框。

第 2 步　选择"网络标识"选项卡，单击"网络 ID"按钮，启用"网络标识向导"对话框。

第 3 步　单击"下一步"按钮，打开"正在连接网络"对话框，选择"本机是商业网络的一部分，用它连接到其他工作着的计算机"单选钮。

第 4 步　单击"下一步"按钮，在对话框中选择"公司使用带有域的网络"单选钮。

第 5 步　单击"下一步"按钮，打开"网络信息"对话框，其中显示提示信息。

第 6 步　单击"下一步"按钮，打开"用户账户和域信息"对话框，在"用户名"文本框中输入登录 Windows 时的用户名（如 administrator），在"密码"文本框中输入登录时的密码，"域"为 Windows 2003 Server 域控制器的域名（如 myhome.local）。

第 7 步　单击"下一步"按钮，打开"计算机域"对话框，在"计算机名"文本框中输入其名称（如 han），该名称将被服务器自动指定为计算机账户，显示在 Computers 中；在"计算机域"文本框中输入此客户机登录 Windows 2003 Server 局域网时的域名（如 myhome，不要输入 myhome.local）。

第 8 步　单击"下一步"按钮，打开"域用户名和密码"对话框，在"用户名"文本框中输入网络管理员在服务器上创建的用户登录名（如 hym），在"密码"文本框中输入该用户账户的密码，在"域"文本框中输入局域网的域名（如 myhome）。

第 9 步　单击"确定"按钮，打开"用户账户"对话框，选择"添加以下用户"单选钮，在"用户名"文本框中输入网络管理员在服务器上为该用户创建的用户登录名（如 hym），"用户域"为 Windows 2003 Server 域控制器的域名（如 myhome.local）。

第 10 步　单击"下一步"按钮，打开"访问级别"对话框，选择该用户对本机的用户访问级别，建议选择"标准用户"单选钮。

第 11 步　单击"下一步"按钮，打开"完成网络标识向导"对话框。

第 12 步　单击"完成"按钮，打开"计算机名更改"提示对话框。

第 13 步　单击"确定"按钮，返回"系统特性"对话框，其中显示有"完整的计算机名称"（如 han.myhome.local）及所属的"域"（如 myhome.local）信息。

第 14 步　单击"确定"按钮，打开"系统设置改变"提示对话框。

第 15 步　单击"是"按钮，重新启动计算机，显示"欢迎使用 Windows"对话框。按下 Ctrl+Alt+Del 组合键，打开"登录到 Windows"对话框，单击"选项"按钮，然后从"登录到"下拉列表框中选择登录到域（myhome）还是本机（han）。如果选择登录到本机，则在"用户名"

文本框中输入本机用户（如 administrator）和该用户密码；如果选择登录到域，则在"用户名"文本框中输入在服务器上创建的用户登录名（如 hym）和密码。

第 16 步　如果选择了登录到域，则可以通过"网上邻居"窗口，浏览到域中的所有计算机，包括 Windows 2003 Server 服务器（Server）和本机（han）。如果选择了登录到本机，当要访问服务器时，需要提供在服务器上创建的用户登录名（如 hym）和密码。

6.2.6　局域网共享方案

组建网络的最终目的就是实现网络资源的共享。局域网组建好后可以实现局域网内文件夹、打印机等资源的共享。下面介绍局域网中文件夹、打印机资源的共享方案。

1. 共享文件夹

为了方便网络中的其他用户访问和使用自己的某些文件夹，可以将这些文件夹设置为共享。这里仍以 Windows 2003 Professional 为例，操作过程如下。

进入"我的电脑"窗口，选择要共享的文件夹（如"文章"文件夹）并单击鼠标右键，弹出快捷菜单，如图 6-9 所示。

选择"共享"命令，出现该文件夹的属性对话框，选择"共享"选项卡，并选中"共享该文件夹"单选钮，如图 6-10 所示。接着在"共享名"文本框中输入共享名，也可以用默认的原文件夹名。"用户数限制"默认是"最多用户"，如果选择"允许"，则要指定用户个数，最大值为 10。

"共享名"是在本机和其他计算机的网上邻居中显示共享文件夹的名称，从本机"我的电脑"窗口中看到的仍为文件夹的名字。

单击"权限"按钮，进入设置文件夹共享权限的对话框，如图 6-11 所示。"名称"列表框中默认是"Everyone"，即所有用户，如要指定用户，可以单击"添加"按钮进行添加。"权限"列表框用来给选定的用户指定共享权限，对于"Everyone"，默认是"完全控制"，既可以读取也可以更改共享文件夹的内容；对于指定的用户，默认是"读取"，即只可以读取共享文件夹的内容。如果想修改权限，可以通过单击权限种类后面的"允许"或"拒绝"方框来进行。

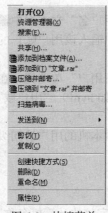

图 6-9　快捷菜单

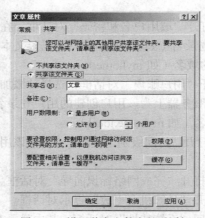

图 6-10　设置共享文件夹的对话框

图 6-11　设置文件夹共享的权限对话框

2. 共享打印机

整个局域网中只要有一台打印机，就可以实现所有计算机都能打印的功能。这可以通过设置共享打印机来实现，具体操作如下。

首先，将打印机所在的计算机的打印机设置为共享。从该计算机的"开始"菜单的"设置"

中，选择"打印机"进入"打印机"窗口；选择其中的打印机图标，如"HP LaserJet1200 Seri…"，并单击鼠标右键，弹出快捷菜单，如图 6-12 所示；选择"共享"命令，出现打印机属性对话框，选择"共享"选项卡，选择"共享为"单选钮，共享名称可以使用默认值，如图 6-13 所示；之后单击"应用"和"确定"按钮。

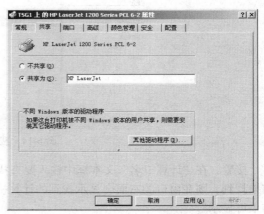

图 6-12　打印机窗口 　　　　　　　　　　　图 6-13　打印机属性对话框

然后，在其他各计算机上安装打印机。在各计算机上进入"打印机"窗口，双击"添加打印机"图标；出现"添加打印机向导"对话框后，单击"下一步"按钮；在"本地打印机"和"网络打印机"两个单选钮中选择后者，再单击"下一步"按钮；这里要求键入打印机名或者单击"下一步"按钮进行浏览打印机，选择单击"下一步"按钮；会出现"共享打印机"列表框，在其中选择上面那台计算机的打印机，单击"下一步"按钮；出现"是否希望将这台打印机设置为 Windows 应用程序的默认打印机？"的询问对话框，选择"是"单选钮，再单击"下一步"按钮；进入"正在完成添加打印机向导"对话框，单击"完成"按钮结束安装。

这样，局域网中的其他各计算机就可以共享这一台打印机了。

6.2.7　局域网连通性测试

在局域网连接完成后，应先测试一下整个网络的物理连通性，然后对网络服务器及各工作站进行设置，最后再对整个网络的逻辑连通性测试。如果这一切都正常，组建局域网的工作就基本完成了。

1．局域网物理连通性的测试

对于双绞线连接的网，可通过检查各计算机背面网卡的指示灯和集线器各端口上的指示灯的状态，来检查网络的连通状况。如果所有的指示灯都亮，则网络的连通正常；如果有指示灯不亮，说明相应的连接存在问题。问题可能有接头接触不良、网线不通、网卡坏等几种情况。

上述检测都通过，则可以说明整个网络中的网线连接是没问题的。

2．局域网逻辑连通性的测试

当整个网络设置完成以后，就可以对网络的连通及配置做进一步的测试。方法有搜索计算机和使用 Ping 命令两种，具体操作如下。

（1）搜索计算机。

首先，任选网中的一台计算机，在该机"开始"菜单的"搜索"中，选择"文件或文件夹"命令，打开"搜索结果"窗口。窗口的左面是搜索内容的输入及搜索范围、搜索项目的选择区域，右面是搜索结果的显示区域。在窗口的左面选择"计算机"搜索项目，如图 6-14 所示。

图 6-14　搜索计算机窗口

　　接着，在"计算机名"文本框中输入要查找的计算机名，如 LIB24，单击"立即搜索"按钮。如果找到，则在窗口的右面会显示找到的计算机，如图 6-15 所示；否则，显示"搜索完毕，没有结果可显示"。

　　可以对局域网中的计算机——进行上述的搜索，全部能搜索到，说明网络是没问题的。

图 6-15　搜索到计算机后的显示

　　（2）使用 ping 命令。

　　首先，任选局域网中的一台计算机，在该计算机"开始"菜单的"程序"中，选择"附件"中的"命令提示符"命令，进入"命令提示符"窗口。

　　接着，测试该计算机自己的 TCP/IP 是否在工作或者 TCP/IP 是否安装正确，输入"ping 127.0.0.1"（安装 TCP/IP 后，默认本机地址是 127.0.0.1），如正常，出现的画面如图 6-16 所示。

　　随后，测试该计算机网卡的 IP 地址，即ping 该计算机网卡的 IP 地址，如 ping 本机地址正常，而这一次不正常，说明该计算机网络配置不正确。

　　然后，测试该计算机与局域网中的其他计算机的连通状况，即 ping 其他计算机的 IP

图 6-16　测试本机正常的画面

地址。如果 ping 本地 IP 地址正常，ping 其他计算机不响应，可能是网线有问题，或者网卡、网线接触不良。

当所有计算机都能 ping 通后，整个网络就没问题了。

6.3　局域网组网实例Ⅰ——宿舍多机组网

本节主要介绍宿舍网的组建方案和步骤以及建立宿舍网聊天室的方法。通过本节的学习，学生应该对如何组建和使用宿舍网有一个深刻的了解。

6.3.1　组网方案及所需的硬件设备

本方案采用星型拓扑结构，其所需的硬件设备（以 4 台计算机为例）如表 6-2 所示。

表 6-2　　　　　　　　　　　　组建宿舍网所需的硬件设备

硬件设备名称	数　量
RJ-45 接口的 10Mbit/s 集线器	1 台
带 RJ-45 接口的 10Mbit/s 网卡	4 块
5 类 UTP 双绞线	约 40m
RJ-45 连接头	8 个

采用此种组网方案组建的宿舍网实际上是一个 10Mbit/s 的星型局域网，如图 6-17 所示。

图 6-17　宿舍网的组网方案

6.3.2　宿舍网的组建

一般来说，组建宿舍网主要包括以下步骤。

（1）确定宿舍网拓扑结构。在组建局域网时，通常采用的拓扑结构是总线型、星型和树型。综合考虑宿舍网的作用和特点，建议采用星型拓扑结构，即上述的方案。

（2）安插网卡。网卡是组建宿舍网不可缺少的基本硬件设备，在选购网卡时，建议用户购买即插即用 PCI 网卡。安插网卡的步骤请参看 6.2.2 小节中的相关内容。

（3）连接网线。网线是计算机之间相互通信的桥梁。考虑到经济情况和使用价值，在此建议使用非屏蔽双绞线。连接网线就是指根据确定的宿舍网拓扑结构，使用网线将计算机和集线器连接起来，即将网线的一端插入网卡相应的插孔内，另一端插入集线器相应的插孔内，具体操作方法请参看 6.2.3 小节中的相关内容。

　　在使用双绞线之前，一定要测试其导通性，以减少不必要的麻烦。

（4）安装和设置网卡驱动程序。网卡安装完成，还需要安装网卡驱动程序并对它进行一些必要的设置，然后才可投入使用。安装网卡驱动程序的方法参看 6.2.2 小节中的相关内容。

（5）添加和设置通信协议。计算机只有使用相同的通信协议才能够进行相互通信，综合考虑宿舍网的功能和用途，建议同时使用 TCP/IP、IPX/SPX 兼容协议及 NetBEUI 协议。具体操作请参看 6.2.5 小节中的相关内容（注意：各计算机名称不能相同，但必须设置为相同的工作组）。

宿舍网中各计算机的 IP 地址和子网掩码如图 6-18 所示。

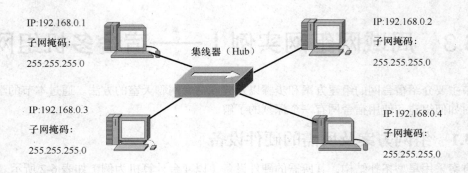

图 6-18　宿舍网中各计算机的 IP 地址和子网掩码

组建宿舍网之后，还可以进一步将多个宿舍网通过网线和集线器连接起来，以实现更大范围的资源共享，如图 6-19 所示。

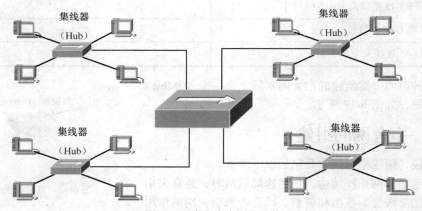

图 6-19　多个宿舍网的连接

6.3.3　宿舍网的应用

这里主要介绍如何在宿舍网上实现 FTP 文件传输服务的功能。FTP 规定了计算机之间的标准通信方式，使不同操作系统、不同类型的计算机之间方便交换文件。下面以广泛使用的服务器软件 Serv-U 为例来简要说明 FTP 的安装与配置。

Serv-U 是一个 FTP 服务器程序（用户可以从 www.serv-u.com 网站下载），能够运行于 Windows 2000/XP，以及 Windows 2003 操作系统，可以使用户计算机配置成为一个 FTP 服务器。网络上的其他计算机可以通过连接该 FTP 服务器来复制、移动、创建或删除文件和目录。

1. 安装 Serv-U 并建立 FTP 服务器

下载 Serv-U 应用程序后，执行 ServU.exe，并根据提示逐步安装。安装完成后不需要重新启动计算机，用户就可以直接选择"开始"→"程序"→"Serv-U FTP Server"→"Serv-U Administrator"命令启动应用程序，并进行简单设置。下面我们以当前计算机（IP 地址为 192.168.0.1，域名为 server.abc.com）为例，建立 FTP 服务器。

建立 FTP 服务器的操作步骤如下。

第 1 步　启动 Serv-U 程序，打开 Serv-U 管理员窗口，此时将显示设置向导对话框，如图 6-20 所示。

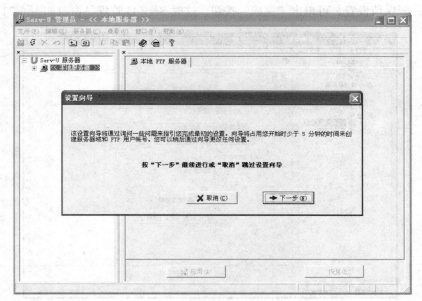

图 6-20　"设置向导"对话框

第 2 步　单击"下一步"按钮，打开"显示菜单图像"对话框，选择"是"单选按钮。

第 3 步　单击"下一步"按钮，打开"您的 IP 地址"对话框，在 IP 地址文本框中输入服务器的 IP 地址，如 192.168.0.1。

第 4 步　单击"下一步"按钮，打开"域名"对话框，在"域名"文本框中输入域名，如 server.abc.com。

第 5 步　单击"下一步"按钮，打开"匿名账号"对话框，选择"是"单选按钮，允许用户匿名访问目录。

第 6 步　单击"下一步"按钮，打开"主目录"对话框，并在其中"匿名主目录"文本框中输入匿名用户登录的主目录，如 C:\MyFTP。

第 7 步　单击"下一步"按钮，打开"锁定于主目录"对话框，选择"是"单选按钮，锁定匿名访问目录。这样，匿名登录的用户将只能访问主目录下的文件和文件夹，而这个目录之外的其他文件和文件夹将不能被访问。

第 8 步　单击"下一步"按钮，打开"命名的账号"对话框，选择"是"单选按钮，创建命名账号，使用户能够以特定的账号访问 FTP。

第 9 步　单击"下一步"按钮，打开"账号名称"对话框，在"账号登录名称"文本框中输入所要建立的账号的名称，如 wang。

第 10 步　单击"下一步"按钮，打开"账号密码"对话框，在"密码"文本框中输入密码，如 wang。

第 11 步　单击"下一步"按钮，打开"主目录"对话框，在"主目录"文本框中输入登录目录的名称，与第 6 步输入的内容相同，如 C:\MyFTP。

第 12 步　单击"下一步"按钮，打开"锁定于主目录"对话框，选择"否"单选按钮，不锁定该主目录。

第 13 步　单击"下一步"按钮，打开"管理员权限"对话框，在"账号管理员权限"下拉列表框中选择管理员权限。这里我们选择系统管理员权限，即 System Administrator。

第 14 步　单击"下一步"按钮，打开"完成"对话框。如果需要修改前面的设置，可单击"上一步"按钮；要保留设置，可单击"完成"按钮，这时 Serv-U 管理员窗口如图 6-21 所示。

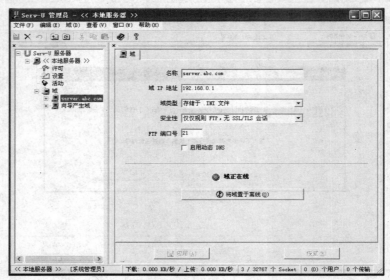

图 6-21　配置站点后的管理员窗口

2. 创建一个组

在 Serv-U 管理员窗口中，展开创建的 FTP 服务器节点，右击"组"节点，从弹出的快捷菜单中选择"新建组"命令，可以创建一个组。此时将打开"添加新建组"对话框，在"组名称"文本框中输入组名称，如 Wd，然后单击"完成"按钮，创建的组将显示在管理员窗口中。

选择"目录访问"选项卡，单击"添加"按钮，打开"添加文件/路径到访问规则"对话框。设置文件路径，如 C:\MyFTP，以及本组对文件夹所具有的权限，如图 6-22 所示。

图 6-22　创建组并设置文件路径

3. 建立虚拟目录

对于匿名用户（Anonymous）来说，他的主目录为 C:\MyFTP，如果要想通过 ftp://192.168.0.1/temp 的格式访问 C:\Wang 中的内容，则需要为其添加虚拟目录。

建立虚拟目录的操作步骤如下。

第 1 步　在 Serv-U 管理员窗口中，单击服务器节点下的"设置"节点，选择"常规"选项卡。

第 2 步　单击"添加"按钮，打开"虚拟路径映射-第一步"对话框，在"物理路径"文本框中输入物理路径，如 C:\MyFTP。

第 3 步　单击"下一步"按钮，打开"虚拟路径映射-第二步"对话框，在"映射物理路径到"文本框中输入路径被映射到的目录名，如 C:\Wang。

第 4 步　单击"下一步"按钮，打开"虚拟路径映射-第三步"对话框，在"映射的路径名称"文本框中，输入虚拟目录名，如 temp。

第 5 步　单击"完成"按钮，完成虚拟目录创建，其结果如图 6-23 所示。

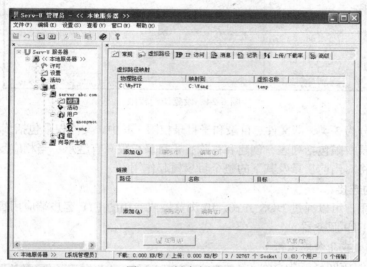

图 6-23　创建虚拟目录

第 6 步　在管理器左边的窗格中选择 Anonymous 用户，再在右边窗格切换到"目录访问"选项卡，然后单击"添加"按钮，将 C:\Wang 目录增加到列表中。

4. 管理 FTP 用户

在使用 Serv-U 管理员创建服务器站点时，我们已创建了一个 Anonymous 用户和一个 wang 用户。管理员也可以根据需要，增加、删除、复制或禁用用户。

（1）要增加一个新用户，包括增加 Anonymous 用户，可在管理员窗口的左边窗格中右击"用户"节点。弹出快捷菜单，选择"新建用户"命令，打开"添加用户"对话框。根据提示，并依次输入用户名（User Name）、密码（Password）和主目录（Home directory）。

（2）要删除一个用户，可右击选中的用户，并从弹出的快捷菜单中选择"删除用户"命令即可。

（3）要复制一个用户，可右击选中的用户，并从弹出的快捷菜单中选择"复制用户"命令，则会生成一个新用户（其名称为在原用户名前添加 Copy of）。它除了用户名与原用户不同外，其他各项（包括密码、主目录、目录权限等）则完全一致。

（4）要暂时禁用一个用户的登录权限，可选中该用户，然后切换到"账号"选项卡，并勾选"禁用账号"复选框即可。

5. 管理目录权限

在 Serv-U 管理员窗口左边窗格中选择用户名，再将右边窗格切换到"目录访问"选项卡。在列表中选中目录后，就可以在窗口的右侧更改当前用户的访问权限了，其设置如图 6-24 所示。

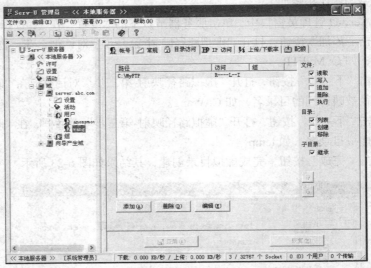

图 6-24　设置访问权限

访问权限共分为 3 类，即文件、目录和子目录权限。其中，文件权限包括读取，写入，追加，删除和执行；目录权限包括列表，创建和移除；子目录权限只有继承。当相应复选框被启用时，则所设置的权限将对当前目录及其下的整个目录树起作用。

6. 客户端的连接

在客户端，用户可以通过 DOS 方式、IE 浏览器或专用的 FTP 客户端应用程序等多种方式，来连接所配置的 FTP 服务器。

（1）在 DOS（或命令提示符）状态下，客户端的访问格式为 ftp -A 1v92.168.0.1，以匿名方式登录，不需要输入用户名和密码。

（2）在 IE 浏览器中，客户端的访问格式为 ftp://192.168.0.1，也不需要输入用户名和密码。

（3）在专用的 FTP 客户端应用程序设置中，如 CuteFTP Version 4.2 中文版，根据连接向导，在"站点标签"文本框中输入站点标签名称（任意）；在"主机地址"文本框中输入 FTP 服务器站点地址 192.168.0.1；在"用户 ID"和"密码"文本框中分别输入用户名和密码。然后单击"完成"按钮就可以连接到 FTP 服务器，如图 6-25 所示。

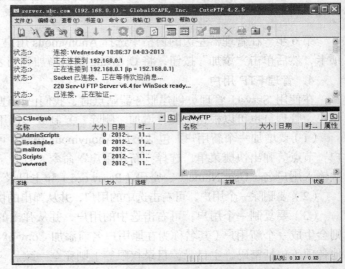

图 6-25　专用 FTP 客户端连接 FTP 服务器

注意 在客户端的连接中，IP 地址 192.168.0.1 也可以用计算机名 server.abc.com 来代替。在 DOS 方式下，除了 ftp -A 192.168.0.1 中的 A 一定要大写外，其他字符均不区分大小写。如果在 DOS 方式下用 ftp 192.168.0.1 的格式进行登录，则需要输入登录的用户名及密码。

6.4 局域网组网实例 II——办公网组网

本节介绍办公网的组建方法，具体包括办公网的结构、网络服务器的配置及在办公网上实现语音通信的内容。

6.4.1 办公网概述

现代化的办公网离不开计算机网络，SOHO（Small Office and Home Office）已成为目前的新型办公潮流。SOHO 办公的核心就是组建办公网，其中网络服务器的配置尤为重要。一般来说，小型办公网由图 6-26 所示的几部分组成。

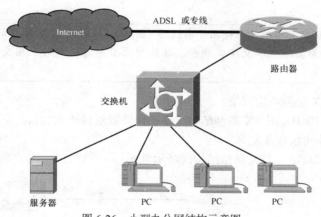

图 6-26 小型办公网结构示意图

办公网的一个重要特点就是资源共享，而资源共享就可以实现对企业资料的统一管理和对重要数据的安全管理。

6.4.2 办公网的结构

办公网的结构，可以分为单个小型办公网的结构和多个小型办公网的结构两种。

1. 单个小型办公网的结构

组建单个小型办公网时，可以选用 10BASE-2 总线型、10BASE-T 星型、100BASE-TX 星型和交换（Switching）以太网 4 种网络结构。

（1）10BASE-2 总线型结构网络。

图 6-27 所示为 10BASE-2 总线型结构网

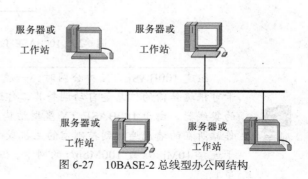

图 6-27 10BASE-2 总线型办公网结构

络示意图。

10BASE-2 总线型对等网网线可使用 10BASE-2 细缆，网卡为带 BNC 接头的普通 16 位的 NE 2000 兼容网卡。其结构特点是：组网方便、经济，尤其适用于小范围组网。

（2）10BASE-T 星型结构网络。

图 6-28 所示为 10BASE-T 星型结构网络示意图。

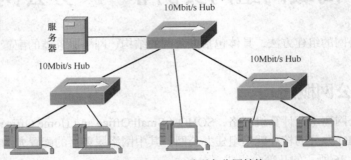

图 6-28　10BASE-T 星型办公网结构

10BASE-T 星型结构中使用了集线器（Hub），根据所使用 Hub 的不同可将 10BASE-T 星型网络分为共享式和交换式两种。在组建办公网时，一般采用交换式 10BASE-T 星型网络。

（3）100BASE-TX 星型结构网络。

组建办公网时，100BASE-TX 星型结构主要在传输数据量较大的情况下使用，如多媒体的应用、CAD 设计和软件的联合开发等。

图 6-29 所示为 100BASE-TX 星型结构网络示意图。

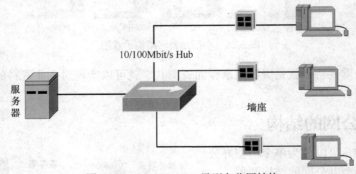

图 6-29　100BASE-TX 星型办公网结构

组建 100BASE-TX 办公网时，一般选用 10/100Mbit/s 自适应全双工网卡，这种网卡可根据传输的信息量自动调整其工作速度，并且一般选用 100Mbit/s 或 10/100Mbit/s 的集线器。由于 100BASE-TX 星型结构网络采用了标准化布线，所以用双绞线将各工作站所在的墙座连接到控制室的主机或 Hub 上即可。10/100Mbit/s 自适应集线器可用于连接 10Mbit/s 或 100Mbit/s 的网卡，但 100Mbit/s 的集线器一般不允许使用同轴电缆串联。

（4）交换式以太网。

一般来说，交换式以太网的结构如图 6-30 所示。

提示 交换式以太网主要用于可以同时访问多台服务器的网络中，如一些具有多职能部门的单位，各职能部门的源数据比较独立，一般需单独使用一台服务器。

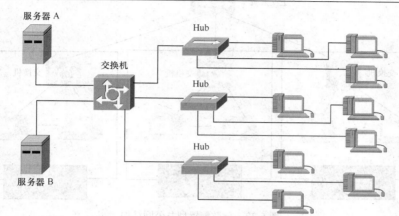

图 6-30　交换式以太网办公网结构

2. 多个小型办公网的结构

多个小型办公网的规模一般都比较大，建议最好使用 100BASE-TX 星型，并用交换机取代集线器。多个小型办公网的结构可以分为集中管理型和分散配置型两种。

（1）集中管理型。

为了管理方便，两间办公室之间可以采用集中管理型网络结构，如图 6-31 所示。

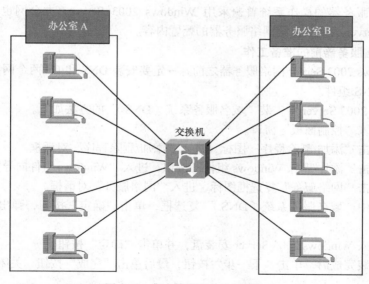

图 6-31　集中管理型办公网结构

提示 给集中管理型网络布线时，网线可以全部隐藏在天花板、地板砖和墙壁之间，并使用墙座。

（2）分散配置型。

采用分散配置的策略，将办公室划分为几个区域，每个区域的计算机连接到各区的交换机，再用主交换机连接各区的交换机。如图 6-32 所示。

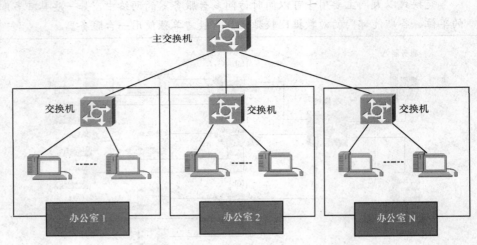

图 6-32　分散配置型办公网结构

　组建多个小型办公网时，计算机的数量一般在 50 台左右，建议选择 12 端口的交换机 5 台或是 16 端口的交换机 4 台或是 24 端口的交换机 3 台或是 32 端口的交换机 2 台。当然，24 端口的交换机搭配 32 端口的交换机也可以。

6.4.3　网络服务器的配置

现在，网络服务器的操作系统普遍采用 Windows 2003 Server，办公网也不例外，下面以 Windows 2003 Server 为例来介绍网络服务器的配置内容。

1. 配置网络服务器前的准备工作

配置 Windows 2003 Server 网络服务器之前，一定要安装 DNS 和 IIS 两个网络组件。

（1）安装 DNS 组件。

在 Windows 2003 Server 中安装"域名服务系统（DNS）"的方法如下。

第 1 步　进入"控制面板"窗口。

第 2 步　双击"添加/删除程序"图标，进入"添加/删除程序"对话框。

第 3 步　单击"添加/删除 Windows 组件"按钮，进入"Windows 组件向导"对话框。

第 4 步　双击"网络服务"复选框图标，进入"网络服务"对话框。

第 5 步　选中"域名服务系统（DNS）"复选框，单击"确定"按钮，弹出"插入磁盘"对话框。

第 6 步　插入 Windows 2003 Server 安装盘，并单击"确定"按钮。

第 7 步　安装完成后，单击"下一步"按钮，最后单击"完成"按钮，关闭"Windows 组件向导"对话框。

　域名服务系统（Domain Name System，DNS）用于处理计算机域名（主机名）与 IP 地址的对应关系，它负责管理和维护所管域中的有关数据，并将这些数据提供给查询数据的工作站。

（2）安装 IIS 组件。

打开"Windows 组件向导"对话框，按照以下方式安装"Internet 信息服务（IIS）"组件。

第 1 步　在"Windows 组件向导"对话框中，选中"Internet 信息服务（IIS）"复选框，并单击"下一步"按钮。

第 2 步　安装完成后，单击"完成"按钮，关闭"Windows 组件向导"对话框。

Internet 信息服务（Internet Information Server，IIS）是实现 Internet 功能的必备程序，在局域网中实现 Internet 功能就是靠 IIS 来完成的。安装 IIS 组件之前必须先安装 TCP/IP。

2. 配置 DNS 域名服务器

在 Windows 2003 Server 操作系统中，可以通过以下方式配置 DNS 域名服务器。

（1）添加 TCP/IP。

首先为 DNS 域名服务器添加 TCP/IP，具体操作步骤如下。

第 1 步　选中"网上邻居"图标并单击鼠标右键，在弹出的快捷菜单中执行"属性"命令，打开"网络和拨号连接"对话框。

第 2 步　选中"本地连接"图标并单击鼠标右键，在弹出的快捷菜单中执行"属性"命令，打开"本地连接属性"对话框。

第 3 步　选中"Internet 协议（TCP/IP）"复选框，并单击"属性"按钮，打开"Internet 协议（TCP/IP）属性"对话框。

第 4 步　选中"使用下面的 DNS 服务器地址"单选按钮，指定首选 DNS 服务器的 IP 地址，并单击"确定"按钮保存设置。

如果选中"使用下面的 DNS 服务器地址"选项，就必须在"首选 DNS 服务器"文本框中输入新建 DNS 服务器主机的 IP 地址。

（2）使用 DNS 新建区域。

使用 DNS 新建区域是指使用 DNS 管理工具在域名服务器上建立正向搜索区域、反向搜索区域、主机及指针等配置文件。

首先，按照以下操作步骤，建立一个正向搜索区域。

第 1 步　从"开始"菜单的"程序"中，选中"管理工具"的"DNS"命令，打开"DNS"对话框。

第 2 步　在"名称"区域中，选中"正向搜索区域"项并单击鼠标右键，在弹出的快捷菜单中执行"新建区域"命令，打开"新建区域向导"对话框。

第 3 步　单击"下一步"按钮，进行区域类型的选择，选中"标准主要区域"单选钮。

第 4 步　单击"下一步"按钮，在"名称"文本框中输入区域名称（如 jiangyuan.com.cn）。

第 5 步　单击"下一步"按钮，选中"创建新文件，文件名为"单选钮。

第 6 步　单击"下一步"按钮，开始新建正向搜索区域，完成后，单击"完成"按钮保存设置。

当然，以上方法同样适用于创建一个反向搜索区域。

最后，还要选中创建的正向搜索区域图标，执行快捷菜单中的"新建主机"命令创建一个主机记录；选中创建的反向搜索区域图标，执行快捷菜单中的"新建指针"命令创建一个新建指针记录。

在"主机名"文本框中输入的主机名格式为："www.主机名.域名"（如 www.jiangyuan.com.cn）。

3. 配置客户机

Windows 2003 Professional 和 Windows XP 客户机的配置方法是一样的，下面以 Windows 2003 Professional 操作系统为例来介绍在客户机上配置 DNS 的方法。

第 1 步　以系统管理员（如 administrator）身份登录到桌面，选中"网上邻居"图标并单击鼠标右键，在弹出的快捷菜单中执行"属性"命令，打开"网络和拨号连接"窗口。

第 2 步　选中"本地连接"图标并单击鼠标右键，在弹出的快捷菜单中执行"属性"命令，打开"本地连接属性"对话框。

第 3 步　在"此连接使用下列选定的组件"列表框中选中其中的"Internet 协议（TCP/IP）"项，并单击"属性"按钮。

第 4 步　在"Internet 协议（TCP/IP）属性"对话框中，分别选中"自动获得 IP 地址"和"自动获得 DNS 服务器地址"单选钮。

第 5 步　单击"确定"按钮，系统开始更新配置。

在办公网上的每一台客户机都要进行相同的配置，以便客户机能够顺利访问 DNS 服务器上公司发布的主页。

4. 在 DNS 服务器上设置主页

如果在办公网的 DNS 服务器上建立一个公司的品牌宣传主页，那样不但办公网中的其他客户机可以访问此主页，也可以将此主页发布在 Internet 上进行宣传。

可以通过以下操作方法在 DNS 服务器上设置一个主页。

第 1 步　从"开始"菜单的"程序"中，选中"管理工具"的"Internet 服务管理器"命令，打开"Internet 信息服务"窗口。

第 2 步　双击主机图标，展开其下级子菜单目录。

第 3 步　在窗口的右窗格中，选中"默认 Web 站点"图标，执行快捷菜单中的"属性"命令。

第 4 步　在"默认 Web 站点属性"对话框中，单击"浏览"按钮，打开"浏览文件夹"对话框。

第 5 步　在"浏览文件夹"对话框中，选中 DNS 服务器主页存放的文件夹，并单击"确定"按钮，返回"默认 Web 站点属性"对话框。

第 6 步　单击"确定"按钮，返回"Internet 信息服务"窗口。

DNS 服务器主页的默认位置是 Windows 2003 Server 所在盘的\Inetpub\wwwroot 文件夹，主页的文件名是 default.htm。如果 wwwroot 文件夹中没有该文件，用户可以在其中建立，然后就可以在客户机上启用浏览器浏览 DNS 服务器上的主页了。

5. 客户机登录 DNS 服务器网站

当 DNS 服务器上设置了主页后，客户机就可以登录 DNS 服务器的主页，请按照以下步骤进行操作。

第 1 步　从"开始"菜单的"程序"中，选中"Internet Explorer"命令，打开浏览器窗口。

第 2 步　在"地址"栏中输入新建好的 DNS 服务器主页名称（如 www.jiangyuan.com.cn）。

第 3 步　按下 Enter 键，打开 DNS 服务器主页，就可以开始浏览主页的内容。

6.4.4　办公网的应用

这里以 Microsoft NetMeeting 软件为例，介绍办公网上各计算机之间语音通信的方法。

1.　安装 Microsoft NetMeeting 软件

在 Windows 的各种操作系统中，安装 Microsoft NetMeeting 软件的方法大同小异。本书以 Microsoft 2003 Server 为例来安装 Microsoft NetMeeting。

第 1 步　进入"控制面板"窗口。

第 2 步　双击"添加/删除程序"图标，进入"添加/删除程序"对话框。

第 3 步　单击"添加/删除 Windows 组件"按钮，进入"Windows 组件向导"对话框。

第 4 步　选中"附件和工具"复选框，并单击"详细信息"按钮，进入"附件和工具"对话框。

第 5 步　选中"通讯"复选框，并单击"详细信息"按钮，进入"通讯"对话框。

第 6 步　选中"对话"复选框，并单击"确定"按钮，返回"Windows 组件向导"对话框。

第 7 步　单击"下一步"按钮，安装程序开始配置 NetMeeting 组件，完成后，单击"完成"按钮，结束设置。

　　NetMeeting 是由 Microsoft 公司开发的一种网络通信工具，为用户提供了一种实时音频、视频和数据通信的方式。安装 Microsoft NetMeeting 软件之前，应确保在办公网上的每台计算机都添加了 TCP/IP。

2.　设置并启动 Microsoft NetMeeting

按照以下方法设置 Microsoft NetMeeting 软件。

第 1 步　从"开始"菜单的"程序"中，选中"附件"中"通讯"的"NetMeeting"命令，打开"NetMeeting"对话框，单击"下一步"按钮。

第 2 步　按要求输入你自己的个人信息资料，并单击"下一步"按钮。

第 3 步　选择 NetMeeting 要登录的目录服务器名，并单击"下一步"按钮。

第 4 步　选择连接方式，并单击"下一步"按钮。

第 5 步　选中"请在桌面上创建 NetMeeting 的快捷键"和"请在快速启动栏上创建 NetMeeting 的快捷键"复选框，并单击"下一步"按钮，进入"音频调节向导"对话框。

第 6 步　关闭所有放音或录音程序，然后单击"下一步"按钮。

第 7 步　拖动音量滑块调节回放音量，并单击"测试"按钮收听采样声音，然后再单击"下一步"按钮。

第 8 步　拖动音量滑块调节麦克风音量大小，然后单击"下一步"按钮，之后再单击"完成"按钮保存设置。

启动 Microsoft NetMeeting 软件，可通过桌面 NetMeeting 的快捷键和快速启动栏上 NetMeeting 的快捷键来进行。

　　启动和设置 NetMeeting 时，一定要在计算机上正确连接音箱和麦克风，并确保已安装了声卡驱动程序。

3.　Microsoft NetMeeting 的应用

在办公网上使用 NetMeeting 程序，可以实现网络呼叫、网上会议、传送文件、共享文件及远程共享桌面等功能。

（1）网络呼叫。

进行网络呼叫是与对方取得联系的最简单方法。可以在启动 NetMeeting 后，在 NetMeeting 窗口中按以下方法操作。

第1步　选中"呼叫"菜单中的"新呼叫"命令，打开"发出呼叫"对话框。

第2步　输入被呼叫方的IP地址（或电子邮件地址、计算机名称和电话号码），并单击"呼叫"按钮建立连接。

第3步　被叫方单击"接受"按钮完成连接。

第4步　呼叫成功后，可以使用麦克风、耳机或音箱等进行语音通信。

第5步　单击"结束呼叫"按钮，可以断开连接。

（2）网上会议。

使用NetMeeting的会议功能，可以在用户计算机上主持或召开会议。其设置方法如下。

第1步　选中"呼叫"菜单中的"主持会议"命令，打开"主持会议"对话框。

第2步　选择"会议设置"和"会议工具"等进行设置。

第3步　单击"确定"按钮保存设置后就可以召开网上会议了。

会议名称必须为英文，并且用户应在主持会议前将会议时间、密码以及该会议是否是安全会议等通知会议参加者。

（3）传送文件。

在会议期间或谈话过程中，用户都可以使用NetMeeting的传送文件功能发送文件。

第1步　选中"工具"菜单中的"文件传送"命令，打开"文件传送"对话框。

第2步　选中"文件"菜单中的"添加文件"命令，打开"选择发送的文件"对话框。

第3步　选择好发送的文件并单击"添加"按钮，返回"文件传送"对话框。

第4步　选中"文件"菜单中的"全部发送"命令，发出文件。此时接收方计算机桌面将显示出接收文件的对话框。

文件发送的过程中，接收文件的用户可以根据需要选择"关闭"、"打开"和"删除"按钮来处理其他用户发送过来的文件。

（4）共享文件。

要使用NetMeeting的共享文件功能，先要将该文件设为共享文件，使每个用户都可以直接在该文件上进行操作。

可以通过以下方法，将某个文件设置为共享文件。

第1步　选中"工具"菜单中的"共享"命令，打开"共享"对话框。

第2步　选择一个与会议中其他人共享的程序或文件，并单击"共享"按钮。

第3步　此时其他与会者的计算机桌面将显示出共享文件的窗口。

其他与会者要想使用此文件，可以在共享文件的窗口中选择"控制"菜单中的"请求控制"命令，向共享此文件的用户请求文件控制权，在得到允许后方可控制此文件。在同一时刻只能有一个人控制共享程序。所有与会者都可以在会议期间共享程序，每个与会者的共享程序显示在其他与会者桌面的一个独立共享程序窗口内。

（5）远程桌面共享。

远程桌面共享功能允许用户从这一位置的计算机访问另一位置的计算机。设置远程桌面共享功能，可以按照以下操作步骤进行。

第1步　选中"工具"菜单中的"远程桌面共享"命令，打开"远程桌面共享向导"对话框，单击"下一步"按钮。

第 2 步　输入安全保护密码，单击"下一步"按钮。

第 3 步　单击"是，请启动密码屏幕保护程序"单选按钮，单击"下一步"按钮，打开"显示属性"对话框。

第 4 步　选择屏幕保护程序，并设置保护密码，单击"确定"按钮，返回"远程桌面共享向导"对话框。

第 5 步　单击"完成"按钮结束设置。

只有退出 NetMeeting 软件（如果计算机上正在运行 NetMeeting，远程桌面共享将无法工作），才可以启动远程桌面共享功能。启动远程桌面共享功能的方法是：在任务栏中选中 NetMeeting 图标，并单击鼠标右键弹出快捷菜单，执行"启动远程桌面共享"命令。

6.5　局域网组网实例 Ⅲ——家庭无线局域网组网

无线局域网（Wireless Local Area Network，WLAN）是计算机网络和无线通信技术相结合的产物。具体地说就是在组建局域网时不再使用传统的电缆线而通过无线的方式以红外线、无线电波等作为传输介质来进行连接，提供有线局域网的所有功能。无线局域网的基础还是传统的有线局域网，是有线局域网的扩展和替换，它是在有线局域网的基础上通过无线集线器、无线访问节点、无线网桥、无线网卡等设备来实现无线通信的。

6.5.1　组建家庭无线局域网的软件、硬件设备

1. 组建家庭无线局域网的软件

组建家庭无线局域网所需要的软件如下。

（1）计算机操作系统，如台式机和笔记本所用的 Windows XP、Windows7、苹果 MAC OS、Linux 等操作系统，其安装、调试与有线局域网内的计算机的操作类似，在此不再介绍。

（2）嵌入式手持移动设备操作系统，如智能手机、平板电脑或 MID 所用的 Android、苹果 iOS、Palm WebOS 操作系统。这类操作系统一般在移动设备出厂时就已安装好，只需要简单的调试就可接入无线网络。

（3）无线 AP 或无线路由器所带的操作系统，一般在首次使用时需要用计算机通过有线或无线方式连接到无线 AP 设备进行网络与安全方面的设置，此类操作系统一般在设备出厂时已安装好。

2. 组建家庭无线局域网的硬件设备

用于组建家庭无线局域网的硬件设备主要有无线网卡，无线 AP 以及带无线功能的台式计算机、笔记本电脑，带 Wi-Fi 功能的智能手机、平板电脑、MID 等终端设备。

6.5.2　家庭无线局域网的组建方案

针对不同的家庭应用环境或需要，无线局域网可以采用不同的接入方式来实现计算机之间的互连。根据接入方式的不同，无线局域网可以采取 4 种组网方案：网桥连接型、无线 AP 接入型、Hub 接入型和无中心接入型。一般家庭无线网络多采用无线 AP 接入型方案，如图 6-33 所示。

相对于有线局域网络，无线局域网的安全性更为逊色一些，需要我们更为关注。通常我们从以下几方面入手来进行设置。

1. 修改用户名和密码（不使用默认的用户名和密码）

一般的家庭无线网络都是通过通过一个无线路由器或中继器来访问外部网络。通常这些路由器或中继器设备制造商为了便于用户设置这些设备建立起无线网络，都提供了一个管理页面工具。这个页面工具可以用来设置该设备的网络地址以及账号等信息。为了保证只有设备拥有者才能使用这个管理页面工具，该设备通常也设有登录界面，只有输入正确的用户名和密码的用户才能进入管理页面。然而在设备出厂时，制造商给每一个型号的设备提供

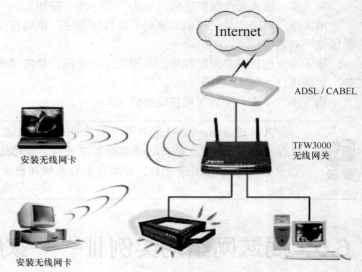

图 6-33　家庭无线 AP 接入方案

的默认用户名和密码都是一样。很多家庭用户购买这些设备回来之后，都不会去修改设备的默认的用户名和密码，这就使得黑客们有机可乘。他们只要通过简单的扫描工具就可以找出这些设备的地址并尝试用默认的用户名和密码去登录管理页面，如果成功则立即取得该路由器/交换机的控制权。

2. 使用加密

所有的无线网络都提供某些形式的加密。由于黑客计算机只要在无线路由器/中继器的有效范围内都有机会访问无线网络，如果这些数据都没经过加密的话，黑客就可以通过一些数据包嗅探工具来抓包、分析并窥探到其中的隐私。如果开启了无线网络加密功能，即使在无线网络上传输的数据被截取了，黑客也没办法解读数据。

目前，无线网络中有许多种加密技术，通常选用加密能力强的方法。此外要注意的是，在同一个无线网络中所有无线网络设备，都要选择同一种加密技术。

3. 修改默认的服务区标识符

通常每个无线网络都有一个服务区标识符（Service Set Identifier：SSID），无线客户端欲加入某个无线网络时，需要有一个与该网络相同的 SSID，否则将被"拒之门外"。通常路由器/中继器设备制造商都在产品中设了一个默认的 SSID，如 linksys 设备的 SSID 通常是"linksys"。如果一个无线网络，不为其指定一个 SSID 或者只使用默认 SSID 的话，那么任何无线客户端都可以进入该网络。无疑这为黑客入侵网络打开了方便之门。

4. 禁止 SSID 广播

在无线网络中，各路由设备都有一个服务区标识符广播功能，即 SSID 广播。最初，这个功能主要是为那些无线网络客户端流动量特别大的商业无线网络而设计的。开启了 SSID 广播的无线网络，其路由设备会自动向其有效范围内的无线网络客户端广播自己的 SSID 号，无线网络客户端接收到这个 SSID 号后，利用这个 SSID 号才可以使用这个网络。但是，这个功能却存在极大的安全隐患，所以必要关闭该项功能。

5. 设置 MAC 地址过滤

每一个网络接点设备都有一个独一无二的标识称之为物理地址或 MAC 地址，当然无线网络

设备也不例外。所有路由器/中继器等路由设备都会跟踪所有经过它们的数据包源 MAC 地址。通常，许多这类设备都提供对 MAC 地址的操作，这样我们可以通过建立自己的允许通过的 MAC 地址列表，来防止非法设备（主机等）接入网络。但是值得一提的是，该方法并不是绝对的有效的，因为我们很容易修改自己计算机网卡的 MAC 地址。

6. 为网络设备分配静态 IP

由于 DHCP 服务越来越容易建立，很多家庭无线网络都使用 DHCP 服务来为网络中的客户端动态分配 IP。这导致了另外一个安全隐患，那就是接入网络的黑客很容易就通过 DHCP 服务得到一个合法的 IP。然而在成员很固定的家庭网络中，可以通过为网络成员设备分配固定的 IP 地址，然后再在路由器上设定允许接入设备 IP 地址列表，从而可以有效地防止非法入侵，保护网络。

7. 确定位置，隐藏好路由器或中继器

无线网络路由器或中继器等设备，都是通过无线电波的形式传播数据，而且数据传播都有一个有效的范围。当设备覆盖范围远远超出你家的范围之外，就需要考虑网络的安全性了。因为黑客可以在你家外登录到你的家庭无线网络。此外，如果你的邻居也使用了无线网络，那么你还需要考虑一下你的路由器或中继器的覆盖范围是否会与邻居的相重叠，如果重叠的话就会引起冲突，影响网络传输，一旦发生这种情况，就需要为你的路由器或中继器设置一个不同于邻居网络的频段（也称 Channel）。

在购买路由器或中继器时，最好根据家庭情况，选择有效范围合适的路由器或中继器。路由器或中继器的安放一般选择家庭的最中间位置比较合适。

习　题

1. 对等局域网与客户机/服务器网有什么不同？
2. 目前组建局域网大多数采用的是哪种网络类型？为什么？
3. 组建局域网选择网络软、硬件考虑的因素各有些什么？
4. 在自己组建的局域网上将其他计算机的硬盘映射为自己的网络驱动器。
5. 局域网的成本包括哪几部分？
6. 双绞线的连接方法有哪两种？各用于什么情况？
7. 请分别制作一根正常连接和交叉连接的双绞网线。
8. 请打开你的计算机的机箱，观察主板插槽，并鉴别插槽的种类。
9. 双绞网线和同轴网线各应该怎么布线？
10. 有哪些方法可以测试局域网的物理连通情况？如何进行？
11. 请使用 Windows 的"搜索"功能和"ping"命令检测你的局域网的连通情况。
12. 请配置你的计算机的通信协议，并设置 IP 地址、计算机标识。
13. 将自己的某一个文件夹设置为共享，并让其他计算机从"网上邻居"中进入该文件夹。
14. 组建无线局域网一般使用什么设备？家庭组建无线网局域网有哪些方案？请采用无线 AP 接入型方案将 3 台带无线网卡的笔记本电脑组建成一个无线局域网。
15. 请按照 6.3 节的方案组建宿舍网，并实现 FTP 文件传输服务的功能。
16. 请在 6.4 节中选择一种方案组建办公网，并利用 NetMeeting 软件实现网络会议功能。
17. 组建一个有 3 台以上计算机构成的局域网，独立设计、安装和调试整个网络，并实现局域网共线上网功能。

第7章
与 Internet 的连接

在使用 Internet 之前，用户必须将自己的计算机同 Intetnet 连接起来，否则就无法进入 Internet 获取网络上的信息。借助公共数据通信网络、计算机网络或有线电视网，并采用合适的接入技术，可以将一台计算机或一个网络接入 Internet。接入 Intetnet 有两种常用方式，即拨号方式和专线方式。对于学校或企事业单位的用户来说，通过局域网以专线接入 Internet 是最常见的接入方式。对于小区或个人用户而言，以拨号的方式（ADSL 拨号、FTTx 方式）是目前最流行的接入 Internet 方式。而要实现 Internet 上网，首先要确定上网方式，确定了上网方式以后，就可以进行上网硬件、软件的准备，上网安装与设置工作。

7.1   接入网技术概述

随着 Internet 的飞速发展，电子商务、远程教学、远程医疗和视频会议等多媒体应用的需求迅速增加。这样，对访问 Internet 上资源的"实际速度"提出了更高的要求，决定"实际速度"的主要因素有两个，即 Internet 骨干网速度和接入网速度（用户接入 Internet 的速度）。

7.1.1   骨干网

几台计算机连接起来，互相可以看到其他人的文件，这是局域网；整个城市的计算机都连接起来，就是城域网；把城市之间连接起来的网就叫做骨干网。这些骨干网是国家批准的可以直接和国外连接的互联网。其他有接入功能的 ISP 想连到国外都得通过这些骨干网。"骨干网"通常是用于描述大型网络结构时经常使用的词语，描述网络结构，主要是看清楚网络的拓扑结构，而非具体使用的传输方式或协议。骨干网一般都是广域网，其作用范围从几十千米到几千千米。

骨干网是由多种传输方式、多种协议组合构成的。目前我国拥有九大骨干网：中国公用计算机互联网（CHINANET）、中国金桥信息网（CHINAGBN）、中国联通计算机互联网（UNINET）、中国网通公用互联网（CNCNET）、中国移动互联网（CMNET）、中国教育和科研计算机网（CERNET）、中国科技网（CSTNET）、中国长城网（CGWNET）和中国国际经济贸易互联网（CIETNET）。

随着现代电信、计算机和 Internet 技术的飞速发展，数据、语音、视频等业务传输都在不断增长，并呈现出融合趋势，现有网络已经难以满足快速增长的业务需求，强烈需要建设一个新型的宽带骨干网来承载这些快速发展的业务。

7.1.2　接入网

通信网发展至今，发生了天翻地覆的变化，从模拟到数字，从电缆到光缆，从 PDH 到 SDH，从 STM 到 ATM，从 ATM 到 IP/DWDM 等，一代又一代新技术、新系统层出不穷。然而，绝大多数新技术、新系统都是应用于骨干网中，用户接入网仍为模拟双绞线技术所主宰。由于社会经济和通信技术的发展，单纯的语音业务已难以满足用户和市场的需求，特别是光纤技术的出现，以及用户对新业务，尤其是对宽带图像和数据业务的需求增加，给整个网络的结构带来了影响，同时也为用户接入网的改造和更新带来了转机。总之，用户对宽带综合业务的需求和通信技术的迅速发展成为接入网技术发展的两大原动力。

传统的接入网主要以铜缆的形式为用户提供一般的语音业务和少量的数据业务。随着社会经济的发展，人们对各种新业务特别是宽带综合业务的需求日益增加，一系列接入网新技术应运而生，主要可以分为有线接入和无线接入两大类。其中，有线接入包括应用较广泛的以现有双绞线为基础的铜缆新技术、光纤同轴混合技术（HFC）和 FTTx（Fiber To The x）+ETTH（Ethernet To the Home）技术等。

（1）双绞线为基础的铜缆新技术。当前，用户接入网技术主要是由多个双绞线构成的铜缆组成。耗资较大，怎样发挥其效益，并尽可能满足多项新业务的需求，是用户接入网发展的主要课题，也是电信运营商应付竞争、降低成本、增加收入的主要手段。发展新技术，充分利用双绞线，是电信界始终关注的热点。所谓铜线接入技术，是指在非加感的用户线上，采用先进的数字处理技术来提高双绞线的传输容量，向用户提供各种业务的技术，主要有高比特率数字用户线（HDSL）、不对称数字用户线（ADSL）、甚高数据速率用户线（VDSL）等技术。

（2）光纤同轴混合（HFC）网。光纤同轴混合网是一种基于频分复用技术的宽带接入技术，它的主干网使用光纤，采用频分复用方式传输多种信息，分配网则采用树状拓扑和同轴电缆系统，用于传输和分配用户信息。HFC 是将光纤逐渐推向用户的一种新的经济的演进策略，可实现多媒体通信和交互式图像业务。目前，包括 ITU-T 在内的很多国际组织和论坛正在对下一代的结合 MPEG-2 和 ATM 的数字 HFC 系统进行标准化，这必将会进一步推动其发展。

（3）FTTx+ETTH。FTTx+ETTH 是一种光纤到楼、光纤到路边、以太网到用户的接入方式。它为用户提供了可靠性很高的宽带保证，真正实现了吉比特到小区、百兆比特到楼单元和十兆比特到家庭，并随着宽带需求的进一步增长，可平滑升级实现了百兆比特到家庭而不用重新布线，完全实现多媒体通信和交互式图像业务等业务。

（4）无线用户环路接入网。无线用户环路又可称为"无线用户接入"，它是采用微波、卫星、无线蜂窝等无线传输技术，实现在用户线盲点偏远地区和海岛的多个分散的用户或用户群的业务接入的用户接入系统。它具有建设速度快、设备安装快速灵活、使用方便等特点。在使用无线的情况下，用户接入的成本对传输距离、用户密度均不敏感。因此，对于接入距离较长，用户密度不高的地区非常适用。

目前，常见的具体的接入网技术如图 7-1 所示。各种各样的接入方式都有其自身的长短、优劣，不同需要的用户应该根据自己的实际情况做出合理选择。目前还出现了两种或多种方式综合接入的趋势，如 FTTx+ADSL、FTTx+HFC、ADSL+WLAN（无线局域网）和 FTTx+LAN 等。

随着电信行业垄断市场消失和电信网业务市场的开放，电信业务功能、接入技术的不断提高，接入网也伴随着发展，主要表现在以下几点。

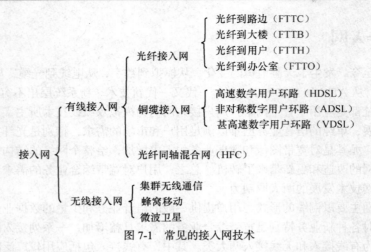

图 7-1　常见的接入网技术

（1）接入网的复杂程度在不断增加。不同的接入技术间的竞争与综合使用，以及要求对大量电信业务的支持等，使得接入网的复杂程度增加。

（2）接入网的服务范围在扩大。随着通信技术和通信网的发展，本地交换局的容量不断扩大，交换局的数量在日趋减少，在容量小的地方，改用集线器、复用器等，这使接入网的服务范围不断扩大。

（3）接入网的标准化程度日益提高。在本地交换局逐步采用基于 V5.X 标准的开放接口后，电信运营商更加自由地选择接入网技术及系统设备。

（4）接入网应支持更高档次的业务。市场经济的发展，促使商业和公司客户要求更大容量的接入线路用于数据应用，特别是局域网互连，要求可靠性、短时限的连接。随着光纤技术向用户网的延伸，CATV 的发展给用户环路发展带来了机遇。

（5）支持接入网的技术更加多样化。尽管目前在接入网中光传输的含量在不断增加，但如何更好地利用现有的双绞线仍受重视，但对要求快速建设的大容量接入线路，则可选用无线链路。

（6）光纤技术将更多的应用于接入网。随着光纤覆盖扩展，光纤技术也将日益增多地用于接入网，从发展的角度看，SDH、ATM、IP/DWDM 目前仅适用于主干光缆段和数字局端机接口，随着业务的发展，光纤接口将进一步扩展到路边，并最终进入家庭，真正实现宽带光纤接入，实现统一的宽带全光网络结构，因此，电信网络将真正成为本世纪信息高速公路的坚实网络基础。

7.2　Internet 接入方式

7.2.1　普通电话拨号接入

电话拨号接入是个人用户接入 Internet 最早使用的方式之一，也是早期我国个人用户接入 Internet 使用最广泛的方式之一，它将用户计算机通过电话网接入 Internet。

据《第十四次中国互联网发展统计》调查结果显示，截至 2004 年 6 月 30 日，我国 8700 万上网用户中，使用拨号上网的用户数为 5155 万人，占 59.3%，其余为使用专线、ISDN、宽带上网等。在我国 3630 万台上网计算机中，通过拨号方式接入互联网的计算机有 2097 万台，占 57.8%。由此可见，我国上网方式中拨号接入曾经占主流地位。

电话拨号接入非常简单，只需一个调制解调器（Modem）、一根电话线即可，但速度很慢，理论上只能提供 33.6kbit/s 的上行速率和 56kbit/s 的下行速率，主要用于个人用户，有以下两种接入方式。

（1）拨号仿真终端方式。

这种方式适用于单机用户。用户使用调制解调器，通过电话交换网连接 Internet 服务提供商（ISP）的主机，成为该主机的一个远程终端，其功能与 ISP 主机连接的那些真正终端完全一样。这种方式简单、实用、费用较低。缺点是用户机没有 IP 地址，使用前必须在 ISP 主机上建立一个账号，用户收到的 E-mail 和 FTP 获取的文件均存于 ISP 主机中，必须联机阅读。另外，这种方式不能使用 WWW 等高级图形软件。

（2）拨号 IP 方式。

所谓拨号 IP 方式是采用"串行连接网间协议"（Serial Line Internet Protocol，SLIP）或"点到点协议"（Point to Point Protocol，PPP），使用调制解调器，通过电话网与 ISP 主机连接，再通过 ISP 的路由器接入 Internet。我们常说的拨号上网就是此种方式，并多用 PPP 协议。这种方式的优点是用户上网时拥有独立的 IP 地址，与 Internet 上其他主机的地位是平等的，并且可使用 Navigator、Internet Explorer 等高级图形界面浏览器。另外，由于动态分配 IP 地址，可充分利用有限的 IP 地址资源，并且降低了每个用户的入网费用。

7.2.2　ISDN 接入

1. ISDN 概述

ISDN（Integrated Services Digital Network）即综合业务数字网，俗称"一线通"，是普通电话（模拟 Modem）拨号接入和宽带接入之间的过渡方式。ISDN 是以电话综合数字网（IDN）为基础发展而成的通信网，能提供端到端的数字连接，支持一系列广泛的语音和非语音业务，为用户进网提供一组有限的、标准的多用途用户/网络接口。通过 ISDN，能在一条电话线上同时连接电话、计算机、传真机或可视电话等多种终端，两部电话可以同时使用不影响。ISDN 的传输是纯数字过程，通信质量较高，其数据传输比特误码率比传统电话线路至少改善十倍，此外它的连接速度快，一般只需几秒钟即可拨通。使用 ISDN 最高数据传输速率可达 128kbit/s。

ISDN 是向用户提供可交换数字连接的网络技术。目前，无论在技术上还是在产品及网络运营方面，它都已处于比较成熟的阶段。ISDN 的信号利用现有的模拟用户线，以数字形式进行传输和交换，通过在用户端加装标准的用户/网络接口设备（NT），将可视电话、数据通信、数字传真、数字电话等终端通过一对电话线接入 ISDN 网络（见图 7-2），可以解决用户在语音通信、计算机联网、远端通信、文件交换、视频传送、多媒体信息存取等多种业务通信的问题。

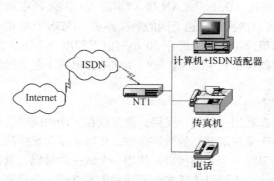

图 7-2　ISDN 接入 Internet 连接示意图

2. ISDN 终端设备简介

ISDN 用户终端设备主要有网络终端（Network Termination，NT）、终端适配器（Terminal Adapter，TA）和终端设备（Terminal Equipment，TE）等。

（1）网络终端（NT）

NT 即用户与网络连接的第一道接口设备，包括 NT1（第一类网络终端）和 NT2（第二类网络终端）。通过 NT1 用户可以同时在互不影响的情况下拨打电话和上网。NT1 有两个接口，即 U 接口和 S/T 接口。U 接口与电信局电话线相接，S/T 接口则为用户端接口，可为用户接入数字电话或数字传真机等 TE1 设备、终端适配器、PC 卡等多个 ISDN 终端设备。有些网络终端将 NT1 的功能与 ISDN 终端集成在一起，其中比较常见的是 NT1+，它除了具备 NT1 所有功能外，还有两个普通电话的插口，一个可插普通电话机，另一个可插 G3 传真机。电话机和传真机的操作与现代普通通信设备的操作完全一样，并能同时使用，互不干扰。

NT2 具有 OSI 结构第二层、第三层协议处理和多路复用功能，相当于 PABX、LAN 等的终端控制设备，NT2 还具有用户室内线路交换和集线功能，原则上 ISDN 路由器、拨号服务器、反向复用器等都是 NT2 设备。因此，NT1 设备是家用用户应用的网络终端，而 NT2 是中小企业用户应用的网络终端。

（2）终端适配器（TA）。

TA 又叫 ISDN Modem，是将现有模拟设备的信号转换成 ISDN 帧格式进行传递的数/模转换设备。由于从电信局到用户的电话线路上传输的信号是数字信号，而我们原来普遍应用的大部分通信设备，如模拟电话机、G3 传真机等都是模拟设备，这些设备如果需要继续在 ISDN 中使用，用户就必须购置 TA。TA 实际上是位于网络终端 NT1 与用户自己的模拟通信设备之间的模/数转换接口设备。

（3）终端设备（TE）。

TE 又可分为 TE1（第一类终端设备）和 TE2（第二类终端设备）。其中，TE1 通常是指 ISDN 的标准终端设备，如 ISDN 数字电话机、G4 传真机等。它们符合 ISDN 用户与网络接口协议，用户使用这些设备时可以不需要终端适配器，直接连入网络终端。TE2 则是指非 ISDN 终端设备，也就是人们普遍使用的普通模拟电话机、G3 传真机等。显然，使用 TE2 设备，用户必须购买终端适配器才能接入网络终端；而 TE1 设备则是直接接入 NT，但这些设备要求用户重新购买，且价格较贵。NT1 提供两种端口，S/T 端口和 U 端口。S/T 端口采用 RJ45 插头，即网线接头，一般可以同时连接两台终端设备，如果有更多终端设备需要接入时，可以采用扩展的连接端口；U 端口采用 RJ11 插头，即普通电话接头，用来连接普通电话机、ISDN 入户线等。

3. ISDN 的特点

由于 ISDN 的开通范围比 ADSL 和 LAN 接入都要广泛得多，所以对于那些没有宽带接入的用户，ISDN 似乎成了唯一可以选择的高速上网的解决办法。ISDN 和电话一样按时间收费，所以对于某些上网时间比较少的用户（比如，每月 20 小时以下的用户）还是要比使用 ADSL 便宜很多的。另外，由于 ISDN 线路属于数字线路，所以用它来打电话（包括网络电话）其效果都比普通电话要好得多。

ISDN 接入的优点如下。

（1）综合的通信业务：利用一条用户线路，就可以在上网的同时拨打电话、收发传真等。

（2）传输质量高：由于采用端到端的数字传输，传输质量明显提高。

（3）使用灵活方便：只需一个入网接口，使用一个统一的号码，就能从网络得到所需要使用的各种业务。用户在这个接口上可以连接多个不同种类的终端，而且有多个终端可以同时通信。

（4）上网速率可达 128kbit/s。

ISDN 接入的缺点如下。

（1）速度相对于 ADSL 和 LAN 等接入方式来说，不够快。

（2）长时间在线费用会很高。

（3）设备费用并不便宜。

7.2.3　DDN 专线接入

所谓专线接入是指用户和 ISP 之间通过专用线路连接。由于专线接入在速度上具有一定的优势，一些大的公司或单位通常直接到当地的 ISP 处租用一条专线，在配置了路由器等设备后，将整个局域网接入 Internet。

DDN（Digital Data Network）即数字数据传输网，DDN 专线接入向用户提供的是永久性的数字连接，沿途不进行复杂的软件处理，因此延时较短，避免了传统的分组网中传输协议复杂、传输时延长且不固定的缺点。DDN 专线接入采用交叉连接装置，可根据用户需要，在约定的时间内接通所需带宽的线路，信道容量的分配和接续均在计算机控制下进行，具有极大的灵活性和可靠性，使用户可以开通各种信息业务，传输任何合适的信息。因此，DDN 专线接入在多种接入方式中被广泛应用，比较常见的 DDN 接入方式如图 7-3 所示。

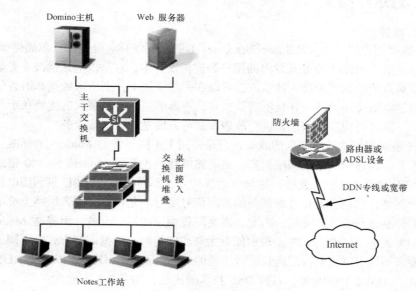

图 7-3　DDN 专线接入 Internet 示意图

在 DDN 接入方式中，用户终端设备接入方式有以下几种。

（1）通过调制解调器接入 DDN。

（2）通过 DDN 的数据终端设备接入 DDN。

（3）通过用户集中器接入 DDN。

（4）通过模拟电路接入 DDN。

（5）通过 2048kbit/s 数字电路接入 DDN。

采用 DDN 专线接入有以下的特点。

（1）速率高，最高可达 2Mbit/s；传输时延短（平均小于 0.45 ms），通信速率可根据用户需求任意选择。

（2）高质量、低误码率、透明传输（没有规程的限制）。DDN 网络采用高质量、大容量的光纤，数字微波线路，并且有路由迂回功能，安全可靠，且极便于组网扩容。

（3）通信内容广。采用数字传输方式，可综合传输语音/传真、数据、图像信息。

（4）方便各种局域网的内部接入联网。

DDN 可满足客户对不同通信速率的要求。由于 DDN 是全透明的数字传输网，与数据通信相关的协议和规程是由用户终端来完成的，所以 DDN 可以根据客户的需要任意选择通信速率，通过数字时分复用技术来建立所需要的数据传输通道。目前，我国现有的 DDN 服务大到 100Mbit/s 专有线路，小到 19.2kbit/s 线路都有提供，充分满足了各种用户的需要。DDN 能提供高可用率的安全保证。由于 DDN 采取了一系列安全保障措施，可使网络资源处在高可用率的运行状态，从而保证网内客户的正常通信。

DDN 现在是全世界应用范围最广的高速宽带接入方式，全球共有 70 多个国家和地区开通了 DDN 的专线服务，其中包括我国大陆及台湾省和香港特别行政区。目前在北京、天津、上海、沈阳、西安、武汉、南京及其他主要大中城市都开通了 DDN 的专线服务。DDN 虽然凭借其高速、高稳定的优势一直受到行业用户的信赖，但是随着 ADSL 等技术的普及，DDN 专线接入的高成本带来的居高不下的价格将成为其发展的最大障碍。

7.2.4 xDSL 接入

1. xDSL 概述

xDSL 是数字用户线（Digital Subscriber Line，DSL）的统称，是美国贝尔通信研究所于 1989 年为推动视频点播（VOD）业务开发出的用户高速传输技术。它是以电话铜线（普通电话线）为传输介质，点对点传输的宽带接入技术。它可以在一根铜线上分别传送数据和语音信号，其中数据信号并不通过电话交换设备，并且不需要拨号，不影响通话。其最大的优势在于利用现有的电话网络架构，不需要对现有接入系统进行改造，就可方便地开通宽带业务。

DSL 同样是调制解调技术家族的成员，只是采用了不同于普通 Modem 的标准，运用先进的调制解调技术，使得通信速率大幅度提高，最高能够提供比普通 Modem 快 300 倍的兆级传输速率（理论值可达 51.2Mbit/s）。此外，它与电话拨号方式不同的是，xDSL 只利用电话网的用户环路，并非整个网络，采用 xDSL 技术调制的数据信号实际上是在原有语音线路上叠加传输，在电信局和用户端分别进行合成和分解，为此，需要配置相应的局端设备，而普通 Modem 的应用则几乎与电信网络无关。xDSL 中的 x 表示任意字符或字符串，根据调制方式的不同，获得的信号传输速率和距离不同，以及上行信道和下行信道的对称性不同，xDSL 可以分为 ADSL、RADSL、VDSL、SDSL、IDSL、HDSL 等。各种 DSL 技术的比较，如表 7-1 所示。

表 7-1　　　　　　　　　　　　　常用 xDSL 技术比较

xDSL	名　　称	下行速率（bit/s）	上行速率（bit/s）	双绞铜线对数
HDSL	高速率数字用户线	1.544M～2M	1.544M～2M	2 或 3
SDSL	单线路数字用户线	1M	1M	1
IDSL	基于 ISDN 数字用户线	128k	128k	1
ADSL	非对称数字用户线	1.544M～8.192M	512k～1M	1
VDSL	甚高速数字用户线	12.96M～55.2M	1.5M～2.3M	2
RADSL	速率自适应数字用户线	640k～12M	128k～1M	1
S-HDSL	单线路高速数字用户线	768k	768k	1

2. ADSL 技术

ADSL（Asymmetric Digital Subscribe Line，不对称数字用户线路）使用世界上用得最多的普通电话线作为传输介质，具有高速且不影响通话的优势。它是 xDSL 系列中比较成熟，使用最为广泛的一种。ADSL 技术为家庭和小型业务提供了宽带、高速接入 Internet 的方式。

ADSL 是一种上行和下行速率不对称的技术，其下行速率（可以达到 1.5～8Mbit/s）要远远高于上行速率（一般为 512k～1Mbit/s），能够较好地满足大多数 Internet 用户的应用需求。ADSL 技术成为网上冲浪（Net Surfing）、视频点播（VOD）和远程局域网（Remote LAN）的理想方式，是用户上网的首选接入方式。

现在比较成熟的 ADSL 标准有两种：G.DMT 和 G.Lite。G.DMT 是全速的 ADSL 标准，支持 8Mbit/s 或 1.5Mbit/s 的高速下行/上行速率，但是它要求用户安装价格昂贵的 POTS 分离器，比较适用于小型或家庭办公室（SOHO）。G.Lite 标准速率较低，支持 1.5Mbit/s 或 512kbit/s 的下行/上行速率，但省去了 POTS 分离器，成本较低且便于安装，适用于普通家庭安装。一个基本的 ADSL 系统由局端收发机和用户端收发机两部分组成，收发机实际上是一种高速调制解调器（ADSL Modem），由其产生上下行的不同速率。

ADSL 的接入模型主要由中央交换局端模块和远端用户模块组成，如图 7-4 所示。

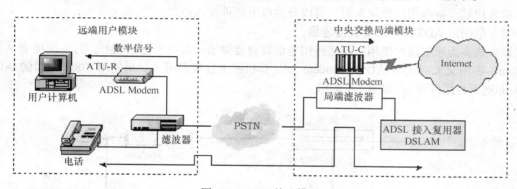

图 7-4　ADSL 接入模型

中央交换局端模块包括在中心位置的 ADSL Modem、局端滤波器和接入多路复用系统，其中处于中心位置的 ADSL Modem 被称为 ADSL 中心传送单元（ADSL Transmission Unit-Central Office End，ATU-C），而接入多路复用系统中心的 Modem 通常被组合成一个接入结点，也被称为 ADSL 接入复用器（Digital Subscriber Line Access Multiplexer，DSLAM），它为接入用户提供网络接入接口，把用户端 ADSL 来的数据进行集中、分解，并提供网络服务供应商访问的接口，实现与 Internet 或其他网络服务的连接。

远端用户模块由用户 ADSL Modem 和滤波器组成，其中用户端 ADSL Modem 通常被叫做 ADSL 远端传送单元（ADSL Transmission Unit-Remote terminal End，ATU-R），用户计算机、电话等通过它们连入公用交换电话网 PSTN。两个模块中的滤波器用于分离承载音频信号的 4kHz 以下低频带和调制用的高频带。这样 ADSL 可以同时提供电话和高速数据业务，两者互不干涉。

采用 ADSL 技术接入 Internet 时，用户还需为 ADSL Modem 或 ADSL 路由器选择一种通信连接方式。目前 ADSL 通信连接方式主要有两种，专线接入和虚拟拨号接入（Point to Point Protocol over ATM，PPPoA 和 Point to Point Protocol over Ethernet，PPPoE）。一般普通用户多数选择 PPPoA 和 PPPoE 方式，对于企业用户更多选择静态 IP 地址（由电信部门分配）的专线方式。

（1）虚拟拨号入网方式：并非是真正的电话拨号，ADSL 接入 Internet 时，需要输入用户名和密码（与原有的 Modem 拨号和 ISDN 拨号接入相同），当通过身份验证时，获得一个动态的 IP，既可连通网络，也可以随时断开与网络的连接。虚拟拨号有 PPPoE 和 PPPoA 两种，PPPoE 是基于 Ethernet 的 PPP 协议，而 PPPoA 是基于 ATM 的 PPP 协议。使用 PPPoE 方式接入时，需要专门的 PPPoE 拨号软件（如 Ethernet 300，WinPoET 等，Windows XP 系统自带）。

（2）专线入网方式：用户分配一个固定的 IP 地址，且可以根据用户的需求而不定量地增加，用户 24 小时在线。

虚拟拨号用户与专线用户的物理连接结构都是一样的，不同之处在于虚拟拨号用户每次上网前需要通过账号和密码的验证；专线用户则只需一次设好 IP 地址、子网掩码、DNS 与网关后即可一直在线。

专线方式即用户 24 小时在线，用户具有静态 IP 地址，可将用户局域网接入，主要面对的是中小型公司用户。虚拟拨号方式主要面对上网时间短、数据量不大的用户，如个人用户。与传统拨号不同，这里的"虚拟拨号"是指根据用户名与口令认证，接入相应的网络，并没有真正的拨电话号码，费用也与电话服务无关。

3. ADSL 接入网方式

从客户端设备和用户数量来看，可以分为以下两种接入情况。

（1）单用户 ADSL Modem 直接连接。

该方式多为家庭用户使用，连接时用电话线将滤波器一端接于电话机上，另一端接于 ADSL Modem，再用交叉网线将 ADSL Modem 和计算机网卡连接即可（如果使用 USB 接口的 ADSL Modem 则不必用网线），如图 7-5 所示。

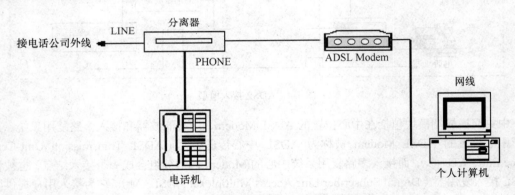

图 7-5　单用户 ADSL 接入网连接示意图

（2）多用户 ADSL Modem 连接。

若有多台计算机，就先用集线器组成局域网，设其中一台为服务器，并配以两块网卡，一块接 ADSL Modem，另一块接集线器的 uplink 口（用直通网线）或 1 口（用交叉网线）。其他计算机即可通过此服务器接入 Internet，如图 7-6 所示。如果在需要连入 Internet 的计算机数量不多的情况下，也可以采用 ADSL Modem 和宽带路由器来进行连接，所有接入网的计算机都采用单网卡，由宽带路由器通过 ADSL Modem 拨号接入 Internet，如图 7-7 所示。

客户端除使用 ADSL Modem 外还可使用 ADSL 路由器，它兼具路由功能和 Modem 功能，可与计算机直接相连，不过由于它提供的以太端口数量有限，因而只适合于用户数量不多的小型网络。

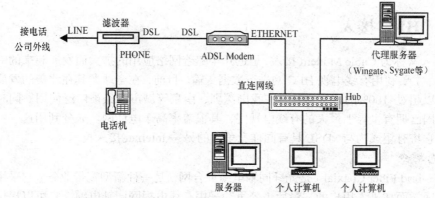

图 7-6　局域网用户由代理服务器 ADSL 接入网连接示意图

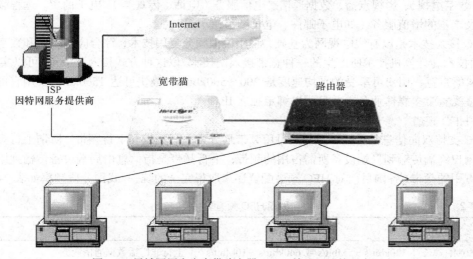

图 7-7　局域网用户由宽带路由器 ADSL 接入网连接示意图

4．ADSL 接入网的特点

ADSL 的优点：无须改造线路，只需要在现有的电话线上安装一个滤波器，即可使用 ADSL；速度较快，8Mbit/s 的高速下载速率和 1Mbit/s 的上传速率；虽然实际上达不到这个速度，但比起普通 Modem 上网还是快了许多；费用低廉，这是吸引用户的一个重要因素。由于并不占用电话线路，再加上一般都采取包月制，使得其费用变得很低廉；安装简单，只需配置好网卡，简单的连线，安装相应的拨号软件即可完成安装。

ADSL 的缺点：线路问题，由于还是采用现有的电话线路，并且对电话线路的要求较高，当电话线路受干扰时，数据传输的速度将降低；传输距离较短，它限定用户与电信局机房的距离最远不得超过 3.5km，否则，其间必须使用中继设备，这使得 ADSL 在偏远地区得不到普及。

随着 ADSL 技术在全球范围内的大规模推广以及针对 DSL 技术的应用和服务的不断推出，ADSL 目前已经是国内外最广泛的一种接入技术。但随着光纤、HFC 有线电视网等宽带技术的逐渐成熟，ADSL 在接入速率、传输距离、抗线路损伤、射频干扰等方面的不足逐渐显现。为了继续保持其竞争力，在相关运营商以及设备厂商的支持下，ITU-T 会议通过了新一代的 ADSL 标准 ADSL2、ADSL2+。与 ADSL 相比，ADSL2、ADSL2+增加了一些新的功能，主要致力于提高传输性能、网络互操作性，对新业务、应用的支持也大大改善。ADSL2+目前在有些城市已投入使用。

7.2.5　HFC 接入

HFC 接入又称为 Cable Modem 接入，是近几年随着网络应用的扩大而发展起来的一种有线宽带接入技术，主要利用有线电视 HFC 网进行数据传输。目前，在全球尤其在北美的发展速度特别惊人，每年以超过 100%的速度增长，在我国深圳、南京等城市已经被广泛使用。同时，从用户数量看，我国已拥有世界上最大的有线电视网，其覆盖率高于电话网。充分利用这一资源，改造原有线路，它将有望成为与 xDSL 具有同样竞争力的另一 Internet 接入技术。

1．HFC 概念

HFC（Hybrid Fiber Coaxial）是光纤同轴电缆混合网，是一种新型宽带业务。它采用光纤从交换局到服务区，而在进入用户的"最后 1 公里"采用有线电视网同轴电缆。它可以提供电视广播（模拟及数字电视）、影视点播、数据通信、电信服务（电话、传真等）、电子商贸、远程教学与医疗，以及丰富的增值服务（如电子邮件、电子图书馆）等。

HFC 接入技术是以有线电视网为基础，采用模拟频分复用技术，综合应用模拟和数字传输技术、射频技术和计算机技术所产生的一种宽带接入网技术。以这种方式接入 Internet 可以实现 10～40Mbit/s 的带宽，用户可享受的平均速度是 200～500kbit/s，最快可达 1500kbit/s，用它可以非常舒心地享受宽带多媒体业务，并且可以绑定独立 IP。

2．HFC 频谱

HFC 支持双向信息的传输，因而其可用频带划分为上行频带和下行频带。所谓上行频带是指信息由用户终端传输到局端设备所需占用的频带；下行频带是指信息由局端设备传输到用户端设备所需占用的频带。各国目前对 HFC 频谱配置还未取得完全的统一。我国分段频率如表 7-2 所示。

表 7-2　　　　　　　　　　　　　　我国 HFC 频谱配置表

频　　段	数据传输速率	用　　途
5～50MHz	320kbit/s～5Mbit/s 或 640kbit/s～10Mbit/s	上行非广播数据通信业务
50～550MHz		普通广播电视业务
550～750MHZ	30.342Mbit/s 或 42.884Mbit/s	下行数据通信业务，如数字电视和 VOD 等
750MHz 以上	暂时保留以后使用	

3．HFC 网络

HFC 网络中传输的信号是射频信号（Radio Frequency，FR），即一种高频交流变化电磁波信号，类似于电视信号，在有线电视网上传送。一个双向的 HFC 接入系统与 CATV 网类似，也由 3 部分组成：前端系统、HFC 接入网和用户终端系统，如图 7-8 所示。从有线电视台出来的节目信号先变成光信号在干线上传送；到用户区域后把光信号转换成电信号，经分配器分配后通过同轴电缆送到用户。它与早期 CATV 同轴电缆网络的不同之处主要在于，在干线上用光纤传输光信号，在前端需完成电—光转换，进入用户区后要完成光—电转换。

（1）前端系统。

有线电视有一个重要的组成部分——前端，如常见的有线电视基站，它用于接收、处理和控制信号，包括模拟信号和数字信号，完成信号调制与混合，并将混合信号传输到光纤。其中处理数字信号的主要设备之一就是电缆调制解调器端接系统（Cable Modem Termination System，CMTS），它包括分复接与接口转换、调制器和解调器。

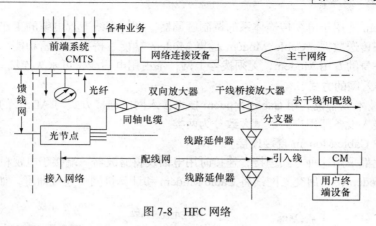

图 7-8　HFC 网络

（2）HFC 接入网。

HFC 接入网是前端系统和用户终端之间的连接部分，其中馈线网（即干线）是前端到服务区光节点之间的部分，大致对应 CATV 网的干线段，为星型拓扑结构。它与有线电视网不同的是：HFC 系统中从前端到每一个光节点，采用一根单模光纤代替了传统的干线电缆和有源干线放大器，传输上下行信号更快、质量更高、带宽更宽。一般一个光节点可以连接多个服务区，在一个服务区可以通过共享一根引入线接入多个用户（一般为 500 户）。

配线是服务区光节点到分支点之间的部分（见图 7-8），采用同轴电缆，并配以干线/桥接放大器，为树型结构，覆盖范围可达 5～10km，这一部分非常重要，其好坏往往决定了整个 HFC 网的业务量和业务类型。

引入线是分支点到用户之间的部分（见图 7-9），其中一个重要的元器件为分支器，它作为配线网和引入线的分界点，是信号分路器和方向耦合器结合的无源器件，用于将配线的信号分配给每一个用户，一般每隔 40～50m 就有一个分支器。引入线负责将分支器的信号引入到用户，使用复合双绞线的连体电缆（软电缆）作为物理介质，与配线网的同轴电缆不同。

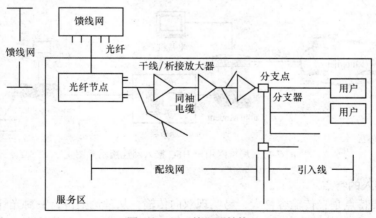

图 7-9　HFC 接入网结构

（3）用户终端系统。

用户终端系统指以电缆调制解调器（Cable Modem，CM）为代表的用户室内终端设备连接系统。Cable Modem 是一种将数据终端设备连接到 HFC 网，以使用户能和 CMTS 进行数据通信，访问 Internet 等信息资源的连接设备。它主要用于有线电视网进行数据传输，它彻底解决了由于声音图像的传输而引起的阻塞，传输速率高。

Cable Modem 适用于电缆传输体系的调制解调器，利用有线电视电缆的工作机制，使用电缆带宽的一部分来传送数据。Cable Modem 是集 Modem 功能、桥接加解密功能、网卡及以太网集线器等功能于一身的专用 Modem，无须拨号上网，不占用电话线，可永久连接。

4. HFC 接入网的方式

利用 HFC 技术或者说利用 Cable Modem 技术接入网的连接方式与 ADSL 的连接方式相似，它也可以根据接入设备即用户的数量大致分为两类。

（1）单用户 Cable Modem 直接连接。

家庭用户大都采用这种方式连接，连接时用电话线将滤波器一端接到电视机的机顶盒上，另一端接 Cable Modem，再用交叉网线将 Cable Modem 和计算机网卡连接即可，如图 7-10 所示。

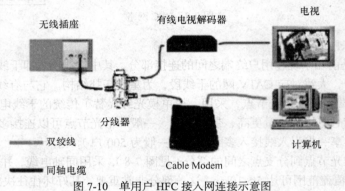

图 7-10　单用户 HFC 接入网连接示意图

（2）多用户 Cable Modem 连接。

若有多台计算机，就先用集线器组成局域网，设其中一台为服务器，并配以两块网卡，一块接 Cable Modem，另一块接集线器的 uplink 口（用直通网线）或 1 口（用交叉网线）。其他计算机即可通过此服务器接入 Internet，如图 7-11 所示。

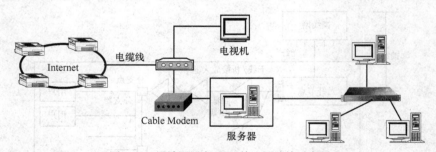

图 7-11　局域网用户 HFC 接入网连接示意图

5. HFC 接入的特点

HFC 的主要特点是：传输容量大，易实现双向传输，从理论上讲，一对光纤可同时传送 150 万路电话或 2000 套电视节目；频率特性好，在有线电视传输带宽内无须均衡；传输损耗小，可延长有线电视的传输距离，25km 内无须中继放大；光纤间不会有串音现象，不怕电磁干扰，能确保信号的传输质量。同传统的 CATV 网络相比，其网络拓扑结构也有些不同：第一，光纤干线采用星型或环型结构；第二，支线和配线网络的同轴电缆部分采用树型或总线型结构；第三，整个网络按照光节点划分成一个服务区；这种网络结构可满足为用户提供多种业务服务的要求。随着数字通信技术的发展，特别是高速宽带通信时代的到来，HFC 已成为现在和未来一段时期内宽带接入的最佳选择，因而 HFC 又被赋予新的含义，特指利用混合光纤同轴来进行双向宽带通信的 CATV 网络。

7.2.6 光纤接入

1. 光纤接入网的概念

光纤接入网（Optical Access Network，OAN）是指接入网中传输介质为光纤的接入网。在电信网中引入 OAN，首先是为了减少铜缆网的维护运行费用和故障率；其次是为了支持开发新业务，特别是多媒体和带宽新业务。采用光接入网已经成为解决电信发展瓶颈的主要途径，其应用场合不仅最适合那些新建的用户区，也是需要更新的现有铜缆网的主要代替手段。OAN 是一个点对多点的光纤传输系统。

光纤接入网的基本结构包括用户、交换局、光纤、电/光交换模块（E/O）和光/电交换模块（O/E），如图 7-12 所示。由于交换局交换的和用户接收的均为电信号，而在主要传输介质光纤中传输的是光信号，因此两端必须进行电/光和光/电转换。

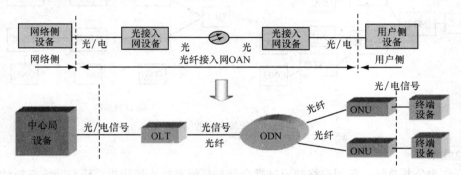

图 7-12　光纤接入网基本结构示意图

如图 7-12 所示，光接入网系统主要由光线路终端（OLT）、光配线网（ODN）和光网络单元（ONU）3 大部分组成。其中，OLT 实现核心网与用户间不同业务的传递功能，通常安装在服务器提供端的机房中；ODN 为 OLT 和 ONU 提供光传输手段，完成光信号的传输和功率分配任务；ONU 实现用户接入，主要的功能是处理光信号，为用户提供业务接口。

2. 光纤接入网的分类

从光纤接入网的网络结构看，按接入网室外传输设施中是否含有源设备，OAN 可以划分为有源光网络（Active Optical Network，AON）和无源光网络（Passive Optical Network，PON）。

AON 指从局端设备到用户分配单元之间均用有源光纤传输设备，如光电转换设备、有源光电器件、光纤等连接成的光网络。采用有源光节点可降低对光器件的要求，可应用性能低、价格便宜的光器件，但是初期投资较大，作为有源设备存在电磁信号干扰、雷击以及有源设备固有的维护问题，因而有源光纤接入网不是接入网长远的发展方向。

PON 指从局端设备到用户分配单元之间不含有任何电子器件及电子电源，全部由光分路器等无源器件连接而成的光网络。ODN（光配线网）中光分路器的工作方式是无源的，这就是无源光网络中"无源"一词的来历。但 ONU 和 OLT 还是工作在有源方式下，即需要外接电源才能正常工作。所以，采用无源光网络接入技术并不是所有设备都工作在不需要外接馈电的条件下，只是 ODN 部分没有有源器件。由于它初期投资少、维护简单、易于扩展、结构灵活，大量的费用将在宽带业务开展后支出，因而目前光纤接入网几乎都采用此结构，它也是光纤接入网的长远解决方案。

3. 光纤接入网的结构

光纤接入网的网络结构是指传输线路到传输节点之间的结构，表示网络中各种设备之间的相互连接的情况。光纤接入网的拓扑结构有总线型、环型、星型和树型结构，如图7-13所示。

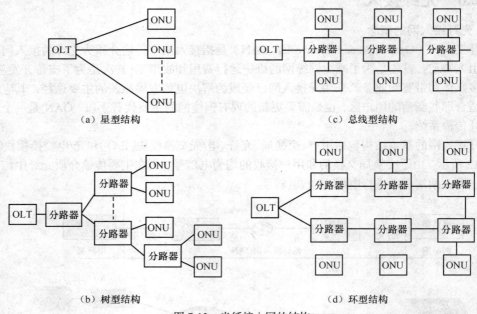

图7-13　光纤接入网的结构

（1）总线型。

以光纤作为公共总线，各用户终端通过耦合器与总线直接连接构成总线型网络拓扑结构。该结构共享主干光纤，节省线路投资，增删节点容易，彼此干扰小，但是连接通信性能受连接用户数量的影响。适用于沿街道、公路分布的用户环境。

（2）环型。

所有结点共用一条光纤线路，首尾相连成封闭回路构成环型网络拓扑结构。该结构的每个ONU都从两个方向上与OLT相连，可靠性比较高，但是连接性能差。适用于大规模的用户群。

（3）星型。

由光纤线路和端局内结点上的星型耦合器构成星状的结构称为星型网络拓扑结构。适用于有选择性的用户。它不存在损耗累积的问题，易于实现升级和扩容，各用户之间相对独立，业务适应性强。但缺点是所需光纤代价较高，对中央结点的可靠性要求极高。星型结构又分为单星型结构、有源双星型结构及无源双星型结构3种。

（4）树型。

由光纤线路和结点构成的树状分级结构称为树型网络拓扑结构，是光纤接入网中使用最多的一种结构，适用于大规模的用户群。

在实际中，选择光接入网络拓扑结构要考虑的因素有很多，如用户所在地的分布、不同业务的性能需求、安全、光缆容量等。任何一种单一的结构均不能适用于所有的情形，所以通常是几种结构的混合网络。

4. 光纤接入方式

根据光纤深入用户群的程度，或者说根据光网络单元（ONU）的位置，光纤接入网的接入方式分为光纤到路边（Fiber To The Curb，FTTC）、光纤到大楼（Fiber To The Building，FTTB）、光纤到办公室（Fiber To The Office，FTTO）、光纤到楼层（Fiber To The Floor，FTTF）、光纤到小区（Fiber To The Zone，FTTZ）、光纤到户（Fiber To The Home，FTTH）等几种类型，它们统称为FTTx。FTTx 不是具体的接入技术，而是光纤在接入网中的推进程度或使用策略，如图 7-14 所示。其中，主要应用的是 FFTC、FFTB 和 FFTH3 种类型，FTTH 将是未来宽带接入网发展的最终形式。

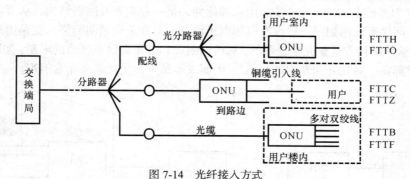

图 7-14　光纤接入方式

（1）光纤到路边（FTTC）。

FTTC 从端局光缆线路终端（OLT）接出的光纤经过各种线路设备（光耦合器、光分支器）后，到达用户群的路边设备上的光网络单元（ONU），经过光电转换后，由铜线或同轴电缆分别把电话、数据等窄带信号或宽带图像信号接至用户，如图 7-15 所示。FTTC 结构主要适用于点到点或点到多点的树型分支拓扑，多为居民住宅用户和小型企事业用户使用，是一种光缆/铜缆混合系统。通常采用 FTTC+xDSL 技术或 FTTC+Cable Modem 技术，从目前来看，FTTC 在提供 2 Mbit/s以下窄带业务时是 OAN 中最现实、最经济的方案。

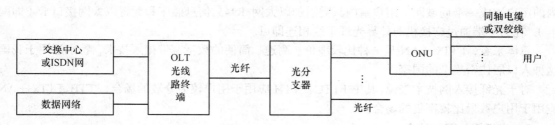

图 7-15　FTTC 接入连接示意图

（2）光纤到楼（FTTB）。

FTTB 的 ONU 设置在大楼内的配线箱处，FTTB 可以看做是 FTTC 的一种变型，最后一段接到用户终端的部分要用多对双绞线，也就是采用 FTTB+Ethernet 技术，如图 7-16 所示。

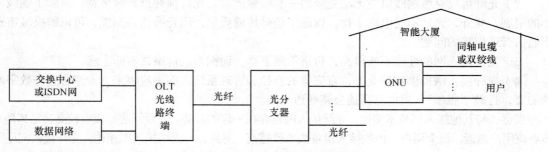

图 7-16　FTTB 接入连接示意图

FTTB 是一种点到多点结构，光纤敷设到楼，主要用于综合大楼、远程医疗、远程教育及大型娱乐场所，为大中型企事业单位及商业用户服务，提供高速数据、电子商务、可视图文等宽带业务。

（3）光纤到家（FTTH）。

在 FTTB 的基础上 ONU 进一步向用户端延伸，是一种全光纤网络结构，从节点到用户实现光纤传输，中间没有任何铜缆，也没有有源电子设备，是真正全透明网络，也是用户接入网发展的长远目标。这种结构方式是完全透明的，对传输制式和带宽都没有严格的限制，如图 7-17 所示。但是每一用户都需一对光纤和专用的 ONU，因而成本昂贵，实现起来非常困难。

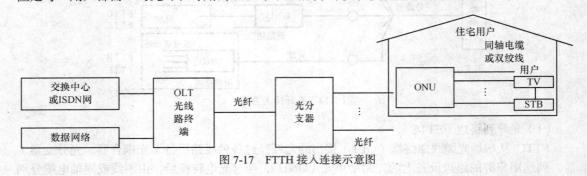

图 7-17　FTTH 接入连接示意图

5．FTTx+LAN 接入

FTTx+ LAN，即光纤接入和以太网技术结合而成的高速以太网接入方式，可实现"吉比特到在楼，百兆比特到层面，十兆比特到桌面"，为最终光纤到户提供了一种过渡。

FTTx+LAN 接入比较简单，在用户端通过一般的网络设备，如交换机、集线器等将同一幢楼内的用户连成一个局域网，用户室内只需添加以太网 RJ45 信息插座和配置以太网接口卡（即网卡），在另一端通过交换机与外界光纤干线相连即可。

总体来看，FTTx+LAN 是一种比较廉价、高速、简便的数字宽带接入技术，特别适用于我国这种人口居住密集型的国家。

对于光纤接入网技术来说，其中 FTTC、FTTH 应用于用户较为分散的场合，FTTB、FTTx+LAN 应用于用户数量比较密集的场合。

6．光纤接入网的特点

与其他接入技术相比，光纤接入网具有如下优点。

（1）光纤接入网能满足用户对各种业务的需求。人们对通信业务的需求越来越高，除了打电话、看电视以外，还希望有高速计算机通信、家庭购物、家庭银行、远程教学、视频点播（VOD）、高清晰度电视（HDTV）等。这些业务用铜线或双绞线是比较难实现的。

（2）光纤可以克服铜线电缆无法克服的一些限制因素。光纤损耗低、频带宽，解除了铜线径小的限制。此外，光纤不受电磁干扰，保证了信号传输质量，用光缆代替铜缆，可以解决城市地下通信管道拥挤的问题。

（3）光纤接入网的性能不断提高，价格不断下降，而铜缆的价格在不断上涨。

（4）光纤接入网提供数据业务，有完善的监控和管理系统，能适应将来宽带综合业务数字网的需要，打破"瓶颈"，使信息高速公路畅通无阻。

当然，与其他接入网技术相比，光纤接入网也存在一定的劣势。主要问题是成本较高，尤其是光节点离用户越近，每个用户分摊的接入设备成本就越高。另外，与无线接入网相比，光纤接入网还需要管道资源。这也是很多新兴运营商看好光纤接入技术，但又不得不选择无线接入技术的原因。

现在，影响光纤接入网发展的主要原因不是技术，而是成本。但是采用光纤接入网是光纤通信发展的必然趋势，尽管目前各国发展光纤接入网的步骤各不相同，但光纤到户是公认的接入网的发展目标。

7.2.7　电力线接入

近年来，随着互联网技术和构架在宽带技术上的综合业务的飞速发展，宽带接入市场正在飞速发展并日趋成熟，宽带综合布线、ADSL 等接入手段正逐步替代原有的拨号网络。采用何种更经济快捷的通信方式，使用户终端连接到最近的宽带网络设备，成为长期困扰服务提供商的一个难点，也是普及宽带互联网接入的瓶颈之一，被业内人士称为宽带网络接入的"最后一公里/最后300 米/最后 100 米"问题。我国最大的有线网络是输电和配电网络。如果能利用四通八达、遍布城乡、直达千家万户的 220V 低压电力线传输高速数据，无疑是解决"最后 300 米/100 米"最具竞争力的方案。

1. 电力线接入概念

电力线通信（Power Line Comunincation，PLC）是利用电力线作为通信载体，加上一些 PLC局端和终端调制解调器，将原有电力网变成为信息插座的一种通信技术。使用电力线通信技术，只要在通电的地方就可以实现联网，上网就像使用家用电器一样轻松，把 PLC 终端电力调制解调器的一端插到电源的插座上，另一端接到计算机，不用拨号就可立即享受高速网络接入，移动灵活，维护方便。

电力线通信是接入网的一种替代方案，因为电话线、有线电视网相对于电力线，其线路覆盖范围要小得多。在室内组网方面，计算机、打印机、电话和各种智能控制设备都可通过普通电源插座，由电力线连接起来，组成局域网。现有的各种网络应用，如语音、电视、多媒体业务、远程教育等，都可通过电力线向用户提供，以实现接入和室内组网的多网合一。

2004 年 7 月美国电气电子工程师学会（IEEE）已经开始制定电力线宽带（Broadband over Power Line，BPL）硬件规格"IEEE P1675"，并预计于 2006 年中期完成。

2. 电力线接入原理

电力线接入网络设备和传统网络设备的工作原理基本相似，都是信号发送/接收模式。但不同的是在信号传播方面，它的载波不再是传统的信号线路采用的纯正的正弦波，而是随着电力线路的电压、干扰噪声等因素出现的类似方波的不规则变化，可以说是一种比较粗糙的传输。但借助于符合接入规范的软件，可以消除这些影响，保证网络的畅通。

PLC 利用 1.6M 到 30M 频带范围传输信号。在发送时，利用 GMSK 或 OFDM 调制技术将用户数据进行调制，然后在电力线上进行传输，在接收端，先经过滤波器将调制信号滤出，再经过解调，就可得到原通信信号。目前可达到的通信速率依具体设备不同为 4.5～45Mbit/s。PLC 设备分局端和调制解调器，局端负责与内部 PLC 调制解调器的通信和与外部网络的连接。在通信时，来自用户的数据进入调制解调器调制后，通过用户的配电线路传输到局端设备，局端将信号解调出来，再转到外部的 Internet，如图 7-18 所示。

电力线通信的技术涵盖了以太网技术与电力技术及一些特殊的通信编码技术。PLC 在 OSI 的第二层以上符合标准的 802.3 格式帧的网络，以太网数据帧均遵从 IEEE 发布的 802.3 标准。PLC是以太网的一个分支，区别在于物理层中介质更换为电力线，并且在第二层上采用了基于CSMA/CA 的广播共享方式，而不是像 ADSL 及光纤接入常用的 PPPoE 或 PPPoA，所以其在通信时并没有在服务端及用户端建立虚电路，所以不需要拨号，也就是说不需要输入用户名和密码来进行身份认证。

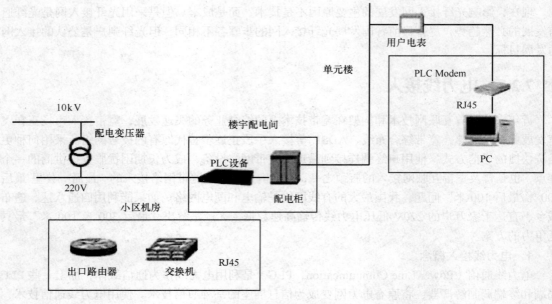

图 7-18　电力线接入连接示意图

3. 电力线接入设备

（1）电力 Modem（猫）。

电力猫是一项基于电力线传输信号的设备，它使同一电路回路的家庭或小办公室通过既有的电源线路，建构区域网路。对于家庭或小办公室用户而言，电力猫产品提供了最便捷、最安全的方式，有效延伸区域网路的涵盖范围。"电力猫"即"电力调制解调器"、电力线以太网信号传输适配器，如图 7-19 所示。

PLC—100

图 7-19　电力猫接入设备

在电力线上网技术中，电力猫应用十分广泛，它利用电线传送高频信号，把载有信息的高频信号加载于电流上，然后用电线传输，接收信息的调制解调器再把高频信号从电流中"分解"出来，转换为网线上传输的数字电信号；同时它可以将网线中的数字信号转换为电流，在电力线上传输。电力猫设备即插即用，在电力线上实现以太网连接，需配对使用，只需将一只电力猫连接到宽带接口（可以是路由器、交换机或家中的独立的宽带接入网线接口）上，另一只连接到任何网络设备，包括计算机 游戏机、IPTV、数字视频录像机、打印服务器等，从而在不需要重新布线的基础上实现上网、打电话和收看 IPTV、使用视频监控设备等多种应用。现在市场主流为 85Mbit/s 和 200Mbit/s 两种速率，但也存在 22Mbit/s 和 14Mbit/s 等速率电力猫，在电信宽带快速提速的今天，22Mbit/s 和 14Mbit/s 电力猫勉强能用于浏览网页，无法满足 IPTV 等更高端的网络设备使用需求。

（2）局域电力网桥。

以太网—电力线网桥主要应用于以太网设备与电力线宽带网（PLBN）设备之间的协议转换。网桥一端接入以太网设备，如交换机、Hub、网络打印机、网络磁盘驱动器及使用以太网卡的 PC；另一端通过电力线与电力线宽带网连接。该网桥属于即插即用设备，不需任何配置。目前单台设备带宽为 2.5～12Mbit/s。局域电力网络设备如图 7-20 所示。

图 7-20　局域电力网桥设备

（3）电力无线路由器。

电力无线路由器与电力线无线接入点可以使用已存在电源线在家庭或办公室内组建无线网络，连接多个无线工作站，并且节省了网络线缆的费用。在 14Mbit/s 电源线上传输使用 56 位 DES 解密或 125Mbit/s 无线传输时使用 WPA 技术可以实现文件工件共享、Internet 连接或共享其他的网络资源。电力无线路由设备如图 7-21 所示。

图 7-21　电力无线路由设备

当然，除了以上几种电力线联网设备之外，还有电力线交换机、电力线路由器等连接设备，它们的工作原理及结构与电力网桥及电力无线路由设备相似。

4. 电力线接入网方式

电力线空载时，点对点 PLC 信号可传输到几千米。但当电力线上负荷很重时，只能传输一二百米。目前，PLC 还不适合长距离的数据传输，但是如果只是在楼宇内应用，解决"最后一百米"的入户问题是很合适的，也就是说当前电力线接入主要应用于楼宇内部。

以电力线接入网方式入网，必须具备以下几个条件：一是具有 USB/以太网（RJ45）接口的电力线网络适配器（电力猫）；二是具有 RJ45 接口的计算机；三是用于进行网络接入的电力线路不能有过载保护功能（会过滤掉网络信号）；四是最好有个电力路由器设备以便共享。其他的接入与配置与小区 LAN、DSL 接入类似，不同的是连接的网线插座变成了普通的电器插座。

电力线接入有两种接入方式，一种是直接通过电力线以太网适配器、电力网桥、电力交换机、电力路由器、电力线以及计算机相连接，如图 7-22、图 7-23 所示，针对楼宇宽带接入采用 FTTB 技术的情况；另一种是通过电力以太网络适配器、电力线、Cable/DSL 路由器、Cable/DSL Modem 和 PC 连接，如图 7-24 所示。

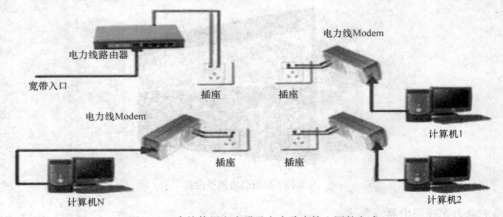

图 7-22　直接使用电力猫及电力路由接入网的方式

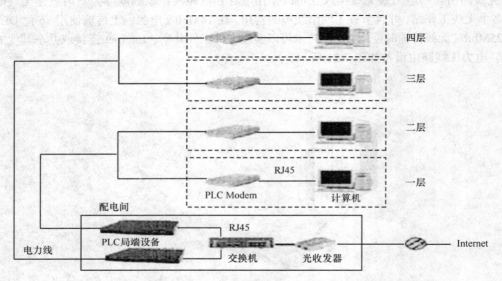

图 7-23　使用电力网桥或电力交换机接入网方式

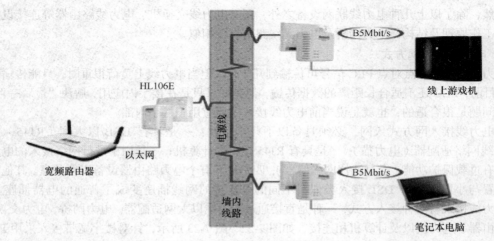

图 7-24　最常见的电力线接入网方式

5. 电力线入网的特点

采用高速电力线接入通信产品，利用 220V/380V 低压电力线路以 14Mbit/s 速率为终端用户提供宽带网络接入，实现住宅小区的宽带上网工程，或用于组建家庭、办公宽带局域网，与其他接入方式相比，有以下明显的优势：不用额外布线，成本低；电力线覆盖范围最广；高速率，依据设备不同，速率可达 14～45Mbit/s，即插即用，不需拨号；移动方便，只要在房间的任何电源插座上，就可以立即上网等。

虽然电力线入网有以上诸多优点，但毕竟电力线路不是一个专用的通信线路，在电力线路上实现宽带通信并以此为依托进行运营，还有很多问题需要注意。电力线接入的不足体现在以下几点：接入设备数量有限，一般的电力线 LAN 只能接入 16 台设备；需要专门的电力接入设备，如电力猫、电力网桥、路由等；传输距离短，目前只用于楼宇内部通信；线路干扰；对于我国此现象最严重。

总之，电力线接入将是未来发展的一大重要方向。电力网作为宽带接入媒介，除了可以提供互联网接入的新选择，还能够解决"最后一公里"问题，但目前技术方面还有待于进一步研究，各种相关问题也有待于进一步解决。

7.2.8 无线接入

无线接入技术是基于 MPEG（运动图像压缩标准）技术，从 MUDS（微波视像分布系统）发展而来的，是为适应交互式多媒体业务和 IP 应用的一种双向宽带接入技术。无线接入网是由部分或全部采用无线电波传输介质连接业务接入节点和用户终端构成的，是目前可用于社区宽带接入的一种无线接入技术，典型的无线接入系统主要由控制器、操作维护中心、基站、固定用户单元、移动终端等几个部分组成，如图 7-25 所示。

无线接入的方式有很多，如微波传输技术（包括一点多址微波）、卫星通信技术、蜂窝移动通信技术（包括 FDMA、TDMA、CDMA 和 S-CDMA）CTZ、DECT、PHS 集群通信技术、无线局域网（WLAN）、无线异步转移模式（WATM）等。

目前卫星上网可以提供高达 100Mbit/s 的下行速率，号称"宽带接入三剑客"之一，与 ADSL 和 Cable Modem 三分天下。使用卫星上网的费用分为两部分，一部分为普通拨号上网（或一线通）的费用，另一部分为向卫星接入服务提供商交纳的费用，一般有按流量或包月两种计费方式。在无法享受 ADSL 或 Cable Modem 宽带接入的地区，卫星上网不失为一种实惠的选择。在实际使用过程中，参与介入的信息点最好控制在 50 个以下。

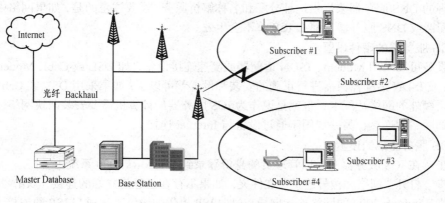

图 7-25　无线接入技术示意图

7.2.9　手机接入

手机上网是指利用支持网络浏览器的手机同互联网相连，从而达到网上冲浪的目的。手机上网具有方便性、随时随地性，已经越来越广泛，逐渐成为现代生活中重要的上网方式之一。

目前手机实现上网的方式有如下几种。

（1）移动 CmWAP（联通 UniWAP）。

CmWAP，也称为移动梦网。目前，移动的 WAP 网关对外只提供 HTTP 代理协议(80 和 8080 端口)和 WAP 网关协议（9201 端口），支持中国移动 http 代理协议 10.0.0.172；可以包月使用，费用较为便宜。但是只能访问 WAP 网站，不能直接访问 WWW。

（2）移动 Cmnet（联通 Uninet）。

Cmnet 拥有完全的 Internet 访问权，对于端口没有任何限制，速度也比较快而稳定，只是目前资费较高，一般不建议低端客户使用。

（3）梦网代理。

CmWAP 的另外一种叫法，通过有限制的连网方式访问互联网，比直接连网方式稍慢。

（4）Wi-Fi 无线网络。

随着手机硬件的升级，目前国内的高端智能手机已经能够通过 Wi-Fi 连接互联网，而 Wi-Fi 的费用较之流量计费方式的 GPRS 上网方式低（除去无线路由设备，基本无其他费用），一般不需要额外缴纳上网的费用。

（5）CDMA。

适用于联通 CDMA 网络的手机，环境相对封闭，但上网速度较快。

7.3　使用 Internet 连接共享接入

Windows 2000 提供的 ICS 服务为家庭网络或小型办公网络接入 Internet 提供了一个方便经济的解决方案。ICS 允许网络中有一台计算机通过接入设备接入 Internet，通过启用这台计算机上的 ICS 服务，网络中的其他计算机就可以共享这个连接来访问 Internet 的资源。

为了方便起见，我们将设置了 ICS 服务的计算机称为 ICS 服务器，网络中的其他计算机称为客户机。ICS 服务器为网络中的所有计算机提供网络地址转换，同时它又成为一台 DHCP 分配器和一台代理的 DNS 服务器来提供地址分配和名称解析服务。需要注意的是，如果网络中已经存在 DHCP 分配器或 DNS 服务器，那么 ICS 将不会生效。

1. ICS 服务器的硬件设置

接入设备可以采用 Modem、ISDN 适配器或高速连接设备，如 DSL 或 Cable Modem。如果采用 Modem 或 ISDN 适配器只需进行正确的安装和设置就可以了；如果采用 DSL 或 Cable Modem，还需要一块额外的网络适配卡，也就是说作为 ICS 服务器的计算机需要安装两块网络适配卡，一块用于内部网络的连接，另一块用于通过设备与 Internet 连接。

2. ICS 服务器端的设置

第 1 步　在 ICS 服务器上，以管理员的身份登录到 Windows 2000 系统中。

第 2 步　打开"网络和拨号连接"文件夹，如果不存在已经建立好的连接，双击"新建连接"图标，启动 Windows 2000 的网络连接向导，根据 ISP 提供的设置来完成与 ISP 的连接。如果存在建立好的同 ISP 的连接，并想使用这个连接作为共享连接，直接进行第 3 步的操作即可。

第 3 步　在共享连接（与 Internet 的连接）的图标单击鼠标右键，选择"属性"，然后单击"共享"标签页，选中"启用此连接的 Internet 的连接共享"复选框，如果希望内部网络中的另一台计算机试着访问外部资源时，能自动拨此连接，选中"启用请求拨号"复选框。共享连接的属性设置如图 7-26 所示。

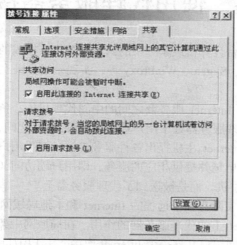

图 7-26　共享连接的属性设置

第 4 步　单击"确定"，出现一个对话框，提示"Internet 连接共享被启用时，网络适配卡将被设置成使用 IP 地址：192.168.0.1"，并警告可能失去与网络中其他计算机的连接（如果原来计算机采用静态 IP 地址，可能会失去与其他计算机的连接）。

第 5 步　确认，ICS 服务器的设置就完成了。

- ICS 启用后，将会对 ICS 服务器的系统设置进行如下的更改。
- IP 地址：使用保留的 IP 地址 192.168.0.1，子网掩码 255.255.255.0；
- IP 路由：共享连接建立时创建；
- DHCP 分配器：范围是 192.168.0.0，子网掩码 255.255.255.0；
- DNS 代理：通过 ICS 启用；
- ICS 服务：开始服务；
- 自动拨号：启用。

3. ICS 客户机的设置

内部网络中通过 ICS 访问 Internet 的计算机不能使用静态的 IP 地址，由 ICS 服务器的 DHCP 分配器进行重新配置，每一台客户机在启动时，IP 地址被指定在 192.168.0.2 至 192.168.0.254 的范围内，子网掩码为 255.255.255.0。

第 1 步　打开"Internet 协议（TCP/IP）属性"对话框，设置为"自动获得 IP 地址"和"自动获得 DNS 服务器地址"。

第 2 步　ICS 服务器初始化设置完成并通过登录 Internet 验证连接正确后，重新启动所有的客户机。

第 3 步　在客户机 IE 浏览器的"工具"菜单上，选择"Internet 选项"，单击"连接"标签页，在拨号设置中选择"从不进行拨号连接"；单击"局域网设置"按钮，在"自动配置"中，选中"自动检测设置"复选框，并清除"使用自动配置脚本"复选框；在代理服务器设置中，如果选择了"使用代理服务器"选项，清除该选项。

第4步　单击"确定"按钮，完成客户机的设置。

至此，ICS 服务器端与客户端设置完成，Internet 共享连接配置成功。

7.4　使用代理服务器接入

对于一个办公室中的多台计算机或家庭中的两台计算机连接成的小型局域网，则可以通过代理服务器软件，如 WinGate、Sygate、WinProxy 等，实现一线多机上网。

1. 代理服务器概述

代理服务器是局域网和 Internet 服务商之间的中间代理机构，负责转发合法的网络信息，并对转发进行控制和登记。代理服务器处于用户端和 Internet 主机之间，对于 Internet 主机而言，代理服务器是客户机，它向 Internet 主机提出各种服务申请；对于用户端而言，代理服务器则是服务器，它接收用户端提出的申请并提供相应的服务，即用户端访问 Internet 时所发出的请求不再直接发送到远端的 Internet 主机，而是被送到了代理服务器上。

通常所说的代理服务器实际存在于远程的 Internet 和本地局域网，它们的作用不同，图 7-27 形象地说明了存在于 Internet 上的代理服务器的作用。在局域网中架设代理服务器的主要目的是为了降低组网成本，让局域网用户共享一个 Internet 连接，其作用如图 7-28 所示。如未特别说明，本书所说的代理服务器是指局域网中的代理服务器。

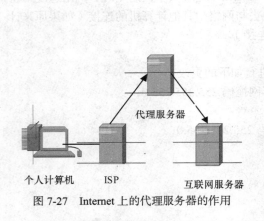

图 7-27　Internet 上的代理服务器的作用

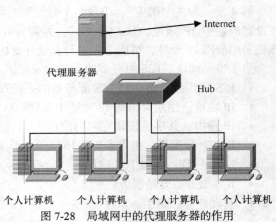

图 7-28　局域网中的代理服务器的作用

2. 代理服务器类型

通常所说的代理服务器包括 Proxy 代理服务器和网络地址转换（Network Address Translation，NAT）两种类型。其中 NAT 也称为网关类，NAT 类的代理服务器严格说应该是软网关，它通过将局域网内的私有 IP 地址，转换为合法的公用 IP 地址来实现对 Internet 的访问，如 Sygate。Proxy 类代理服务器是一般意义上所说的代理服务器，如 WinGate。Proxy 类代理服务器需要客户机安装客户端程序，或对每种网络应用软件进行设置；而网关型代理服务器只要将服务器的 IP 地址设置为客户机的网关，即可实现对 Internet 的访问。Sygate 软件采用 GateWay 方式使多台计算机共享 ISP 账号接入 Internet，它安装简单，并且维护管理也非常简单方便。由于 Sygate 采用了低级包交换技术，因而其性能十分优越，支持各种 Internet 协议，几乎所有的应用软件都可以直接使用。但是，Sygate 不允许设置不同用户的权限，无法对用户进行较为复杂的管理。本节就以 Sygate 为例，介绍使用代理服务器软件实现小规模局域网中一条电话线、一个账号多机上网的方法。

3. 安装 Sygate 服务器

Sygate 属于网关类代理服务器，可以运行在 Windows 2000/2003/XP 操作系统下，允许多个用户共享访问 Internet，支持 Modem、ISDN、ADSL Modem、Cable Modem 等多种 Internet 接入方式，官方网址是 http://www.sygate.com。此处介绍 Sygate Home Network 4.5 版本，网络环境是 C/S 局域网，运行在 Windows 2000 Server 域控制器上。在安装 Sygate 之前，服务器必须连接好硬件并建立 Internet 连接。安装方法如下。

第 1 步　双击 Sygate 压缩包图标，压缩包自解开后启用 Sygate 的安装向导。按照向导提示操作，直到出现"安装设置"对话框，如图 7-29 所示。由于 Sygate 包括服务器和客户机两部分，因此，在安装过程中，需要在"安装设置"对话框中为服务器选择"服务器模式-这台计算机有 Internet 连接"单选钮，即这台计算机直接连到 Internet。

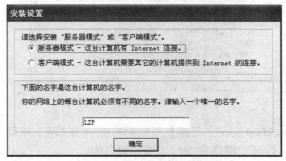

图 7-29　"安装设置"对话框

第 2 步　接通调制解调器电源，单击"确定"按钮，弹出"Sygate 网络诊断"提示对话框，如果用户使用的是外置调制解调器，应确认将其打开，然后单击"OK"按钮继续。

第 3 步　单击"OK"按钮，弹出提示询问是否使用检测到的连接接入 Internet。Sygate 会自动检测计算机上的默认连接。

第 4 步　单击"Yes"按钮，Sygate 开始检测默认连接，成功后接入 Internet。

第 5 步　单击"OK"按钮，弹出"重新启动计算机"提示对话框。单击"Yes"按钮，重新启动计算机后，弹出"每日提示"对话框。选中其中的复选框，以后将不再出现"每日提示"对话框，如图 7-30 所示。

第 6 步　单击"确定"按钮，可启动 Sygate Manager，完成安装，如图 7-31 所示。

图 7-30　启动 Sygate 应用程序时显示的画面

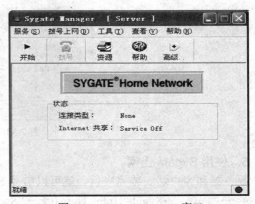

图 7-31　Sygate Manager 窗口

4. 安装 Sygate 客户机

安装 Sygate 客户机时，应在"安装设置"对话框中选择客户端模式单选钮，如图 7-29 所示。客户机安装完成之后，要通过服务器连接 Internet，还必须设置客户机的 IP 地址、网关等内容。

图 7-32　"本地连接属性"对话框

第 1 步　在 Windows 2000 Server 桌面上用鼠标右键单击"网上邻居"图标，从弹出的快捷菜单中选择"属性"命令，打开"网络和拨号连接"对话框。

第 2 步　在"本地连接"图标上单击鼠标右键，从弹出的快捷菜单中选择"属性"命令，打开"本地连接属性"对话框，如图 7-32 所示。

第 3 步　在"此连接使用下列选定的组件"列表框中选择"Internet 协议（TCP/IP）"选项，然后单击"属性"按钮，打开"Internet 协议（TCP/IP）属性"对话框。

第 4 步　在"常规"选项卡中设置"默认网关"为 192.168.0.1，"首选 DNS 服务器"的地址也为 192.168.0.1，如图 7-33 所示。单击"确定"按钮，保存设置。

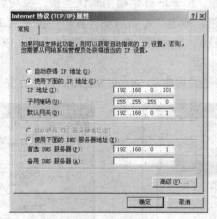

图 7-33　设置网关

5. 使用 Sygate 上网

服务器和客户端安装完成后，就可以启动 Sygate 服务器，连接 Internet 了。在服务器上选择"开始"→"程序"→Sygate Home Network→"Sygate Manager"命令，启动 Sygate Manager [Server]，如图 7-34 所示。单击"开始"按钮，启动 Sygate，然后再单击"拨号"按钮，拨号上网。

图 7-34　Sygate 提供服务

拨号成功后，在服务器或客户端上打开 IE，就可以上网浏览。如果要断开与 Internet 的连接，单击 Sygate Mansager 窗口中的"挂断"（Dial）按钮；如果要断开客户机，将服务器接入 Internet，单击 Sygate Mansager 窗口中的"停止"（STOP）按钮。

7.5　接入 Internet 的技术比较

随着通信、计算机、图像处理等技术的进步，电信网、广播电视网和互联网都在向宽带高速的方向发展，各网络所能提供的业务类型也越来越多，网络功能也越来越接近，三网的专业性界限已逐渐消失，"三网合一"已是大势所趋。但是，在光纤到户普及之前，为了在接入 Internet 的同时享受数据、语音和视频，普通用户只能在 PSTN 模拟接入、ISDN 接入、ASDL 接入、Cable Modem 接入、DDN 和 X.25 租用线路以及卫星无线接入等方式中选择其一。

7.5.1　ADSL、光纤接入与 Cable Modem 比较

目前，我国的社区宽带接入网主要采用 3 种接入技术：一是普通电话线的非对称数字环路技术（ADSL），二是基于光纤接入网的以太网（FTTB+LAN）技术，三是有线电视的 Cable Modem 技术。ADSL 是电信系统力推的接入方式，采用目前的电话双绞线入户，免去了重新布线的问题，采用星型结构，保密性好，安全系数高，可提供 512kbit/s～2Mbit/s 的接入速率。光纤到户的接入方案显然是用户追求的目标，但由于 LAN 技术是重新铺设线路，成本过高，光纤到楼、双绞线入户，为用户提供独享带宽，相当于专线上网。Cable Modem 是广电系统普遍采用的接入方式，是利用现有的有线电视网 HFC（Hybrid Fiber Coax）系统接入 Internet，用户需要增加一个有线调制解调器，就可以提供理论上上行 8Mbit/s、下行 30Mbit/s 的接入速率。Cable Modem 接入采用同轴电缆，搞干扰能力强，接入速率高，但共享接入传输总线。

电信部门的接入网络仍然以电话接入为主，而有线电视网络的用户接入网则是同轴电缆接入网。这就造成了电信和有线电视两类系统在"最后一公里"的接入方式不同；接入传输介质和所用的 Modem 都不同。ADSL 与 Cable Modem 主要从以下几点进行比较。

1. 带宽的比较

有线电视系统所用的 Cable Modem 上/下行速率为对称的 10Mbit/s，有较大的带宽优势。不仅 Cable Modem 接入速率高，有线电视网络中的接入同轴电缆的带宽也达百兆赫兹，在上下行通道中具有极好的能力。ADSL 上行速率达 640kbit/s～1.54Mbit/s，下行速率达到 5～8Mbit/s，但是，

实际使用过程中下行速率往往只能达到 4～5Mbit/s，在线路质量不太理想的情况下还可能更低些。

Cable Modem 速率虽快，但有线电视线路不像电话系统那样采用交换技术，所以无法获得一个特定的带宽。它就像一个非交换型的以太网，即在理想状态下，有线电视网只相当于一个 10Mbit/s 的共享式总线型以太网络。Cable Modem 用户虽是共享带宽的，当多个 Cable Modem 用户同时接入 Internet 时，数据带宽就由这些用户均分，速率也就会下降。

2. 抗干扰能力的比较

有线电视系统接入 Internet 的介质为同轴电缆，有其优于电话的特殊物理结构：芯线传送信号；外层为同轴屏蔽层，对外界干扰信号具有相当强的屏蔽作用，不易受外界干扰，只要在线缆连接端或器件上做好相应的屏蔽接地，则可达到对外来干扰"高枕无忧"。ADSL 的接入线为铜电话线，传输过程中容易受到外来高频信号的干扰。

3. 网络基础的比较

ADSL 技术是专门为普通电话线设计的一种高速数字传输技术。电话线可以说是无所不在的，是现成的可用资源，应进行充分的增值利用。在用户端设备没有普及之前，ADSL 技术成了优选的 Internet 高速数字接入技术，互不干扰。相比之下，有线电视传输系统白手起家，在网络建设上进行了大量的投入，而且在起步之初，大部分网络为单向结构。要满足 Internet 接入，必须进行升级、改造，使过去的单向广播方式转变为满足需求的双向数据传输方式，这就需要巨大的资金投入。

4. 国际标准的比较

目前，国际电信联盟（ITU）通过了 G.Lite 标准，即 ADSL 标准，为基于该技术的 Modem 的发展铺平了道路。新标准将确保不同厂家的 ADSL Modem 能互连互通。而 Cable Modem 的标准 DOCSIS 虽得到了国际联盟的认可，成为国际标准，但真正得到实施还尚需时日。

7.5.2　ADSL 与普通拨号及 ISDN 比较

使用普通拨号接入方式的主要缺点如下。

（1）传输速率低：目前 Modem 最高传输速率为 56kbit/s，而且要达到此速率需拨号服务端采用数字中继线。

（2）信道建立时间长：拨号上网需要 10s 或更长时间，且不能保证连通建立。

（3）线路独立：一旦用户拨号上网，便实际占用一条物理线路，无法进行语音通信。

（4）线路不稳定，误码率高：特别是现有的老式模拟电话线路。

ISDN 可解决以上问题，目前 ISDN 在现有的电话网上能实现以下功能。

（1）传输速率高：一对普通电话线可使用户获得 128kbit/s 的传输速率。

（2）信道建立时间短：可在几秒钟内完成通信建立。

（3）线路使用效率高：线路使用只是在传输数据的瞬间才进行，数据传输完成后即挂线。

（4）线路质量稳定，抗干扰能力强，数据传输误码率低：ISDN 用户与电信局间的最后 100m 变成数字连接；ISDN 的数字传输比模拟传输更不易受到静电和噪声的影响，使数据传输更少误码和更少重传。

PSTN 模拟接入的速率十分低，相信一定会被 ISDN 和 ADSL 取代。ISDN 的速率尽管可以达到 128kbit/s，但也没有成为主流的接入方式。比起普通拨号 Modem 的最高 56kbit/s 以及 B-ISDN 的 128kbit/s 的速率，ADSL 的速率优势是不言而喻的。与普通拨号 Modem 或 ISDN 相比，ADSL 更为吸引人的地方是：它在同一铜线上分别传送数据和语音信号，数据信号并不通过电话交换机设备，减轻了电话交换机的负载，并且不需要拨号，一直在线。这意味着使用 ADSL 上网并不需要缴付额外的电话费。

7.5.3　几种接入方式比较

PSTN、ISDN 和 ADSL 接入都是基于电话线路的，Cable Modem 接入是基于有线电视 HFC 线路的。DDN 和 X.25 租用线接入以及卫星无线接入费用较高昂，非个人用户所能接受。拨号方式、ADSL/xDSL、ISDN、以太网、Cable Modem 等几种接入方式各有其特点，如表 7-3 所示。

表 7-3　　　　　　　　　　　各种用户接入技术方式比较

接入方式	优　势	劣　势
拨号	接入成本低，简单方便	带宽偏低，缺乏严格的 QoS 保证
ISDN	充分利用电信现有网络资源，接入成本低，业务开展灵活	带宽较低，传输质量受传输距离影响较大，易受外界影响
ADSL / xDSL	充分利用电信现有网络资源，对各种业务的支持能力强，能较好地保证 QoS	价格较高，安装不方便，传输质量受传输距离影响较大，易受外界影响
以太网、高速以太网	简单方便，带宽大	缺乏严格的 QoS 保证，且受距离限制
Cable Modem	利用有线电视网，带宽大，普及性高	双向改造投资大
FTTx+Lan	带宽大，速度快，通信质量高；网络可升级性能好，用户接入简单；提供双向实时业务的优势明显	投资成本较高，无源光节点损耗大
无线	非常适合于布线不方便的场合，可随时随地获取信息	带宽比以太网接入方式小，易受环境影响

习　题

1. 什么是骨干网？什么是接入网？
2. 与 Internet 连接有哪些常用方式？拨号上网有哪几种形式？
3. 叙述 ISDN 拨号上网与 Modem 拨号上网的优缺点。你会选择何种拨号上网方式？请说出选择的理由。
4. 什么是专线上网、拨号上网和 ADSL？
5. 请叙述拨号上网与专线上网的基本原理。
6. 什么是 HFC 接入？采用 HFC 接入 Internet 时，需要哪些设备？如何进行连接？该连接方法有哪些特点？
7. 什么是光纤接入？采用光纤接入有哪几种方式？各种方式的适用哪些场合？各种连接方式有哪些特点？
8. 什么是电力线接入？采用电力线接入有几种方式？各种连接方式有哪些特点？
9. 什么是无线接入？有哪些常用的技术？
10. 手机上网有哪些方法？各种方法的特点是什么？
11. 单用户接入 Internet 有哪几种方法？
12. 局域网接入 Internet 有几种方法？
13. 你使用的计算机是通过什么方式连接到 Internet 的？试简要说明其优缺点。
14. 正在开发与发展的有哪些入网方式？

第8章
网页设计与制作技术

随着 Internet 的发展，制作网页和建立网站已成为计算机使用的基本技能。为促进宣传、扩大影响并加强信息沟通，不仅高科技的企事业单位需要制作大量的网页，中小企业和个人也需要制作网页，本章将介绍网页设计与制作的基本知识和方法。

8.1 网站建设概述

8.1.1 网站的概念

1. 网页

网页就是在浏览器上看到的一页，网页也称为 Web 页，如图 8-1 所示。

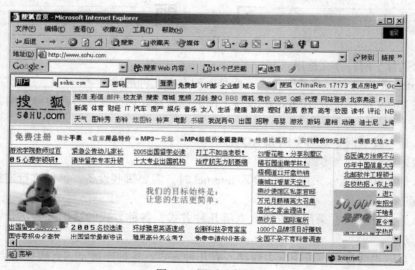

图 8-1 网页示意图

网页是 Internet 中最常见的信息接触方式，是用户直接观察到的内容。网页中除了文字、图像之外还有超链接。超链接可以是一段文字、一幅图像，也可以是一幅图像的一部分。单击超链接就可以跳转到另外一个网页中，这样就可以把网页联系起来。Internet 的信息主要就是通过超链接组织在一起的。

由于网页功能强大，使用方便，所以现在网页不仅用于在 Internet 上显示信息，而且还广泛应用于其他场合，如制作课件、演示软件等。

2.　网站

将大量网页放置在服务器中供 Internet 上的人浏览，就构成了一个网站。网站并不是简单地把网页放在一起，而是通过超链接将网页有机地组织在一起，使网页之间形成一种逻辑关系，便于浏览。

每个网站都有一个最基本的网页，称为主页（也称首页）。图 8-2 所示为网易网站的主页。

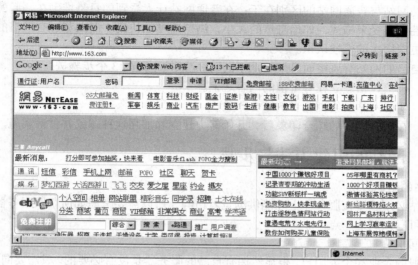

图 8-2　网易网站的主页

主页通常是进入网站首先浏览到的网页，具有引导用户浏览整个网站内容的作用。由于主页代表一个网站的"脸面"，所以需要精心设计，让用户第一眼就对网站产生良好的印象。

8.1.2　网站的规划

建立一个网站，不管是要建立一个简单的、只有几页的个人网站，还是要建立一个复杂的、内容丰富的、页面上千的专业网站，对网站内容和结构在设计之前进行合理规划是必不可少的。建立个人网站的规划基本包括以下内容。

1.　网站的目的

建立个人网站，明确建立网站的目的是很重要的，它是建立网站的第一步。明确网站的目的就是要弄清楚建立网站要干什么，是宣传自己，讨论某个主题，还是推销产品；是纯粹个人爱好，还是希望网上经营。不过对于首次建站的人，最好根据对建站技术的掌握程度以及自己的爱好特长，来确定建立网站的目的。

（1）展示网页制作的水平，尝试建立网站的感觉。

（2）展现多姿多彩的生活，以爱好结识网络朋友。

（3）发挥网站技术特长，体验网络经营风险，确立自我经营理念。

2.　网站的内容

网站是传播信息的场所，人们关注并光顾某个网站，是因为网站提供了他们需要的信息，而不只是因为网站制作得漂亮。所以网站的内容要比形式更重要。内容重要且有价值的网站，即使网页设计得不是很美观，也会吸引很多人；而内容空洞的网站，即使网页设计得再好，也只有很少人问津。

3. 网站的风格

网站的整体风格及其创意设计是我们最希望掌握、也是最难以学习的，因为没有一个固定的程式可以参照和模仿。简单地说，网站的风格就是指站点的整体形象给浏览者的综合感受。这个"整体形象"包括站点的标志、色彩、布局、浏览方式、交互性、文字、语气、内容价值、站点信誉等诸多因素。另外，网站的风格也可以是多样的，如，网易（163 网站）是平易近人的，迪斯尼是生动活泼的，IBM 是专业严肃的。这些都是网站给人们留下的不同感受。

有风格的网站与普通网站的区别在于：在普通网站让人看到的只是堆砌在一起的信息，浏览者只能用理性的感受来描述，如信息量的大小，浏览速度的快慢。但浏览过有风格的网站后，浏览者会产生更深层次的感性认识。

要想使自己的网站有风格而且"与众不同"，应该按下面的 3 个步骤进行。

第 1 步　确信风格建立在有价值的内容之上。

第 2 步　明确网站要给浏览者的综合印象。

第 3 步　在明确网站的综合印象后，开始努力建立和加强这种印象并付诸实施。

8.1.3　网站的组建方法与步骤

1. 网站的组建方法

由于网站必须放置在服务器上才能供浏览者访问，所以需要考虑如何获取服务器。一般有以下 3 种方法可以做到这一点。

（1）空间租赁。

对于一般的企业和个人用户，很显然拥有自己的服务器是没有必要的。只需要向 ISP（Internet Server Provider，互联网服务提供商）申请和租赁空间就可以了。

对于 ISP 来说，它并不是将一台服务器全部分配给一个租赁用户，而是采用了虚拟主机的软硬件技术，将一台服务器分成若干台"虚拟主机"。每一台这样的"虚拟主机"都具有独立的域名和 IP 地址（或共享的 IP 地址），具有作为独立服务器的所有功能。

这种方法适合内容不太多的小型网站。它费用低廉、管理方便、手续简便。

（2）主机托管。

主机托管是指自己购买一台服务器，安装并调试好相关软件后，将服务器交给 ISP 保管，按月或按年交纳一定的托管费。

这种方法适合访问量大，内容多的中型网站，它的费用高昂，需专门技术人员安装及设置服务器。但管理的自由度较大，访问速度较快。

（3）申请专线。

申请专线就是在 ISP 那里申请一条专门的数据线路（专线），然后自己架设服务器，自己管理。国内一般申请的专线为 DDN 和 ADSL。按其带宽来分，DDN 又分为 64kbit/s、128kbit/s 等，ADSL 一般也分为 5Mbit/s、10Mbit/s 等。很显然 ADSL 的速度要比 DDN 快得多。

这种方法可以使用户对网站拥有最大限度的管理权，可以放置多台服务器，甚至可以对外租赁空间。但它技术要求高，安装设置复杂，还需要专门的技术人员维护。

2. 网站的组建步骤

网站规划好后，就可以开始组建网站了。无论借助哪种网页制作工具，网站组建的步骤大体上都是一样的，主要如下。

（1）构建网站框架。

构建网站框架就是要在自己的计算机中新建一个存放网站所有文件的文件夹，并根据网站网页的结构和文件的类型新建此文件夹的子文件夹结构。这样便于网站的维护和发布。

（2）设计网页版面。

设计网页版面就是设计网页的布局，包括网站标志、导航条、正文内容的摆放位置、相互之间的大小比例和样式等。一个网站的大部分网页应该具有相似的版面，这样才能体现统一的风格。

（3）创建模板。

由于同一个网站的大部分网页都有相似的版面，所以必然有很多地方是相同的，如网站标志、导航条等。将网页中相同的元素集中设计成模板，在设计网页时就可以直接调用模板，从而节省了时间。另外，使用模板设计的网页维护也十分方便，当放在模板中的网站标志发生变化时，只要在模板中修改网站标志就可以了，而无须对整个网站的网页进行处理。

（4）制作主页。

主页是网站的门面，是网站的"纲"，既要将整个网站的内容集中反映出来，又不能将内容塞满整个页面。主页页面要简捷而又突出主题，因此，主页页面一般只放置主要内容的标题和栏目版块的名称。主要内容的标题以罗列形式放在主页页面上，并链接至对应的普通网页。栏目版块的名称放在主页页面的导航条上或栏目通道中，栏目版块是某一主题的网页群，栏目版块的名称用来链接对应主题的网页群。为了活跃页面气氛、体现网站风格，可以在主页上适当地加一些图片。另外，别忘了在主页上加上自己的网站名和用于统计浏览者的计数器。主页文件的文件名必须是 index.htm。

（5）制作普通网页。

网站的具体内容都是通过普通网页来呈现的。普通网页的内容一般以文字为主。相对主页来讲，普通网页多且内容需不断更新。为了管理和维护的方便，普通网页文件的存放要注意层次性，即要按类存放、按栏目版块存放。

（6）添加更多功能。

在不影响网站风格、内容表达的前提下，可以通过添加少量的动画、图像和背景音乐等来营造活泼的气氛、清新的环境；添加信息反馈、问卷调查等互动功能，增进网站与浏览者之间的感情。

8.1.4　网站的发布

当网站组建完成后，就可以发布了。设计网站是在自己的计算机上进行的，而发布网站是将在自己计算机上设计好的网站传送到 Internet 的服务器上，让浏览者都能通过 Internet 浏览到自己建立的网站。

1．申请空间

申请空间就是向提供 Internet 服务器的网站申请一个个人主页空间。一般要先填写一个申请表格，然后等待网站的返回信息以确认。在 Internet 上申请的个人主页空间分为收费和免费两种。个人主页空间的收费标准通常按年计算，空间越大，收费越高。例如，世纪佳缘网站的收费标准：10MB 静态空间是 20 元/年，50MB 静态空间是 30 元/年。而免费空间的大小是有限制的，大多只提供 10MB，而且，提供免费个人主页空间的网站越来越少。在用户申请空间完成后，网站一般要给用户发一份电子邮件，其中包含有开通的方式和密码。

2．上传网站

空间申请好后，就可以将自己制作的网站上传到空间里了。上传网站的方法主要有以下 3 种。

（1）采用 FTP 软件。常用的 FTP 软件有 CuteFTP、FlashFTP 等。

（2）借助网页制作工具软件的上传功能。具有上传功能的网页制作工具软件有 Dreamweaver、FrontPage 等。

（3）使用空间所在网站提供的FTP上传服务。

3. 宣传网站

网站建好了，如果没有浏览者，这可能也是令人苦恼的事情之一。所以，有必要为自己的网站做些宣传工作。

（1）直接做广告。

在网上做广告的费用不是很高，对于希望迅速扩大影响的企业及个人网站来说，直接在网上做广告是最好、最直接的宣传方法。当然，选择什么网站、选择网站的什么位置做广告要根据自己网站的需要和经济实力来决定。

旗帜条广告是Internet上各网站采用的主要广告形式，Nokia公司在搜狐网站的主页所做的旗帜条广告如图8-3所示，单击广告就会跳转到相应企业的网站。对于有实力的企业来说，在著名网站的显著位置购买旗帜条广告是一个不错的选择。

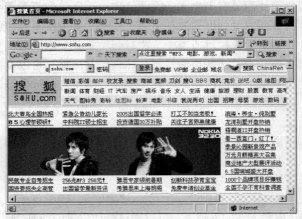

图8-3 搜狐网站的旗帜条广告

（2）友情链接。

友情链接是指在其他网站的页面上放一个指向自己网站的链接。通常选择内容相关、级别对等的网站实现友情链接。要使对方友情链接到自己的网站，必须向对方提出申请，申请同意后，自己的网站名称才会出现在对方的友情链接列表中。图8-4所示为清华大学社会学系的友情链接页面。

图8-4 清华大学社会学系的友情链接页面

（3）在搜索网站登记站点。

在 Internet 上有许多大型网站、专业搜索网站提供搜索引擎，通过搜索引擎可以搜索到 Internet 上的各种信息，其中包括网站站点的信息。在这些网站上，可以将自己的网站站点进行登记，以便浏览者能搜索到自己的网站。但是，一般网站不接受免费空间站点的登记。

（4）利用新闻组或 BBS 发信息。

在与自己网站主题相近的新闻组或 BBS 上发出自己网站的地址信息，也可使"志同道合"的浏览者看到自己网站的信息，从而访问自己的网站。

（5）发电子邮件。

将自己网站的地址信息用电子邮件发给朋友、同学和亲戚等，一方面让他们与自己分享成功的喜悦，另一方面也可以征求他们的意见，进一步建好自己的网站。

8.2　初识 Dreamweaver

本节将系统地介绍使用 Dreamweaver 8 进行网页制作和网站建设的具体方法与步骤。其中包括使用表格布局网页、编辑网页图文、创建超级链接、使用框架和框架集、使用行为制作动态网页、应用表单等。

Macromedia Dreamweaver 8 是一款专业的 HTML 编辑器，用于对 Web 站点、Web 页和 Web 应用程序进行设计、编码和开发。无论用户是喜欢直接编写 HTML 代码的驾驭感还是偏爱在可视化编辑环境中工作，Dreamweaver 8 都会提供很多帮助工具，丰富的 Web 创作体验。下面介绍 Dreamweaver 8 的操作环境，完成站点的创建。

8.2.1　Dreamweaver 的操作环境

在首次启动 Dreamweaver 8 时会出现一个"工作区设置"对话框，在对话框左侧是 Dreamweaver 8 的设计视图，右侧是 Dreamweaver 8 的代码视图。Dreamweaver 8 设计视图布局提供了一个将全部元素置于一个窗口中的集成布局。我们选择面向设计者的设计视图布局。

在 Dreamweave 8 中首先将显示一个起始页，可以勾选窗口下面的"不再显示此对话框"复选框来隐藏它。在这个页面中包括"打开最近项目"、"创建新项目"和"从范例创建" 3 个方便实用的项目，建议读者保留。

新建或打开一个文档，进入 Dreamweaver 8 的标准工作界面。Dreamweaver 8 的标准工作界面包括标题栏、菜单栏、插入面板组、文档工具栏、标准工具栏、文档窗口、状态栏、"属性"面板和浮动面板组，如图 8-5 所示。

1. 标题显示栏

启动 Macromedia Dreamweave 8 后，标题栏将显示文字 Macromedia Dreamweave 8，新建或打开一个文档后，在后面还会显示该文档所在的位置和文件名称。

2. 菜单栏

Dreamweave 8 的菜单共有 10 个，即文件、编辑、视图、插入、修改、文本、命令、站点、窗口和帮助。其中，"编辑"菜单里提供了对 Dreamweaver 8 菜单中"首选参数"的访问。部分菜单的具体作用如下。

（1）文件：用来管理文件，如新建、打开、保存、另存为、导入、导出、打印等。

（2）编辑：用来编辑文本，如剪切、复制、粘贴、查找、替换和参数设置等。

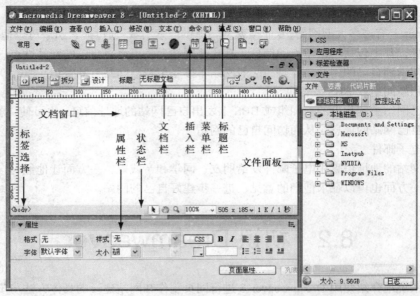

图 8-5　Dreamweaver 8 的标准工作界面

（3）查看：用来切换视图模式以及显示、隐藏标尺、网格线等辅助视图功能。

（4）插入：用来插入各种元素，如图片、多媒体组件，表格、框架、超链接等。

（5）修改：具有对页面元素修改的功能。

3．插入面板组

插入面板组集成了所有可以在网页应用的对象，包括"插入"菜单中的选项。插入面板组就是图像化了的插入指令，通过一个个的按钮，可以很容易地加入图像、声音、多媒体动画、表格、图层、框架、表单、Flash、ActiveX 等网页元素，如图 8-6 所示。

图 8-6　插入面板组

4．文档工具栏

文档工具栏包含各种按钮，它们提供各种"文档"窗口视图（如"设计"视图和"代码"视图）的选项、各种查看选项和一些常用操作（如在浏览器中预览），如图 8-7 所示。

图 8-7　文档工具栏

5．状态栏

文档窗口底部的状态栏提供与正创建的文档有关的其他信息。标签选择器显示环绕当前选定内容的标签的层次结构。单击该层次结构中的任何标签可以选择该标签及其全部内容，如图 8-8 所示。

图 8-8　状态栏

6. "属性"面板

"属性"面板并不是将所有的属性加载在面板上，而是根据用户选择的对象来动态显示对象的属性，"属性"面板的状态完全是由当前在文档中选择的对象来确定的。例如，当前选择了一幅图像，那么"属性"面板上就出现该图像的相关属性；如果选择了表格，那么"属性"面板会相应地变化成表格的相关属性，如图 8-9 所示。

图 8-9　"属性"面板

8.2.2　本地站点的搭建与管理

要制作一个能够被大家浏览的网站，首先需要在本地磁盘上制作这个网站，然后把这个网站传到互联网的 Web 服务器上。放置在本地磁盘上的网站被称为本地站点，位于互联网 Web 服务器里的网站被称为远程站点。Dreamweaver 8 提供了对本地站点和远程站点强大的管理功能。

1. 规划站点结构

网站是多个网页的集合，包括一个首页和若干个分页，这种集合不是简单的集合。为了达到最佳效果，在创建任何 Web 站点页面之前，要对站点的结构进行设计和规划。决定要创建多少页，每页上显示什么内容，页面布局的外观以及各页是如何互相连接起来的。我们可以通过把文件分门别类地放置在各自的文件夹里，使网站的结构清晰明了，便于管理和查找。

2. 创建站点

在 Dreamweaver 8 中可以有效地建立并管理多个站点。搭建站点可以有两种方法，一是利用向导完成，二是利用高级设定来完成。

在搭建站点前，先在自己的计算机硬盘上建一个以英文或数字命名的空文件夹。

第 1 步　选择"站点"→"管理站点"命令，出现"管理站点"对话框。单击"新建"按钮，选择弹出菜单中的"站点"命令，如图 8-10 所示。

第 2 步　在打开的对话框中有"基本"和"高级"两个选项卡，

图 8-10　"管理站点"对话框

可以在站点向导和高级设置之间切换。下面选择"基本"选项卡，如图 8-11 所示。

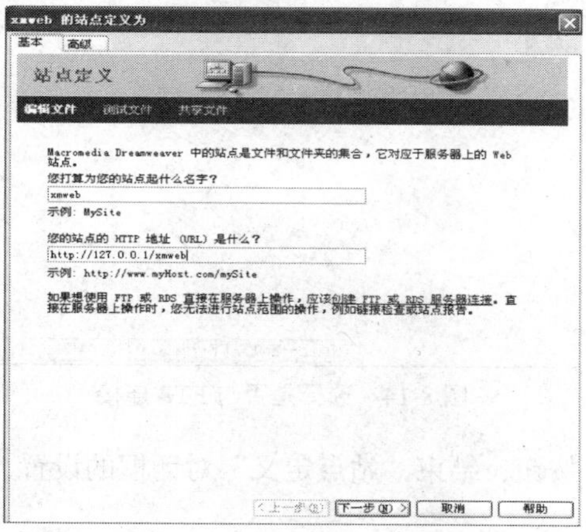

图 8-11　"基本"选项卡

第3步　在上面的文本框中，输入一个站点名字以在 Dreamweaver 8 中标识该站点。单击"下一步"按钮，出现向导的下一个界面，询问是否要使用服务器技术，如图 8-12 所示。

第4步　我们现在建立的是一个静态页面，所以选择"否"。单击"下一步"按钮，设置本地站点文件夹的地址，如图 8-13 所示。

第5步　单击"下一步"按钮，进入站点定义，我们将在站点建设完成后再与 FTP 连接，这里选择"无"，如图 8-14 所示。

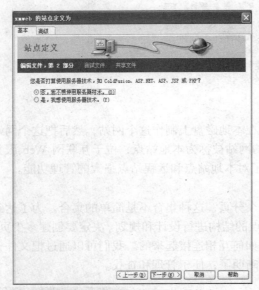

图 8-12　选择是否使用服务器技术

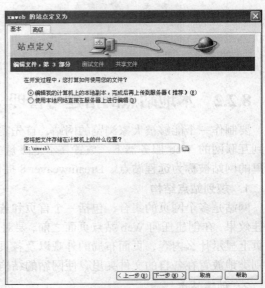

图 8-13　设置本地站点文件夹的地址

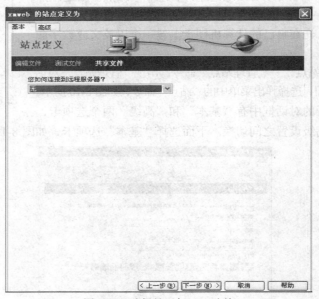

图 8-14　选择是否与 FTP 连接

第6步　单击"完成"按钮，结束"站点定义"对话框的设置，返回"管理站点"对话框，如图 8-15 所示。

第 7 步 单击"完成"按钮，文件面板显示出刚才建立的站点，如图 8-16 所示。

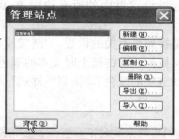

图 8-15 站点定义结束

图 8-16 站点创建成功

至此即完成了站点的创建。

8.3 制作文字与图像混排的页面

8.3.1 页面的总体设置

1. 设置页面的头内容

头内容在浏览器中是不可见的，但是却携带着网页的重要信息，如关键字、描述文字等，还可以实现一些非常重要的功能，如自动刷新功能。

用鼠标左键单击插入工具栏最左边按钮旁的下拉小三角，从弹出的菜单中选择"HTML"命令，出现"文件头"按钮，点开下拉菜单，就可以进行头内容的设置了。

（1）设置标题。网页标题可以是中文、英文或符号，显示在浏览器的标题栏中。直接在设计窗口上方的标题栏内输入或更改，即可完成网页标题的编辑了。

（2）插入关键字。关键字用来协助网络上的搜索引擎寻找网页。要想让更多的人看见自己的网站，选择图 8-17 中的"关键字"命令，弹出"关键字"对话框，输入关键字即可，如图 8-18 所示。

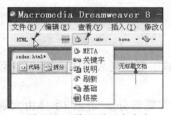

图 8-17 设置页面头内容

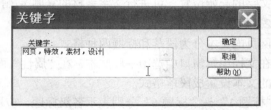

图 8-18 "关键字"对话框

2. 设置页面属性

单击"属性"面板中的"页面属性"按钮（见图 8-19），打开"页面属性"对话框，其中各项设置的含义如下。

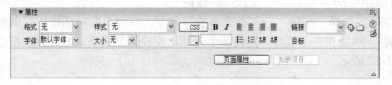

图 8-19 "属性"面板

（1）设置外观。"外观"是设置页面的一些基本属性。可以定义页面中的默认文本字体、文本字号、文本颜色、背景颜色、背景图像等。这里设置页面的所有边距为 0，如图 8-20 所示。

（2）设置链接。"链接"选项内是一些与页面的链接效果有关的设置。"链接颜色"定义超链接文本默认状态下的字体颜色，"变换图像链接"定义鼠标放在链接上时文本的颜色，"已访问链接"定义访问过的链接的颜色，"活动链接"定义活动链接的颜色，"下划线样式"可以定义链接的下划线样式，如图 8-21 所示。

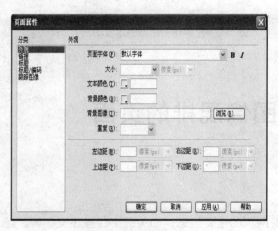
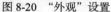

图 8-20　"外观"设置

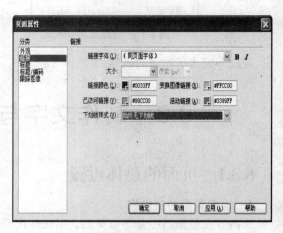

图 8-21　"链接"设置

8.3.2　文本的插入与编辑

1．插入文本

要向 Dreamweaver 8 文档添加文本，可以直接在文档窗口中输入文本，也可以剪切并粘贴，还可以从 Word 文档导入文本。用鼠标在文档编辑窗口的空白区域单击，窗口中出现闪动的光标，提示文字的起始位置，可进行文字素材的复制/粘贴操作。

2．编辑文本格式

网页的文本分为段落和标题两种格式。

在文档编辑窗口中选中一段文本，在"属性"面板的"格式"下拉列表框中选择"段落"，把选中的文本设置成段落格式。

"标题 1"～"标题 6"分别表示各级标题，应用于网页的标题部分。对应的字体由大到小，同时文字全部加粗。

另外，在"属性"面板中可以定义文字的字号、颜色、加粗、加斜、水平对齐等内容。

3．文字的其他设置

（1）文本换行，按 Enter 键换行的行距较大（在代码区生成<p></p>标记），按 Enter + Shift 组合键换行的行间距较小（在代码区生成
标记）。

（2）文本空格。选择"编辑"→"首选参数"命令，在弹出的对话框中左侧的"分类"列表框中选择"常规"，然后在右边选择"允许多个连续的空格"复选框，即可直接按空格键给文本添加空格，如图 8-22 所示。

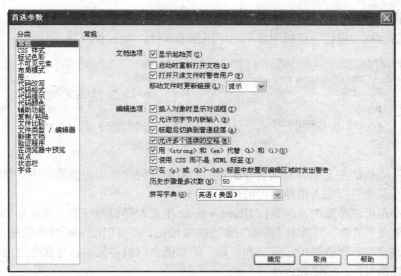

图 8-22　"首选参数"对话框

（3）插入列表。列表分为两种：有序列表和无序列表。无序列表没有顺序，每一项前边都以同样的符号显示，有序列表前边的每一项有序号引导。在文档编辑窗口中选中需要设置的文本，在"属性"面板中单击 ≣ 按钮，则选中的文本被设置成无序列表；单击 ≔ 按钮则被设置成有序列表。

8.3.3　插入图像

目前互联网上支持的图像格式主要有 GIF、JPEG 和 PNG。其中使用最为广泛的是 GIF 和 JPEG。

1．插入图像

在制作网页时，先构想好网页布局，在图像处理软件中对需要插入的图片进行处理，然后存放在站点根目录下的文件夹里。插入图像时，将光标放置在文档窗口需要插入图像的位置，然后单击常用工具栏中的"图像"按钮即可。

　　　如果在插入图片的时候，没有将图片保存在站点根目录下，会弹出如图 8-23 所示的对话框，提醒要把图片保存在站点内部，这时单击"是"按钮。然后选择本地站点的路径将图片保存，图像也可以被插入到网页中，如图 8-24 所示。

图 8-23　选择图片是否保存在站点根目录对话框　　　图 8-24　选择图片保存位置

2. 设置图像属性

选中图像后，在"属性"面板中显示出了图像的属性，如图 8-25 所示。

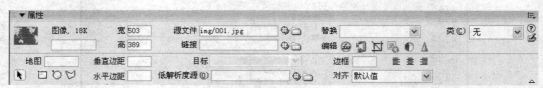

图 8-25　图像"属性"面板

在"属性"面板的左上角，显示当前图像的缩略图，同时显示图像的大小。在缩略图右侧有一个文本框，在其中可以输入图像标记的名称。

图像的大小是可以改变的，但是在 Dreamweaver 里更改是极不好的习惯，如果计算机中安装了 FW 软件，单击"属性"面板中"编辑"旁边的 按钮，即可启动 FW 对图像进行缩放等处理。当图像的大小改变时，属性栏中"宽"和"高"的数值会以粗体显示，并在旁边出现一个弧形箭头，单击它可以恢复图像的原始大小。

- "水平边距"和"垂直边距"文本框用来设置图像左右和上下与其他页面元素的距离。
- "边框"文本框用来设置图像边框的宽度，默认的边框宽度为 0。
- "替换"文本框用来设置图像的替代文本，可以输入一段文字，当图像无法显示时，将显示这段文字。
- 单击"属性"面板中的对齐按钮 ≣ ≣ ≣，可以分别将图像设置成浏览器居左对齐、居中对齐和居右对齐。
- 在"属性"面板中，"对齐"下拉列表框用来设置图像与文本的相互对齐方式，共有 10 个选项。通过它可以将文字对齐到图像的上端、下端、左边和右边等，从而可以灵活地实现文字与图片的混排效果。

3. 插入其他图像元素

在单击常用工具栏的"图像"按钮时，可以看到，除了第 1 项"图像"外，还有"图像占位符"、"鼠标经过图像"、"导航条"等项目。

（1）插入图像占位符。在布局页面时，如果要在网页中插入一张图片，可以先不制作图片，而是使用占位符来代替图片位置。单击下拉列表框中的"图像占位符"，打开"图像占位符"对话框。按设计需要设置图片的宽度和高度，输入待插入图像的名称即可，如图 8-26 所示。

（2）鼠标经过图像。鼠标经过图像实际上由两个图像组成：主图像（当首次载入页时显示的图像）和次图像（当鼠标指针移过主图像时显示的图像）。这两张图片要大小相等，如果不相等，Dreamweaver 将自动调整次图片的大小跟主图像大小一致，可以在"插入鼠标经过图像"对话框中设置，如图 8-27 所示。

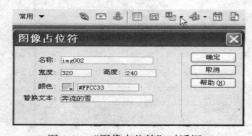

图 8-26　"图像占位符"对话框

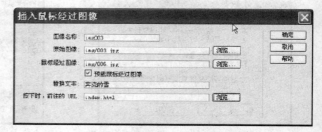

图 8-27　"插入鼠标经过"对话框

图片与文本一样，是网页中最常用到的内容，其变化相对较少。

8.4　表格的应用

表格是网页设计制作不可缺少的元素，它以简洁明了和高效快捷的方式将图片、文本、数据和表单的元素有序地显示在页面上，让用户可以设计出漂亮的页面。使用表格排版的页面在不同平台、不同分辨率的浏览器里都能保持其原有的布局，而在不同的浏览器平台有较好的兼容性，所以表格是网页中最常用的排版方式之一。

8.4.1　插入并编辑表格

1. 插入表格

在文档窗口中，将光标放在需要创建表格的位置，单击常用工具栏中的表格按钮或在"插入"菜单中选择"表格"，弹出"表格"对话框，指定表格的属性后，在文档窗口中插入设置的表格，如图 8-28 和图 8-29 所示。

图 8-28　常用工具栏　　　　　　　　　　　　　图 8-29　"表格"对话框

2. 选择单元格对象

对于表格、行、列、单元格属性的设置是以选择这些对象为前提的。

选择整个表格的方法是把鼠标放在表格边框的任意处，当出现 ⊞ 标志时单击即可选中整个表格，或在表格内任意处单击，然后在状态栏选中<table>标记即可；或在单元格任意处单击鼠标右键，在弹出的快捷菜单中选择"表格"→"选择表格"命令。

要选中某一单元格，按住 Ctrl 键，用鼠标在需要选中的单元格单击即可；或者选中状态栏中的<td>标记。

要选中连续的单元格，按住鼠标左键从一个单元格的左上方开始向要连续选择单元格的方向拖动。要选中不连续的几个单元格，可以按住 Ctrl 键，单击要选择的所有单元格即可。

要选择某一行或某一列，将光标移动到行左侧或列上方，鼠标指针变为向右或向下的箭头图标时，单击即可。

3. 设置表格属性

选中一个表格后，可以通过"属性"面板更改表格属性，如图 8-30 所示。

图 8-30 在"属性"面板中更改表格属性

- "填充"文本框用来设置单元格边距，"间距"文本框用来设置单元格间距。
- "对齐"下拉列表框用来设置表格的对齐方式，默认的对齐方式一般为左对齐。
- "边框"文本框用来设置表格边框的宽度。
- "背景颜色"文本框用来设置表格的背景颜色。
- "边框颜色"用来设置表格边框的颜色。
- "背景图像"文本框输入表格背景图像的路径，可以给表格添加背景图像。

4. 单元格属性

把光标移动到某个单元格内，可以利用单元格"属性"面板对其属性进行设置，如图 8-31 所示。

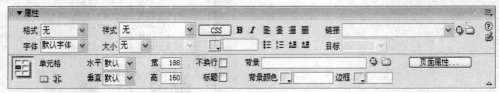

图 8-31 设置单元格属性

5. 表格的行和列

选中要插入行或列的单元格，单击鼠标右键，在弹出的快捷菜单中选择"插入行"、"插入列"或"插入行或列"命令，如图 8-32 所示。

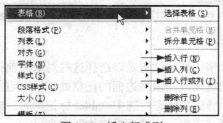

图 8-32 插入行或列

要删除行或列，选择要删除的行或列，单击鼠标右键，在弹出的快捷菜单中选择"删除行"或"删除列"命令即可。

6. 拆分与合并单元格

拆分单元格时，将光标放在待拆分的单元格内，单击"属性"面板上的"拆分"按钮，在弹出的"拆分单元格"对话框中，按需要设置即可，如图 8-33 所示。合并单元格时，选中要合并的单元格，单击"属性"面板中的"合并"按钮即可。

图 8-33　"拆分单元格"对话框

8.4.2　嵌套表格

表格之中还有表格就叫做嵌套表格。

网页的排版有时会很复杂，在外部需要一个表格来控制总体布局，如果内部排版的细节也通过总表格来实现，容易引起行高列宽等的冲突，给表格的制作带来困难。其次，浏览器在解析网页的时候，是将整个网页的结构下载完毕之后才显示表格，如果不使用嵌套，表格非常复杂，浏览者要等待很长时间才能看到网页内容。

引入嵌套表格，由总表格负责整体排版，由嵌套的表格负责各个子栏目的排版，并插入到总表格的相应位置中，各司其职，互不冲突。

8.5　制作多媒体页面

一个优秀的网站应该不仅仅是由文字和图片组成的，而是动态的、多媒体的。为了增强网页的表现力，丰富文档的显示效果，我们可以向其插入 Flash 动画、Java 小程序、音频播放插件等多媒体内容。

8.5.1　插入 Flash 动画

1. 插入 Flash

例如，编辑 03.html，设置页面属性，在弹出的"页面属性"对话框中，"外观"项设置字体为"宋体"，字号为 16 像素，文本颜色为#F282A8，背景图像为 img/008.JPG，上边距为 50 像素，下、左、右的边距都为 0。"链接"项选择始终无下画线，链接颜色为#F282A8，已访问链接为#F5E458。

现在开始布局。

第 1 步　插入一个 1 行 1 列的表格（表格 1），表格的宽度为 726 像素，边框粗细为 0，单元格边距为 0，单元格间距为 1，背景颜色为#892321，将表格居中对齐。

第 2 步　插入一个 3 行 2 列的表格（表格 2），表格的宽度为 100%，边框粗细为 0，单元格边距和单元格间距都为 0，背景颜色为#6DCFF6。设置第 1 行左边单元格的宽为 173 像素，高为 137 像素，设置第 2 行的高为 238 像素，将第 3 行的两个单元格合并，高度为 50 像素。在第 1 行左侧单元格插入图片 img/102.gif，在右侧单元格插入图片 img/101.jpg。在第 3 行将光标水平居中，输入文字"版权所有©闪客启航"。

第 3 步　在表格 2 第 2 行左侧单元格插入一个 6 行 1 列的表格（表格 3），表格宽度为 95%，边框和单元格边距为 0，单元格间距为 5，将表格居中对齐。第 1 行高度为 15，其余各行高度都为 40。

第 4 步　在表格 2 右侧单元格插入一个 1 行 2 列的表格（表格 4），表格宽度为 550 像素。边框、单元格边距和间距都为 0。

将光标放置在表格 4 右侧单元格中，单击常用工具栏中的"媒体"按钮，然后在弹出的列表中选择"Flash"，如图 8-34 所示。

在弹出"选择文件"对话框中，选择 swf 文件夹中的 huaduo.swf 文件。单击"确定"按钮后，插入的 Flash 动画并不会在文档窗口中显示内容，而是以一个带有字母 F 的灰色框来表示。

在文档窗口单击这个 Flash 文件，就可以在"属性"面板中设置其属性了，如图 8-35 所示。

- 选择"循环"复选框影片将连续播放，否则影片在播放一次后自动停止。
- 通过选择"自动播放"复选框后，可以设定 Flash 文件是否在页面加载时就播放。

图 8-34 "媒体"按钮的弹出列表

- 在"品质"下拉列表中可以选择 Flash 影片的画质，以最佳状态显示，就选择"高品质"。

图 8-35 在"属性"面板中设置 Flash 文件的属性

- "对齐"下拉列表框用来设置 Flash 动画的对齐方式，为了使页面的背景在 Flash 下能够衬托出来，可以使 Flash 的背景变为透明。单击"属性"面板中的"参数"按钮，打开"参数"对话框，设置参数为 wmode，值为 transparent，如图 8-36 所示。这样在任何背景下，Flash 动画都能实现透明背景的显示。

图 8-36 "参数"对话框

2. 插入 Flash 文本

将光标放置在表格 3 第 2 行的单元格中，用 Flash 文本制作导航栏目。单击常用工具栏的"媒体"按钮，在列表中选择 Flash 文本，弹出"插入 Flash 文本"对话框，字体随意，大小为 22 像素，颜色设置为#F5E458，转滚颜色为#54C994，文本为"图片素材"，背景颜色为#6DCFF6，选择自己需要的路径链接。用同样的方法分别在表格 3 的第 3～6 行制作"代码素材"、"Flash 动漫"、"精美壁纸"、"音频视频"等栏目。

3. 插入 Flash 按钮

将光标放置于插入 Flash 按钮的位置，单击常用工具栏的"媒体"按钮，在列表中选择"Flash 按钮"，弹出"插入 Flash 按钮"对话框，如图 8-37 所示。

- "样式"列表框用来选择按钮的外观。
- "按钮文本"文本框用来输入按钮上的文字。
- "字体"下拉列表框和"大小"文本框用来设置按钮上文字的字体和大小，字号变大，按钮并不会跟着改变。
- "链接"文本框用于输入按钮的链接，可以是外部链接，也可以是内部链接。
- "目标"下拉列表框用来设置打开的链接窗口。

如果需要修改 Flash 按钮对象，可以先选中它，然后在"属性"面板中单击"编辑"按钮，会自动弹出"插入 Flash 按钮"对话框，更改它的设置即可。

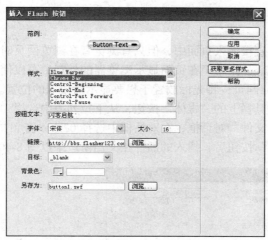

图 8-37　"插入 Flash 按钮"对话框

4. 插入 FlashPaper

还可以在网页中插入 Macromedia FlashPaper 文档。在浏览器中打开包含 FlashPaper 文档的页面时，浏览者能够浏览 FlashPaper 文档中的所有页面，而无须加载新的 Web 页。也可以搜索、打印和缩放该文档。

在文档窗口中，将光标移动并放在页面上想要显示 FlashPaper 文档的位置，然后选择"插入"→"媒体"→"FlashPaper"命令。

在"插入 FlashPaper"对话框中，浏览到一个 FlashPaper 文档并将其选定。如果需要，通过输入宽度和高度（以像素为单位）指定 FlashPaper 对象在网页上的尺寸。FlashPaper 将缩放文档以适合宽度。单击"确定"按钮，在页面中插入文档。由于 FlashPaper 文档是 Flash 对象，因此页面上将出现一个 Flash 占位符。

如果需要，可在"属性"面板中设置其他属性。

8.5.2　插入声音

声音能极好地烘托网页页面的氛围，网页中常见的声音格式有 WAV、MP3、MIDI、AIF、RA、Real Audio 格式。

1. 添加背景音乐

在页面中可以嵌入背景音乐。这种音乐多以 MP3、MIDI 文件为主，在 Dreamweaver 中，添加背景音乐有两种方法，一种是通过手写代码实现，另一种是通过行为实现。

在 HTML 中，通过<bgsoung>标记可以嵌入多种格式的音乐文件，具体步骤如下。

第 1 步　将 01.mid 音乐文件存放在 med 文件夹里。

第 2 步　打开 03.html 网页，为这个页面添加背景音乐。

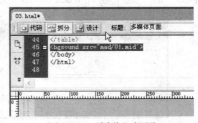

第 3 步　切换到 Dreamweaver 的"拆分"视图，将光标定位到</body>之前的位置，在光标的位置添加代码<bgsound src = "med/01.mid">，如图 8-38 所示。

图 8-38　"拆分"视图

第 4 步　按下 F12 键，在浏览器中查看效果，可以听见背景音乐声。

如果希望循环播放音乐，可以将刚才的源代码修改为以下代码：

```
<bgsound src="med/01.mid" loop="true">
```

2. 嵌入音乐

嵌入音频可以将声音直接插入页面中，但只有浏览者在浏览网页时具有所选声音文件的适当插件后，声音才可以播放。如果希望在页面显示浏览器的外观，可以使用如下方法。

第 1 步　打开 02.html 网页，将光标放置于想要显示播放器的位置。

第 2 步　单击常用工具栏上的"媒体"按钮，从下拉列表中选择"插件"。

第 3 步　弹出"选择文件"对话框，在对话框中选择 02.war 音频文件，如图 8-39 所示。

第 4 步　单击"确定"按钮后，插入的插件在文档窗口中以图 8-40 所示图标来显示。

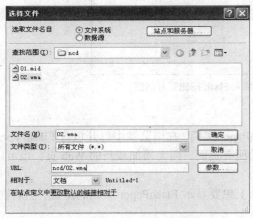

图 8-39　选择文件

图 8-40　插件在文档窗口中的显示图标

第 5 步　选中该图标，在"属性"面板中可以对播放器的属性进行设置，如图 8-41 所示。

图 8-41　播放器的属性设置

第 6 步　要实现循环播放音乐的效果，单击"属性"面板中的"参数"按钮，弹出"参数"对话框，然后单击"＋"按钮，在"参数"列中输入 loop，并在"值"列中输入 true，单击"确定"按钮，如图 8-42 所示。

第 7 步　要实现自动播放，可以继续编辑参数，在"参数"对话框的"参数"列中输入 autostart，并在"值"列中输入 true，单击"确定"按钮，如图 8-43 所示。

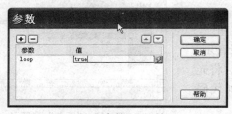

图 8-42　"参数"对话框

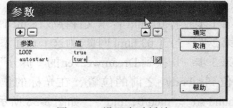

图 8-43　设置自动播放

按下 F12 键，打开浏览器预览，这个页面实现了嵌入音乐的效果，在浏览器中显示了播放插件。

8.5.3　创建链接关系

链接是一个网站的灵魂，一个网站是由多个页面组成的，而这些页面之间依据链接确定相互之间的导航关系。

超链接是指站点内不同网页之间、站点与 Web 之间的链接关系，它可以使站点内的网页成为有机的整体，还能够使不同站点之间建立联系。超链接由两部分组成：链接载体和链接目标。

许多页面元素可以作为链接载体，如文本、图像、图像热区、动画等；而链接目标可以是任意网络资源，如页面、图像、声音、程序、其他网站、E-mail 甚至是页面中的某个位置——锚点。

如果按链接目标分类，可以将超链接分为以下几种类型。

- 内部链接：同一网站文档之间的链接。
- 外部链接：不同网站文档之间的链接。
- 锚点链接：同一网页或不同网页中指定位置的链接。
- E-mail 链接：发送电子邮件的链接。

1. 关于链接路径

绝对路径：为文件提供完全的路径，包括适用的协议，如 HTTP、FTP、RTSP 等。

相对路径：最适合网站的内部链接。如果链接到同一目录下，则只需要输入要链接文件的名称。要链接到下一级目录中的文件，只需要输入目录名，然后输入 "/"，再输入文件名；要链接到上一级目录中的文件，则先输入 "../"，再输入目录名、文件名。

根路径：是指从站点根文件夹到被链接文档经由的路径，以前斜杠开头，如/fy/maodian.html 就是站点根文件夹下的 fy 子文件夹中的一个文件（maodian.html）的根路径。

2. 创建外部链接

不论是文字还是图像，都可以创建链接到绝对地址的外部链接。创建链接的方法可以直接输入地址，也可以使用超链接对话框。

（1）直接输入地址。

在 "属性" 面板中，"链接" 下拉列表框用来设置图像或文字的超链接，"目标" 下拉列表框用来设置打开方式，如图 8-44 所示。

图 8-44　链接设置

（2）使用超链接对话框。

单击常用工具栏中的 "超级链接" 按钮，如图 8-45 所示。

图 8-45　"超级链接" 按钮

在弹出的超链接对话框中进行以下各项的设置。

- "文本" 文本框用来设置超链接显示的文本。

- "链接"用来设置超链接连接到的路径。
- "目标"下拉列表框用来设置超链接的打开方式，共有 4 个选项。
- "标题"文本框用来设置超链接的标题。

3. 创建内部链接

在文档窗口选中文字，单击"属性"面板"链接"后的 📁 按钮，弹出"选择文件"对话框，选择要链接到的网页文件，即可链接到这个网页。也可以拖动"链接"后的 ⊕ 按钮到站点面板上的相应网页文件，则链接将指向这个网页文件。此外，还可以直接将相对地址输入到"链接"文本框里来链接一个页面。

4. 创建 E-mail 链接

单击常用工具栏中的"电子邮件链接"按钮，弹出"电子邮件链接"对话框，在对话框的文本框中输入要链接的文本，然后在 E-mail 文本框中输入邮箱地址即可。

5. 创建锚点链接

所谓锚点链接，是指在同一个页面中的不同位置的链接。

打开一个页面较长的网页，将光标放置于要插入锚点的地方，单击常用工具栏的"命名锚记"按钮插入锚点。再选中需要链接锚点的文字，在"属性"面板中拖动"链接"后的 ⊕ 按钮到锚点上即可。

6. 制作图像映射

选中网页中的图片，在"属性"面板中，有不同形状的图像热区按钮，选择一个热区按钮单击。然后在图像上需要创建热区的位置拖动鼠标，即可创建热区。此时，选中的部分被称作图像热点。选中这个图像热点，在"属性"面板上给这个图像热点设置超链接即可。

8.6 利用行为制作动态页面

一般说来，动态网页是通过 JavaScript 或基于 JavaScript 的 DHTML 代码来实现的。包含 JavaScript 脚本的网页，还能够实现用户与页面的简单交互。但是编写脚本既复杂又专业，需要专门学习，而 Dreamweaver 8 提供了"行为"的机制，虽然行为也是基于 JavaScript 来实现动态网页和交互的，但却不需书写任何代码。在可视化环境中单击几个按钮，填几个选项就可以实现丰富的动态页面效果，实现人与页面的简单交互。

行为是事件与动作的彼此结合。例如，当鼠标移动到网页的图片上方时，图片高亮显示，此时的鼠标移动称为事件，图片的变化称为动作，一般的行为都是要由事件来激活动作。动作由预先写好的能够执行某种任务的 JavaScript 代码组成，而事件与浏览器用户的操作相关，如单击鼠标、鼠标上滚等。

8.6.1 了解行为

行为可以创建网页动态效果，实现用户与页面的交互。行为是由事件和动作组成的，例如，将鼠标移到一幅图像上产生了一个事件，如果图像发生变化（前面介绍过的轮替图像），就导致发生了一个动作。与行为相关的有 3 个重要的部分：对象、事件和动作。

1. 对象

对象（Object）是产生行为的主体，很多网页元素都可以成为对象，如图片、文字、多媒体文件等，甚至是整个页面。

2．事件

事件（Event）是触发动态效果的原因，它可以被附加到各种页面元素上，也可以被附加到 HTML 标记中。一个事件总是针对页面元素或标记而言的，例如，将鼠标移到图片上，把鼠标放在图片之外和单击鼠标，是与鼠标有关的 3 个最常见的事件（onMouseOver，onMouseOut 和 onClick）。不同的浏览器支持的事件种类和数量是不一样的，通常高版本的浏览器支持更多的事件。

3．动作

行为通过动作（Action）来完成动态效果，如图片翻转、打开浏览器和播放声音都是动作。动作通常是一段 JavaScript 代码，在 Dreamweaver 8 中使用其内置的行为往页面中添加 JavaScript 代码，就不必自己编写。

4．事件与动作

将事件和动作组合起来就构成了行为，例如，将 onClick 行为事件与一段 JavaScript 代码相关联，单击鼠标时就可以执行相应的 JavaScript 代码（动作）。一个事件可以同多个动作相关联（1：n），即发生事件时可以执行多个动作。为了实现需要的效果，还可以指定和修改动作发生的顺序。

Dreamweaver 8 内置了许多行为动作，好像是一个现成的 JavaScript 库。除此之外，第三方厂商提供了更多的行为库，下载并在 Dreamweaver 8 中安装行为库中的文件，可以获得更多的可操作行为。如果用户很熟悉 JavaScript 语言，也可以自行设计新动作，添加到 Dreamweaver 8 中。

8.6.2　应用行为

1．"行为"面板

在 Dreamwaever 8 中，对行为的添加和控制主要通过"行为"面板来实现。选择"窗口"→"行为"命令，打开"行为"面板，如图 8-46 所示。在"行为"面板上可以进行如下操作。

单击"+"按钮，打开动作菜单，添加行为；单击"−"按钮，删除行为。添加行为时，从动作菜单中选择一个行为项。单击事件列右方的三角，打开事件菜单，可以选择事件。单击向上箭头或向下箭头，可将动作项向前移或向后移，改变动作执行的顺序。

2．创建行为

一般创建行为有 3 个步骤：选择对象→添加动作→调整事件。

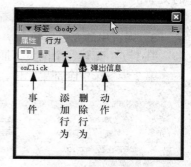

图 8-46　"行为"面板

下面通过一个"打开浏览器窗口"实例说明如何创建行为。我们需要的效果是，在网页上单击一幅小图像，打开一个新窗口显示放大的图像。

第 1 步　打开网页，选中图片。

第 2 步　单击行为面板上的"+"按钮，打开动作菜单。从动作菜单中选择"打开浏览器"命令，在弹出的对话框中设置参数。

在"要显示的 URL"文本框后，单击"浏览"按钮选择要在新窗口中载入的目标的 URL 地址（可以是网页也可以是图像），窗口宽度设为 400 像素，窗口高度设为 300 像素，窗口名称为"放大图片"。

第 3 步　当添加行为时，系统自动为选择了事件 onClick（单击鼠标），单击"行为"面板上的事件菜单按钮，打开事件菜单，重新选择一个触发行为的事件，把 onClick（单击鼠标）的事件改为 onMouseOver（鼠标滑过），如图 8-47 所示。

第 4 步　按 F12 键预览打开新窗口的效果。

图 8-47　事件菜单

8.6.3　行为的应用

1．"播放声音"实例

利用播放声音的动作，可以在网页中播放声音文件，如背景音乐，或单击某个按钮（文字或图片）播放一段声音。

（1）给网页添加背景音乐。

第 1 步　打开网页，单击编辑窗口状态栏上的<body>标记，选中整个网页。

第 2 步　打开"行为"面板，单击"+"按钮，在菜单中选择"播放声音"命令。

第 3 步　在弹出的菜单中输入音乐文件的路径，单击"确定"按钮。

第 4 步　把事件调整为 onLoad（载入页面后）。

（2）给图片添加声音，方法同上。

2．设置状态行文本

浏览器下端的状态行通常显示当前状态的提示信息，利用"设置状态栏文本"行为，可以重新设置状态行信息。

第 1 步　选中要附加行为的对象，如网页的<body>标记，或一个链接。

第 2 步　单击"行为"面板上的"+"按钮，打开动作菜单。

第 3 步　选择"设置文本"→"设置状态文本"命令，在打开的"信息"对话框中输入需要的文本。

第 4 步　按 F12 键，可以看到打开网页后，浏览器下端的状态行上有了新输入的信息。

3．网页中的变色按钮

第 1 步　新建一个网页，插入一个 1 行 2 列的表格，进行如图 8-48 所示设置。

第 2 步　选中全部单元格，在"属性"面板中进行如图 8-49 所示设置。

图 8-48　插入表格设置

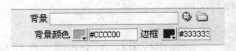

图 8-49　"属性"面板设置

第 3 步　在两个单元格中分别输入文字"变色按钮"、"应用行为"，并将它们居中对齐，产生一个<div>标记，在代码区找到第一个<div>标记，在<div align="center" class="wz1">代码中设置一个 id 值，将这段代码改为< div id="button1" align="center" class="wz1">。用同样的方法，在第 2个<div>标记中设置一个 id=button2，即分别给两个单元格内的<div>标记命名。

第 4 步　选择"窗口"→"行为"命令，打开"行为"面板，用鼠标在第 1 个单元格中单击，在状态栏选中<div>标记，单击"行为"面板上的"+"按钮，从弹出菜单中选择"改变属性"命令，在弹出的"改变属性"对话框中进行如图 8-50 所示设置。

第 5 步　单击"确定"按钮，回到"行为"面板中，将其鼠标响应行为改为 onMouseOver。

第 6 步　用同样的方法在该<div>标记上再设置一个行为，将其鼠标响应行为改 onMouseOut，为并将"改变属性"对话框中的"新的值"设为原来的背景色#CCCC00。

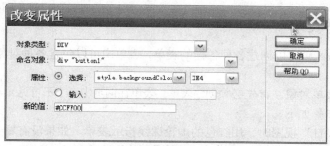

图 8-50　"改变属性"对话框

第 7 步　对第 2 个单元格中的 id=button2 的<div>标记，也做同样的设置。

第 8 步　保存文件，按 F12 键浏览效果。

8.7　制作表单页面

8.7.1　关于表单

使用表单，可以帮助 Internet 服务器从用户那里收集信息，如收集用户资料，获取用户订单。在 Internet 上也同样存在大量的表单，让用户输入文字进行选择。

1. 通常表单的工作过程

（1）访问者在浏览有表单的页面时，可填写必要的信息，然后单击"提交"按钮。

（2）这些信息通过 Internet 传送到服务器上。

（3）服务器上专门的程序对这些数据进行处理，如果有错误会返回错误信息，并要求纠正错误。

（4）当数据完整无误后，服务器反馈一个输入完成信息。

2. 表单的组成

一个完整的表单包含以下两部分。

（1）在网页中进行描述的表单对象。

（2）应用程序，它可以是服务器端的，也可以是客户端的，用于对客户信息进行分析处理。

8.7.2　认识表单对象

在 Dreamweaver 8 中，表单输入类型称为表单对象。可以通过选择"插入"→"表单对象"命令来插入表单对象，或者通过从图 8-51 所示的"表单"面板访问表单对象来插入表单对象。

图 8-51　"表单"面板

8.7.3　创建表单

在 Dreamweaver 8 中可以创建各种各样的表单，表单中可以包含各种对象，如文本域、按钮、列表等。

在网页中添加表单对象，首先必须创建表单。表单在网页中属于不可见元素。在 Dreamweaver 8 中插入一个表单的步骤如下。

当页面处于"设计"视图时，用红色的虚轮廓线指示表单。如果没有看到此轮廓线，可检查是否选择了"查看"→"可视化助理"→"不可见元素"命令。

第 1 步　将插入点放在希望表单出现的位置，选择"插入"→"表单"命令，或选择"插入"栏上的"表单"类别，然后单击"表单"图标。

第 2 步　用鼠标选中表单，在"属性"面板上可以设置表单的各项属性，如图 8-52 所示。

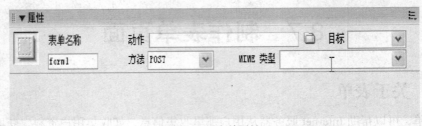

图 8-52　表单属性

- "动作"文本框用来指定处理该表单的动态页或脚本的路径。
- "方法"下拉列表框用来选择将表单数据传输到服务器的方法，它有如下几种：

POST 方法在 HTTP 请求中嵌入表单数据。GET 方法将值追加到请求该页的 URL 中。默认使用浏览器的默认设置将表单数据发送到服务器。通常，默认方法为 GET 方法。不要使用 GET 方法发送长表单。URL 的长度限制在 8192 个字符以内，如果发送的数据量太大，数据将被截断，从而导致意外或失败的处理结果。而且，在发送机密用户名和密码、信用卡号或其他机密信息时也不要使用 GET 方法，用 GET 方法传递信息不安全。

- "目标"下拉列表框用来指定一个窗口，在该窗口中显示调用程序所返回的数据。如果命名的窗口尚未打开，则打开一个具有该名称的新窗口。目标值有：_blank，在未命名的新窗口中打开目标文档；_parent，在显示当前文档的窗口的父窗口中打开目标文档；_self，在提交表单所使用的窗口中打开目标文档；_top，在当前窗口的窗体内打开目标文档，此值可用于确保目标文档占用整个窗口，即使原始文档显示在框架中。

8.7.4　表单的应用

1.　一个简单的提交留言页面

新建一个网页文件，选择表单插入栏，插入表单，将光标放置在表单内，插入一个 5 行 2 列的表格，将第 1 行和第 5 行合并，分别在第 2 行和第 3 行插入文本字段，在第 4 行插入文本区域，在第 5 行插入两个按钮。

文本域是用户在其中输入响应的表单对象。有如下 3 种类型的文本域。

（1）单行文本域通常提供单字或短语响应，如姓名或地址。

（2）多行文本域为访问者提供一个较大的区域，供其输入响应。可以指定访问者最多可输入的行数以及对象的字符宽度。如果输入的文本超过这些设置，则该域将按照换行属性中指定的设置进行滚动。

（3）密码域是特殊类型的文本域。当用户在密码域中输入时，所输入的文本被替换为星号或项目符号，以隐藏该文本，保护这些信息不被看到，如图 8-53 所示。页面布局效果如图 8-54 所示。

图 8-53　文本域属性

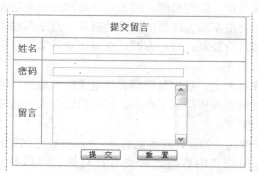

图 8-54　页面布局效果

2. 制作网页跳转菜单

第 1 步　打开一个建立好的网页文件，把鼠标的光标放置在需要插入跳转菜单的位置。单击表单插入栏中的"跳转菜单"按钮，在网页中插入一个跳转菜单，如图 8-55 所示。

图 8-55　表单插入栏

第 2 步　在弹出的"插入跳转菜单"对话框中，根据提示输入相应内容，如图 8-56 所示。
第 3 步　单击"确定"按钮，按 F12 键预览效果。

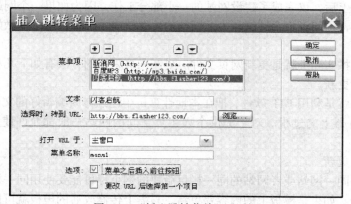

图 8-56　"插入跳转菜单"对话框

8.8 网站的管理与维护

8.8.1 网站的信息服务管理

在网站中一般都包含有许多为用户提供信息服务的栏目，对它们的管理决定着整个网站的服务态度和品位。网站的信息服务管理包括以下内容。

1. 留言簿的管理

网站上的留言簿要经常维护，定期整理。因为用户对网站的意见通常都会记录在留言簿中，期望网站管理者能提供他想要的东西，或提供相关的服务。网站要对用户提出的问题进行分析、总结，一方面要尽可能快地进行答复；另一方面，也要记录下来进行切实的改进。

2. 电子邮件的处理

网站要将联系方式留在页面上，通常是管理者的电子邮件地址。网站要及时查阅、回复浏览者发来的邮件。如果自己的网站规模得到了扩展，可以指定专人来处理邮件。

3. 投票调查栏目的管理

投票调查栏目是用来了解用户的喜好或意见的。一方面要对已调查的数据进行分析，另一方面，也要经常变换调查内容。但调查内容的选择要有针对性，可以针对某些关注热点进行投票调查。

4. BBS 的管理

BBS 是一个讨论技术、发表言论的自由天地，但也要对 BBS 进行实时监控管理。同时，可以收集一些相关资料在 BBS 中发表，以保证 BBS 的学术性。

5. 信息资源的管理

网站向用户提供的信息、软件一定要安全可靠，渠道合法。例如，向用户提供自己编制的小软件，要保证能使用而且不带病毒。

8.8.2 网站的数据维护

网站的数据维护，是保证一个网站能够良好运行的基石。从真正意义上讲，将一个网站组建好并上传到服务器上后，仅完成了建设网站的一小部分工作，因为如果一个网站的数据内容数月如一日、一成不变，访问者将会越来越少，网站的生存就成了问题，所以要做好网站的数据维护工作。

网站的数据维护实际上就是更新网页文件。更新网页采用的方法有如下几种。

（1）上传文件更新。

上传文件更新就是利用 FTP 软件，把在本地计算机中已经修改编辑好的文件，上传到自己网站所在的远程服务器上的过程。对于提供个人主页空间的网站一般都允许使用 FTP 软件更新网页。

（2）上传模板更新。

制作网页时，同一网站或者网站的同一栏目版块的网页尽可能要使用同一模板制作，共同的内容制作在模板上。如果是模板上的内容要更新，只需上传修改后的模板就可以了，而不需将所有涉及的网页重新修改后上传。

（3）使用库更新。

在设计网页的时候，为了保持和协调网站的整体风格，有时要把一些网页元素（如图像、文本等）应用在多个网页中。当修改这些重用的网页元素时，就可以使用库。将重用的网页元素存入库中，并与使用它们的网页之间建立引用关系。通过修改库中的网页元素，就可实现整个网站各网页上相应内容的一次性修改，既快捷又方便。

网页更新要做到以下几点。

（1）定期更新新闻性栏目。

由于新闻性栏目版块内容的时效性比较强，而且也是吸引用户的一个因素，因此要定期更新它们的内容。

（2）时常检查相关链接。

通过测试软件对网站所有的网页链接进行测试，看是否能连通，尤其是网站导航栏目，可能经常出问题。

（3）用户调查。

在自己的网站上要开设用户调查栏目，以了解自己的栏目情况，在更新时能做到有的放矢。

8.8.3　网站的安全

1．网站安全因素

网站的安全因素是多方面的。具体来说主要有 5 个方面的问题。

（1）网站系统软件自身的安全问题。

网站系统软件的自身安全与否直接关系着网站的安全，网站系统软件的安全功能较少或不全，以及系统设计时的疏忽或考虑不周而留下的"破绽"，都等于给危害网站安全的人和软件留下了"后门"。

（2）网站系统中数据的安全问题。

网站中的信息数据是存放在计算机数据库中的，而对数据库的操作存在着不安全性和危害性。例如，授权用户超出了他们的访问权限进行更改活动；非法用户绕过安全内核，窃取信息资源等。

（3）传输线路的安全与质量问题。

尽管在通信线路中窃取信息是很困难的，但是从安全的角度来说，没有绝对安全的通信线路；另一方面，无论采用何种传输线路，当线路的通信质量不好时，将直接影响连网效果，严重的时候甚至导致网站中断。

（4）网站安全管理问题。

对于大多数的网站来说，都存在缺少安全管理员、缺少安全管理的技术规范、缺少定期的安全测试与检查和缺少安全监控等现象。另一方面，由于网站由各种服务器、工作站和终端等设备组成，所以整个网站自然继承了它们各自的安全隐患。

（5）其他威胁网站安全的因素。

其他威胁网站安全的因素包括计算机黑客、内部人员作案、计算机病毒等。

2．网站安全维护

保护网站安全的主要措施如下。

（1）制定并实施一系列的安全管理制度。

（2）实行严密的身份认证。

（3）实施访问控制（存取控制）。

（4）采用信息传输加密算法和电子签名，保障数据的保密性、完整性和可使用性。

（5）进行完整的审计，定期进行风险分析。

（6）加强网站安全管理配置，改进网站运行环境。

（7）消除及屏蔽干扰电磁辐射，防止信息泄露。

习　题

1. 什么叫网页？网页与网站有什么关系？

2. 网页中的超链接是什么意思？

3. 建立自己的网站应注意哪些问题？

4. 网站的风格是什么？应从哪些方面去形成自己网站的风格？

5. 上网浏览各网站的页面布局，归纳页面布局的样式种类，并指出网站的主页一般采用哪些布局样式。

6. 怎样去宣传自己的网站？

7. 在 Dreamweaver 8 中使用图像和声音等元素应该注意哪些细节？

8. 如何给网页添加图像背景？哪些格式的图像文件可以用作背景？添加图像背景后，页面上的字体颜色是否要调整？

9. 如何实现页内链接？设计一张有页内链接的网页。

10. 两张网页之间的链接如何实现？

11. 网站信息服务管理有哪些内容？

12. 网站的安全问题主要有哪几个方面？

13. 如何进行网站的安全维护？

第9章
网络与信息安全技术

随着网络与信息技术的飞速发展，网络的应用已经延伸到社会和生活的各个领域，网络的安全威胁随之也在不断增加，信息网络的安全性越来越引起人们的重视。通常，利用加密技术来保证网络信息交换的安全性已经得到了人们的认可；在网络的出口处安装防火墙过滤不安全的服务，使内部与外部网络有效地隔离，极大地提高内部网络的安全性，降低网络风险。

本章将对网络安全的基本知识、计算机病毒和加密技术、防火墙等内容进行简要介绍，使用户具备基本的安全预防与病毒处理能力，提高其安全意识。

9.1　网络安全基本知识

9.1.1　网络中存在的威胁

影响计算机网络的因素很多，从威胁的角度来看，网络所面临的威胁包括网络中设备的威胁和网络中信息的威胁。

网络中设备的威胁一般有：操作员安全配置不当、黑客攻击、网络系统的安全漏洞或软件的"后门"等。

（1）设备的威胁有的是由人为的无意失误造成的，操作员安全配置不当导致的安全漏洞；或由人为的恶意攻击引起的，这一点是计算机网络所面临的最大威胁，一些攻击者专门远程攻击其他用户的计算机，对其进行远程控制、拒绝服务式攻击。

（2）由网络系统的安全漏洞或软件的"后门"程序造成网络系统的威胁。软件的"后门"是软件公司的设计编程人员为了自便而设置的，一般不为外人所知，但如果这些后门一旦被他人所知，或是在发布软件之前没有删除后门程序，其造成的后果将不堪设想；网络系统的漏洞和缺陷恰恰也是黑客进行攻击的首选目标。

（3）网络信息所面临的安全性威胁有信息的截获、中断、篡改和伪造 4 种类型。

① 截获（Interception）。截获是指攻击者从网络上窃听他人的通信内容，这是对信息机密性的攻击。

② 中断（Interruption）。中断是指攻击者有意破坏和切断他人在网络上的通信，这是对可用性的攻击。

③ 篡改（Modification）。篡改是指攻击者故意篡改网络上传送的报文，这是对完整性的攻击。

④ 伪造（Fabrication）。伪造是指攻击者伪造信息在网络传送，这是对真实性的攻击。

几种攻击类型又可以分为被动攻击和主动攻击两部分。

被动攻击是指信息的截获，对信息的机密性进行攻击，即通过窃听网络上传输的信息并对其进行业务流分析，从而获得有价值的情报，但它并不修改信息的内容。它的目标是获得正在传送的信息，其特点是偷听或监视信息的传递。

主动攻击是指更改信息和拒绝用户使用资源的攻击。它包括中断、伪造和篡改，即攻击信息来源的真实性、信息传输的完整性和系统服务的可用性。

攻击类型如图 9-1 所示。

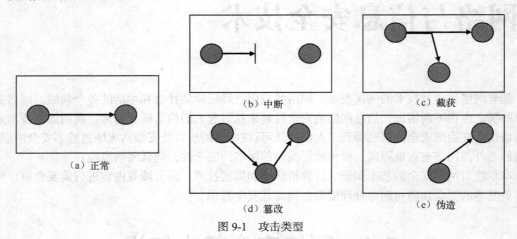

（a）正常　　（b）中断　　（c）截获　　（d）篡改　　（e）伪造

图 9-1　攻击类型

9.1.2　信息安全目标及应对策略

信息安全的目标是维护信息的机密性、完整性、可用性、可控性、不可否认性、可审计性和可鉴别性等。

- 机密性（Confidentiality）是使系统只向授权用户提供信息，对于未被授权使用者，这些信息是不可获取或不可理解的。
- 完整性（Integrity）使系统只允许授权的用户修改信息，以保证提供给用户的信息是完整无缺的。
- 可用性（Usability）使被授权的用户能够从系统中及时得到服务的能力和获得所需的信息资源服务。
- 可控性（Controllability）是指对信息和信息系统实施安全监控管理，防止非法利用信息和信息系统。
- 不可否认性（Non-repudiation）是指在网络环境中，信息交换的双方不能否认其在交换过程中发送信息或接收信息的行为。
- 可审查性（Audit-ability）使系统内所发生的与安全有关的动作均有说明性记录可查。
- 可鉴别性（Authenticity）确保一个通信是可靠的，能向接收方保证该信息确实来自于它所宣称的源端。

为了保证网络信息的安全存储和传输，实现上述的安全目标，我们应该采取相应的网络安全应对策略，采取一些技术和管理措施以降低病毒传播等不安全因素带来的的影响。

对于企业而言，日常应采取的若干对策如下。

（1）要充分认识到所面临的内外部危险，并建立一套安全策略。

（2）系统管理者必须慎选评估安全厂商，邀请专职的信息技术专家实时地修补安全漏洞和持续提供可信赖的服务。

（3）加大中央控管力度，优选一种实用、好用的企业网络防毒策略，提供强大的集中控管能力，从而使企业能够更加有效地管理整个企业的防毒策略。

（4）应用网关（Gateway）把关，设置防毒软件，过滤 E-mail 附件方式，拦截多数企图带毒闯关的病毒。

（5）网络防毒产品根据病毒防范策略定期定时进行扫描；使用漏洞扫描器定期检查网络中存在漏洞的主机。对于已经感染病毒的主机，应该尽可能断网后进行处理。

（6）利用密码管理软件帮助用户选择安全性好的密码，对时间太长的密码要设置为过期。将密码与检验结合起来，建立一种高效的认证制度。

从总体安全策略上来看，对于普通用户，尽量以自动和强制性执行的策略进行管理；对于服务器管理员，应该通过自主修补，安全管理员监督的方式管理；对于高层管理用户，则建议由安全管理员直接支持的方式进行。

对于个人而言，在计算机日常使用的过程中，要注意以下几点。

（1）安装防火墙可以帮助计算机免受安全攻击的侵害。在 Internet 上，黑客通常使用恶意代码（如病毒、蠕虫和特洛伊木马）对未保护的计算机进行攻击。如果用户使用 Windows XP Service Pack2（SP2），则拥有一个内置防火墙，该防火墙在默认情况下打开。

（2）定期更新软件和进行系统维护，避免数据丢失、新病毒感染和其他潜在危险，Windows Update 可以针对特定硬件和软件进行适当的更新，保证计算机具有最新的操作系统。

（3）使用最新的防病毒软件。防病毒软件是计算机中预装的或者用户自己购买并安装的一个应用程序。它帮助保护计算机不受大多数病毒、蠕虫、特洛伊木马和其他有害入侵程序的危害。

9.1.3　安全的网络体系结构

国际标准化组织（ISO）在开放系统互连参考模型（OSI/RM）的基础上，于 1989 年制定了在 OSI 环境下解决网络安全的规则：安全体系结构如图 9-2 所示。它扩充了基本参考模型，加入了安全问题的各个方面，为开放系统的安全通信提供了概念性、功能性及一致性的途径。

OSI 安全体系包含 7 个层次：物理层、数据链路层、网络层、传输层、会话层、表示层和应用层。在各层次间进行的安全机制有：加密技术是确保信息安全的核心技术，安全技术是对信息系统进行安全检查和防护的主要手段；安全协议本质上是关于某种应用的一系列规定，通信各方只有共同遵守协议，才能安全地相互操作。

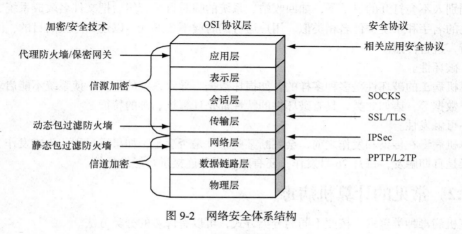

图 9-2　网络安全体系结构

9.2　计算机病毒

9.2.1　计算机病毒的定义与特性

1. 什么是计算机病毒

公安部发布关于计算机病毒的官方定义，即计算机病毒是指编制或者在计算机程序中插入的破坏计算机功能或者毁坏数据，影响计算机使用，并能自我复制的一种计算机指令或者程序代码。从广义的角度来讲，凡是能够引起计算机故障，破坏计算机数据的程序，统称为"计算机病毒"。例如，蠕虫、木马或者破坏程序运行的黑客程序都被称为"计算机病毒"。

2. 计算机病毒的特性

（1）寄生性。

计算机病毒寄生在其他程序之中，当执行这个程序时，病毒就起破坏作用，而在未启动这个程序之前，它是不易被人发觉的。

（2）传染性与传播性。

病毒进行传染时，需要进行自我复制，既可以把自己的病原体注入到数据体内，又会把病毒传染给别的设备，所以具有传染性。病毒的传播性就是通过网络或者存储介质，包括软盘、硬盘和光盘进行传播，更严重的是通过网络进行传播的病毒已经占了绝大多数。

（3）潜伏性。

潜伏性有两个表现特征：一是病毒程序不用专用检测程序是检查不出来的，通常，病毒可以躲在磁盘里待上几天或几年，一旦时机成熟，得到运行机会，就又要四处繁殖、扩散和破坏；二是病毒程序往往有一种触发机制，不满足触发条件时，计算机病毒除了传染外不做什么破坏。触发条件一旦达到，有的在屏幕上显示信息、图形或特殊标识，有的则执行破坏系统的操作，如格式化磁盘、删除磁盘文件、对数据文件做加密、封锁键盘以及使系统死锁等。比如黑色星期五病毒，不到预定时间一点都觉察不出来，等到条件具备的时候就迅速爆发，对系统进行破坏。

（4）隐蔽性。

计算机病毒具有很强的隐蔽性，有的可以通过病毒软件检查出来，有的根本就查不出来，有的时隐时现、变化无常，这类病毒处理起来通常很困难。例如，把病毒储存到 Windows 目录下，或者传到别人不会打开的目录下，如回收站、系统的临时目录，然后把文件名改成系统文件名，或者使它的名字和系统文件名相类似，用户运行的时候不会发现，以达到隐蔽的目的，因而可以不断运行，进行传播。

（5）破坏性。

计算机病毒的破坏性是多种多样的，如损坏数据，导致系统的异常，使系统不能启动，或者窃取用户数据等，诸如此类，具有破坏性的特性都是计算机病毒的特征。

（6）可触发性。

计算机病毒在传染和发作之前，会判断某些条件是否满足，如果满足则传染或发作。例如，CIH 病毒是日期触发，每月 26 号发作；还有通过远程连接进行触发的等。

9.2.2　常见的计算机病毒

计算机病毒种类繁多，按照不同的分类方式，可以有许多的分类方法。

1. 按照计算机病毒的传染性来分类

计算机病毒按传染性来划分可以分为引导区病毒、文件型病毒、宏病毒和脚本病毒。

引导区病毒通常隐藏在硬盘或软盘的引导区中，当计算机从传染了引导区病毒的硬盘或软盘启动，或当计算机从受传染的软盘中读取数据时，引导区病毒就开始发作。一旦它们将自己复制到机器的内存中，马上就会传染其他磁盘的引导区，或通过网络传播到其他计算机上。

文件型病毒是寄生在其他文件中，常常通过对它们的编码加密或使用其他技术来隐藏自己。文件型病毒劫夺用来启动主程序的可执行命令，用作它自身的运行命令。同时还经常将控制权还给主程序，伪装计算机系统正常运行。一旦运行被传染了病毒的程序文件，病毒便被激发，执行大量的操作，并进行自我复制，同时附着在系统的其他可执行文件上伪装自身，并留下标记，以后不再重复感染。

宏病毒是一种特殊的文件型病毒，一些软件开发商在产品研发中引入宏语言，并允许这些产品在生成载有宏的数据文件之后出现。宏的功能十分强大，但是却给宏病毒留下可乘之机。

脚本病毒是依赖一种特殊的脚本语言（如 VBScript、JavaScript 等）起作用，同时需要主程序或应用环境能够正确识别和翻译这种脚本语言中嵌套的命令。脚本病毒在某方面与宏病毒类似，但脚本病毒可以在多个产品环境中进行，还能在其他所有可以识别和翻译它的产品中运行。

2. 常见的几种计算机病毒

"网络蠕虫程序"是一种通过间接方式复制自身的非感染型病毒。有些网络蠕虫拦截 E-mail系统向世界各地发送自己的复制品；有些则出现在高速下载站点中。它的传播速度相当惊人，成千上万的病毒传染造成众多邮件服务器先后崩溃，给人们带来难以弥补的损失。

"特洛伊木马程序"通常是指伪装成合法软件的非传染型病毒，但它不进行自我复制。有些木马可以模仿运行环境，收集所需的信息，最常见的木马便是试图窃取用户名和密码的登录窗口，或者试图从众多的 Internet 服务器提供商（ISP）盗窃用户的注册信息和账号信息。

"网络天空（Worm.Netsky）"这种病毒是利用系统收信邮件地址，疯狂地乱发病毒邮件，大量浪费网络资源，使众多邮件服务器瘫痪，因此让受传染的系统速度变慢。该病毒是一个典型的电子邮件类病毒，通过电子邮件快速传播。

"诺维格"是一种互联网蠕虫，开启 Windows Notepad 后便随即激活，显示出一些怪异字体。病毒能透过 Windows 系统自行安装程序，让黑客远程控制计算机。

"震荡波（Worm.Sasser）"病毒利用 Windows 平台的 Lsass 漏洞进行传播，中毒后的系统将开启 128 个线程去攻击其他网上的用户。可造成机器运行缓慢、网络堵塞，并让系统不停地进行倒计时重启。

9.2.3　常见计算机病毒的防范与清除

就像治病不如防病一样，杀毒不如防毒。防范感染病毒的途径可概括为两类：一是用户遵守和加强安全操作控制措施；二是使用硬件和软件防病毒工具。

1. 用户遵守和加强安全操作控制措施

（1）建立、健全法律和管理制度。

在相应的法律和管理制度中明确规定禁止使用计算机病毒攻击、破坏的条文，以制约人们的行为，起到威慑作用。除此之外，凡使用计算机的单位都应制定相应的管理制度，避免蓄意制造、传播病毒的事件发生。例如，对接触重要计算机系统的人员进行选择和审查；对系统的工作人员和资源进行访问权限划分；对外来人员上机或外来磁盘的使用严格限制，特别是不准用外来系统盘启动系统；不准随意玩游戏；规定下载文件要经过严格检查，有时还规定下载文件、接收 E-mail

等需要使用专门的终端和账号，接收到的程序要严格限制执行等。

（2）加强教育和宣传。

加强计算机安全教育，大力宣传计算机病毒的危害，以引起人们的重视。建立安全管理制度，提高包括系统管理员和用户在内的技术素质和职业道德素质。加强软件市场管理，加强版权意识的教育，打击盗版软件的非法出售是防止计算机病毒蔓延的一种有效办法。

2. 使用硬件和软件防病毒工具

（1）采取有效的技术措施，如软件过滤、文件加密、系统安全设置、后备恢复等操作。

（2）选购防病毒软件。好的防病毒软件用户界面友好，能进行远程安装和管理，实时监控病毒可能的入口；扫描多种文件，能定期更新。技术支持及时、到位，即发现一个新病毒后很短时间内就能获得防治方法。

3. 网络计算机病毒的防治

网络防病毒不同于单机防病毒，单机版的杀毒软件并不能在网络上彻底有效地查杀病毒。在网络中要保证系统管理员有最高的访问权限，避免过多的出现超级用户；尽量多用无盘工作站，工作站采用防病毒芯片，这样可以防止引导型病毒；对非共享软件，将其执行文件和覆盖文件如*.COM,*.EXE,*.OVL 等备份到文件服务器上，定期从服务器上复制到本地硬盘上进行重写操作；正确设置文件属性，合理规范用户的访问权限；建立健全网络系统安全管理制度，严格操作规程和规章制度，定期做文件备份和病毒检测。

4. 电子邮件病毒的防范措施

电子邮件病毒一般是通过邮件中"附件"夹带的方法进行扩散，无论是文件型病毒或是引导型病毒，如果用户没有运行或打开附件，病毒是不会被激活的（Bubbleboy 除外）；如果运行了该附件中的病毒程序，则使计算机染毒。

电子邮件病毒可以从以下几个方面采取相应的防范措施：不要轻易打开陌生人来信中的附件文件，尤其是一些*.exe 之类的可执行文件，就更要慎之又慎；对于比较熟悉了解的朋友寄来的信件，如果其信中夹带了程序附件，但是他却没有在信中提及或是说明，也不要轻易运行；不断完善网关软件及病毒防火墙软件，加强对整个网络入口点的防范；使用优秀的防毒软件对电子邮件进行专门的保护；使用特定的 SMTP 杀毒软件。

这些产品的特点表现为技术领先、误报率低、杀毒效果明显、界面友好、良好的升级和售后服务技术支持、与各种软硬件平台兼容性好等方面。常用的反病毒软件有瑞星、金山毒霸等。

5. 典型病毒的清除

（1）感染 EXE 文件的病毒。

一般对于此类染毒文件，杀毒软件可以安全地清除文件中的病毒代码，清除病毒后文件还能正常使用。但也有一些病毒，即使感染的文件清除病毒后也可能无法正常地使用。例如，被求职信感染的 EXE 文件，清除病毒后就可能无法正常使用。

特别需要指出的是，有些 EXE 文件是由病毒生成的，并不是感染了病毒的文件，对于这样的文件杀毒软件采取的就是删除文件操作，即按下"清除病毒"和"删除病毒文件"。

（2）感染了 DOC、XLS 等 Office 文档的宏病毒。

此类病毒一般杀毒软件都能安全清除，清除病毒后的文件可以正常使用。

（3）木马类程序。

此类程序本身就是一个危害系统的文件，所以杀毒软件对它的操作都是删除文件，即"清除病毒"和"删除病毒文件"。

对于不同的计算机病毒和网络病毒都有相应的清除方法，而且病毒的产生是难以控制的。但更重要的是"病毒防治，重在防范"。作为普通的计算机用户，一定要加倍小心，随时更新自己的杀毒软件，了解病毒发展的最新动态，做到防患于未然。如果做到以上几点，计算机系统被病毒攻陷的可能性会小得多。

9.3　加密技术

互联网是一个面向大众的开放系统，信息的安全问题日益严重。如何保护计算机信息的内容呢？加密技术则实现了信息的机密性和完整性。

密码学中规定：未加密的信息称为明文，已加密的信息称为密文。由密码算法对数据进行变换，得到隐藏数据的信息内容的过程，称为"加密"。一个相应的加密过程的逆过程，称为"解密"。根据密码算法所使用的密钥数量的不同，可以分为对称密钥体制和非对称密钥体制。这些加密算法都已经达到了很高的强度，同时在理论上也已经相当成熟，形成了一门独立的学科。

9.3.1　常规密钥加密体制

对称加密又称为常规密钥加密，有时又叫单密钥加密算法，即加密密钥与解密密钥相同，或加密密钥可以从解密密钥中推算出来，同时解密密钥也可以从加密密钥中推算出来。它要求发送方和接收方在安全通信之前，商定一个密钥。对称加密算法的安全性依赖于密钥，泄露密钥就意味着任何人都可以对他们发送或接收的消息解密，所以密钥的保密性对通信至关重要。

对称加密的加密模型为：$C=E_k(M)$

解密模型为：$M=D_k(C)$

其中，M 表示明文，C 表示密文，K 为密钥，E 表示加密过程，D 表示解密过程。

对称加密的优点在于算法实现的效率高、速度快。缺点在于密钥的管理过于复杂。如果任何一对发送方和接收方都有他们各自商议的密钥的话，那么很明显，假设有 N 个用户进行对称加密通信，如果按照上述方法，则他们要产生 $N(N-1)/2$ 个密钥，每一个用户要记住或保留 $N-1$ 个密钥，当 N 很大时，记住是不可能的，而保留起来又会引起密钥泄露可能性的增加。

对称密钥加密技术的典型算法是数据加密标准（Data Encryption Standard，DES）。DES 是目前使用较为广泛的加密方法，其加密算法是公开的，算法的保密性仅取决于对密钥的保密。除 DES 外，对称加密算法还包括托管加密标准（EES）、高级加密标准 AES 等。

9.3.2　公开密钥加密体制

非对称密钥加密技术也叫公钥加密，是建立在数学函数基础上的一种加密方法，它不同于以往加密中使用的替代和置换方法，它使用两个密钥，在保密通信、密钥分配和鉴别等方面都产生了深远的影响。

非对称密钥加密体制是由明文、加密算法、公开密钥和私有密钥、密文、解密算法组成。在一个实体的非对称密钥对中，由该实体使用的密钥称为私有密钥，私有密钥是保密的；能够被公开的密钥称为公开密钥，这两个密钥相关但不相同，形成一对密钥对。

在公开密钥算法中，用公开的密钥进行加密，用私有密钥进行解密的过程，称为加密。而用私有密钥进行加密，用公开密钥进行解密的过程称为认证。

非对称密钥加密的典型算法是 RSA。RSA 算法是建立在大数分解和素数检测的理论基础上。

RSA 公钥密码算法的思路是：两个大素数相乘在计算上是容易实现的，但将它们的乘积分解为两个大素数的因子的计算却相当巨大，甚至在计算机上是不可实现的。

RAS 密钥的产生过程如下。

- 独立地选取两个互异的大素数 p 和 q（保密）。
- 计算 $n = p \times q$（公开），则 $\phi(n) = (p-1) * (q-1)$（保密）。
- 随机选取整数 e，使得 $1 < e < \phi(n)$ 并且 $\gcd(\phi(n), e) = 1$（公开）。
- 计算 d，$d = e^{-1} \bmod (\phi(n))$ 保密。
- RAS 私有密钥由 $\{d, n\}$ 组成，公开密钥由 $\{e, n\}$ 组成。

RAS 的加密/解密过程如下。

首先把要求加密的明文信息 M 数字化，分块；

然后，加密过程：$C = M^e (\bmod\ n)$

解密过程：$M = C^d (\bmod\ n)$

与对称加密体制相比，非对称加密体制的加密、解密的速度较慢。

非对称密钥加密体制具有以下优势。

- 解决了密钥管理问题，通过特有的密钥发放体制，使得当用户数大幅度增加时，密钥也不会向外扩散。
- 由于密钥已事先分配，不需要在通信过程中传输密钥，安全性大大提高。
- 具有很高的加密强度。

9.3.3　加密技术在电子商务中的应用

当许多传统的商务方式应用在 Internet 上时，便会带来许多源于安全方面的问题，如传统的贷款和借款、卡支付方案及数据保护方法、电子数据交换系统和对日常信息安全的管理等。电子商务的大规模使用虽然只有几年时间，但由于电子商务的形式多种多样，涉及的安全问题各不相同。DES 算法在 POS、ATM、磁卡及智能卡（IC 卡）、加油站、高速公路收费站等领域被广泛应用，以此来实现关键数据的保密，如信用卡持卡人的 PIN 的加密传输，IC 卡与 POS 间的双向认证、金融交易数据包的 MAC 校验等，均用到 DES 算法。定期在通信网络的源端和目的端同时改用新的 Key，提高数据的保密性，这正是现在金融交易网络的流行做法。大规模银行业的标准是由美国国家标准学会（ANSI）制定的。1980 年 ANSI X3.92 指定了要使用 DES 算法。

一般来说，电子商务的安全交易主要保证以下 4 个方面：信息保密性、交易者身份的确定性、不可否认性和信息的完整性。

主要的协议标准有：安全超文本传输协议（S-HTTP）、安全套接层（SSL）协议、安全交易技术（Secure Transaction Technology，STT）协议和安全电子交易（Secure Electronic Transaetion，SET）协议。所有这些安全交易标准中，主要的安全技术就是加密技术。同样，在数字认证、数字签名和数字信封等中都是利用加密技术来实现的。

（1）数字信封。

数字信封是使用对称密钥密码加密大量数据，然后使用公钥算法加密会话密钥。

（2）数字签名。

数字签名是用来防止通信双方互相攻击的一种认证机制，是防止发送方或接收方抵赖的认证机制。一般采用 RSA 加密算法，发送方使用私钥对消息摘要（数字指纹）进行加密，接收方使用公钥进行解密，并确认发送者的身份，如图 9-3 所示。

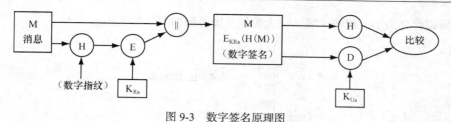

图 9-3　数字签名原理图

加密模块的位置可以分为两大类，即链路加密和端到端的加密。

采用链路加密时，需要对每个通信链路的两端都装备一个加密装置。因此，通过这些链路的信息是安全的，但它有以下缺点。

- 中间的每个通信链路的两端都需安装加密设备，实施费用较高。
- 共享一条链路的每对节点，应共享唯一的密钥，而每段链路应使用不同的密钥，造成密钥的管理和分发困难。
- 需要在每台分组交换机中进行解密，以获得路由信息，此时最易受到攻击。

使用端到端加密时，加密解密过程只在两个端系统上完成，相对而言，实施较为方便。但主机只能对用户数据进行加密，而分组首部以未加密的方式传输，因此，易受业务流分析类的被动攻击。

在计算机互连网络上实现的电子商务交易必须具有保密性、完整性、可鉴别性、不可伪造性、不可抵赖性等特性。电子商务对计算机网络安全与商务安全的双重要求，使电子商务安全的复杂程度比大多数计算机网络更高，因此电子商务安全应作为安全工程，而不是解决方案来实施。

9.4　防火墙

许多传统风格的企业和数据中心都制定了计算安全策略和必须遵守的惯例。在一家公司的安全策略规定数据必须被保护的情况下，防火墙更显得十分重要，因为它是这家企业安全策略的具体体现。防火墙可以发挥企业驻 Internet "大使"的作用。许多企业利用其防火墙系统作为保存有关企业产品和服务的公开信息、下载文件、错误修补以及其他一些文件的场所。防火墙将网络分隔为不同的物理子网，限制威胁从一个子网扩散到另一子网，正如传统意义的防火墙能防止火势蔓延一样。

防火墙英文名称为 FireWall，指的是一个由软件和硬件设备组合而成、在内部网和外部网之间、专用网与公共网之间的界面上构造的保护屏障，从而保护内部网免受非法用户的侵入。

9.4.1　防火墙的发展史

随着新的网络攻击的出现，防火墙技术也在不断的发展。按照时间来划分，经历了几个阶段。

第一代防火墙技术几乎与路由器同时出现，采用了包过滤（Packet Filter）技术。1989 年，贝尔实验室的 Dave Presotto 和 Howard Trickey 推出了第二代防火墙，即电路层防火墙，同时提出了第三代防火墙应用层防火墙（代理防火墙）的初步结构。1992 年，USC 信息科学院的 BobBraden 开发出了基于动态包过滤（Dynamic Packet Filter）技术的第四代防火墙，后来演变为目前所说的状态监视（Stateful inspection）技术。1994 年，以色列的 CheckPoint 公司开发出了第一个采用这种技术的商业化的产品。1998 年，网络联盟有限公司（NAI）推出了一种自适应代理（Adaptive Proxy）技术，并在其产品 Gauntlet Firewall for NT 中得以实现，给代理类型的防火墙赋予了全新的意义，可以称之为第五代防火墙。防火墙的发展历程如图 9-4 所示。

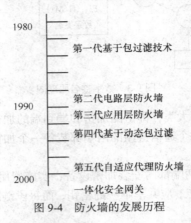

图 9-4　防火墙的发展历程

目前，使用更多的是一体化安全网关（Unified Threat Management，UTM）。UTM 是在防火墙基础上发展起来的，具备防火墙、入侵预防系统（Intrusion Prevention System，IPS）、防病毒、防垃圾邮件等综合功能的设备。由于同时开启多项功能会大大降低 UTM 的处理性能，因此主要用于对性能要求不高的中低端领域。在中低端领域，UTM 已经出现了代替防火墙的趋势，因为在不开启附加功能的情况下，UTM 本身就是一个防火墙，而附加功能又为用户的应用提供了更多选择。在高端应用领域，如电信、金融等行业，仍然以专用的高性能防火墙、入侵预防系统为主流。IPS 是计算机网路安全设施，是对防病毒软件和防火墙的补充。它能够监视网络或网络资料传输行为的计算机网络安全设备，能够即时地中断、调整或隔离一些不正常或是具有伤害性的网络资料传输行为。

9.4.2　防火墙概述

防火墙主要由服务访问政策、验证工具、包过滤和应用网关 4 个部分组成。通过防火墙可以对网络之间的通信进行扫描，关闭不安全的端口，阻止外来的 DoS 攻击，封锁特洛伊木马等，以保证网络和计算机的安全。

1. 防火墙的类型

综合几代的防火墙来看，防火墙可以分为软件防火墙和硬件防火墙以及芯片级防火墙。

软件防火墙运行于特定的计算机上，它需要客户预先安装好的计算机操作系统的支持，一般来说这台计算机就是整个网络的网关。俗称"个人防火墙"。软件防火墙就像其他的软件产品一样需要先在计算机上安装并做好配置才可以使用。

硬件防火墙是针对芯片级防火墙而言的。它们的最大差别在于是否基于专用的硬件平台。目前市场上大多数防火墙都是基于 PC 架构的，即它们和普通的家用 PC 没有太大区别。需要注意的是，由于此类防火墙采用的依然是别人的内核，因此会受到 OS（操作系统）本身的安全性影响。传统硬件防火墙一般至少应具备 3 个端口，分别接内网、外网和 DMZ 区（非军事化区），而今，一些新的硬件防火墙扩展了端口，常见四端口防火墙一般将第 4 个端口做为配置口、管理端口等。

芯片级防火墙基于专门的硬件平台，没有操作系统。专有的 ASIC 芯片促使它们比其他种类的防火墙速度更快，处理能力更强，性能更高。生产这类防火墙最出名的厂商有 NetScreen、FortiNet、Cisco 等。这类防火墙由于是专用 OS（操作系统），因此防火墙本身的漏洞比较少，价格相对比较高。

2．防火墙的特点

（1）内部网络和外部网络之间的所有网络数据流都必须经过防火墙。这是防火墙所处网络位置特性，同时也是一个前提。因为只有当防火墙是内、外部网络之间通信的唯一通道，才可以全面、有效地保护企业网部网络不受侵害。

（2）只有符合安全策略的数据流才能通过防火墙。防火墙是一个类似于桥接或路由器的、多端口的（网络接口≥2）转发设备，它跨接于多个分离的物理网段之间，并在报文转发过程之中完成对报文的审查工作。

（3）防火墙自身应具有非常强的抗攻击免疫力。这是防火墙实施企业内部网络安全防护重任的先决条件。防火墙处于网络边缘，其操作系统本身是关键。只有自身具有完整信任关系的操作系统才可以谈论系统的安全性。

3．防火墙的功能

一般来说，防火墙具有以下几种功能。

（1）允许网络管理员定义一个中心点来防止非法用户进入内部网络。

（2）可以很方便地监视网络的安全性，并报警。

（3）可以作为部署网络地址变换（Network Address Translation，NAT）的地点，利用 NAT 技术，将有限的 IP 地址动态或静态地与内部的 IP 地址对应起来，用来缓解地址空间短缺的问题。

（4）是审计和记录 Internet 使用费用的一个最佳地点。网络管理员可以在此向管理部门提供 Internet 连接的费用情况，查出潜在的带宽瓶颈位置，并能够依据本机构的核算模式提供部门级的计费。

9.4.3　防火墙的配置

常用的个人防火墙都预设有多种工作模式，在不同的工作模式下，系统的安全等级也不同。天网个人版防火墙是由广州众达天网技术有限公司独立开发，由"中国国家安全部"、"中国公安部"、"中国国家保密局"及"中国国家信息安全测评认证中心"信息安全产品检验标准认证通过，并可用于中国政府机构和军事机关及对外发行销售的个人版防火墙软件。自 1999 年推出天网防火墙个人版 V1.0 后，连续推出了 V1.01、V2.0、V2.5.0、V2.7.7、V3.0 等更新版本。

天网个人版防火墙的安装和注册都能很轻易完成，天网个人版防火墙提供了安全级别设置、应用程序规则设置、自定义 IP 规则设置、系统设置等功能。

天网个人版防火墙通过有机结合"IP 包过滤规则"和"应用程序访问网络规则"天网"双墙"，可以对个人用户的计算机做到较好的网络安全防护。

运行了天网个人版防火墙后，将出现如图 9-5 所示的界面。

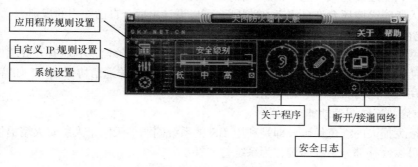

图 9-5　天网个人版防火墙初始界面

1．安全级别设置

天网个人版防火墙的安全级别分为高、中、低3个等级（默认的安全等级为中），适合各类用户的需要。用户可以根据自己的安全需要设置天网个人版防火墙。

2．应用程序规则设置

新版的天网个人版防火墙增加了对应用程序数据包进行底层分析拦截功能，还可以控制应用程序发送和接收数据包的类型、通信端口，并且决定是拦截还是通过，这是目前其他很多软件防火墙不具有的功能。对应用程序数据包进行拦截可以有效防止利用"反弹端口"型木马，如"网络神偷"等程序悄悄连接客户端，如图9-6所示。

天网个人版防火墙将会把所有不合规则的数据传输封包拦截并且记录下来，如果选择了监视TCP和UDP数据传输封包，那所发送和接收的每个数据传输封包也将被记录下来，有利于分析查找数据来源。

3．IP规则的设置

规则是一系列的比较条件和一个对数据包的动作，就是根据数据包的每一个部分与设置的条件比较，当符合条件时，就可以确定对该包放行或者阻挡。通过合理的设置规则就可以把有害的数据包挡在机器之外。天网个人版防火墙默认设置了相当好的缺省规则，如图9-7所示，一般用户并不需要做任何IP规则修改，就可以直接使用。

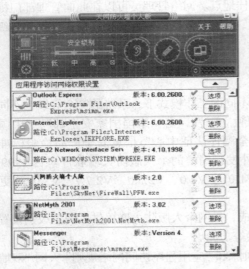

图9-6　应用程序规则设置

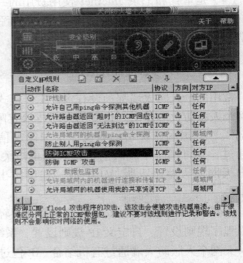

图9-7　自定义IP规则的设置

有时，防火墙还要完成一些"特殊"任务，如测试一些安全软件或者做一些简单的攻击测试等。天网个人版防火墙还允许自定义IP规则，可以设计出适合自己使用的规则。

4．严密的应用程序网络状态监控功能

通过天网个人版防火墙提供的应用程序网络状态功能，能够监视到所有开放端口连接的应用程序及它们使用的数据传输通信协议，任何不明程序的数据传输通信协议端口，如特洛伊木马等，都可以在应用程序网络状态下一览无遗。

5．具有修补系统漏洞功能

如造成巨大损失的红色代码，即是利用IIS的系统漏洞。天网个人版防火墙提供了安全检测修复系统，可以修补部分系统漏洞，为系统打"补丁"。

6. 系统设置

天网个人版防火墙将在操作系统启动的时候自动启动，否则需要手工启动。天网个人版防火墙系统设置界面如图 9-8 所示。

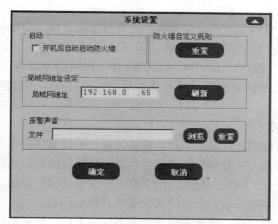

图 9-8　天网个人版防火墙系统设置

9.4.4　防火墙的应用

防火墙作为网络安全体系的基础和核心控制设备，贯穿于受控网络通信主干线，它对通过受控干线的所有通信行为进行安全处理，同时也承担着繁重的通信任务，而且，对技术力量和资金力量的的要求也是很严格的，如果选择和配置不当会对通信产生障碍。因此，在实际应用中，应该尽可能地寻找最经济、效率最高的防火墙。

1. 防火墙的选择

作为企业信息安全保护最基础的硬件，防火墙在企业整体防范体系中占据至关重要的地位。一款反应和处理能力不高的防火墙，不仅保护不了企业的信息安全，甚至会成为安全的最大隐患，所以选择防火墙必须多方面考虑。

（1）应选择具有品牌优势、质量信得过的防火墙产品。厂商的持续研发能力及升级和维护能力非常重要。要注意检查欲购产品通过了哪些认证，而且在可能的情况下，要向厂商索取测试文件，以便确切了解产品的各项指标，作为产品选型的依据。目前，对国内安全产品的认证有 4 种：中国信息安全产品测评认证中心的认证（针对企业应用）、国家保密局测评认证中心的认证（针对政府涉密网应用）、公安部计算机信息安全产品质量监督检验中心（获得销售许可）及中国人民解放军信息安全测评认证中心（针对军队使用）。

（2）在性能和价格方面只选适合的，不选最高的。除了要考虑产品本身应该安全可靠还要考虑防火墙性能的稳定，并应有良好的扩展性和适应性，方便管理和控制。除此之外对防火墙的基本性能，如效率和安全防护能力、网络吞吐量、提供专业代理的数量及和其他信息安全产品的联动等，也必须好好考虑，原则是在预算范围内，选择最佳的。在产品选型时，需要考察该产品能够和哪些厂商的哪些产品实现联动和集成，是否对其他厂商开放应用接口，是否加入开放性的安全联盟。好的防火墙，应该是企业整体网络的保护者，能弥补操作系统的不足，并支持多种平台。硬件防火墙因为比软件防火墙稳定和效率更高，一般价格也要高一些。而单一的防火墙和整套防火墙解决方案的安全保护能力也不同，价格更相差悬殊。对于有条件的企业来说，最好选择整套企业级的防火墙解决方案。

（3）在选择防火墙时，还应考虑厂商提供的售后服务。在购买产品前，不仅要询问厂商是否具有技术支持电话和网上在线支持，是否能对产品的安装、设置及使用予以明确指导，更为重要的是考察厂商的快速响应能力：一旦使用中遇见用户解决不了的问题或故障时，厂商能否及时响应、快速解决问题。

个人版防火墙应该是选择系统资源消耗低、处理效率高，具有简单易懂的设置界面，具有灵活而有效的规则设定的产品。防火墙技术在国外发展得比较快，知名的品牌也比较多，如LOCKDOWN、NORTON、ZONEALARM、PC CILLIN、BLACKICE等。国内发展虽然相对较慢，但也涌现了如"天网个人版防火墙"这样的优秀品牌，而且在实用性能上并不比国外知名品牌逊色。

2. 防火墙的合理使用

防火墙的安全防护功能的发挥需要依赖非常多因素，不仅某些病毒和黑客能通过系统漏洞或其他手段避开防火墙，内部人员管理控制欠完善也有可能使得防火墙形同虚设。因而，一个企业必须根据自己企业网的特点，制定一整套安全策略，并完全地贯彻实施。防火墙只是确保安全的一种技术手段，要想真正实现安全，企业的安全策略是核心问题。

随着信息化程度的不断提高，企业会构建非常多应用系统，防火墙应支持尽可能多的应用协议。"安全当头，应用为先"，如果不支持网络应用，再好的安全设施也是没有意义的。为了提高防火墙的安全性，用户能将防火墙和其他安全工具相结合，如与漏洞扫描器和IDS搭配使用。购买防火墙前应查看企业网是否安装了漏洞扫描或IDS等其他安全产品，及具体产品名称和型号，然后确定所要购买的防火墙是否有联动功能，支持哪些品牌和型号，是否和已有的安全产品名称相符，如果不符，就不要选用，而选择能同已有安全产品联动的防火墙。保护网络安全不仅仅需要防火墙一种产品，只有将多种安全产品无缝地结合起来，充分利用它们各自的优势，才能最大限度地确保网络安全。

安全和入侵永远是一对矛盾。防火墙软件作为一种安全工具，只有保持不断地升级和更新才能应付不断发展的入侵手段。作为安全管理员来说，要和厂商保持密切的联系，时刻注视厂商的动态，时刻留心厂家发布的升级包，及时给防火墙打上最新的补丁，对它进行升级和维护，及时对防火墙进行更新。

9.5 黑客攻击的防范

黑客攻击（hacker attack）是指黑客破解或破坏某个程序、系统及网络安全，或者破解某系统或网络以提醒该系统所有者的系统安全漏洞的过程。常见的攻击分为"假冒型攻击"和"破坏型攻击"。

假冒型攻击是黑客不知道用户的账号，也不想破坏用户的数据，但他冒用用户的名义向别人输送信息。破坏型攻击是黑客为了达到个人目的，通过在网络上设置陷阱或事先在生产或网络维护软件内置入逻辑炸弹或后门程序，在特定的时间或特定条件下干扰网络正常运行，甚至会致使生产线或者网络完全陷入瘫痪状态。

9.5.1 黑客攻击的目的

为了攻击的需要，黑客往往会找一个中间站点来运行所需要的程序，并且这样可以避免暴露自己的真实目的所在。即使被发现了，也只能找到中间的站点地址。黑客攻击的目的是窃取别人的有用资料或者干脆破坏别人的计算机。

攻击者的目标就是系统中的重要数据，因此攻击者通过登上目标主机，或是使用网络监听进行攻击。

黑客攻击的另一个目的就是获取超级用户的权限，进行不许可的操作。在一个局域网中，掌握了一台主机的超级用户权限，才可以说掌握了整个子网。

黑客攻击的目的有的是为了实现对系统的非法访问。有许多的系统是不允许其他的用户访问的，比如一个公司、组织的网络。因此，必须以一种非常的行为来得到访问的权力。这种攻击的目的并不一定要做什么，或许只是为访问而攻击。

同上面的目的进行比较，拒绝服务便是一种黑客有目的的破坏行为。拒绝服务的方式很多，如将连接局域网的电缆接地；向域名服务器发送大量的无意义的请求，使得它无法完成从其他的主机来的名字解析请求；制造网络风暴，让网络中充斥大量的封包，占据网络的带宽，延缓网络的传输。

涂改信息、暴露信息是一种很恶劣的攻击行为。对重要文件的修改、更换，删除，不真实的或者错误的信息都将对用户造成很大的损失。另外，攻击者窃取信息时，将这些信息和数据送到一个公开的 FTP 站点，或者利用电子邮件存储。这样做将这些重要的信息发往公开的站点造成了信息的扩散，由于那些公开的站点常常会有许多人访问，其他的用户完全有可能得到这些情息，并再次扩散出去，而黑客却很好地隐藏了自己。

9.5.2 黑客常用的攻击手段

黑客技术的飞速发展使得网络世界的安全性受到严峻挑战。对于黑客而言，要闯入大部分人的计算机很容易。所以，一个网民必须知己知彼，才能在网上保持安全。那么，黑客们有哪些常用攻击手段呢？

1. 获取口令

获取口令有 3 种方法：一是缺省的登录界面（ShellScripts）攻击法，在被攻击主机上启动一个可执行程序，该程序显示一个伪造的登录界面，当用户在这个伪装的界面上键入登录信息（用户名、密码等）后，程序将用户输入的信息传送到攻击者主机，然后关闭界面给出提示信息"系统故障"，要求用户重新登录，此后，才出现真正的登录界面；二是通过网络监听非法得到用户口令，这类方法有一定的局限性，但危害性极大，监听者往往能够获得其所在网段的所有用户账号和口令，对局域网安全威胁巨大；三是在知道用户的账号后（如电子邮件"@"前面的部分）利用一些专门软件强行破解用户口令，这种方法不受网段限制，尤其对口令安全系数极低的用户，黑客只要一两分钟，甚至几十秒内就可以将其破解。

2. 电子邮件攻击

电子邮件攻击一般是采用电子邮件炸弹（E-mail Bomb），这是黑客常用的一种攻击手段。即用伪造的 IP 地址和电子邮件地址向同一信箱发送数以千计、万计甚至无穷多次的内容相同的恶意邮件，也可称之为大容量的垃圾邮件。由于每个人的邮件信箱是有限的，当庞大的邮件垃圾到达信箱的时候，就会挤满信箱，把正常的邮件给冲掉。同时，因为它占用了大量的网络资源，常常导致网络堵塞，严重者可能会给电子邮件服务器操作系统带来危险，甚至瘫痪。

3. 特洛伊木马攻击

"特洛伊木马程序"技术是黑客常用的攻击手段。它通过在用户的计算机系统隐藏一个会在 Windows 启动时运行的程序，采用服务器／客户端的运行方式，从而达到在上网时控制用户计算机的目的。黑客利用它窃取用户的口令、浏览用户的驱动器、修改用户的文件、登录注册表等，如流传极广的冰河木马，现在流行的很多病毒也都带有黑客性质，如影响面极广的"Nimda"、"求职信"、"红色代码"、"红色代码 II"等。攻击者佯称自己为系统管理员（邮件地址和系统管理员完全相同），将这些东西通过电子邮件的方式发送给用户。例如，某些单位的网络管理员会定期给用户免费发送防火墙升级程序，这些程序多为可执行程序，这就为黑客提供了可乘之机，很多用户稍不注意就可能在不知不觉中遗失重要信息。

4．诱入法

黑客编写一些看起来"合法"的程序，上传到一些 FTP 站点，或是提供给某些个人主页，诱导用户下载。当一个用户下载软件时，黑客的软件一起下载到用户的机器上。该软件会跟踪用户的计算机操作，它静静地记录着用户输入的每个口令，然后把它们发送给黑客指定的 Internet 信箱。例如，有人发送给用户电子邮件，声称为"确定我们的用户需要"而进行调查。作为对填写表格的回报，允许用户免费使用多少小时。但是，该程序实际上却是搜集用户的口令，并把它们发送给某个远方的"黑客"。

5．后门程序与系统漏洞

许多系统都有这样那样的安全漏洞（Bugs），其中某些是操作系统或应用软件本身具有的，如 Sendmail 漏洞，Windows 98 中的共享目录密码验证漏洞和 IE5 漏洞等，这些漏洞在补丁未被开发出来之前一般很难防御黑客的破坏，除非用户不上网。还有就是有些程序员设计一些功能复杂的程序时，一般采用模块化的程序设计思想，将整个项目分割为多个功能模块，分别进行设计、调试，这时的后门就是一个模块的秘密入口。在程序开发阶段，后门便于测试、更改和增强模块功能。正常情况下，完成设计之后需要去掉各个模块的后门，不过有时由于疏忽或者其他原因（如将其留在程序中，便于日后访问、测试或维护）后门没有去掉，一些别有用心的人会利用专门的扫描工具发现并利用这些后门，然后进入系统并发动攻击。

网络的开放性决定了其复杂性和多样性，随着技术的不断进步，各种各样高明的黑客还会不断诞生，同时，黑客使用的手段也会越来越先进。用户只有不断提高个人的安全意识，再加上必要的防护手段，才能远离黑客的攻击。

9.5.3　黑客攻击的工具

黑客攻击的工具有的是借助于常用的网络工具。例如，要登上目标主机，便要用到 telnet 与 rlogin 等命令，对目标主机进行侦察，系统中有许多的可以作为侦察的工具，如 finger 和 showmount；有的是是利用别人在安全领域广泛使用的工具和技术，如 SATAN、ISS 等各种网络监听工具；还有的是黑客自行开发的一些工具软件，如特洛伊木马、蠕虫病毒等攻击软件（如冰河、溯雪、流光等）。以下是常用的几款黑客攻击工具。

Wnuke 可以利用 Windows 系统的漏洞，通过 TCP/IP 向远程机器发送一段信息，导致一个 OOB 错误，使之崩溃。现象：计算机屏幕上出现一个蓝底白字的提示："系统出现异常错误"，按 Esc 键后又回到原来的状态，或者死机。它可以攻击 Windows 9x/NT/2000 等系统，并且可以自由设置包的大小和个数，通过连续攻击导致对方死机。

Shed 是基于 NetBIOS 的攻击 Windows 的软件，是一种应用程序接口(API)，其作用是为局域网（LAN）添加特殊功能，几乎所有的局域网计算机都是在 NetBIOS 基础上工作的。在操作系统中，通常 NetBIOS 和 TCP/IP 捆绑在一起的，当用户安装 TCP/IP 时，默认情况下 NetBIOS 和它的文件与打印共享功能也一起被装进了系统。当 NetBIOS 运行时，系统后门打开了，因为 NetBIOS 不光允许局域网内的用户访问你的硬盘资源，黑客也能访问。

溯雪是利用 asp、cgi 对免费信箱、论坛、聊天室进行密码探测的软件。密码探测主要是通过猜测生日的方法来实现，成功率可达 60%～70%。

流光可以探测 POP3、FTP、HTTP、PROXY、FORM、SQL、SMTP、IPC$上的各种漏洞，并针对各种漏洞设计了不同的破解方案，能够在有漏洞的系统上轻易得到被探测的用户密码。流光对 Windows 9x/NT/2000 上的漏洞都可以探测，使它成为许多黑客手中的必备工具之一。

ExeBind 可以将指定的黑客程序捆绑到任何一个广为传播的热门软件上，使宿主程序执行时，寄生程序（黑客程序）也在后台被执行。当用户再次上网时，没有任何表征现象，就被控制住了。

Superscan 是一个功能强大的扫描器，速度奇快，可以查看本机 IP 地址和域名，扫描一个 IP 段的所有在线主机以及其可探测到的端口号，而且可以保存和导入所有已探测的信息。

HackerScan 邮箱终结者与多数邮箱炸弹相似，它们的原理基本一致，最根本的目标就是涨破用户的邮箱，使其无法正常收发 E-mail。

另外，蠕虫病毒也可以成为网络攻击的工具，它虽然不修改系统信息，但它极大地延缓了网络的速度，给人们带来了麻烦。

9.5.4　黑客攻击的实例分析

各种系统安全漏洞的不断发布及黑客入侵技术和工具的不断增多，企业互联网网站经常受到黑客的攻击和入侵。作为一名网站管理员，最重要的工作就是如何防止网站受到攻击，一旦受到攻击之后如何进行处理并加以有效防范。下面以诱捕冰河木马入侵者为例，来分析其处理过程。

冰河是一款优秀的国产木马程序，同时也是被使用最多的一种木马。它操作简单，功能强大。"冰河陷阱"程序是一款专门用来对付各类冰河木马，诱捕冰河木马入侵者的，它主要有两大功能：一是自动清除所有版本"冰河"被控端程序；二是把自身伪装成"冰河"被控端，记录入侵者的所有操作。下面简单分析对"冰河"木马入侵者的诱捕过程。

（1）清除系统中原有冰河木马。

安装"冰河陷阱.exe"并进行设置，选择"随系统自动启动"选项，让程序开机自动运行。运行"冰河陷阱.exe"后，如果当前系统中已经被别人植入了冰河木马，则按照以下步骤操作。

第 1 步　出现提示"是否自动清除冰河木马被控端程序"时，选择"是"。

第 2 步　显示出安装的"冰河"木马的配置信息，然后单击"确定"。

执行完以上步骤，则冰河陷阱就会自动彻底地从系统中清除冰河木马，并将其配置信息以及清除情况保存在当前目录的"清除日志.txt"文件中。打开该文件查看，记下"监听端口"中的数字和"接收 IP 信箱"后面显示的邮箱（即入侵者接收 IP 地址以及密码等信息的信箱），以后用户就可以向该信箱发出警告信或请求信箱服务商的管理员帮助。"冰河陷阱.exe"只要处于运行状态，冰河木马被控端程序将无法在系统中再次运行。

（2）利用"冰河陷阱"的伪装功能来诱捕入侵者。

第 1 步　运行冰河陷阱后，单击"设置"菜单中的"设置监听端口"，然后输入上一步记下的冰河木马被控端监听端口。

第 2 步　单击工具栏中的"打开陷阱"按钮，再将冰河陷阱最小化到系统托盘。这时冰河陷阱会完全模拟真正的"冰河"被控端程序对入侵者的控制命令进行响应，使入侵者以为用户的机器仍处于木马的控制中。

第 3 步　当有入侵者通过"冰河"客户端连接到冰河陷阱所伪装的被控端程序上时，冰河陷阱图标不断闪烁报警，同时还有声音报警。

第 4 步　双击图标打开"冰河陷阱"主界面，在列表中记录着入侵者的 IP 地址、所在地以及登录密码和详细的操作过程。单击"保存记录"按钮，将显示的入侵记录保存在磁盘上以供分析。

另外，冰河陷阱还有一项特别的功能："冰河信使"。单击工具栏中的"冰河信息"按钮，可以直接给入侵者发送一个反击消息，使入侵者再不敢入侵。

当用户在工作中遇到黑客入侵后一定要先注意保存好入侵者留下的各类证据，如系统日志文件、攻击后的画面等，以便事后分析使用，不要急着将系统格式化。黑客入侵网站后，总会在记录文件中留下线索。管理员只要耐心地从各类日志中查找，总会发现黑客的蛛丝马迹，继而通过分析日志，发现网站存在的安全漏洞，并采取有效措施加以防范。这样，才能防止黑客再次入侵，保证网站的安全运行。

9.6　网络安全管理制度与评价标准

任何先进的网络安全技术都必须在有效、正确的管理控制下才能得到很好的实施。国际性的标准化组织主要有国际标准化组织（ISO）、国际电器技术委员会（IEC）及国际电信联盟（ITU）所属的电信标准化组（ITU-TS）。这些组织先后都制定了相关的标准和准则来控制和管理网络的安全运行。

9.6.1　国外网络安全管理制度与评价标准

随着信息技术的迅猛发展，黑客攻击、网络犯罪、网络泄密等问题日益突出，威胁着信息网络的安全，对信息网络的健康发展造成严重的影响，信息网络安全已成为国家安全的重要组成部分。为此，各国政府都在加紧进行有关信息安全的立法和制度建设，通过法律和制度来加强对信息安全的保护。

在美国，信息网络安全问题的法律法规主要涉及以下几个领域：加强信息网络基础设施保护，打击网络犯罪，如《国家信息基础设施保护法》、《计算机欺诈与滥用法》、《公共网络安全法》、《计算机安全法》、《加强计算机安全法》、《加强网络安全法》；规范信息收集、利用、发布和隐私权保护，如《信息自由法》、《隐私权法》、《电子通信隐私法》、《儿童在线隐私权保护法》、《通信净化法》、《数据保密法》、《网络安全信息法》、《网络电子安全法》；确认电子签名及认证，如《全球及全国商务电子签名法》等。

《计算机安全法》目的是用来提高联邦计算机系统的安全性和保密性，在不改变安全评估体系的前提下制定可行的安全规范。其主要内容包括启动计算机标准计划，加强联邦计算机系统安全保护的培训等。《国家信息基础设施保护法》是对有关计算机系统联机犯罪、破坏信息网络基础设施等情况作出了界定。即未经许可访问受保护计算机系统并进行恶意破坏，故意传输程序、代码和命令对计算机系统造成破坏，利用电子手段对他人和机构进行敲诈等行为要受到法律惩罚。1997年通过的《数据保密法》是鼓励交互式计算机服务提供者通过自我规范的方式对用户的隐私权进行保护。该法规定，出于商业目的收集个人（包括儿童）信息、发送主动式电子商务邮件等行为，要建立自我规范制度，并制定了出现纠纷后的调解和仲裁办法，同时禁止透露或使用某些政府信息、个人保健和医疗信息等。《网络电子安全法案》于 1999 年获得通过，其目的是为了通过普及编码技术、保护密钥安全、简化访问纯文本数据流程等途径保护美国公民的隐私权及生命财产安全。该法对访问和使用存储的恢复信息、保护机密信息、获取联邦调查局技术支持、信息拦截等问题作了详细规定。2000 年制定通过的《全球及全国商务电子签名法》赋予电子签名和一般书写签名同等的法律效力，其内容涉及商务电子记录与电子签名的保存、准确性、公证与确认、电子代理等问题，并对优先权、特定例外，以及对联邦和州政府的适用性等问题作了相应的规定。它是美国第一部联邦级的电子签名法。这一法律的签署，极大地推动了电子签名、数字证书的应用。

日本确立了"打造世界最先进的信息化国家"的战略目标。为了保证战略目标的顺利实现，确保网络信息安全，先后制定和通过《IT 基本法》、《电子签名法》、《个人信息保护法》等。

为了加强对欧盟成员国信息安全立法的指导，欧盟先后制定了《欧盟网络刑事公约》、《欧盟电子签名指令》、《欧盟电子商务指令》、《欧盟数据保护指令》等法律性文件。《欧盟电子签名指令》的目的是为了方便电子签名的使用并使其具备相应的法律效力。指令的主要内容包括：确定电子签名效力的原则；电子签名及相关概念的定义；确定成员国国内及国际电子签名认证服务的市场准入规则；电子签名数据的保护；生效与修改等。不仅如此，在指令附件中，还对电子签名认证的提供者、电子签名的安全核对等问题提出了技术上和法律上的要求。2000 年 5 月通过了《欧盟电子商务指令》，该指令主要内容包括：成员国开放信息服务的市场；成员国对电子合同的使用不应予以限制；对电子形式的广告信息予以标明；允许律师、会计师在线提供服务；要求将国籍法和来源国法作为适用于信息服务的法律；允许成员国为了保护未成年人，防止煽动种族仇恨，保卫国民的健康和安全，对来自他国的信息服务加以识别；确定提供信息服务的公司所在地为其实际开展营业的固定场所等。2000 年 12 月通过《欧盟数据保护指令》，该指令于明确了个人数据保护的目的，并对数据拥有者的义务和数据主体的基本权利进行了界定。依照欧盟制定的统一指令和本国的实际情况，德国、法国、英国等欧盟成员国纷纷出台了本国的信息安全法规。

尽管世界各国和地区的社会制度、经济实力和信息网络发展水平不同，而且在信息安全立法方面还处于不断的探索和完善过程，但是，从国外信息安全立法的基本情况来看，国外信息安全立法具有一些共性特点。其共性特点主要表现在以下几个方面。

（1）为信息安全立法制定纲领性文件。在这些指导性原则和纲领性文件的指导下，各国的信息立法工作才得以有序地进行。

（2）对原有法律进行确认和修订，消除传统法律制度对信息技术应用造成的障碍。各国在进行信息安全立法时，都十分重视对现行法律适用于网络环境下的相应条款进行确认，并针对新出现的问题（如网络犯罪及其处罚、电子文件的法律效力等），对现行法律中的相关条款进行修订，以适应网络社会的需求，如俄罗斯、印度等国都对《刑法》进行了修订、美国对《信息自由法》前后进行了 3 次修订。

（3）制定专门法律，解决信息网络发展中出现的新问题。新制定的法律，主要包括加强信息基础设施保护、维护网络安全、打击网络犯罪、保护隐私权、规范网上信息发布和传播、确保电子签名和电子合同的法律效力、对认证机构进行规范、加强对信息收集与利用的管理、促进信息资源的开发和利用等。

但在上述诸多方面中，加强对信息基础设施的保护、对数字认证机构的规范及加强对网络服务提供者的规范和管理是各国信息网络安全立法首要解决的 3 个关键。

9.6.2　国内网络安全管理制度与评价标准

我国有关主管部门也十分关注信息安全标准化工作,在 1984 年 7 月组建了数据加密技术委员会,并于 1997 年 8 月改组成全国信息技术标准化委员会的信息安全技术分委员会,负责制定信息安全的国家标准。我国在全国信息技术标准化技术委员会信息安全技术分委员会和各界、各部门的努力下，本着积极采用国际标准的原则，转化了一批国际信息安全基础技术标准。另外，公安部、安全部、国家保密局和国家密码管理委员会等相继制定、颁布了一批信息安全的行业标准，为推动信息安全技术在各行业的应用和普及发挥了积极的作用。

截至 2002 年初，我国正式颁布的信息安全相关国家标准已达 40 多项。这些标准大致从以下几个方面规定了信息安全的不同技术要求：

- 物理安全相关国家标准；
- 密码及安全算法相关国家标准；
- 安全技术及安全机制相关国家标准；
- 开放系统互连相关国家标准；
- 边界保护相关国家标准；
- 信息安全评估相关国家标准。

此外，我国目前正在研究、制定的信息安全标准项目还有很多，如数字签名、PKI/PMI 技术、信息安全评估、信息安全管理和应急响应等关键性标准研究制定。而且，信息安全技术分委员会成立了以下 4 个工作组。

（1）信息安全标准体系与协调工作组（WG1）。

研究信息安全标准体系；跟踪国际信息安全标准发展动态；研究、分析国内信息安全标准的应用需求；研究并提出新工作项目及设立新工作组的建议；协调各工作组项目。

（2）PKI/PMI 工作组（WG4）。

国内外 PKI/PMI 标准体系的分析；研究 PKI/PMI 标准体系；国内急用的标准调研；完成一批 PKI/PMI 基础性标准的制定工作。

（3）信息安全评估工作组（WG5）。

调研国内外测评标准现状与发展趋势；研究提出我国统一测评标准体系的思路和框架；研究提出信息系统和网络的安全测评标准思路和框架；研究提出急需的测评标准项目和制订计划。

（4）信息安全管理工作组（WG7）。

信息安全管理标准体系的研究；国内急用的标准调研；完成一批信息安全管理相关基础性标准的制定工作。例如，已经正式颁布的《计算机信息系统安全保护等级划分准则》（GB17859—1999），于 2001 年 1 月 1 日起实施。该准则将信息系统安全分为以下 5 个等级。

① 自主保护级：相当于 C1 级。

② 系统审计保护级：相当于 C2 级。

③ 安全标记保护级：相当于 B1 级，属于强制保护。

④ 结构化保护级：相当于 B2 级。

⑤ 访问验证保护级：相当于 B3～A1 级。

实际应用中主要考核的安全指标有身份认证、访问控制、数据完整性、安全审计和隐蔽信道分析等。

（1）身份认证是通过标识鉴别用户的身份，防止攻击者假冒合法用户获取访问权限。重点考虑用户、主机和节点的身份认证。

（2）访问控制根据主体和客体之间的访问授权关系，对访问过程作出限制，可分为自主访问控制和强制访问控制。自主访问控制主要基于主体及其身份来控制主体的活动，能够实施用户权限管理、访问属性（读、写及执行）管理等。强制访问控制则强调对每一主、客体进行密级划分，并采用敏感标识来标识主、客体的密级。

（3）数据完整性是指信息在存储、传输和使用中不被篡改。

（4）安全审计是通过对网络上发生的各种访问情况记录日志，并统计分析，对资源使用情况进行事后分析，这是发现和追踪事件的常用措施。审计的主要对象为用户、主机和节点，内容为访问的主体、客体、时间、成败情况等。

（5）隐蔽信道是指以危害网络安全策略的方式传输信息的通信信道。这是网络遭受攻击的原因之一。采用安全监控，定期对网络进行安全漏洞扫描和检测，加强对隐蔽信道的防范。

总之，信息安全标准化工作是关系到我国信息安全产业发展的一项重要事业，信息安全标委会将与国内企事业单位、科研院所和高等院校等联合积极参与各工作组的各项活动，共同促进我国信息安全产业的发展。

习　　题

1. 信息安全的目标是什么？
2. 结合实例谈谈计算机病毒的特征有哪些？
3. 熟悉并掌握两种常用的杀毒软件。
4. 结合实例谈谈加密技术在电子商务中的应用。
5. 防火墙的作用是什么？实施防火墙的作用主要采用了什么技术？
6. 结合网络体系结构，分析网络安全措施的实施。

应 用 篇

第10章
信息获取

上网浏览、搜索和获取 Internet 丰富信息的软件称为"浏览器"，浏览器是用户登录 Internet 浏览信息必不可少的软件。上网使用的浏览器主要是微软公司的 Internet Explorer（IE）。网景公司的 Navigator 虽是浏览器的先驱，但由于微软公司在销售策略上采取"捆绑式销售"，使 IE 成为用户使用的主流。本章主要介绍 Windows 7 集成的 IE8.0 的使用方法与技巧。通过对本章的学习，应了解并掌握使用 IE8.0 浏览网页的基本方法，并能够对 IE8.0 进行常规设置，同时会使用搜索引擎查找网络信息。其次，还介绍文件传输服务 FTP。

10.1　网上浏览

10.1.1　认识浏览器

IE 8.0 是 Windows 7 操作系统中集成的一款浏览器软件，它的功能强大，操作简单，是目前使用最多的 Web 浏览器。

浏览器又称为 Web 客户程序，它是一种用于获取 Internet 网上资源的应用程序，是查看万维网中的超文本文档及其他文档、菜单和数据库的重要工具。IE8.0 浏览器是微软公司于 2009 年正式推出的基于超文本技术的 Web 浏览器，它是 IE 7.0 的升级版。

IE8.0 中文浏览器和其他的 Web 浏览器一样，可以使用用户的计算机连接到 Internet 上，从 Web 服务器上寻找信息并显示 Web 页面。IE8.0 功能强大，无论是搜索新信息还是浏览喜欢的站点，都可以使用户轻松的完成。

IE8.0 比以前的版本增加了新的功能特性，其中包括 Activities（活动内容服务）、WebSlices（网站订阅）、Favorites Bar（收藏夹栏）、Automatic Crash Recovery（自动崩溃恢复）和 Improved Phishing Filter（改进型反钓鱼过滤器）。

IE8.0 在界面设计上更加注重组织化和结构化，使用户操作起来更加方便。

IE8.0 窗口由标题栏、地址栏、搜索栏、选项卡标签、工具栏、网页窗口和状态栏 7 部分组成，如图 10-1 所示。

图 10-1　IE8.0 的窗口

（1）标题栏：位于页面的最上方，包括网页名称和控制窗口按钮。

（2）地址栏：用于显示当前网页的地址，在此输入网址可以打开相应的网页。

（3）搜索栏：用于在网站中查找相关内容，在此输入要搜索的内容或者关键字，单击"查找"按钮即可进行搜索。

（4）选项卡标签：打开某个网页后会显示出相应的选项卡，若打开多个网页，可以通过单击选项卡来进行不同网页之间的切换。

（5）工具栏：工具栏提供了 IE8.0 中常用命令的快捷方式，单击某一按钮就可以完成此单中相应的命令。

（6）网页浏览窗口：网页浏览窗口显示当前网页的内容，将鼠标指针指向网页上的一个对象时，如果鼠标指针变成手的形状，单击该对象可以打开新的网页。

（7）状态栏：状态栏位于窗口的最下方，用于显示浏览其当前网页或正在进行操作的相关信息。

10.1.2　设置浏览器

虽然系统对 IE8.0 已经做了一些设置，但对某些属性设定的默认值不一定能够满足用户的要求，可以通过鼠标右击桌面上的 "Internet Explorer" 图标，在弹出的快捷菜单中单击 "属性" 命令来设置 IE8.0 的属性；也可以启动浏览器，单击 "工具" 菜单中的 "Internet 选项" 命令，打开 "internet 选项" 对话框来设置 IE8.0 的属性，如图 10-2 所示。

1. "常规" 选项卡的设置

（1）主页。

主页是启动 IE8.0 时系统自动连接的 Web 网页，有 4 种形式。

- 使用当前页：例如，打开的网页地址为 www.baidu.com，设置 "使用当前页" 后，启动 IE 直接打开该页。

- 使用默认页：默认页是微软（中国）公司主页，设置 "使用默认页" 后，启动 IE8.0 时打开微软（中国）公司主页。

图 10-2　Internet 选项

- 使用空白页：设置"使用空白页"后，启动 IE8.0 时，只能打开空白页，不访问任何站点，在地址栏输入网址后才可打开该网站的网页。
- 设置任意网页：将主页设置成自己感兴趣的网站，在地址栏中输入该站点的网址，如 www.hao123.com，单击"确定"按钮，当启动 IE8.0 时将直接进入该网页。

（2）浏览历史记录。

Internet 临时文件是指打开网页时，IE8.0 自动将该网页上的图片及内容以文件的形式保存在当地硬盘上的"Internet 临时文件"文件夹中。这样加快显示用户经常访问或已经查看过的网页的速度，因为 IE 可以从硬盘上而不是从 Internet 上打开这些网页。

- 查看临时 Internet 文件的步骤

单击"工具"菜单，然后单击"Internet 选项"；单击"常规"选项卡，然后在"浏览历史记录"下单击"设置"；在"Internet 临时文件和历史记录设置"对话框中，单击"查看文件"，如图 10-3 所示。

- 删除临时 Internet 文件的步骤

最好定期删除临时 Internet 文件，这样可以释放硬盘空间。首先单击"工具"菜单，选择"Internet 选项"，单击"常规"选项卡，然后在"浏览历史记录"下单击"删除"。在"删除浏览的历史记录"对话框中，选中要删除的信息的复选框，单击"删除"按钮，然后单击"确定"按钮，如图 10-4 所示。

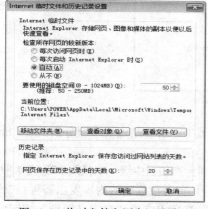

图 10-3　临时文件和历史记录设置

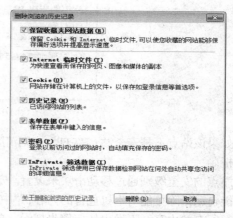

图 10-4　删除浏览的历史记录

2. "安全"选项卡的设置

由于 Internet 是开放的，为防止不道德的人通过网络对计算机进行恶意攻击，可以采取防护措施，可以在"Internet 选项"对话框中选择"安全"选项卡进行设置，如图 10-5 所示。IE8.0 中安全选项允许对不同的站点设置不同的安全级别，这样可以有效地保护用户的计算机。

单击"默认级别"按钮，IE8.0 将自动为用户设置一个安全级别，如果想要自己设置，则单击"自定义级别"按钮，弹出如图 10-6 所示对话框。在"安全设置"对话框中，用户可根据自己的需要，选择相应的安全设置。

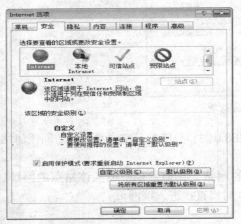

图 10-5 "安全"选项卡

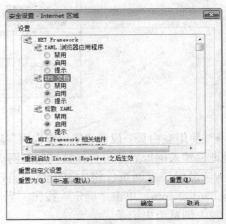

图 10-6 安全设置

IE8.0 中的站点分成 4 类：Internet、本地 Internet、可信站点和受限站点。其中可信站点和受限站点需要用户自己添加。添加的方法是选择"可信站点"，然后单击"站点"按钮，弹出"可信站点"对话框，在"将该网站添加到区域"文本框中添加自己信任的站点，单击"添加"，如图10-7 所示。

图 10-7 可信站点

如果该站点不是安全站（HTTPS），则清除"对该区域中的所有站点要求服务器验证（https: ）"复选框。

站点的安全级别通过移动滑块来设置。安全级别分别为高级、中级、中低级和低级 4 种。"高级"能自动排除可能对本机危害的内容；"中级"对运行具有潜在危险的内容发出警告；"低级"可运行所有的内容，不发出任何警告提示。单击"安全"选项卡中的"自定义级别"按钮可对安全的具体内容进行设置。

3. "隐私"选项卡的设置

"隐私"选项卡界面,如图 10-8 所示。一般网站使用 Cookie 向用户提供个性化体验以及收集有关网站使用的信息。很多网站也使用 Cookie 存储提供站点部分之间的一致体验的信息,如购物车或自定义的页面。对于受信任的网站,Cookie 可通过使站点学习用户的首选项或允许用户跳过每次转到网站必须的登录操作来丰富用户的体验。但是,有些 Cookie,如标题广告保存的 Cookie,可能通过跟踪用户访问的站点使得用户的隐私存在风险。

图 10-8 "隐私"选项卡

4. "内容"选项卡的设置

"内容"选项卡界面如图 10-9 所示,它由"内容审查程序"、"证书"、"自动完成"、"源和网页快讯"4 个选项区域组成。内容审查程序是根据站点内容分级来阻止或允许特定网站的一种工具。它可对不同站点设置不同的访问权限。证书提供网站标识和加密,用于安全连接。这些设置允许用户删除在使用智能卡或公用计算机展台时存储的个人安全信息(也就是清除 SSL 状态)。用户还可以查看或管理安装在自己的计算机上的证书。自动完成是 IE 中的一种功能,它可以记住用户曾经在地址栏、Web 窗体或密码字段中键入的信息,并在用户以后开始再次键入同一内容时提供该信息。这可以使用户无须重复键入同一信息。源也称作 RSS 源,包含网站发布的经常更新的内容。通常将其用于新闻和博客网站,但是也可用于分发其他类型的数字内容,包括图片、音频和视频。

图 10-9 "内容"选项卡

5. "连接"选项卡的设置

"连接"选项卡界面如图 10-10 所示，主要是设置连接的方式。如果计算机采用的是单机连接方式，也就是单独用一台计算机拨号或者是宽带连接，单击"Internet 选项"对话框"连接"选项卡中的"设置"按钮，可以启动连接向导，建立一个新的连接。如果计算机是通过局域网与 Internet 连接，那么可以单击"局域网设置"按钮来修改或者设定代理服务器的 IP 地址及端口地址等。

6. "程序"选项卡的设置

"程序"选项卡界面如图 10-11 所示，从中可以设置与 IE 相关的 Internet 服务程序。如指定 HTML 编辑器服务程序、电子邮件服务程序、新闻组服务程序、Internet 呼叫、日历和联系人等服务使用的应用程序。不过这里一般都取默认值。

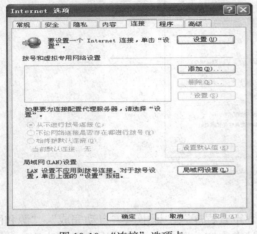
图 10-10 "连接"选项卡

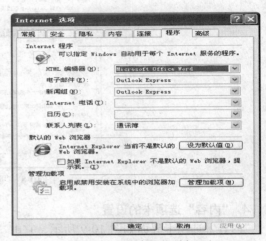
图 10-11 "程序"选项卡

7. "高级"选项卡的设置

在"高级"选项卡界面可以设置 IE 浏览信息的方式，主要用于完成 IE 对网页浏览的特殊控制。IE8.0 提供了很多控制选项供用户选择，修改这些选项，可以改变浏览网页的选项。

10.1.3 使用浏览器

1. 打开网页

用户可以在地址栏中输入网址，然后按 Enter 键即可打开网页，也可以通过网页中的链接来打开对应的网页。

（1）启动 IE8.0，在地址栏中输入网址，按 Enter 键，就会看到 IE 下方状态栏中"正在打开页面…"的字样，并看到页面逐渐打开，当整个页面都打开后，状态栏中出现完成的字样，如图 10-12 所示。

（2）利用 IE 的"搜索"功能，在 IE 浏览器的地址栏中输入 URL 的第一个字母，如"s"，IE 将自动搜索并打开下拉式列表框，显示所有以"s"字母开头的 URL，如图 10-13 所示。

（3）如果想查看浏览器近期访问过的网页，单击下拉式列表框按钮，再单击所需的 URL，就可以打开相应的网页，如图 10-14 所示。

（4）有时候需要打开第 2 个（或者第 3 个、第 4 个）网页，而不是关闭第 1 个网页。为了满足这种需求，IE8.0 允许用户为每一个新网页创建一个选项卡，单击选项卡按钮，如图 10-15 所示，在第 2 页的地址栏中输入新浪网址，按 Enter 键，就可以打开新浪首页，这样可以在两个网页中进行切换。

图 10-12　IE 浏览器

图 10-13　浏览器的搜索功能

图 10-14　IE 浏览器下拉列表框

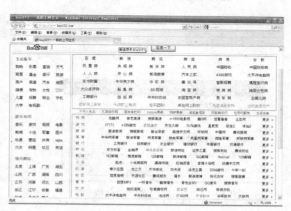

图 10-15　选项卡

2．使用收藏夹

网络中信息资源非常的丰富，当用户看到自己喜欢的网页时，可以通过收藏夹将其收藏，以便日后快速的打开该网页。

（1）打开收藏夹。

单击工具栏中的"收藏夹"按钮，在网页编辑区左侧打开"收藏夹"任务窗格，如图 10-16 所示，此时即可查看收藏夹的内容。

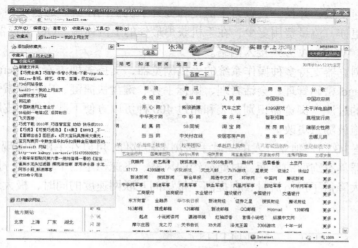

图 10-16　收藏夹

（2）添加到收藏夹。

单击"添加到收藏夹"按钮（或者 Alt+Z）组合键，弹出"添加收藏"对话框，在"名称"文本框中输入文本，单击"添加"按钮就可以将这个网页收藏，如图 10-17 所示。

（3）整理收藏夹。

在打开的网页中，单击"添加到收藏夹"按钮，在弹出的下拉菜单中选择"整理收藏夹"选项，打开"整理收藏夹"对话框，如图 10-18 所示。单击"新建文件夹"按钮，在文本框中创建新文件夹并命名。也可以移动网页至新的文件夹，单击"移动"按钮，弹出"浏览文件夹对话框"。

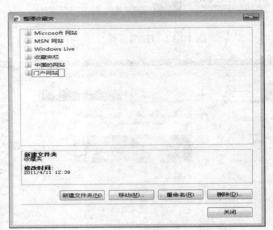

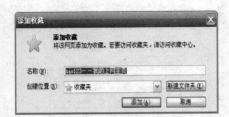

图 10-17 "添加收藏"对话框   图 10-18 "整理收藏夹"对话框

10.1.4 使用手机浏览器

手机浏览器是运行在手机上的浏览器，可以通过 GPRS 或无线上网方式进行上网浏览互联网内容。常用的手机浏览器有 UC 浏览器、手机 QQ 浏览器、Opera 手机浏览器、GO 浏览器等。

UCmobile 是以 Webkit 引擎为蓝本，针对手机量身打造，兼容各种网络标准、性能强劲，使手机上显示的网页效果与计算机上一样的手机浏览器。

QQ 浏览器（手机版）是腾讯公司自主研发的更快，更方便的新一代手机浏览器。它不仅软件体积小，上网速度快，并且一直致力于优化和提升手机上网体验。通过多项领先技术，让手机上网的浏览效果更佳，流量费用更少，在手机获得最佳的上网体验。QQ 浏览器目前支持 GPRS、WLAN（Wi-Fi）、WCDMA 方式接入网络。

Opera 手机浏览器支持多种操作系统的手机浏览器，支持多种语言。Opera 还提供很多方便的特性，包括 Wand 密码管理、会话管理、鼠标手势、键盘快捷键、内置搜索引擎、智能弹出式广告拦截、网址的过滤、浏览器识别伪装和超过 400 种可以方便下载更换的皮肤，界面也可以在定制模式下通过拖放随意更改。

GO 浏览器是 3G 门户独立开发的一款手机浏览器软件，可以在手机上实现浏览 WAP、WWW 网页。GO 浏览器具有绚丽的界面、时尚简约的风格、飞速稳定的下载速度，同时通过特有的页面压缩技术，大大降低了网络流量，在提高手机访问互联网速度的同时，极大地节省了用户的流量费用。

10.2　搜索引擎

10.2.1　搜索引擎的分类和功能

搜索引擎（Search Engine）是指根据一定的策略、运用特定的计算机程序从互联网上搜集信息，在对信息进行组织和处理后，为用户提供检索服务，将用户检索相关的信息展示给用户的系统。

1. 搜索引擎的分类

（1）全文索引。

全文索引引擎是名副其实的搜索引擎，国外代表有 Google，国内知名的有百度搜索。它们从互联网提取各个网站的信息（以网页文字为主），建立起数据库，并能检索与用户查询条件相匹配的记录，按一定的排列顺序返回结果。

根据搜索结果来源的不同，全文搜索引擎可分为两类：一类拥有自己的网页抓取、索引、检索系统（Indexer），有独立的"蜘蛛"（Spider）程序、或爬虫（Crawler）、或"机器人"（Robot）程序（这 3 种称法意义相同），能自建网页数据库，搜索结果直接从自身的数据库中调用，上面提到的 Google 和百度就属于此类；另一类则是租用其他搜索引擎的数据库，并按自定的格式排列搜索结果，如 Lycos 搜索引擎。

（2）目录索引。

目录索引虽然有搜索功能，但严格意义上不能称为真正的搜索引擎，只是按目录分类的网站链接列表而已。用户完全可以按照分类目录找到所需要的信息，不依靠关键词（Keywords）进行查询。目录索引中最具代表性的有 Yahoo、新浪分类目录搜索。

（3）元搜索引擎。

元搜索引擎（META Search Engine）接收用户查询请求后，同时在多个搜索引擎上搜索，并将结果返回给用户。著名的元搜索引擎有 InfoSpace、Dogpile、Vivisimo 等，中文元搜索引擎中具代表性的是搜星搜索引擎。在搜索结果排列方面，有的直接按来源排列搜索结果，如 Dogpile；有的则按自定的规则将结果重新排列组合，如 Vivisimo。

（4）垂直搜索引擎。

垂直搜索引擎为 2006 年后逐步兴起的一类搜索引擎。不同于通用的网页搜索引擎，垂直搜索专注于特定的搜索领域和搜索需求（如机票搜索、旅游搜索、生活搜索、小说搜索、视频搜索等），在其特定的搜索领域有更好的用户体验。相比通用搜索动辄数千台检索服务器，垂直搜索需要的硬件成本低、用户需求特定、查询的方式多样。

（5）其他非主流搜索引擎形式。

- 集合式搜索引擎：该搜索引擎类似元搜索引擎，区别在于它并非同时调用多个搜索引擎进行搜索，而是由用户从提供的若干搜索引擎中选择，如 HotBot 在 2002 年底推出的搜索引擎。

- 门户搜索引擎：AOL Search、MSN Search 等虽然提供搜索服务，但自身既没有分类目录也没有网页数据库，其搜索结果完全来自其他搜索引擎。

- 免费链接列表（Free For All Links，FFA）：一般只简单地滚动链接条目，少部分有简单的分类目录，不过规模要比 Yahoo! 等目录索引小很多。

2．搜索引擎的功能

目前 Internet 上的搜索引擎众多，它们各有其特色。作为一个受欢迎的搜索引擎，一般有以下几个功能。

（1）有丰富的索引数据库。一个丰富的索引数据库是确保用户找到所需要信息的必要保证。

（2）具有全文搜索的功能。目前搜索引擎的一个发展方向就是全文搜索引擎，它是针对全部文本进行检索，这表明用户可以搜索到每一个页面中的每一个词。

（3）具有目录式分类结构。

（4）查询速度快，性能稳定可靠、可维护性好。

10.2.2 搜索引擎的使用

1．Google 搜索引擎

Google 搜索引擎以精度高、速度快成为最受欢迎的搜索引擎，是目前搜索界的领军人物。Google 搜索引擎不但能搜索网站信息，还能搜索图像、论坛等信息，例如使用 Google 搜索引擎搜索计算机图书信息。

第 1 步 打开 IE 浏览器，在浏览器的地址栏中输入 Google 的网址，打开 Google 搜索界面。

第 2 步 在如图 10-19 所示的输入栏中输入"计算机图书"，按回车键或者是单击"Google 搜索"。

第 3 步 出现如图 10-20 所示的搜索结果，找到 16500000 个搜索结果。从图中的相关类目中可以看出，这些搜索结果来自不同的地区。

图 10-19　Google 搜索界面　　　　　　　　　　图 10-20　搜索结果

2．百度搜索引擎

百度搜索是全球最大的中文搜索引擎，2000 年 1 月由李彦宏、徐勇两人创立于北京中关村。百度以自身的核心技术"超链分析"为基础，提供的搜索服务体验赢得了广大用户的喜爱。百度除网页搜索外，还提供新闻、贴吧、MP3、知道、地图、文库、视频等多样化的搜索服务，率先创造了以贴吧、知道为代表的搜索社区，将无数网民头脑中的智慧融入了搜索。

第 1 步 打开 IE 浏览器，在浏览器的地址栏中输入百度的网址，打开百度搜索界面，如图 10-21 所示。

第 2 步 在输入栏中输入"计算机网络"，按回车键或者是单击"百度一下"按钮。

第 3 步 出现如图 10-22 所示的搜索结果，从图中的相关类目中可以看出，这些搜索结果来自不同的地区。

图 10-21　百度搜索界面

图 10-22　搜索结果

习　题

1. IE 浏览器窗口由哪几个部分组成？
2. 在浏览 WWW 站点的过程中，如何使用收藏夹？
3. 如何屏蔽网上的不良内容？
4. IE 如何进行设置？
5. 如何利用 IE 浏览器进行快速搜索？
6. IE 的安全级别有哪些？
7. 搜索引擎有哪些分类？举例说明。
8. 常用的浏览器有哪些？它们有什么区别？

第 11 章
交流沟通

Internet 上最基本和广为流行的网络应用服务有 4 种，这 4 种基本的服务是电子邮件（E-mail）服务，远程登录（Telnet）服务，文件传输（FTP）服务以及 WWW 服务。Internet 上还提供了许多其他的技术服务，这些技术服务都是基于 4 种基本服务的。

本章主要介绍当前使用最多的电子邮件服务、即时通信软件、博客、微博、微信、BBS 和社交网站的应用。

11.1　电子邮件

11.1.1　电子邮件基本概念

电子邮件（Electronic—Mail）也称为 E-mail，它是用户或用户组之间通过计算机网络收发信息的服务。电子邮件已成为网络用户之间快捷、简便、可靠且成本低廉的现代化通信手段，是 Internet 上使用最为广泛、最受欢迎的服务之一。

1. 电子邮件系统

计算机网络通过电子邮件系统来管理、发送和接收电子邮件。局域网、广域网都有自己的电子邮件系统，Internet 能够支持各种网络的邮件系统，使电子邮件在 Internet 上畅通无阻。电子邮件系统的工作模式是一种客户机/服务器的方式。客户机负责的是邮件的编写、阅读、管理等工作；服务器负责的是邮件的传送工作。一个完整的电子邮件系统应该具有 3 个主要的组成部分：邮件客户端程序、邮件服务器程序，以及收发电子邮件使用的协议。电子邮件系统的工作原理如图 11-1 所示。

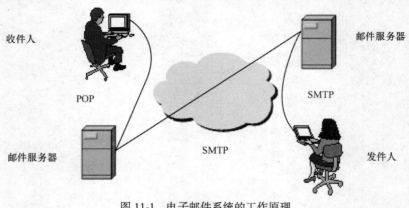

图 11-1　电子邮件系统的工作原理

2．邮件服务器

邮件服务器是进行邮件交换所需的软硬件设施总称，包括发送邮件服务器 SMTP 和接收邮件服务器 POP3。SMTP 是 Internet 上发送电子邮件的一种通信协议，而 SMTP 服务器就是遵循这种协议规则的邮件发送服务器，用户的邮件必须经过它的中转才可以发送到收件人的 E-mail 信箱。POP3 是电子邮局通信协议的第 3 个版本，POP3 服务器就是遵循 POP3 协议规则的邮件接收服务器，是用来接收和存储电子邮件的。POP3 服务器允许用户将电子邮件下载到自己的本地计算机中。

3．电子邮件系统有关协议

（1）RFC822 邮件格式。

RFC822 定义了电子邮件报文的格式，即 RFC822 定义了 SMTP、POP3、IMAP 以及其他电子邮件传输协议所提交、传输的内容。RFC822 定义的邮件由两部分组成：信封和邮件内容。信封包括与传输、投递邮件有关的信息；邮件内容包括标题和正文。

（2）简单邮件传输协议 Simple Mail Transfer Protocol，SMTP。

SMTP 是一组用于由源地址到目的地址传送邮件的协议，由它来控制信件的中转方式。SMTP 属于 TCP／IP 协议族，它帮助每台计算机在发送或中转信件时找到下一个目的地。通过 SMTP 所指定的服务器，就可以把 E-mail 寄到收信人的服务器上了，整个过程只要几分钟。SMTP 服务器是遵循 SMTP 协议的发送邮件服务器，用来发送或中转用户发出的电子邮件。但是 SMTP 协议支持的功能比较简单，并且有安全方面的缺陷。这是因为所有经过基于该协议的软件收发的电子邮件，都是以普通正文形式明码传输的，不能传输诸如图像等非文本信息，任何人都可以在途中截读这些邮件，复制这些邮件，甚至对邮件内容进行篡改。邮件在传输过程中可能丢失，别有用心的人也很容易以冒名顶替方法伪造邮件。

（3）邮局协议（Post Office Protocol，POP3）。

POP3 是规定怎样将个人计算机连接到 Internet 的邮件服务器和下载电子邮件的协议。它是 Internet 电子邮件的第一个离线协议标准，POP3 允许用户从服务器上把邮件存储到本地主机（即自己的计算机），同时也可以删除保存在邮件服务器上的邮件。POP3 服务器是遵循 POP3 协议的接收邮件服务器，用来接收电子邮件。

（4）网际消息访问协议（Internet Message Access Protocol，IMAP4）。

IMAP4 主要提供的是通过 Internet 获取信息的一种协议。IMAP 像 POP 那样提供了方便的邮件下载服务，让用户能进行离线阅读，但 IMAP 能完成的却远远不只这些。IMAP 提供的摘要浏览功能可以让用户在阅读完所有的邮件信息后才作出是否下载的决定（如邮件到达时间、主题、发件人、大小等）。

（5）多用途的网际邮件扩展协议（MIME）。

Internet 上的 SMTP 传输机制是以 7 位二进制编码的 ASCⅡ码为基础的，适合传送文本邮件。而声音、图像、中文等使用 8 位二进制编码的电子邮件需要进行 ASCⅡ转换（编码）才能够在 Internet 上正确传输。MIME 增强了在 RFC822 中定义的电子邮件报文的能力，允许传输二进制数据。MIME 编码技术用于将数据从 8 位格式转换成使用 7 位的 ASCⅡ格式。

4．电子邮件系统的特点

电子邮件系统主要有以下 6 个方面的特点。

（1）方便性。电子邮件系统可以像使用留言电话一样，在自己方便的时候处理记录下来的请求，通过电子邮件可以方便地传送文本信息、图像文件、报表和计算机程序。

（2）广域性。电子邮件系统具有开放性，许多非互联网络上的用户可以通过网关(Gateway)

与互联网络上的用户交换电子邮件。

（3）快捷性。电子邮件在传递过程中，若某个通信站点发现用户给出的收信人的电子邮件地址有错误而无法继续传递时，电子邮件会迅速地将原信件逐站退回，并通知不能送达的原因。当信件送到目的地的计算机后，该计算机的电子邮件系统就立即将它放入收信人的电子邮箱中，等候用户自行读取。用户只要随时以计算机联机方式打开自己的电子邮箱，便可以查阅自己的邮件。

（4）透明性。电子邮件系统采用"存储转发"的方式为用户传递电子邮件，通过在互联网络的一些通信结点计算机上运行相应的软件，使这些计算机充当"邮局"的角色。当用户希望通过互联网络给某人发送信件时，首先要与为自己提供电子邮件的计算机联机，然后把要发送的信件与收信人的电子邮件地址发给电子邮件系统。电子邮件系统会自动地把用户的信件通过网络一站一站地送到目的地，整个过程对用户来说是透明的。

（5）廉价性。互联网络的空间几乎是无限的，公司可以将不同详细程度的有关产品、服务的信息放在网络站点上，这时顾客不仅可以随时从网上获得这些信息，而且在网上存储、发送信息的费用都低于印刷、邮寄或电话的费用。在公司与顾客"一对一"关系的电子邮件服务中，费用低廉，从而节约大量费用。SUN 公司的网络部门副总裁 Neil Knox 说："直接通过网络获得技术问题的快速解答、最新技术的专家建议，而不用询问顾客服务部门的人员。"这种自我学习式的顾客服务方式每个季度能为公司节约 25 万美元的电话费，1.3 万美元的资料费。

（6）全天候。对顾客而言，电子邮件的优点之一是没有任何时间上的限制。一天 24 小时，一年 365 天内，任何时间都可发送电子邮件。电子邮件的全天候服务，大大改善了公司与顾客的关系，改善了公司对顾客的服务。

5. 电子邮件地址

电子邮箱地址又称为电子邮件地址（E-mail Address）。电子邮箱是由提供电子邮件服务的机构为用户建立的，实际上是电子邮件服务机构在邮件服务器上为用户分配的一个专门用于存放往来邮件的磁盘存储区域，这个区域由电子邮件系统管理。用户需要拥有一个电子邮件地址才能发送和接收电子邮件，但一定不要把电子邮件地址和口令（Password）相混淆，前者是公开的，便于用户之间、用户与公司之间通信；后者是保密的，不能让他人知道。

6. 电子邮件的结构

一封电子邮件由邮件头和邮件体两部分组成。邮件头包括发信者与接收者有关的信息，如发出地点和接收地点的网络地址、计算机系统中的用户名、信件的发出时间与接收时间，以及邮件传送过程中经过的路径等。邮件体是信件本身的具体内容，一般是用 ASCⅡ表达的邮件正文。邮件头就像普通信件的信封一样，但是邮件头不是由发信人书写，而是在电子邮件传送过程中由系统形成的。邮件体像普通邮件的信笺，是发信人输入的信件内容，通常用编辑器预先写成文件，或者在发电子邮件时用电子邮件编辑器编辑或联机输入。

7. 电子邮件地址的组成格式

一个网络用户可以向本地网络和 Internet 上的用户发送邮件，也能对连接于 Internet 上的其他网络用户发送邮件，但要使用相应的邮件地址格式。正确使用电子邮件地址，对于顺利发送邮件是至关重要的。Internet 网络的标准邮件地址格式如图 11-2 所示。

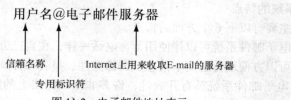

图 11-2　电子邮件地址表示

例如，test@163.com 就是一个电子邮件地址。符号@是电子邮件地址的专用标识符，@的含义为"在"（at sign），它前面的部分是对方的邮箱名称，后面的部分是表示此邮箱是建立在符号@后说明的计算机上，该计算机就是向用户提供电子邮件服务的邮件服务器。这就好比邮箱 test 放在"邮局"163.com 里。当然这里的邮局是 Internet 上的一台用来收信的计算机，当收信人取信时，就把自己的计算机连接到这个"邮局"，打开自己的邮箱，取走自己的信件。

11.1.2　使用 Web mail 收发电子邮件

1. 申请电子邮件

很多网站提供免费的电子邮件地址，在这里以网易为例，该网站既提供 Web mail 方式收发电子邮件，又支持 POP3 方式收发电子邮件。申请网易免费电子邮件具体步骤如下。

第 1 步　运行 IE，在地址栏中输入 http://mail.163.com/，进入免费电子邮件主页，如图 11-3 所示，单击"注册新邮箱"，开始申请工作。

第 2 步　第一项填写用户名和密码，第二项要求确认密码，以免错误。提示问题和答案，要认真填写。如果不小心忘了密码，可以修改密码；修改密码时，它会问"密码提示问题"，按照在这里输入的"回答"，准确回答后系统能确认用户的身份，允许输入新的密码。其他项目要如实填写，填写完成后单击"完成"按钮。网站会把用户填写的内容让用户重新检查一遍，以确认无误，如图 11-3 所示。

第 3 步　注册成功，如图 11-4 所示。这样用户就有了自己的邮箱地址，可以发送和接收电子邮件了。

图 11-3　网易邮件主页

图 11-4　注册成功信息表

2. 电子邮件的使用

根据经常使用的操作系统来看，电子邮件有 Windows 和 UNIX 两种常用环境。对普通 Internet 用户而言，最常接触的是 Windows 环境。在 Windows 环境下，可以使用网站电子邮箱和电子邮件客户端程序两种方式收发电子邮件。

所谓网站电子邮箱 Web mail 方式是指在 Windows 环境中使用 WWW 浏览器软件访问电子邮件服务商的电子邮件系统网站，在该电子邮件系统网站上，输入用户名和密码，进入用户的电子邮件信箱，然后处理用户的电子邮件。

这样，用户无须特别准备设备或软件，只要有机会浏览 Internet，即可享受到电子邮件服务商提供的电子邮件功能。

（1）利用 WWW 浏览器在线收发电子邮件。

当注册邮箱地址成功后，可以直接登录邮箱，用户可以看到邮箱里面已经有一封邮件。读邮件时，可以单击主页中的"读邮件"，也可以单击"邮件信息"中的收件箱，都会看到收件箱中的邮件列表，如图 11-5 所示。

单击发件人前边的小框，表示选中这封邮件，再单击页面上的"移动"、"删除"按钮，可以移动或删除一封邮件。单击邮件列表中的某封邮件的主题，就能阅读这封邮件，如图 11-6 所示。单击"写邮件"，可以编写并发送自己的邮件，如图 11-7 所示。

图 11-5 邮件列表

图 11-6 阅读邮件

可以使用"通讯录"来管理别人的电子邮件地址，使用"文件夹"来管理自己的邮件。网站中还支持很多种功能，如"拒收邮件"、"自动转信"、"定时发信"等。遇到问题可以单击主页中的"帮助中心"，它会给用户一个满意的解答。

图 11-7 写邮件

（2）配置邮箱。

利用 WWW 浏览器在线收发电子邮件时，还可以对邮箱进行配置。图 11-8 所示为网易网站电子邮箱的配置。邮箱配置中包括了个人设置、参数配置、自动功能等。

个人设置用于设置用户个人信息，包括发件人姓名、用户密码、回复地址；设置用户个人签名档。参数设置包括设置用户显示参数，包括每页显示的邮件数目和邮件头显示方式；设置与邮件发送、回复相关的一些配置。自动功能包括设置用户邮件的自动分类方式，包括拒收和过滤；设置自动回复和自动转发。具体进行某项配置时，可以单击列表中的任何一项，根据需求进行配置。

图 11-8　网易网站电子邮箱的配置窗口

11.1.3　使用电子邮件客户端收发电子邮件

（1）Microsoft Outlook Express 简介。

Microsoft Outlook Express 在桌面上实现了全球范围的联机通信。无论是与同事和朋友交换电子邮件，还是加入新闻组进行思想与信息的交流，Outlook Express 都将成为最得力的助手。

（2）基本信息。

通过 Internet 连接和 Microsoft Outlook Express，可以与 Internet 上的任何人交换电子邮件。Internet 连接向导将引导用户与一个或多个邮件或新闻服务器建立连接。用户需要从 Internet 服务提供商（ISP）或局域网（LAN）管理员那里得到如下信息。若要添加邮件账户，则需要账户名、密码以及发送和接收邮件服务器的名称，如图 11-9 所示。

* 账户名：用户申请的电子邮件信箱账号 sqzhou@163.com；
* 密码：该账户的使用密码 sqzhou；
* 发送和接收邮件服务器的名称：smtp.163.com；pop3.163.com。

（3）设置 Outlook Express。

第 1 步　单击"工具"菜单。如图 11-9 中①所示。

第 2 步　选择"账户"，单击"添加"，在弹出菜单中选择"邮件"，进入 Internet 连接向导，如图 11-9 中②所示。

第 3 步　输入您的"显示名"，单击"下一步"。

第 4 步　输入您的电子邮件地址，单击"下一步"。

第 5 步　输入您邮箱的 POP3 和 SMTP 服务器地址，单击"下一步"。

第 6 步　输入您的账户名（仅输入@前面的部分）及密码。

第 7 步　单击"完成"按钮保存您的设置。

第 8 步　在 Internet 账户中，选择"邮件"选项卡如图 11-9 中③所示，选中刚才设置的账户，单击"属性"，如图 11-9 中④所示。

第 9 步　在属性设置窗口中，选择"服务器"选项卡，如图 11-9 中⑤所示，勾选"我的服务器需要身份验证"，如图 11-9 中⑥所示，并单击旁边的"设置"按钮，如图 11-9 中⑦所示。

第 10 步　登录信息选择"使用与接收邮件服务器相同的设置"如图 11-9 中⑧所示，单击"确定"返回。如图 11-9 中⑨所示。

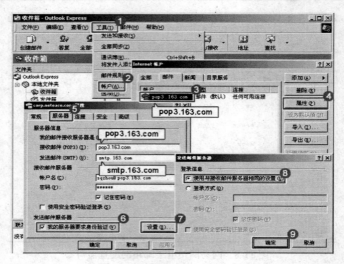

图 11-9　设置 Outlook Express

11.1.4　使用手机收发电子邮件

手机邮箱具有邮件收发功能，并支持附件上传、附件预览、全文翻译、给联系人打电话等特色功能。使用手机访问电子邮箱的方式有以下两种。

方式一　在手机浏览器中输入 m.mail.163.com 即可访问网易邮箱。

方式二　编辑手机短信 YX 到 10690163 获取免费短信，单击短信中的链接地址即可访问手机标准版邮箱。

11.2　即时通信

11.2.1　即时通信的概念

即时通信软件是一种基于互联网的即时交流软件。使用即时通信软件使得连上 Internet 的计算机用户可以随时跟另外一个在线网民交谈，甚至可以通过视频看到对方的实时图像。

11.2.2　QQ 即时通信软件

1．QQ 简介

QQ 是深圳市腾讯计算机系统有限公司开发的一款基于 Internet 的即时通信（IM）软件。腾讯 QQ 支持在线聊天、视频电话、点对点断点续传文件、共享文件、网络硬盘、自定义面板、QQ 邮箱等多种功能，并可与移动通信终端等多种通信方式相连。QQ 是目前使用最广泛的聊天软件之一。

2．QQ 下载与安装

QQ 是一款即时通信软件，可以从腾讯的主页下载或者从各大门户网站下载中心去下载。以下载 QQ2013 为例，下载后双击"QQ2013.exe"可执行文件，根据提示安装完成后出现 QQ 的主界面，如图 11-10 所示。

图 11-10　QQ 界面

图 11-11　QQ 登录界面

3. QQ 的使用

（1）使用 QQ 发送和接收即时消息。

启动 QQ 程序，输入号码及密码，单击"安全登录"按钮，就可以登录到 QQ 界面，如图 11-11 所示。双击好友的头像或者在好友的头像上右击，从弹出的快捷菜单中选择"发送即时消息"命令，弹出"发送消息"对话框，如图 11-12 所示。在对话框中输入要发送的消息即可。输入完毕后，单击"发送"按钮，消息即可发送完成。收到消息的时候，任务栏上的 QQ 图标会闪动，双击打开后，就可以看到发送过来的消息，如图 11-13 所示。

图 11-12　"发送消息"对话框

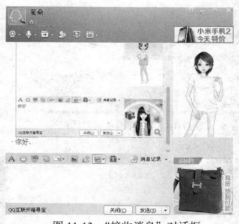

图 11-13　"接收消息"对话框

（2）传送文件。

使用 QQ，可以给在线或者是离线的好友发送文件或者文件夹。双击好友的头像，弹出对话框，选择工具栏上的"发送文件/发送文件夹"按钮，如图 11-14 所示，弹出"发送文件/发送文件夹"的对话框，选择要发送的文件/文件夹，如图 11-15 所示，单击"打开"按钮，文件就可以发送了。如果对方长时间不接收文件，表明对方可能不在线，可以选择发送离线文件。

接收方收到消息后，选择"接收"、"另存为"或者"拒绝"来处理消息，如图 11-16 所示。

（3）视频会话。

使用 QQ 可以和在线的好友进行视频会话，选择"视频会话"按钮，如图 11-17 所示，单击"开始视频会话"则发送了视频会话的请求，接收方收到如图 11-18 所示的对话框，选择"接受"来进行视频会话，如图 11-19 所示。

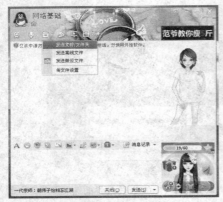

图 11-14 "发送文件"对话框

图 11-15 "选择发送文件"对话框

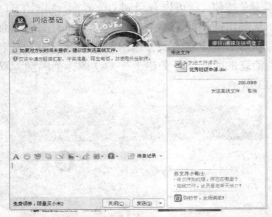

图 11-16 "处理消息"对话框

图 11-17 "视频"对话框

图 11-18 "视频处理"对话框

图 11-19 "视频"对话框

QQ 还可以选择给对方播放影音文件。在进行视频会话前，可以先对视频进行设置，选择"视频设置"，如图 11-20 所示。

图 11-20　语音视频对话框

（4）应用

QQ 还为在线的好友提供了一些有用的功能，单击"应用"按钮，如图 11-21 所示，可以远程协助好友，可以给好友发送电子邮件，还可以付款收款等。

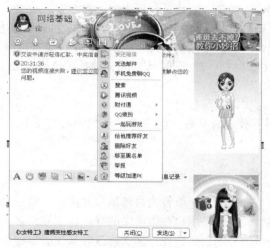

图 11-21　"应用"按钮

11.2.3　其他即时通信软件

现在国内用户量最大的即时通信软件就是 QQ，此外还有一些其他的即时通信软件，如 MSN、UC、阿里旺旺等。MSN 的全球用户量居前，国内用户量应该第二。MSN 操控简便，使我们能够在短时间能掌握它的使用要诀。UC 具有一些 QQ 会员拥有的功能，其免费网络硬盘服务提供了文件上传、下载服务，功能简单实用。阿里旺旺是淘宝网和阿里巴巴为商人定做的免费网上商务沟通软件，可以轻松找到客户，发布、管理商业信息，可以使卖家和买家在网上轻松地交易。

即时通信软件最初是由 AOL、微软、腾讯等独立于电信运营商的即时通信服务商提供的。但随着其功能日益丰富、应用日益广泛，特别是即时通信增强软件的某些功能如 IP 电话等，已经在分流和替代传统的电信业务，使得电信运营商不得不采取措施应对这种挑战。中国移动已经推出了自己的即时通信工具——飞信。

11.2.4　手机即时通信软件——微信

手机本身是一个通信工具，通话和短信是最常用的联系方式。但随着手机网络的发展，手机即时通信软件使用范围也越来越广。使用手机即时通信软件它可以像在计算机上一样简单随意，费用低廉。常用的手机即时通信软件有手机 QQ、手机 MSN、手机飞信、手机微信等。

这里我们以手机微信为例，说明手机即时通信软件的使用。

1．微信简介

微信是腾讯公司于 2011 年 1 月 21 日推出的一款通过网络快速发送语音短信、视频、图片和文字，支持多人群聊的手机聊天软件。用户可以通过微信与好友进行形式上更加丰富的类似于短信、彩信等方式的联系。微信软件本身完全免费，使用任何功能都不会收取费用，微信产生的上网流量费由网络运营商收取。2012 年 9 月 17 日，微信注册用户超过 2 亿。微信 logo 如图 11-22 所示。

图 11-22　微信 logo

微信支持智能手机中 iOS、Android、Windows Phone、blackberry 和塞班平台，具体特点如下。

（1）支持发送语音短信、视频、图片（包括表情）和文字。

（2）支持多人群聊（最高 20 人。100 人、200 人群聊正在内测）。

（3）支持查看所在位置附近使用微信的人（LBS，基于位置定位服务功能）。

（4）支持腾讯微博、QQ 邮箱、漂流瓶、语音记事本、QQ 同步助手等插件功能。

（5）支持视频聊天 。

（6）微行情：支持及时查询股票行情。

微信可以从微信官网下载或者从各大门户网站下载中心去下载。下载后即可在手机上进行安装。

2．微信的使用

（1）账号注册。

微信可以通过 QQ 号直接登录注册或者通过邮箱账号注册。第一次使用 QQ 号登录时，微信会要求设置微信号和昵称。微信号是用户在微信中的唯一识别号，必须大于或者等于 6 位，注册成功后不可更改；昵称是微信号的别名，允许多次修改。其注册步骤如图 11-23 所示。

图 11-23　微信的注册步骤

（2）登录微信。

登录微信首页后，会出现"微信"、"通讯录"、"找朋友"和"设置"4 个选项，如图 11-24 所示，各项的功能如下。

- 通讯录：显示了相关系统的插件和已添加成功的微信好友。
- 微信：支持文字、图片、表情、语音、视频等多种聊天形式。
- 找朋友：提供了多种查找微信好友的方法。
- 设置：个人资料的设置，包括姓名、微博等相关信息。

图 11-24　微信登录后的界面

（3）添加好友。

微信的聊天过程与 QQ 等软件相似，在开始聊天之前，一般也需要添加好友。在微信中提供了很多种添加好友的方法，如按微信号查找、扫描二维码、从 QQ 好友列表添加、从手机列表中添加等，如图 11-25 所示。

图 11-25　添加好友

以上 4 种方式都是添加熟悉的好友的方法，另外，微信在主界面"朋友们"选项中，还提供了"附近人"及"摇一摇"的功能，使得与陌生人的聊天更加便利。其中"附近人"通过 GPS 定位，可以查看附近人的相关信息，包括姓名、地区和个性签名，同时也会记录查看人的地理位置信息；"摇一摇"，轻摇手机，微信会搜寻同一时刻摇晃手机的人为摇到的朋友，直接点击就可以聊天。

3. 微信聊天

在微信中，可以发送文字、语音及视频信息，如图 11-26 所示。在使用过程中，用户可以删除单条消息，也可以删除会话。在微信中，用户无法知道对方是否已读，因为微信团队认为"是否已读的状态信息属于个人隐私"，微信团队希望给用户一个轻松自由的沟通环境，因而不会将是否已读的状态进行传送。

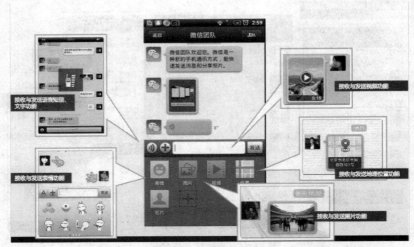

图 11-26　微信聊天功能

目前，微信的注册用户超过 2 亿人，平均每天增加 23 万新用户，用户年龄集中于 22 岁到 35 岁，占比例为 76.1%。用户职业分布中 24.2%为企业白领，占第一位。微信的用户和活跃度增加依赖于 3 个关键功能：语音对讲、查看附近的人和摇一摇。超过 70%的用户通过手机通讯录添加好友，将线下好友转移到移动互联网上来。

微信的出现带来了通信方式的改变，代表了移动互联网的高度。有人这么来描述微信："像短信，但不用打字；像电话，也不用立刻回复对方；有趣又省钱；搭讪利器……特别提醒：不要轻信陌生人。"微信较飞信、QQ 等手机即时通信软件，其通信方式和内容更加灵活、多样化及人性化，费用也更加低廉，但是其在扩大人们的交友圈的同时，也给人们带来了信任危机。

11.3　博客

博客，也叫做网络日志，是一种通常由个人管理、不定期张贴新的文章的网站。博客上的文章通常根据张贴时间，以倒序方式由新到旧排列。一个典型的博客结合了文字、图像、其他博客或网站的链接，及其他与主题相关的媒体。现在越来越多的人们拥有自己的博客，在博客上书写自己的日志，让读者以互动的方式留下自己的意见。

11.3.1　博客简介

博客（blog），中文的意思是网络日志，是以网络为载体，简易、迅速、便捷地发布自己的心得，及时、有效、轻松地与他人进行交流。目前博客提供了丰富的模板等功能，使得不同的博客各具特色。一个博客其实就是一个网页，它通常由简短且经常更新的帖子所构成。

博客主要可以分为以下几大类。

（1）按照功能分，博客可以分为基本博客和微型博客。

（2）按照博客主人的知名度、博客文章受欢迎程度可以分为名人博客、一般博客、热门博客等。

（3）按照博客内容的来源可以分为原创博客、非商业用途的转载性质的博客以及二者兼有的博客。

（4）按照存在的方式分，博客可以分为托管博客、自己独立网站的博客和附属博客。

11.3.2　博客的使用

博客的注册非常简单，与注册电子邮箱的方法类似。下面以在新浪网注册微博为例，介绍开通博客的方法。

1．开通博客的方法

第 1 步　打开新浪博客地址 http://blog.sina.com.cn/，单击"立即注册"按钮，打开如图 11-27 所示的窗口。

第 2 步　按照要求，输入邮箱地址、登录密码、博客昵称、验证码就可以进行注册了。注册成功之后，进行邮箱验证，就成功地开通了自己的博客，如图 11-28 所示。

图 11-27　新浪博客注册页面

图 11-28　新浪博客

2．设置自己的博客

首先给自己的博客设置一个整体风格，如图 11-29 所示。然后添加关注，就完成了对自己博客的设置，进入博客如图 11-30 所示。

图 11-29　博客设置

图 11-30　博客页面

3．博客的使用

进入博客之后，就可以在自己的博客中发表日志、照片等，还可以对博客进行组件的添加等操作。

单击"发博文"，在标题和正文的地方输入文字，选择分类，以及这篇文章的设置，就可以发表博文了，如图 11-31 所示。

在博客中，还可以上传图片，如图 11-32 所示。选择照片之后，进行上传，然后对照片添加描述和标签。

图 11-31 "发博文"页面　　　　　　　　　　图 11-32 "上传照片"页面

在博客中，还可以自己进行页面设置，定义风格，进行板式设置，可以自定义组件添加等功能，如图 11-33 所示。

图 11-33 博客的设置

11.3.3 手机博客

随着移动网络技术的不断发展，手机博客将成为新一代的网络娱乐主流。手机博客提供个人表达和交流的网络工具。在这里用户可以随时随地通过手机博客交友、聊天；通过日志、相片等多种方式记录个人感想和观点，还可以共享网络收藏完全展现自我。用户可以自己 DIY 喜欢的博客风格、版式，添加个性模块，更可全方位满足用户个性化的需要。只要手机支持上网，在手机中输入自己的博客地址，就可以进入博客。

11.4　微博

微博，即微博客的简称，是一个基于用户关系的信息分享、传播以及获取平台，用户可以通过 Web、WAP 以及各种客户端组建个人社区，以 140 字左右的文字更新信息，并且实现即时分享。2009 年 8 月，我国最大的门户网站新浪网推出"新浪微博"，成为门户网中第一家提供微博服务的网站。

11.4.1　微博的使用

微博的注册方法与注册博客的方法类似。首先打开微博官方的注册页面，输入电子邮件地址、密码后，进入注册的邮箱即可激活微博账号。

使用邮箱进入微博，添加关注的用户后，就可以进入自己的微博了，如图 11-34 所示。

在微博中，可以即时地发表自己的留言，可以添加表情、图片、视频、音乐等，还可以发起话题、投票等。

图 11-34　微博页面

11.4.2　手机微博

微博的主要发展运用平台应该是以手机用户为主，微博以计算机为服务器，以手机为平台，把每个手机用户用无线的方式连在一起，让每个手机用户不用使用计算机就可以发表自己的最新信息，并和好友分享自己的快乐。

微博之所以要限定 140 个字符，就是因为手机发短信最多的字符就是 140 个。可见微博的诞生与手机是密不可分的。

目前，手机和微博应用的结合有 3 种形式。

（1）通过短信和彩信。短信和彩信的形式是同移动运营商合作，用户所花的短彩信费用由运营商收取，这种形式覆盖的人群比较广泛，只要能发短信就能更新微博，但对用户来说更新成本太大，并且彩信限制在 50KB 大小，这样严重影响了所发图片的清晰度。另外，这个方法只能提供更新，而无法看到其他人的更新，这种单向的信息传输方式降低了用户参与性和互动性，对手机用户来说，不能算是一个完整的微博。

（2）通过 WAP 版网站。各微博网站基本都有自己的 WAP 版，用户可以通过登录 WAP 或通过安装客户端连接到 WAP 版。这种形式只要手机能上网就能连接到微博，可以更新也可以浏览、回复和评论，所需费用就是浏览过程中使用的流量费。

（3）通过手机客户端。手机客户端分两种：一种是微博网站开发的基于 WAP 的快捷方式版。用户通过客户端直接连接到 WAP 版微博网站。这种形式用户的行为主要靠主动来实现，也就是用户想更新和浏览微博的时候才打开客户端，其实也就相当于在手机端增加了一个微博网站快捷方式，使用操作上和 WAP 网站也基本相同。另一种是利用微博网站提供的 API 开发的第三方客户端。国际上比较有名的是 twitter 的客户端 gravity 和 Hesine（和信）。Gravity 是专门为 twitter 开发的，需要通过主动联网登录，但操作架构和界面经过合理设计，用户体验非常好，可惜目前只支持 S60 的系统。和信是国内公司开发的，目前不但支持 twitter，还支持国内的各主流微博。与其他客户端不同的是，和信的客户端是利用 IP Push 技术提供微博更新和下发通道，不但能够大大提升用户更新微博的速度，更重要的是能将微博消息推送到用户的手机，用户不用主动登录微博就能浏览和互动。和信支持的系统平台比较多，但缺点是在非智能机上的体验还不是很好。

相对于短彩信和 WAP 形式，客户端的形式更符合无线互联网的发展趋势。尽管目前手机系统平台比较复杂，客户端开发起来难度很大，并且各客户端在非智能机上的发挥和体验整体都不佳，但是随着智能机逐渐平民化，无线网络速度的提升和流量资费的下调，手机和微博的结合肯定越来越密切，微博会为互联网和 3G 应用带来很多革命性的变化。

11.5　论坛/BBS

11.5.1　BBS 简介

BBS（Bulletin Board System）即电子公告牌系统。BBS 在国内一般称为网络论坛，通过 BBS 可随时取得国际最新的软件及信息，也可以通过 BBS 来和别人讨论计算机软件、硬件、Internet、多媒体、程序设计以及其他各种有趣的话题，更可以利用 BBS 来刊登一些启事。

在日常生活中大家见过各种形式的公告牌，BBS 就是一种完全开放的、电子形式的公告牌系统。Internet 用户利用远程登录方式进入 BBS 站点，阅读其中分门别类的文章，也可以把自己的观点或看法张贴在 BBS 上，以供其他用户传阅。不过，大多数 BBS 还提供其他一些增强功能，如发送电子邮件，参加小组讨论等。

BBS 最初是为了给计算机爱好者们提供一个互相交流的地方。20 世纪 70 年代后期，计算机用户数目很少且用户之间相距很远，因此，BBS（当时全世界一共不到一百个站点）提供了一个简单方便的交流方式，用户通过 BBS 可以交换软件和信息。到了今天，BBS 的用户已经扩展到各行各业，除原先的计算机爱好者外，商用 BBS 操作者、环境组织及其他利益团体也加入了这个行列。只要浏览一下世界各地的 BBS，就会发现它几乎就像地方电视台一样，花样非常多。

起初的 BBS 是报文处理系统，系统的唯一目的是在用户之间提供电子报文。随着时间的推移，BBS 的功能有了扩充，增加了文件共享功能。因此，目前的 BBS 用户还可以相互交换各种文件。只需简单地把文件置于 BBS，其他用户就可以方便地下载这些文件。

早期的 BBS 是一台配有调制解调器的普通计算机，上面运行了一个 BBS 程序。BBS 程序有各种版本，包括单线路的简单系统到支持十几甚至上百条电话线路的复杂系统。最早的 BBS 把全部报文存放在一个地方，而现在的 BBS 软件允许操作人员根据报文内容来组织报文。比方说，基于 PC 的 BBS 软件很可能包括专用于 DOS、OS/2 和 Windows 的报文部分。

11.5.2　BBS 的使用

1. 基于 Telnet 服务的 BBS 的使用

BBS 允许任何 Internet 用户注册进入（商业系统要收取一定的费用），但各个 BBS 提供的服务是不同的。一般来说，BBS 系统大都提供了一些共同的基本的服务，如允许用户把自己的观点或看法张贴于各讨论组的公告牌，浏览各讨论组的内容，与其他用户谈话、闲聊等；有的 BBS 还向用户提供交换软件及其他网络服务。

（1）进入 BBS。

下面以清华大学的 BBS 站点为例（主机名是 bbs.tsinghua.edu.cn，IP 地址为 166.111.8.238），来看一看如何进入并使用 BBS。

第 1 步　在 IE 浏览器中用远程登录命令 telnet://bbs.tsinghua.edu.cn 连接"水木清华"BBS 站，这时屏幕显示如图 11-35 所示。

图 11-35　水木清华 BBS 站点

第 2 步　如果你曾经访问过这个 BBS 站点并注册过，那么你已经拥有一个用户代号。这时，你只要先输入这个代号，然后按 Enter 键，即可进入系统主选单。如果你是第一次访问这个站点，也就是说没有注册过，同时也不想立即注册，而只是想了解一下这个 BBS 站点都讨论哪些话题，可以输入"guest"，然后按 Enter 键，即可进入系统主选单。

第 3 步　如果你还没有注册过，现在想立即注册，可以输入"new"，然后按 Enter 键。这时，系统提示你选择输入一个代号。当输入代号之后，系统将提示选择输入一个口令，然后要求再次输入口令以进行确认。接下来要求输入你的别名、真实姓名、住址等，按照系统提示一一输入相应信息。

（2）阅读 BBS 布告栏。

进入"水木清华"BBS 站后，可看到一个如图 11-36 所示的主选单。

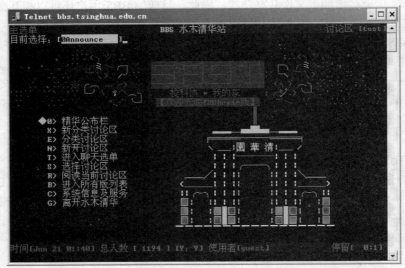

图 11-36　BBS 主选单

从中可以注意到，主选单的第一栏有一个◆符号。利用向上或向下的箭头键可以移动这个符号，按右箭头键或 Enter 键则可以进入符号所指的选项。此外，也可以通过键入相应括号内的字母来进行选择。进入各选项后，屏幕上方会显示可使用的功能键，因此，你不必记忆这些功能键，必要时还可以键入"h"来获得上面的使用说明。

（3）张贴文章。

在浏览 BBS 布告栏的过程中，如果想就某个话题发表自己的看法，可以先按 Ctrl+P 组合键，在系统提示后为你希望发表的看法起一个标题，接下来就可以编辑你要发表的文章了。编辑完成后，按 Ctrl+X 组合键，在系统提示后输入"s"（save），文章就会张贴在此讨论区中。

（4）收发电子邮件。

有些 BBS 站点中，访问 BBS 的用户还可以发送电子邮件给其他访问者，或者阅读其他用户发来的消息。这时可以选择"（S）end（寄信给其他使用者）"，然后输入收信者的 BBS 用户标识（ID），随后即可进入一个文本编辑器，来编辑你的信件。信件编辑完毕后，按 Ctrl+X 组合键，随后按系统提示键入"s"，系统就将把信件发送给收信人。

在有些 BBS 站点，还可以向 Internet 网络用户发信。发信方法与上述方法相似，只是在系统提示输入收信人地址时，输入的是收信人的电子邮件地址。

要阅读其他用户的来信，只需在"私人信件服务"中选择"（N）ew（阅读新进邮件）"或"（R）ead（进入多功能阅读选单）"。

（5）退出 BBS。

当需要退出当前访问的 BBS 站点时，可先返回到系统主选单，然后选择"（G）离开水木清华"选项。随后，BBS 系统要求你确认是否退出，回答"Yes"即可退出系统，如图 11-37 所示。

图 11-37　退出 BBS 站点

2. 基于 WWW 服务的 BBS 的使用

（1）进入 BBS。

目前，基于 WWW 服务的 BBS 系统非常流行，几乎随处可见。所谓基于 WWW 的 BBS，实际上是一种继承了 BBS 讨论方式的信息服务。前面我们讲过，BBS 最主要的功能就是讨论区，而基于 WWW 服务的 BBS 在实现了这个功能的同时，还在服务上提供了更多的优点。

首先，由于这样的 BBS 往往以 WWW 站点或主页形式提供，这就使得它们更容易连接，不需要专门的 Telnet 软件，只使用浏览器就可以访问，如图 11-38 所示。其次，它们是由 CGI 程序、Java 程序或 ASP 程序编写的，以主页的形式提供，用户可以在讨论过程中使用 HTML 命令，这样就可以在讨论的文章中使用不同的字体字号并嵌入图形，进一步丰富了讨论的表达形式。由于这些优点，使得基于 WWW 的 BBS 受到互联网用户的格外青睐，并在很短的时间内，在 WWW 上迅速普及开来。

图 11-38 基于 WWW 服务的 BBS

（2）使用 BBS 的规则和技巧。

使用 BBS 需要注意一些规则。首先，应该遵守国家的法律、制度和法规，不要讨论不应该讨论的问题。其次，还应该注意维护国家机密和尊重不同的民族习惯以及宗教信仰，因为互联网上的 BBS 用户来自世界各地，发表的文章和讨论的话题所造成的影响远比想象得要大。虽然 BBS 主要是匿名讨论，但 BBS 的系统操作员仍然可以知道登录者的真实姓名，以及来自哪里，从哪里连接到这个 BBS，从而拒绝某个用户再次访问这个 BBS，甚至提请司法机关进行调查。最后，注意用户之间的礼貌。由于 BBS 主要是通过化名进行讨论交谈的，每个用户并没有公布自己真实情况的义务，所以，最好不要做一个喜欢刺探他人隐私的人。用户之间也应该尽量建立起良好的讨论氛围，不要进行人身攻击。用户之间尽可能地互相帮助。

11.6 社交网站

社交网站的全称为 Social Network Site，即"社交网站"或"社交网"。通过社交网站我们与朋友保持了更加直接的联系，建立了更大的交际圈，网站所提供的寻找用户的工具可以帮助用户寻到失去了联络的朋友。

相对于其他社交网，在中国网速较快较多人使用的国外社交网站是 friendster，在国外，facebook 是覆盖面最广的。不过有些国家也有自己本土的社交网站，一般是年轻人使用。

现在我国有很多社交网站，比较有名有如下几个。

- 多功能大众化社交：百度空间
- 基于学习、互动、分享社交网站：yaya 家园
- 基于大众化的社交：QQ 空间
- 基于各类生活爱好：豆瓣
- 基于白领用户的娱乐：开心网
- 基于白领和学生用户的交流：人人网
- 基于原创性文章：新浪博客
- 基于位置信息的社交：麦乐行
- 基于个性化交友页面：阔地网络

习　题

1. 电子邮件为什么采用存储转发的方式，而不使用直接投递？
2. SMTP 和 POP 分别用在什么场合？
3. 除了登录远程主机，远程登录还可以有哪些应用？
4. 电子邮件的格式是什么？
5. 即时通信软件有哪些？
6. 使用 QQ，给好友发送文件、文件夹；和好友进行在线视频聊天；利用远程协助功能帮助好友解决问题。
7. 在自己的手机上下载安装微信，体验其语音聊天、附近人及摇一摇功能。
8. 在网上建立一个自己的博客。
9. 在网上建立一个自己的微博。
10. 用两种方式登录 BBS，看看有什么相同点和不同点。
11. 登录各大社交网站，查找好友，并查看里面的各种应用。

第12章
网络多媒体应用

Internet 应用的日益广泛,带动计算机技术、网络通信技术、多媒体技术等诸多领域的发展突飞猛进。多媒体通信技术是将计算机技术、现代声像技术和通信技术融为一体,追求更自然、更丰富、更流畅的接口界面和传输的新技术。它突破了计算机、电话、电视等传统产业的界限,将视频、图像、声音信息纳入了计算机的控制范围,把计算机的交互性、通信网络的分布性和多媒体信息的综合性完美地融合为一体,向人们提供了全新的信息服务。

12.1 多媒体压缩格式

多媒体文件数据量大但又要实现实时传输,所以,对多媒体文件进行压缩处理是必须的。再则,构成多媒体的信息之间存在相关性,使得多媒体文件中包含大量的冗余数据,且人的感觉对某些信息数据的不敏感性,所以,对多媒体文件进行压缩处理是可行的。常见的多媒体主要有图像、音频和视频,下面介绍这 3 种多媒体的压缩格式。

12.1.1 图像压缩格式

这里的图像指静态图像,实际中的静态图像数字化后以文件的形式保存在计算机中,这种文件称为图像文件。保存图像数据的文件格式有很多种,最基本的是 BMP 位图格式。它采用位映射存储方式,除了图像深度可选以外,没有采用任何其他压缩技术,是 Windows 环境中采用的图像文件格式。由于 BMP 格式文件的数据量太大,所以实际中一般不采用。目前,图像文件采用的多为压缩格式,主流压缩格式有如下几种。

1. JPEG 格式

JPEG(Joint Photographic Experts Group)即联合图像专家组,文件后缀名为 JPG,是目前网络上最流行的图像文件压缩格式。在数码相机中,照片也大多采用这种格式。JPEG 采用有损压缩技术去除冗余的图像数据,在获得极高的压缩比的同时能展现十分丰富生动的图像,换句话说,就是可以用最少的磁盘空间得到较好的图像品质。而且 JPEG 是一种很灵活的格式,具有调节图像质量的功能,允许采用不同的压缩比对文件进行压缩,支持多种压缩级别,压缩比通常为 10∶1~40∶1,压缩比越大,品质就越低;相反地,压缩比越小,品质就越好。例如,可以把 1.37MB 的 BMP 位图文件压缩至 20.3KB。JPEG 格式压缩的主要是高频信息,对色彩的信息保留较好,可以支持 24bit 真彩色。

2. GIF 格式

GIF(Graphics Interchange Format)的原义是"图像互换格式",是 CompuServe 公司在 1987

年开发的图像文件格式。GIF 是一种基于 LZW（Lempel Ziv Welch）算法的连续色调的无损压缩格式，压缩比一般在 2：1 左右。GIF 的图像深度为 lbit~8bit，最多支持 256 种色彩。一个 GIF 文件中可以存放多幅彩色图像，如果把存于一个文件中的多幅图像数据逐幅读出并显示到屏幕上，就可构成一种最简单的动画。GIF 不属于任何应用程序，目前几乎所有的相关软件都支持它，公共领域有大量的软件在使用 GIF 图像文件。

3. TIFF 格式

TIFF（Tag Image File Format）是由 Aldus 公司（后与 Adobe 公司合并）和 Microsoft 公司为扫描仪和桌面出版系统研制开发的一种较为通用的图像文件格式。TIFF 格式支持的色彩数最高可达 16M 种。其特点是存储的图像质量高，但占用的存储空间非常大，其大小是相应 GIF 文件的 3 倍，JPEG 文件的 10 倍；细微层次的信息较多，有利于原图像的阶调与色彩的复制。TIFF 格式有压缩和非压缩两种形式，其中压缩形式使用的是 LZW 无损压缩技术。在 Photoshop 中，TIFF 格式能够支持 24 个通道，是除 Photoshop 自身格式（PSD 和 PDD）外唯一能够存储多于 4 个通道的文件格式。目前大多数扫描仪都可以输出 TIFF 格式的图像文件。

4. PNG 格式

PNG（Portable Network Graphics）的意思为"轻便型网络图像"，是专为网络开发的最新图像文件格式。PNG 能够提供比 GIF 格式小 30％的无损压缩图像，支持图像透明，能同时提供支持 24bit 和 48bit 的真彩色图像。PNG 图像使用高速交替显示技术，显示速度很快，只需要下载 1/64 的图像信息就可以显示出低分辨率的预览图像。与 GIF 不同的是，PNG 图像格式不支持动画。

12.1.2 音频压缩格式

音频文件最基本的格式是 WAV（波形）格式。它是把声音的各种变化信息（频率、振幅、相位等）逐一转换成 0 和 1 的电信号记录下来，构成的音乐文件形式。由于其记录的信息量相当大，所以使用的很少。目前使用的音频文件也多为压缩格式文件，主要有如下几种。

1. MP3 格式

MP3 是 MPEG-1 Layer 3 的缩写，是一种压缩格式的音乐文件。它是采用 MPEG 技术将 WAV 声音数据压缩后生成的音乐格式文件。MP3 音乐的质量与普通 CD 基本相同，而文件大小却远小于普通 CD 中的音乐文件。MP3 的压缩比一般为 10：1～12：1，是目前最为流行的音频文件格式。

2. MP4 格式

MP4 格式并不是 MP3 格式的改进版。由于 MP3 格式的音乐无法提供版权保护，所以由美国唱片行业联合倡导、美国网络技术公司开发出了 MP4 音乐文件格式。它采用了 MPEG-2 AAC（Advanced Audio Coding）音频压缩技术，具有对立体声完美再现、比特流效果音扫描、多媒体控制、降噪优异等 MP3 没有的特性，而且，MP4 中内嵌了用于播放这种格式音乐文件的播放器，使每一首 MP4 格式的音乐文件可以直接播放。当然，最重要的还是在文件中加入了用来保护版权的编码，只有特许的用户才可以下载、复制和播放。其压缩比一般为 15：1。

3. VQF 格式

VQF 是由 NTT（日本电信电话公司）采用 TwinVQ（Transform-domain Weighted INterleave Vector Quantization）技术开发的音乐文件压缩格式。VQF 的音频压缩比比 MP3 高出近一倍，可以达到 20：1 甚至更高，在同等音质的情况下，VQF 格式的文件要比 MP3 格式的文件小。VQF 文件在 Internet 上可以采用流式媒体播放技术边下载边播放，但是，VQF 文件的播放软件少，普及性要差些。

4．WMA 格式

WMA（Windows Media Audio）是 Microsoft 公司开发的一种面向网络播放的音频压缩格式，比 MP3 格式的文件小，支持流式媒体播放技术。WMA 支持防复制功能，可以通过 Windows Media Rights Manager 加入保护，限制播放时间和播放次数，甚至限制播放的计算机。

5．RA 格式

RA（Real Audio）是 Real networks 公司开发的音频压缩格式。目前在 Internet 上非常流行，很多音乐网站和网络广播都采用 RA 格式，支持流式媒体播放技术。RA 格式可以根据收听者的网络带宽调整传输速率，在保证流畅的前提下尽可能提高音质。还支持使用特殊协议来隐匿文件的真实网络地址，从而实现只在线播放而不提供下载的欣赏方式。

12.1.3　视频压缩格式

视频是声音和动态图像的合称。视频文件最基本的格式是 Microsoft 公司推出的 AVI（Audio Video Interleave），它是一种音频和视频交叉记录的数字视频文件格式。虽然图像和声音的质量非常好，但由于音频和视频都没有经过压缩处理，所以占用的空间很大，使用受到了一定限制。目前用到的视频文件的格式也多采用压缩技术，视频文件的主要压缩格式有如下几种。

1．AVI 格式

AVI 是由 Microsoft 公司开发的一种数字音频与视频文件格式，原先仅仅用于微软的视窗视频操作环境（Microsoft Video for Windows，VFW），现在已被大多数操作系统直接支持。

AVI 格式允许视频和音频交错在一起同步播放，但却没有限定压缩标准，由此就造就了 AVI 的一个"永远的缺陷"，即 AVI 文件格式不具有兼容性。不同压缩标准生成的 AVI 文件必须使用相应的解压缩算法才能将之播放出来。我们常常可以在多媒体光盘上发现它的踪影，一般用于保存电影和电视等各种影像信息，有时它也出现在 Internet 中，主要用于让用户欣赏新影片的精彩片段。常用的 AVI 播放驱动程序，主要有 Microsoft Video for Windows 或 Windows 95/98 中的 Video 1，以及 Intel 公司的 Indeo Video 等。

2．MOV 格式（QuickTime）

QuickTime 格式是 Apple 公司开发的一种音频、视频文件格式。QuickTime 用于保存音频和视频信息，并被包括 Apple Mac OS、Microsoft Windows 95/98/NT 在内的所有主流计算机平台支持。

QuickTime 文件格式支持 25 位彩色，支持领先的集成压缩技术，提供 150 多种视频效果，并配有提供了 200 多种 MIDI 兼容音响和设备的声音装置。新版的 QuickTime 进一步扩展了原有功能，包含了基于 Internet 应用的关键特性。综上所述，QuickTime 因具有跨平台和存储空间要求小等技术特点，得到了业界的广泛认可，目前已成为数字媒体软件技术领域的工业标准。

3．MPEG/MPG/DAT 格式

用户在计算机上看 VCD 都习以为常了吧？但谁知道如何将那么多的音频和视频信息压缩到一张 CD 光盘中呢？如果用户打开过 VCD 光盘的文件，就会发现其中有一个 MPEG 的文件夹，MPEG 是运动图像压缩算法的国际标准，现已被几乎所有的计算机平台共同支持。和前面某些视频格式不同的是，MPEG 采用有损压缩方法以减少运动图像中的冗余信息从而达到高压缩比的目的，当然这些是在保证影像质量的基础上进行的。

MPEG 的平均压缩比为 50∶1，最高可达 200∶1，压缩效率之高由此可见。同时图像和音响

的质量也非常好，并且在微机上有统一的标准格式，兼容性相当好。MPEG 标准包括 MPEG 视频、MPEG 音频和 MPEG 系统（视频、音频同步）3 个部分，MP3 音频文件就是 MPEG 音频的一个典型应用，而 Video CD（VCD)、Super VCD（SVCD）和 DVD （Digital Versatile Disk）则是全面采用 MPEG 技术所产生出来的新型消费类电子产品。

12.1.4 流式视频压缩格式

流式视频采用一种"边传边播"的方法，即先从服务器上下载一部分视频文件，形成视频流缓冲区后实时播放，同时继续下载，为接下来的播放做好准备。这种"边传边播"的方法避免了用户必须等待整个文件从 Internet 上全部下载完毕才能观看的缺点。到目前为止，Internet 上使用较多的流式视频格式主要是以下 3 种。

1. RM（Real Media）格式

RM 格式是 RealNetworks 公司开发的一种新型流式视频文件格式，它共有 3 种格式：RealAudio、RealVideo 和 RealFlash。RealAudio 用来传输接近 CD 音质的音频数据，RealVideo 用来传输连续视频数据，而 RealFlash 则是 Real Networks 公司与 Macromedia 公司新近合作推出的一种高压缩比的动画格式。RealMedia 可以根据网络数据传输速率的不同制定不同的压缩比率，从而实现在低速率的广域网上进行影像数据的实时传送和实时播放。这里我们主要介绍 RealVideo，它除了可以以普通的视频文件形式播放之外，还可以与 RealServer 服务器相配合，首先由 RealEncoder 负责将已有的视频文件实时转换成 RealMedia 格式，RealServer 则负责广播 RealMedia 视频文件。在数据传输过程中可以边下载边由 RealPlayer 播放视频影像，而不必像大多数视频文件那样，必须先下载然后才能播放。目前，Internet 上已有不少网站利用 RealVideo 技术进行重大事件的实况转播。

2. MOV 文件格式（QuickTime）

MOV 也可以作为一种流文件格式，QuickTime 能够通过 Internet 提供实时的数字化信息流、工作流与文件回放功能，为了适应这一网络多媒体应用，QuickTime 为多种流行的浏览器软件提供了相应的 QuickTime Viewer 插件（Plug-in），能够在浏览器中实现多媒体数据的实时回放。该插件的"快速启动（Fast Start）"功能，可以令用户几乎能在发出请求的同时便收看到第 1 帧视频画面，而且，该插件可以在视频数据下载的同时就开始播放视频图像，用户不需要等到全部下载完毕就能进行欣赏。此外，QuickTime 还提供了自动速率选择功能，当用户通过调用插件来播放 QuickTime 多媒体文件时，能够自己选择不同的连接速率下载并播放影像，当然，不同的速率对应着不同的图像质量。此外，QuickTime 还采用了一种称为 QuickTime VR 的虚拟现实（Virtual Reality，VR）技术，用户只需通过鼠标或键盘，就可以观察某一地点周围 360° 的景象，或者从空间任何角度观察某一物体。

3. ASF 格式

Microsoft 公司推出的高级流格式（Advanced Streaming Format，ASF），也是一个在 Internet 上实时传播多媒体的技术标准。

ASF 的主要优点包括本地或网络回放、可扩充的媒体类型、部件下载以及扩展性等。ASF 应用的主要部件是 NetShow 服务器和 NetShow 播放器。有独立的编码器将媒体信息编译成 ASF 流，然后发送到 NetShow 服务器，再由 NetShow 服务器将 ASF 流发送给网络上的所有 NetShow 播放器，从而实现单路广播或多路广播，这和 Real 系统的实时转播是大同小异。

12.2　多媒体播放技术及播放环境

12.2.1　多媒体播放技术简介

多媒体播放就是将多媒体文件的数据，采用一定的技术还原成多媒体信号（即声音、图像和视频信号），这些多媒体信号再驱动相应的设备（音箱、显示器），使人们获得多媒体欣赏的过程。

由于多媒体文件的数据量特别大，一幅中等分辨率的彩色图像（分辨率为 640×480，256 色，8bit/像素）大约是 0.293MB，如果用电话线的标准速率（2400bit/s）传输约需 17min；一张 1.44MB 的软盘只能存放 8s 的音频信息。因此，多媒体的数据在保存和传输的时候，都要进行压缩。这些压缩了的多媒体文件在播放之前，必须先解压缩，然后才能开始播放。

由多媒体文件数据还原成多媒体信号，一般由多媒体播放软件来完成。现在播放多媒体一般有两种方式。一种是先下载，再播放。虽然多媒体文件经压缩后，数据量减少了许多，但是对于网络带宽来说，文件还是太大，还不能以较快的速度将文件传输到播放的计算机上，因此，需要先将要播放的文件下载到计算机中，再启动播放软件来播放。另一种是采用流式媒体技术进行播放，这种方式是将播放文件分成若干部分后，边传输，边播放。

12.2.2　多媒体的实时播放技术

多媒体的实时播放就是指不下载多媒体文件，直接在 Internet 上进行多媒体播放的方式。但是，多媒体文件的数据量一般都很大，为了解决数据传输速率的问题，不仅要将多媒体文件进行最大限度的压缩，而且还要采用一种特殊技术——流式媒体技术。采用这种技术处理的多媒体称为流式多媒体，如流式音乐、流式视频等。

采用流式媒体技术播放多媒体时，无须等待整个多媒体文件传输过程的结束，就可以开始播放。当播放流式多媒体文件时，播放软件先将多媒体文件的一部分传输到本地计算机并存放在缓存区中，然后从缓存区中取出这一部分来播放。同时，播放软件再将下一部分传输过来，存放在缓存区中。播放软件播放完前一部分后，再从缓存区中取出后一部分继续播放。就这样，文件是一部分一部分地传输，播放器是一部分一部分地播放，从而让用户在没有感觉到等待的情况下，连续欣赏完多媒体文件。流式媒体技术的特点就是一边传输，一边播放。

另外，在采用流式媒体技术播放多媒体时，由于各种原因，会影响 Internet 上信息流的传输甚至会引起中断。为了使接收信息流的过程连贯，目前采用的是智能处理流式媒体技术，它可根据网络的情况，对传输信息流的大小、速率自动进行调整。

采用流式媒体技术的多媒体播放软件有 Real Networks 公司的 RealOne Player 播放器、Microsoft 公司的 Windows Media Player 播放器和 Apple 公司的 Quick Time 播放器。

12.2.3　多媒体的播放环境

1．硬件环境

- 最好用 PentiumⅢ以上带 MMX 的 CPU，内存 256MB 以上，硬盘 20GB 以上，显卡要有 2MB 以上显存，支持 YUV 硬件加速（带 3D 加速更好）。
- 一条电话线（如果能接入宽带网，最好是一条宽带网线）。
- 一个调制解调器（如果是接入宽带网，则是一个宽带网接入器）。

- 一块声卡。
- 一组音箱。
- 一套耳麦（可选）。

2. **软件环境**

- 操作系统：可以是 Windows 98、Windows 2000、Windows Me 和 Windows XP 中的一种。
- 多媒体播放软件：播放软件的选择与播放文件的格式有关。例如，播放 MP3、CD、MIDI 等音乐，要安装千千静听软件；播放的文件既有音频，又有视频，就要安装 RealOne Player 或 Windows Media Player 软件。

12.3　多媒体播放器

要欣赏多媒体，计算机必须安装播放多媒体的软件，即多媒体播放器。多媒体播放器有很多，也各有特长，下面介绍目前比较流行的两种多媒体播放器。

12.3.1　千千静听

千千静听是一款完全免费的音乐播放软件，集播放、音效、转换、歌词等众多功能于一身。其小巧精致、操作简捷、功能强大的特点，深得用户喜爱，被网友评为中国十大优秀软件之一，并且成为目前国内最受欢迎的音乐播放软件。千千静听的版本 2010 年 11 月 23 日更新至 5.7 正式版，可以访问"千千静听"的官方网站（www.ttplayer.com）来下载，或者获取相关资料以及插件、"皮肤"等。

千千静听支持几乎所有常见的音频格式，包括 MP3/mp3PRO、AAC/AAC+、M4A/MP4、WMA、APE、MPC、OGG、WAVE、CD、FLAC、RM、TTA、AIFF、AU 等音频格式，多种 MOD 和 MIDI 音乐，以及 AVI、VCD、DVD 等多种视频文件中的音频流，还支持 CUE 音轨索引文件。通过简单便捷的操作，可以在多种音频格式之间进行轻松转换，包括上述所有格式（以及 CD 或 DVD 中的音频流）到 WAVE、MP3、APE、WMA 等格式的转换；通过基于 COM 接口的 AddIn 插件或第三方提供的命令行编码器还能支持更多格式的播放和转换。

千千静听支持高级采样频率转换（SSRC）和多种比特输出方式，并具有强大的回放增益功能，可在播放时自动将音量调节到最佳水平以实现不同文件相同音量；基于频域的 10 波段均衡器、多级杜比环绕、交叉淡入淡出音效，兼容并可同时激活多个 Winamp2 的音效插件。

千千静听备受用户喜爱和推崇的，还包括其强大而完善的同步歌词功能。在播放歌曲的同时，可以自动连接到千千静听庞大的歌词库服务器，下载相匹配的歌词，并且以卡拉 OK 式效果同步滚动显示，并支持鼠标拖动定位播放；另有独具特色的歌词编辑功能，可以自己制作或修改同步歌词，还可以直接将自己精心制作的歌词上传到服务器实现与他人共享。

1. **界面简介**

千千静听的默认界面如图 12-1 所示，它由 5 个窗口组成，分别是主控窗口、列表窗口、均衡器窗口、歌词秀窗口和音乐窗口。这 5 个窗口相对独立，可以拆开分别放置在桌面的任意位置，除了主控窗口必须显示以外，其他 4 个都可以关闭。

（1）主控窗口。

播放音频文件的主要操作都在这里进行。该窗口包括播放控制按钮、音量调节滑动条、显示/隐藏其他窗口按钮等组件。各按钮的功能说明如表 12-1 所示。

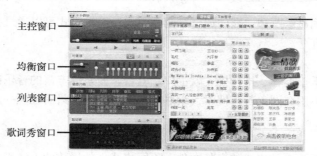

图 12-1　千千静听的主界面

表 12-1　　　　　　　　　　　　主控窗口控制按钮功能说明

按　　钮	功　　能
◄◄	播放前一曲
►	开始播放
II	暂停播放
■	停止播放
►►I	播放后一曲
▲	打开一个音频文件并播放
♫	启用或关闭音乐窗
列表	显示或关闭列表窗口
均衡器	显示或关闭均衡器窗口
歌词	显示或关闭歌词窗口

　　在窗口的右上角还有 3 个按钮，单击左边的按钮可以最小化程序窗口，单击右边的按钮可以关闭程序，而单击中间的按钮可以切换到迷你模式，这样可以不占用屏幕空间。

　　（2）均衡器窗口。

　　均衡器窗口中有一系列音效调节滑动条和 3 个按钮。通过调节各音频波段的滑动条可以手动调节音质和音效。"开关"按钮用于控制均衡器是否启用，"配置"按钮用于保存或者读取自定义的均衡器参数，"重设"按钮用于将所有波段的增益或者衰减置零。

　　（3）列表窗口

　　曲目列表窗口主要用于显示播放曲目列表及各曲目相关信息，如文件名、播放时间。在此列表框里可以对文件进行简单操作，如单击可以选中文件、双击可以播放文件，另外还可以拖动文件改变它在列表中的位置。标准播放按钮与播放控制面板上的播放按钮作用一样。

　　单击 7 个曲目控制按钮分别可以打开相应菜单。"添加"按钮用于向曲目列表添加文件，"删除"按钮用于从曲目列表删除文件，"列表"按钮用于添加、删除或保存列表，"排序"按钮用于对曲目列表排序、编辑信息等操作，"查找"按钮用于查找列表中的文件，"编辑"按钮用于对列表文件进行编辑操作，"模式"按钮用于设置播放模式。

　　（4）歌词秀窗口

　　播放歌曲文件时，可以在歌词秀窗口欣赏其同步歌词。如果在本地资源里找不到需要的歌词，还可以通过歌词秀访问千千歌词服务器下载需要的歌词。另外，也可以使用歌词秀的编辑模式来编辑需要的歌词。

千千歌词秀有"歌词显示"和"歌词编辑"两个模式，编辑模式可以通过在显示区单击鼠标右键选择"编辑歌词"打开。

（5）音乐窗口

千千音乐窗集合了千千推荐、排行榜、歌手库、电台、搜索等丰富的音乐内容和功能，并及时更新。打开音乐窗，不用在网上苦苦搜索，绞尽脑汁下载歌曲，只需轻轻一点，即可直接用千千静听播放喜欢的歌曲。

2. 使用方法

使用千千静听可以播放多种格式的音频文件，不同格式文件播放的方法都是一样的。

（1）播放单个音频文件。

最简单的播放方法是播放单个音频文件，操作步骤如下。

第 1 步　双击桌面上的"我的电脑"图标，进入"我的电脑"窗口。

第 2 步　打开要播放的音频文件所在的文件夹，双击该文件。

此时，千千静听会自动打开，并开始播放双击的文件。

（2）编辑管理文件列表。

使用播放器欣赏音乐时，更多的是连续播放多个曲目，这就要用到曲目列表面板。编辑管理文件列表的操作步骤如下。

第 1 步　双击桌面上的"千千静听"图标，打开千千静听。

第 2 步　如果曲目列表面板没有打开，单击主控窗口上的"列表"按钮。

第 3 步　单击曲目列表面板上的"添加"按钮，在弹出的菜单中选择"添加文件夹"命令，添加指定文件夹中的所有文件；或者在弹出的菜单中选择"添加文件"命令，添加单个文件。

第 4 步　添加完所有要播放的文件后，可以单击"排序"按钮，根据弹出菜单选择相应的命令对播放文件进行排序，或者用鼠标拖动列表中的某个文件改变它的位置。

第 5 步　单击主控窗口上的播放按钮开始欣赏音乐。

此时可以通过标准播放按钮对播放进行控制，如暂停、播放下一曲、停止等。

可以将当前编辑好的曲目列表保存为一个列表文件，如果以后要重复播放，只需进行加载列表文件就可以了。保存列表文件的方法是：单击曲目列表面板上的"列表"按钮，在弹出的菜单中选择"保存列表"命令。加载列表文件的方法是：单击曲目列表面板上的"列表"按钮，在弹出的菜单中选择"添加列表"命令。

（3）加载预设音效。

如果对千千静听的播放音效不满意，可以使用均衡器面板进行调节。手工对各音频波段进行调节对于非专业的用户可能不是很方便，千千静听已经保存了一些预设的音效方案，可以单击均衡器窗口上的"配置文件"按钮，从弹出的菜单中选择相应的音效方案。此时，均衡器面板上的调节滑动条会相应变化，如果正在播放音乐，可以听到音效的改变。

12.3.2　RealOne Player

RealOne Player 是在线收听收看实时音频、视频和 Flash 的最常用工具。RealOne Player 采用流式数据编码和传送模式，从而实现了在网上实时收听收看网络音频、视频广播。RealOne Player 可以将网上 RA 格式的音频文件和 RM 格式的视频文件逐段传送到用户的计算机上，同时解码播放，不必下载音频、视频内容。RealOne Player 还支持 MP3、AVI、MID 等 20 多种媒体格式。

1. 界面简介

RealOne Player 的界面如图 12-2 所示，它包括媒体播放器和媒体浏览器两部分，二者可以断开使用。媒体播放器主要由菜单栏、演示区域和播放器控制栏构成，用于播放媒体文件；媒体浏览器主要由导航栏、媒体浏览器显示区域和任务栏构成，用于查找、管理和保存媒体文件。

（1）菜单栏。

菜单栏位于 RealOne Player 界面的顶部，共有"文件"、"编辑"、"视图"、"播放"、"收藏"、"工具"和"帮助"7 个菜单，其中包含了用于管理和操作 RealOne Player 的所有命令。

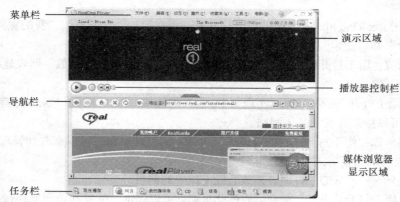

图 12-2　RealOne Player 的界面

（2）演示区域。

演示区域位于 RealOne Player 界面的上半部分，处于菜单栏和播放器控制栏之间，用于显示视频、视觉外观、专辑信息等。在显示区域的上方还有一个状态显示条，其上显示 RealOne Player 正在进行的行为信息，如播放剪辑时的文件名、文件格式、播放时间等。在状态显示条的最右端是一个"隐藏媒体浏览器"按钮，单击该按钮可以关闭媒体浏览器，使桌面上只留下媒体播放器。

（3）播放器控制栏。

播放器控制栏位于 RealOne Player 界面的中部，演示区域的下方。其上有一系列的播放按钮，各按钮的功能说明如表 12-2 所示。

表 12-2　　　　　　　　　　RealOne Player 播放按钮功能说明

按　　钮	功　　能
	开始播放
	停止播放
	播放上一个剪辑
	播放下一个剪辑
	剪辑播放位置滑动球
	静音
	音量调节滑动球

（4）导航栏。

导航栏位于 RealOne Player 界面的中部，在媒体浏览器的顶部，其上所显示的按钮及内容会随着在任务栏选择的页面按钮的不同而不同。图 12-2 所示中的导航栏是选中"网页"页面时的导航栏，比其他页面多一个地址栏。在导航栏的最右端有两个按钮，依次是"断开媒体浏览器"按钮和"关闭媒体浏览器"。单击"断开媒体浏览器"按钮可以使媒体播放器器和媒体浏览器断开，分别显示在桌面上；单击"关闭媒体浏览器"按钮也可以关闭媒体浏览器。

（5）媒体浏览器显示区域。

媒体浏览器显示区域位于 RealOne Player 界面的的下半部分，处于导航栏和任务栏之间。其上显示的内容也取决于在任务栏上选择的页面按钮。在图12-2中，选中的是"网页"按钮，媒体浏览器显示区域显示的是 RealOne 的主页。

（6）任务栏。

任务栏位于 RealOne Player 界面的底部，共有"现在播放"、"网页"、"我的媒体库"、"CD"、"设备"、"电台"和"搜索"7个页面按钮。其功能如下。

- 现在播放：用于打开或关闭"现在播放"列表。打开的"现在播放"列表显示在媒体浏览器显示区域的左侧。
- 网页：用于打开"网页"页面，实现与 Internet 的连接。选中"网页"按钮后，首先与 RealOne 主页连接，也可以搜索并登录其他网站。
- 我的媒体库：用于打开"我的媒体库"页面。通过此页面，可以查看并管理导入 RealOne Player 的媒体文件的快捷方式和链接列表。
- CD：用于打开"CD"页面，播放音频 CD 中的曲目。
- 设备：用于打开"设备"页面。通过此页面，可以添加、配置和访问能连接至计算机的各种便携式设备。刻录 CD 也通过此页面进行。
- 电台：用于打开"电台"页面，可以收听在线广播。
- 搜索：用于打开"搜索"页面，以搜索 Internet 上的媒体。

> "我的媒体库"、"CD"和"设备"页面各自有自己的命令栏，位于页面底部任务栏的上方。命令栏为这些页面提供了相关的附加控制。

2. 使用方法

使用 RealOne Player 既可以播放保存在自己计算机内的影音剪辑，也可以在线播放电影剪辑，还可以实时收看网上的视频节目和收听网上的广播。

> 在 RealOne Player 中，将影音文件称为剪辑。

（1）播放本地影音剪辑。

使用 RealOne Player 播放保存在计算机内的影音剪辑的操作方法如下。

第1步　双击桌面上的"我的电脑"图标，进入"我的电脑"窗口。

第2步　打开要播放的影音剪辑所在的文件夹，右击播放的剪辑。

第3步　在弹出的快捷菜单中，选择"在 RealOne Player 中播放"命令。

此时，RealOne Player 会自动打开，并开始播放。也可以先打开 RealOne Player，再选择播放的影音剪辑，步骤如下。

第1步　双击桌面上的"RealOne Player"图标，打开 RealOne Player。

第2步　单击"文件"菜单中的"打开"命令，进入"打开"对话框。

第3步　单击"打开"对话框中的"浏览"按钮。

第 4 步　在"打开文件"对话框中选中播放的影音剪辑，并单击"打开"按钮。

播放 DVD 或 CD 也可以采用上述方法，但是当 DVD 或 CD 放入光驱后，计算机会自动运行 RealOne Player 进行播放，无须专门操作。

CD 的播放也可以通过媒体浏览器的"CD"页面来进行。

（2）在线播放影音剪辑。

目前，提供实时影音资源的网站越来越多，其中有许多网站要求使用 RealOne Player。使用 RealOne Player 播放的方式有两种：一种是网页中内嵌 RealOne Player 播放器，直接在网页上播放；另一种是使用用户的 RealOne Player 播放器。对于第一种方式，只需访问网站并单击相应的链接即可观看。下面主要介绍第二种方式的操作方法。

第 1 步　双击桌面上的"RealOne Player"图标，打开 RealOne Player。

第 2 步　单击任务栏上的"网页"按钮，使媒体浏览器进入"网页"页面。

第 3 步　在地址栏中输入影音资源网站的网址，并按回车键。此时媒体浏览器显示区域将显示该网站的影音资源。

第 4 步　单击网页上要播放的影音资源的"播放"链接。

此时，媒体播放器就开始播放选中的剪辑。

在线播放前，一定要先连接好 Internet。

（3）收听在线广播。

使用 RealOne Player 收听在线广播的方法与在线播放影音剪辑的方法类似。具体操作过程如下。

第 1 步　双击桌面上的"RealOne Player"图标，打开 RealOne Player。

第 2 步　单击任务栏上的"电台"按钮，使媒体浏览器进入"电台"页面。

第 3 步　在"电台"页面的最下方，选择要收听电台的组别。

第 4 步　在显示的页面上选择电台，并单击相应的"播放"链接。

此时，媒体播放器即开始连接电台，并进行播放。

RealOne Player 内置了 2000 多个 Internet 电台，并按国家和地区分了组。对于中文版的 RealOne Player，默认的组别是"CHN"（中国）。

（4）使用播放列表。

播放列表是一组剪辑播放的顺序表。它既可以是音频剪辑的组合，也可以是视频剪辑的组合，还可以是音频和视频剪辑的任意组合。欣赏者可以根据自己的喜爱将自己拥有的影音资源进行组合，创建多个播放列表，在播放时只需选择播放列表就可以欣赏，而无须再进行选择。

- 创建播放列表

创建播放列表的步骤如下。

第 1 步　单击任务栏上的"我的媒体库"按钮，使媒体浏览器进入"我的媒体库"页面。

第 2 步　单击导航栏上的"播放列表"下拉列表框按钮，选择"所有播放列表"文件夹。

第 3 步　单击命令栏上的"新建播放列表"按钮。

第4步　在弹出的"新建播放列表"对话框中输入一个播放列表名称，并单击"确定"按钮。

第5步　在弹出的"添加剪辑"对话框中单击"否"按钮。

这时建立的播放列表是没有任何剪辑的空播放列表。

- 添加剪辑

如要添加剪辑可以在上面第5步中选择"是"按钮，或专门进行添加剪辑的操作，步骤如下。

第1步　单击任务栏上的"我的媒体库"按钮，使媒体浏览器进入"我的媒体库"页面。

第2步　单击导航栏上的"播放列表"下拉列表框按钮，选择其中的一个播放列表。

第3步　单击命令栏上的"添加剪辑"按钮。

第4步　在弹出的"添加剪辑"对话框中选择剪辑文件。

第5步　重复3、4步骤，直至将所有要添加的剪辑添加完。

- 播放播放列表

使用播放列表进行播放的方法如下。

第1步　从"我的媒体库"页面导航栏中单击"播放列表"下拉列表框按钮。

第2步　在"播放列表"下拉列表框中，单击要播放的播放列表。此时，该播放列表会打开在媒体浏览器显示区域上。

第3步　单击播放控制栏上的"播放"按钮。

这时，媒体播放器开始按该播放列表的剪辑顺序播放剪辑内容。

12.3.3　在线音乐欣赏

随着网络多媒体技术的迅猛发展，MP3 音乐也越来越流行，MP3 是一种音频文件格式，它采用 MPEG Audio Layer 3 技术制作，最大的优点就是压缩比率很高，可以将几十兆字节的音频数据压缩成原大小的 1/12。不仅如此，它还可以与普通的 CD 音质相媲美。正是由于 MP3 音乐的这些优点，使得它可以在 Internet 上传播得更加广泛。

现在，在许多网站上都提供了 MP3 下载，用户可以选择并下载自己想听的歌曲。其中，一听音乐网(http:/www.1ting.com)就是一个很好的站点，如图 12-3 所示。

图 12-3　一听音乐网

目前比较流行的在线音乐网站有九天音乐网（www.9sky.com），叮当音乐网（www.mtv123.com）和今生缘音乐网（www.666ccc.com）等。

12.4　网上看电影

在网络迅速发展的今天，人们看电视、电影已经不再依赖于普通的电视机或电影院，尤其是有了流媒体技术之后，我们可以更方便地通过网络观看自己喜欢的电视节目和电影。

目前，使用网络看电影有两种方法：一是使用网络软件，如 PPLive 网络电视、QQ 直播等软件观看；另一种是在网站上直接观看。

12.4.1　使用 PPStream 观看

PPStream，是一套完整的基于 P2P 技术的流媒体大规模应用解决方案，包括流媒体编码、发布、广播、播放和超大规模用户直播。能够为宽带用户提供稳定和流畅的视频直播节目。与传统的流媒体相比，PPStream 采用了 P2P-Streaming 技术，具有用户越多播放越稳定，支持数万人同时在线的大规模访问等特点。PPStream 客户端可以应用于网页、桌面程序等各种环境。

PPS 播放器是 PPS 网打造的一款全新网络电视收看软件，用户使用 PPS 播放器这款软件可以免费收看 1500 多路新颖频道，共计 3000 多个精彩节目。PPS 提供精简、标准、全屏、双倍 4 种播放模式，窗口大小可以任意调节，置顶播放方式，避免无关操作影响观看。

具体使用 PPS 的方法如下。

第 1 步　要使用 PPS，首先要下载该软件安装到用户的计算机上。然后双击桌面上的 PPS 影音图标，弹出 PPS 的主界面，如图 12-4 所示。

图 12-4　PPS 主界面

第 2 步　要观看影视节目，可以直接单击主界面左边窗口列表中的影视节目，另外在右边窗口"首页"中，有个收视排行，在这里可以观看点击率较高的电影、电视、动画、综艺等节目。

12.4.2　使用在线影院观看

在线影院，是依照现实中的电影院的功能，通过一些技术手段，通过互联网等技术在线架构的网上电影院，用户可以在这个虚拟的电影院中观看影视节目，实现足不出户就可以看影视的目的。

一般说来，在线影院跨越了时间和地域的限制，让用户可以随时随地的点播自己想看的电影，随着互联网内容的丰富和带宽的不断增加，网上影院收录的影片越来越多，点播也越来越快，画质也越来越高。以"迅雷看看"网站为例，用户首先要在 IE 浏览中输入网站地址 www.xunlei.com，然后单击想看的电影名称即可在线观看，如图 12-5 所示。常见的在线影院有：优酷网（www.yuku.com），土豆网（www.tudou.com），在线影院（www.seeonline.cn）等。

图 12-5　迅雷看看——在线影院

12.4.3　动画与图片欣赏

现在，在 Internet 上不仅有大量的文字信息，而且还有许多图片和动画。这大大丰富了人们的网上生活。

网上的图片实际就是静态图像。如果不准备保存，可直接在网络浏览器中欣赏它们；如果感觉某些图片以后还会欣赏，可以将它们下载到计算机的硬盘中，以后再来欣赏。

网上动画的欣赏一般可以直接用网络浏览器；也可以借助于多媒体软件，如 Windows Media Player 在线欣赏；还可以将其下载后，用专门观看动画的应用程序，如 happyviewer、Quick Time 来欣赏。提供动画的网址有：中国动画网（www.chinanim.com），天空动画城　flash.pcmei.com，动漫中国（www.dmzg.com），卡通空间（www.cartoon-sky.com）等。

12.4.4　网络广播

网上的广播服务也是很多的，一边上网，一边可以收听广播电台的节目。

收听网络广播，常用的软件有 RealOne Player 和 Windows Media Player，收听的具体方法可参见 12.3.2 节中的相关内容。常见的广播电台网址有：中央人民广播电台 （www.cnradio.com），中国国际广播电台（国际在线）（www.cri.com.cn），上海文广新闻传媒集团（www.eastradio.com），听广播（www.tinggb.com）等。

12.5　其他网络多媒体应用

12.5.1　网络电话

网络电话又称为 VOIP 电话，是通过互联网直接拨打对方的固定电话和手机，包括国内长途和国际长途，而且资费比用传统电话拨打便宜 5～10 倍。宏观上讲可以分为软件电话和硬件电话。软件电话就是在计算机上下载软件，然后购买网络电话卡，通过耳麦实现和对方（固话或手机）进行通话；硬件电话比较适合公司、话吧等使用，首先要有一个语音网关，网关的一边接到路由器上，另一边接到普通的话机上；然后使用普通话机即可直接通过网络自由通话了。

网络电话通过把语音信号经过数字化处理→压缩编码打包→通过网络传输→解压→把数字信号还原成声音让通话对方听到。网络电话的特点如下。

（1）可以拨叫到互联网的任何电话上，电话可以实现漫游，可以在有公共互联网的任何城市、国家使用。

（2）音质清晰，质量稳定。

（3）费用低廉，是其他通信方式费用的 20%～50%。

（4）方便用户一边上网一边打电话。

（5）有效地解决同域及异地的家人、朋友之间的高额通信费用。

（6）拨打出的电话不受地域的限制，只要有网络的地方都有实现的可能。

（7）可以方便的迁址，号码终身不变，迁址不变号码，不发生费用。

1. Skype

Skype 是一家全球性互联网电话公司，它通过在全世界范围内向客户提供免费的高质量通话服务，正在逐渐改变电信业。Skype 是网络即时语音沟通工具。具备 IM 所需的其他功能，如视频聊天、多人语音会议、多人聊天、传送文件、文字聊天等功能。它可以免费高清晰与其他用户语音对话，也可以拨打国内国际电话，无论固定电话、手机、小灵通均可直接拨打，并且可以实现呼叫转移、短信发送等功能。具体使用方法如下。

第 1 步　从 Skype 的官方网站（skype.tom.com）上下载客户端软件并安装。

第 2 步　单击登录界面中的"注册新的 Skype 账号"，根据提示完成账号注册。

第 3 步　登录主界面，然后查找添加 Skype 好友并对好友进行分组，如图 12-6 所示。

第 4 步　单击拨打电话按钮拨打国内/国际电话，如图 12-7 所示。

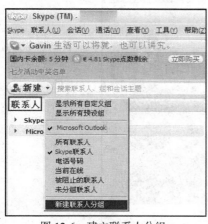

图 12-6　建立联系人分组

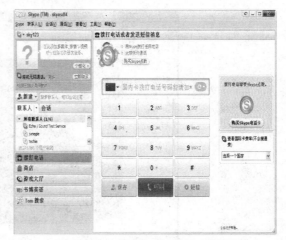

图 12-7　拨打国内/国际电话界面

2. 其他的网络电话

（1）VVCALL。

VVCALL1 是由皓峰网络通信公司利用 VoIP 技术自主开发的一款即时通信产品，它采用目前最先进的 P2P 语音传输模式以及独特的动态语音补偿技术，为用户提供优质低廉的语音通信服务。用户仅仅需要一台接入 Intelnet 的计算机，即可以和世界各地的朋友、亲友轻松沟通，且价格低廉。

（2）VIVICALL。

VIVICALL（会友通网络电话）是由国通电讯网络（香港）有限公司推出的网络通信服务，它融合了是世界最先进的网络技术和通信技术，为用户提供语音优质、资费低廉的通信服务。会友通网络电话支持回拨和软件电话 Pc To Phone 两种通话方式。

（3）Alicall。

Alicall（阿里通网络电话）目前是国内使用用户最多的网络电话之一，也是目前国内通信资费最低的网络电话。该软件采用世界上最先进的语音平台，专注于为客户提供优质廉价的专业语音通信服务，功能简单，极易操作。该软件除了普通网络包括的电话、短信收发、通讯录等外，还集成了日常航班、翻译、电话查询等日常信息查询及回拨等强大功能，手机也可使用。无论何时何地，都可实现廉价拨打全球 300 多个国家/地区的固定与移动电话。

12.5.2　网络游戏

网络游戏（OnlineGame）又称为"在线游戏"，简称"网游"。指以互联网为传输介质，以游戏运营商服务器和用户计算机为处理终端，以游戏客户端软件为信息交互窗口的旨在实现娱乐、休闲、交流和取得虚拟成就的具有相当可持续性的个体性多人在线游戏。

网络游戏是区别于单机游戏而言的，是指玩家必须通过互联网连接来进行多人游戏。一般指由多名玩家通过计算机网络在虚拟的环境下对人物角色及场景按照一定的规则进行操作，以达到娱乐和互动目的的游戏产品集合。网络游戏目前的使用形式可以分为以下两种。

1．浏览器形式

基于浏览器的游戏，也就是我们通常所说的网页游戏，又称为 Web 游戏。它不用下载客户端，任何地方、任何时间、任何一台能上网的计算机就可以游戏，尤其适合上班族。其类型及题材非常丰富，典型的类型有角色扮演（天书奇谭）、战争策略（热血三国）、社区养成（猫游记）、SNS（开心农场）等，如图 12-8 所示。

图 12-8　开心农场

2．客户端形式

这种类型是由公司所架设的服务器来提供游戏，而玩家则是由公司所提供的客户端来连上公司服务器以进行游戏，现在称之为网络游戏的大都属于此类型。此类游戏的特征是大多数玩家都会有一个专属于自己的角色（虚拟身份），而一切存盘以及游戏资讯均记录在服务端。此类游戏大部分来自欧美以及亚洲地区，这类型游戏有 World of Warcraft（魔兽世界）（美）、战地之王（韩国）、EVE Online（冰岛）、战地（Battlefield）（瑞典）、信长之野望 Online（日本）、天堂 2（韩国）、梦幻西游（中国）等。图 12-9 所示为天堂 II 的登录界面。

图 12-9　天堂 II 的登录界面

习　题

1. 多媒体为什么要进行压缩？目前，图像、音频和视频各有哪些压缩格式？
2. 什么是流式媒体技术？哪些多媒体播放器采用了流式媒体播放技术？
3. 请下载并安装千千静听，体会用千千静听欣赏 MP3 的感觉。
4. 用 RealOne Player 收看网上电影、收听网上电台。
5. 在 RealOne Player 中建立一个新的播放列表（如 my list），并将自己喜欢的音频、视频剪辑添加到该播放列表中。
6. 请登录"九天音乐"网站，用 Windows Media Player 在线播放该网站的 MP3 歌曲。
7. 使用 Skype 网络电话软件进行语音、视频聊天，感受网上电话。
8. 搜索网上图片素材库，欣赏并下载自然风景图片，并更换自己计算机的桌面背景。
9. 登录"中国动画网"网站，欣赏网上动画。
10. 登录"中央电视台"网站，收听当天的午间新闻。
11. 登录"优酷"网站，播放你喜欢影片的片段。
12. 登录"开心网"网站，体验网络在线游戏。

第13章
电子商务

　　电子商务是指整个贸易活动实现电子化。从涵盖范围方面来看，电子商务是交易双方以电子交易方式而不是通过当面交换或直接面谈的方式进行的任何形式的商业交易；而从技术方面来看，电子商务是一种多技术的集合体，包括交换数据、获得数据以及自动获取数据等。

　　在本章中，我们主要介绍如何通过 Internet 进行一些网上交易。

13.1　电子商务概论

　　自20世纪90年代以来，计算机网络技术及其应用得到了飞速发展，社会网络化和全球化成为不可抗拒的世界潮流。另一方面，商务活动及整个商业是影响社会经济和人们生活的原动力，商务活动及整个商业要发展，需要寻求新的运作模式。如今，商务活动的范围成为影响其发展的关键。计算机技术及网络技术，特别是 Internet 的发展，正好为商务活动的范围扩展提供了最方便的手段和空间。二者的结合，将相互促进，互为发展。

　　如今的网上商务活动，从单纯的网上发布信息、传递信息到在网上建立商务信息中心，从借助于传统贸易手段的不成熟的电子商务交易，到能够在网上完成供、产、销等全部业务流程的电子商务虚拟市场，从封闭的银行电子金融系统到开放式的网络电子银行。

13.1.1　认识电子商务

　　电子商务涵盖的业务包括商务信息交换、售前售后服务（提供产品和服务的细节、产品使用技术指南及回答顾客意见）、广告、销售、电子支付（电子资金转账、信用卡、电子支票及电子现金）、运输（包括有形商品的发送管理和运输跟踪，以及可以电子化传送产品的实际发送）、组建虚拟企业等。

　　电子商务提供企业虚拟的全球性贸易环境，大大提高了商务活动的水平和服务质量。新型的商务通信通道的优越性是显而易见的，其优点如下。

　　（1）大大提高了通信速度，尤其是国际范围内的通信速度。

　　（2）节省了潜在的开支，如电子邮件节省了通信邮费，而电子数据交换则大大节省了管理和人员环节的开销。

　　（3）增加了客户和供货方的联系，如电子商务系统网络站点使得客户和供货方均能了解对方的最新数据。

　　（4）提高了服务质量，能以一种快捷方便的方式提供企业及其产品的信息及客户所需的服务。

（5）提供了交互式销售渠道，使商家能及时得到市场反馈，改进本身的工作。

（6）提供全天候的服务，即每年 365 天，每天 24 小时的服务。最重要的一点是，电子商务增强了企业的竞争力。

按照参与电子商务交易的涉及对象或者说参与商业过程的主体不同，可以将电子商务的构成分为如下 4 种类型。

（1）企业与消费者之间的电子商务（Business to Costomer，B2C），如顾客在网上购物。

（2）企业与企业之间的电子商务（Business to Business，B2B），如两个商业实体之间在网上进行交易。

（3）企业内部电子商务，即企业内部，通过 Intranet 的方式处理与交换商贸信息。

（4）企业与政府方面的电子商务（Business to Government，B2G）。

13.1.2　电子商务交易的基本过程

电子商务的交易过程大致可以分为 4 个阶段：①交易前的准备；②交易谈判和签订合同；③办理交易进行前的手续；④交易合同的履行和索赔。

不同类型的电子商务交易，虽然都包括上述 4 个阶段，但其流程是不同的。对于 Internet 商业来讲，大致可以归纳为两种基本的流程：网络商品直销的流程和网络商品中介交易的流程。

1. 网络商品直销

网络商品直销过程可以分为以下 6 个步骤。

第 1 步　消费者进入互联网，查看在线商店或企业的主页。

第 2 步　消费者通过购物对话框填写姓名、地址、商品品种、规格、数量和价格。

第 3 步　消费者选择支付方式，如信用卡、电子货币或电子支票等。

第 4 步　在线商店或企业的客户服务器检查支付方服务器，确认汇款额是否认可。

第 5 步　在线商店或企业的客户服务器确认消费者付款后，通知销售部门送货上门。

第 6 步　消费者的开户银行将支付款项传递到消费者的信用卡公司，信用卡公司负责发给消费者收费清单。

为保证交易过程中的安全，往往需要有一个认证机构对在互联网上交易的买卖双方进行认证，以确认他们的身份。

2. 网络商品中介交易

网络商品中介交易是通过网络商品交易中心，即虚拟网络市场进行的商品交易。在这种交易过程中，网络商品交易中心以互联网为基础，利用先进的通信技术和计算机软件技术，将商品供应商、采购商和银行紧密地联系起来，为客户提供市场信息、商品交易、仓储配送、货款结算等全方位的服务。

13.2　网上银行

网上银行又称网络银行、在线银行，是指银行利用 Internet 技术，通过 Internet 向客户提供开户、销户、查询、对账、行内转账、跨行转账、信贷、网上证券、投资理财等传统服务项目，使客户可以足不出户就能够安全便捷地管理活期和定期存款、支票、信用卡、个人投资等，可以说网上银行是在 Internet 上的虚拟银行柜台。中国工商银行网上银行，如图 13-1 所示。

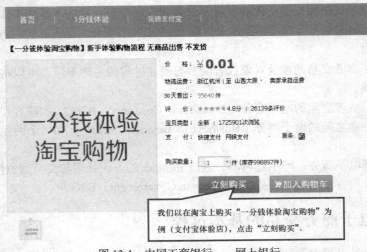

我们以在淘宝上购买"一分钱体验淘宝购物"为例（支付宝体验店），点击"立刻购买"。

图 13-1　中国工商银行——网上银行

网上银行又被称为"3A 银行"，因为它不受时间、空间限制，能够在任何时间（Anytime）、任何地点（Anywhere）、以任何方式（Anyway）为客户提供金融服务。网上银行具有以下特点。

（1）全面实现无纸化交易。

（2）服务方便、快捷、高效、可靠。

（3）经营成本低廉。

（4）简单易用。

13.3　手机银行

作为一种结合了货币电子化与移动通信的崭新服务，手机银行业务不仅可以使人们在任何时间、任何地点处理多种金融业务，而且极大地丰富了银行服务的内涵，使银行能以便利、高效而又较为安全的方式为客户提供传统和创新的服务，而移动终端所独具的贴身特性，使之成为继ATM、互联网、POS 之后银行开展业务的强有力工具，越来越受到国际银行业者的关注。

目前国内开通手机银行业务的银行有：招商银行、中国银行、中国建设银行、交通银行、广东发展银行、深圳发展银行、中信银行、中国农业银行等，其业务大致可分为 3 类：①查缴费业务，包括账户查询、余额查询、账户的明细、转账、银行代收的水电费、电话费等；②购物业务，指客户将手机信息与银行系统绑定后，通过手机银行平台进行购买商品；③理财业务，包括炒股、炒汇等。

13.3.1　手机银行的构成

手机银行是由手机、GSM 短信中心和银行系统构成。在手机银行的操作过程中，用户通过SIM 卡上的菜单对银行发出指令后，SIM 卡根据用户指令生成规定格式的短信并加密，然后指示手机向 GSM 网络发出短信，GSM 短信系统收到短信后，按相应的应用或地址传给相应的银行系统，银行对短信进行预处理，再把指令转换成主机系统格式，银行主机处理用户的请求，并把结果返回给银行接口系统，接口系统将处理的结果转换成短信格式，短信中心将短信发给用户。

13.3.2　手机银行的特点

手机银行并非电话银行。电话银行是基于语音的银行服务，而手机银行是基于短信的银行服务。目前通过电话银行进行的业务都可以通过手机银行实现，手机银行还可以完成电话银行无法实现的二次交易。例如，银行可以代用户缴付电话、水、电等费用，但在划转前一般要经过用户确认。由于手机银行采用短信息方式，用户随时开机都可以收到银行发送的信息，从而可在任何时间与地点对银行划转进行确认。总地来说，手机银行主要有以下特点。

（1）服务面广、申请简便。

只要手机能收发短信，即可轻松享受手机银行的各项服务。用户可以通过中国工商银行中国网站自助注册手机银行，也可到工商银行营业网点办理注册，手续简便。

（2）功能丰富、方便灵活。

通过手机发送短信，即可使用账户查询、转账汇款、捐款、缴费、消费支付等 8 大类服务。而且，手机银行提供更多更新的服务功能时，用户也无须更换手机或 SIM 卡，即可自动享受到各种新增服务和功能。手机银行交易代码均取交易名称的汉语拼音首位字母组成，方便记忆，用户还可随时发送短信"？"查询各项功能的使用方法。

（3）安全可靠、多重保障。

银行采用多种方式层层保障用户的资金安全。一是手机银行（短信）的信息传输、处理采用国际认可的加密传输方式，实现移动通信公司与银行之间的数据安全传输和处理，防止数据被窃取或破坏；二是客户通过手机银行（短信）进行对外转账的金额有严格限制；三是将客户指定手机号码与银行账户绑定，并设置专用支付密码。

（4）7×24 小时服务、资金实时到账。

无论何时，用户身在何处，只要可以收发短信，立即享受工行手机银行（短信）7×24 小时全天候的服务，转账、汇款资金瞬间到账，缴费、消费支付实时完成，一切尽在"掌"握中。

13.4　网上购物

网上购物，就是通过互联网检索商品信息，并通过电子订购单发出购物请求，然后填上私人支票账号或信用卡的号码，厂商通过邮购的方式发货，或是通过快递公司送货上门。国内的网上购物，一种付款方式是款到发货（直接银行转账，在线汇款），另外一种是担保交易（淘宝支付宝，百度百付宝，腾讯财付通等的担保交易），货到付款等。

13.4.1　网购的好处

首先，对于消费者来说，可以在家"逛商店"，订货不受时间、地点的限制；可以获得较大量的商品信息，可以买到当地没有的商品；网上支付较传统拿现金支付更加安全，可避免现金丢失或遭到抢劫；从订货、买货到货物上门无须亲临现场，既省时又省力；另外，由于网上商品省去租店面、召雇员及储存保管等一系列费用，其价格较一般商场的同类商品更便宜。

其次，对于商家来说，由于网上销售没有库存压力、经营成本低、经营规模不受场地限制等，在将来会有更多的企业选择网上销售，通过互联网对市场信息的及时反馈适时调整经营战略，以此来提高企业的经济效益和参与国际竞争的能力。

再次，对于整个市场经济来说，这种新型的购物模式可在更大的范围内、更广的层面上，以更高的效率实现资源配置。

所以说网上购物突破了传统商务的障碍，无论对消费者、企业还是市场都有着巨大的吸引力和影响力，在新经济时期无疑是达到"多赢"效果的理想模式。

13.4.2 网购的安全性

网上购物一般都是比较安全的，只要按照正确的步骤，谨慎操作是没问题的。最好是在家里自己的计算机上登录，并且注意杀毒软件和防火墙的开启保护及更新，选择第三方支付方式，如支付宝、财付通、百付宝等（需要商家支持），对于太便宜而且要预支付的话就最好不要轻信。

另外，网上购物的物品适合书籍、音像、制品、化妆品、服装等一般性比较强的，对于像收藏品、珠宝等则不宜网上购物。因为这些品质很难确定，所以很容易货不对版，对买卖双方都会造成麻烦。网上只是一种购买渠道，用户可以利用网络联系到相关卖方，然后约好进行面对面的谈判，当然要地理上有条件，而且双方有诚意。

13.4.3 网购的方法

目前互联网上有很多购物网站，其中较为著名的是淘宝网。下面以在淘宝购物为例，介绍网络购物的流程。

1. 注册淘宝会员

第1步　启动 IE 浏览器，在地址栏中输入网址 http://www.taobao.com，打开淘宝网首页，单击页面上方的"免费注册"按钮，如图 13-2 所示。

第2步　进入其注册页面填写注册信息，包括密码和电子邮箱的地址等，然后查看淘宝网服务协议后，单击"同意以下协议并注册"按钮完成注册，如图 13-3 所示。

图 13-2　淘宝首页

图 13-3　注册页面

第3步　输入手机号码，验证账户信息，然后输入手机接收到的验证码进行验证。

第4步　完成注册，如图 13-4 所示。

13-4　注册成功

2．开通支付宝账户

注册成功以后，就可以在淘宝网上进行网络交易了，但是如果想要拥有安全、便捷的网络交易，还需要开通支付宝账户。

支付宝就是针对网络交易而推出的一种安全付款方式，支付宝交易的基本流程是以支付宝为中介，买家确定购物后，先将货款付给支付宝公司，在买家确认收到购买的物品之前，货款由支付宝公司暂时保管。买家确认收货并同意付款以后，支付宝再将钱付给卖家。

如果买家没有收到货物或者对收到的货物不满意，可以向支付宝申请退款，买卖双方达成协议后，支付宝就可以把已付的货款退回到买家的支付宝账户里。在这个失败的交易过程中，买家不会有任何的经济损失。

另外，支付宝的实名认证能够将虚拟的网络账户和现实中的银行实名账户联系起来，保证卖家身份的可靠性，从根源上维护网络交易的安全性，充分保障了货款安全及买卖双方的利益。

注册为淘宝会员后，淘宝系统会同时免费让用户成为支付宝会员，会员名就是注册时填写的电子邮件地址，支付宝密码就是淘宝密码，不过要使支付宝账户能够正常使用，还必须将其开通，具体步骤如下。

第 1 步　在 IE 地址栏中输入网址 www.alipay.com，进入支付宝主页，在账户登录区域中输入电子邮件地址和密码，单击下面的"账户激活"按钮，如图 13-5 所示。

第 2 步　进一步补全支付宝账户信息，单击"确定"按钮激活支付宝账户，如图 13-6 所示。

图 13-5　支付宝主页

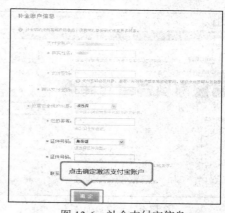

图 13-6　补全支付宝信息

3．办理网上银行

支付宝账户开通之后，目前的账户只是个空头账户，我们还必须向支付宝账户中存入钱才能进行淘宝交易，目前支付宝支持中国工商银行、中国农业银行、中国建设银行、兴业银行等多家银行的网上银行。

下面以中国建设银行为例，介绍如何开通网上银行。

第 1 步　首先，用户要在建设银行的网点开通建设银行的账户。

第 2 步　登录建设银行的主页 www.ccb.com，在主页左上角的"电子银行服务"区域，单击"网上银行服务"下面的"申请"按钮，如图 13-7 所示。

由于通过网上银行等渠道进行诈骗的案件时有发生，所以建行列出了一系列可疑的网上申请原因。如果用户的申请原因与列出的原因有相同或相似之处，则需联系建行工作人员，如果不是该原因，则可在条目前打"×"。当排除了所列出的原因后，单击"继续申请网上银行"按钮，即可进入网上银行的申请表页面，如图 13-8 所示。

图 13-7　建设银行主页

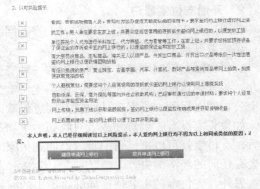

图 13-8　认可风险提示

第 3 步　进入申请表页面后，用户根据需要填写个人基本信息，填写账户信息，设置网上银行密码，最后单击"下一步"按钮，即可开通建设银行的网上银行。

4. 给支付宝账户充值

在开通了网上银行后，我们就可以给支付宝账户充值了，具体操作步骤如下。

第 1 步　登录支付宝账户，在"我的支付宝"页面中单击"立即充值"按钮，如图 13-9 所示。

第 2 步　在打开的充值页面中，选择"网上银行"，然后选择相应的网上银行，如图 13-10 所示。

图 13-9　充值页面

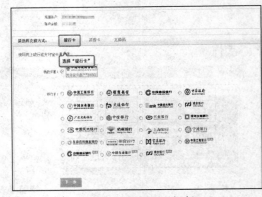

图 13-10　选择网上银行

第 3 步　在"充值金额"文本框中输入充值金额后，同时在上方会显示出当前选择的网上银行的支付限额，然后单击"登录到网上银行付款"，如图 13-11 所示。

第 4 步　在网上银行客户支付端，输入证件号码、密码等相关信息，然后单击"下一步"按钮，如图 13-12 所示。

图 13-11　输入充值金额

图 13-12　网上银行客户端

第 5 步　查看防伪信息，并查询支付账号的余额，然后单击"支付"按钮，如图 13-13 所示。

第 6 步　输入网银盾口令，然后单击"确定"按钮，如图 13-14 所示。

第 7 步　充值完成，可以查看当前支付宝账户的余额信息，如图 13-15 所示。

图 13-13　查看防伪信息及账号余额

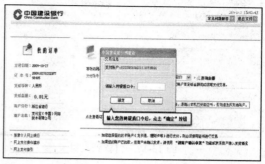

图 13-14　输入 U 盾口令

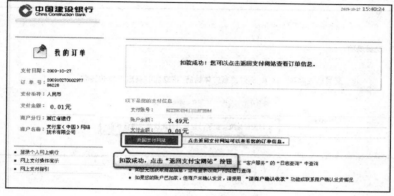

图 13-15　完成支付

5. 购买商品

给支付宝账户充值后，用户就可以进行网上购物了，具体操作方法如下。

第 1 步　打开淘宝首页，根据不同的商品分类找到自己要购买的商品，查看相关信息后，决定购买的话就单击"立刻购买"按钮，如图 13-16 所示。

第 2 步　确认收货地址、购买信息等，然后单击"确认无误，购买"按钮，如图 13-17 所示。

图 13-16　购买商品页面

图 13-17　确认购买信息

第 3 步　使用支付宝完成付款，如图 13-18 所示。

第4步　收到商品经检查没有问题之后，打开支付宝账户进行收货确认，输入支付宝账户的支付密码，完成最后付款，如图13-19所示。

图13-18　付款到支付宝

图13-19　完成支付

第5步　最后交易成功之后，可对此次交易进行交易评价，如图13-20所示。

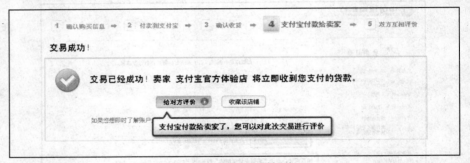

图13-20　进行交易评价

13.4.4　常用的网购网站

目前的购物网站主要有两种，一种是C2C网站，另一种是B2C网站。其中，C2C是指个人对个人，当你在C2C网站上买东西时，你只是在向一些个人卖家买东西，而不是向网站买东西。而B2C则是有营业执照，以公司运营的专业购物网站，如卓越网、当当网等。

1．B2C购物网站

- 图书音像：卓越网、当当网、99书城。
- 电脑数码：京东商场、北斗手机网、锐意网。
- 隐形眼镜：视客眼镜网。
- 服装服饰：麦包包、即尚网、芬理希梦。
- 百货日用：百联巴士、麦网。
- 化妆美容：no.5时尚网、dhc官方网站。
- 母婴用品：红孩子。

2．C2C网站

目前，淘宝网、易趣网和拍拍网是最大的3个C2C网站。在这3个网站购物，不是直接向运营网站的公司买东西，而是和里面的个人卖家打交道。简单地说，这类购物网站就像一条街，那些个人卖家就像在这条街上摆地摊，他们没有营业执照，所以价格相对来说比较便宜。同时也因为是个人生意，所以基本不提供正规发票。

13.5　网络团购

13.5.1　团购概述

　　所谓网络团购，是指一定数量的消费者通过互联网渠道组织成团，以折扣价格购买同一种商品。这种电子商务模式可以称为 C2B（Consumer to Business），和传统的 B2C、C2C 电子商务模式有所不同，需要将消费者聚合才能形成交易，所以需要有即时通信（Instant Messaging）和社交网络（SNS）做支持。这种崭新电子商务模式的始创者是美国的 Groupon，其营运模式是每日推出一件商品（deal of the day），如果通过网上认购这件商品的用户达到指定数量，全部人就可以用特定的折扣价格购买这件商品，否则交易就告吹。若交易成功，Groupon 就向出售商品的商户收取佣金。

　　团购的商品价格更为优惠，尽管团购还不是主流的消费模式，但它所具有的爆炸力已逐渐显露出来。业内人士表示，网络团购改变了传统消费的游戏规则。团购最核心的优势体现在商品价格更为优惠上。根据团购的人数和订购产品的数量，消费者一般能得到 5%~40% 不等的优惠幅度。目前网络团购形式大致有 3 种：第一种是自发行为的团购；第二种是职业团购行为，目前已经出现了不少不同类型的团购性质的公司、网站和个人；第三种就是销售商自己组织的团购。而 3 种形式的共同点就是参与者能够在保证正品的情况下拿到比市场价格低的产品。

　　团购较一般的网购有以下特点。

　　（1）省钱。

　　凭借网络，将有相同购买意向的会员组织起来，用大订单的方式减少购销环节，厂商将节约的销售成本直接让利，消费者可以享受到让利后的最优惠价格。搬新家者参加全屋家居团购可望省下几千至数万元。

　　（2）省时。

　　团购网所提供的团购商家均是其领域中的知名品牌，且所有供货商均为厂家或本地的总代理商，透过本网站指引"一站式"最低价购物，避免自己东奔西跑选购、砍价的麻烦，节省时间、节省精力。

　　（3）省心。

　　通过团购，不但省钱和省时，而且消费者在购买过程中占据的是一个相对主动的地位，可享受到更好的服务。同时，在出现质量或服务纠纷时，更可以采用集体维权的形式，使问题以更有利于消费者的方式解决。

13.5.2　团购的流程

　　团购分开团和跟团两种，开团者称为团长，是组织团购的一方，跟团者称为团员，是参加团购的一方。除团长和团员以外，还有提供商品的一方，称为商家。

1. 团长开团

具体流程如下。

第 1 步　团长找到开团的商品，确定团购要求人数、商品品牌、型号及商品团购的价格等。

第 2 步　召集团员。可以在网上发布信息寻找，也可以找周围的亲戚朋友等。为了更好地确定团员人数，有些团长会向团员要求订金。

第 3 步　团员人数达到团购要求的人数后，团长就会组织向商家进行统一购买，团购结束；如果团员未达到团购要求，则开团失败。

2．团员团购

对团员来说，在购物中不需要和商家接触，不需要讨价还价等。

具体流程如下。

第 1 步　团员看到了团长的帖子，或者被周围开团的亲戚朋友说动，觉得对开团的商品很感兴趣，参与团购。

第 2 步　团员人数达到团购要求的人数后，向团长付款，领商品、索要相关票据、质保书等，团购结束；如果团员未达到团购要求，则跟团失败。

3．一些专业的团购组织

团购流程如下。

第 1 步　注册成为团购组织的会员。

第 2 步　向团购组织提交你的购买消费意向或者直接报名参加已有团购活动。

第 3 步　收到团购组织者的活动邀请。

第 4 步　在约定时间前往活动地点（品牌经销点、卖场或者大型的展卖场）参加团购活动。

第 5 步　挑好自己要购买的产品后下订单。

第 6 步　验货、付款、提货。

13.5.3　常见的团购网站

- 拉手网：www.lashou.com
- 美团网：www.meituan.com
- 糯米网：www.nuomi.com
- 聚划算：ju.taobao.com
- 58 团：t58.com
- 搜狐爱家团：tuan.sohu.com
- QQ 团：tuan.qq.com
- F 团：www.ftuan.com

13.6　网上炒股

进入了网络时代，炒股的方式也发生了很大改变。即便是传统的证券交易市场，操作、管理也进入了网络化。而对一般股民，更多的人选择使用计算机网络，通过一定的代理服务商进行远程管理。这样不仅节约了时间，而且在操作的辛苦程度上也大大降低了。

那么如何通过网络进行炒股呢？这至少需要 3 个方面。

（1）用户存在一个合法、有效的账户。股民可以通过证券交易所或一些银行方便地完成开户等任务。

（2）用户使用软件进行股市调查工作。炒股更多的时间不是花在买卖股票上，而是对股票的调查研究上。怎样选择一支有潜力的股票，对股民才是最重要的。而网络炒股的优势就在于通过网络可以迅速、方便地将众多信息汇集起来，能够及时了解股市行情，这无疑能够对决策起到有利的作用。

（3）用户进行股票买卖的实际操作。这些操作也可以在网上进行，但在目前，通过网络进行股票买卖的并不占绝对多数，通过电话代理等方式还很多，这主要是网络安全性的原因。当然可以预见，完全通过网络进行股票交易将是一个趋势，因为它的低成本、快捷性是其他方式所无法比拟的。

当前炒股软件可以说是千变万化，不同的代理公司或服务商都拥有各自的炒股软件，其功能也不尽相同。本书将结合《证券之星》软件给予介绍。《证券之星》作为一个免费软件，在股民中有着很广泛的应用，通过它，可以完成炒股的基本操作。

从网址 http://www.stockstar.com 可以下载到《证券之星》，该主页窗口如图 13-21 所示。在这里用户也可以看到其他一些软件，用户也可以尝试使用。

在主页上单击"下载中心"链接，打开下载页面，从该页中找到"证券之星 3.1 版"的下载链接，页面局部如图 13-22 所示。

图 13-21　《证券之星主页》

图 13-22　下载《证券之星》

下载"证券之星"后，它以一个可安装文件（*.exe）格式保存到本地硬盘，该文件大小在 3.5MB 左右。双击它即可运行进入安装过程，最终完成安装。

13.6.1　注册用户

若想使用《证券之星》进行炒股，首先必须注册用户。操作步骤如下。

第 1 步　启动《证券之星》，出现如图 13-23 所示的对话框，单击对话框中的"新用户注册"按钮。

第 2 步　一系列的网络协议及条款选择同意，否则无法获得注册权限。在出现的如图 13-24 所示的对话框中输入用户名、笔名，然后单击"继续进入第二步"按钮。

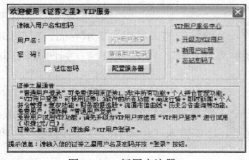

图 13-23　新用户注册

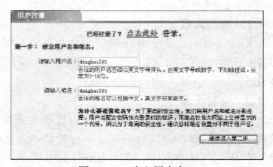

图 13-24　建立用户名

第3步　如果用户注册的用户名没有重复，则进入如图13-25所示的对话框。输入密码及简单信息后，单击"继续进入"按钮。

第4步　注册成功后，弹出如图13-26所示的注册成功的界面。

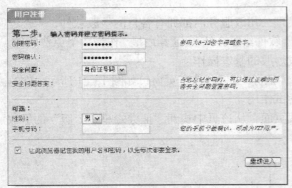 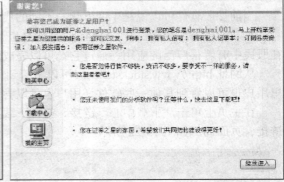

图13-25　设置密码　　　　　　　　　　　　　图13-26　注册成功

13.6.2　访问股市

在购买一支股票前，每个人都需要先了解一下这支股票的情况以及当前的股市情况。下面通过《证券之星》，介绍如何访问股市。

运行《证券之星》软件，并输入正确的账号和密码，首先将看到如图13-27所示《证券之星》的主界面，其中列出了《证券之星》能够查看的主要信息。

下面介绍使用《证券之星》进行网上炒股的一些基本操作。

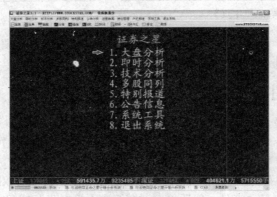

图13-27　《证券之星》主界面

1. 查询大盘

运行《证券之星》并正确登录后，按F3键则进入上证领先的大盘指数显示界面，窗口如图13-28所示，按F4键进入深证领先的大盘指数显示界面，用户可以方便地看到两者的即时变化。

2. 查看个股

在查看大盘的状态下，用户可以发现右下角有一个【股票查询】文本框，在此可以输入股票代码，按回车键后就可以看到某一支股票的具体情况了，比如输入"600007"，立即出现"中国国贸"股票的具体情况了，窗口如图13-29所示。

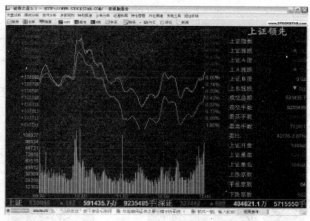

图 13-28 上证领先的大盘指数显示界面

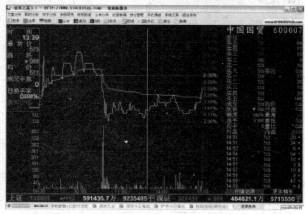

图 13-29 查看风险提示页面

3. 查看日线

进入大盘或者用户需要查询日线的股票即时显示状态，此时按下 F5 键，则进入大盘或该股票的日线。这里将显示该股票上市以来的起伏情况以及交易信息。按下上方向键能够调整横坐标的时间比例。如果此时用户再按下 F5 键，则再次返回原来的大盘、个股即时状态，如图 13-30 所示。

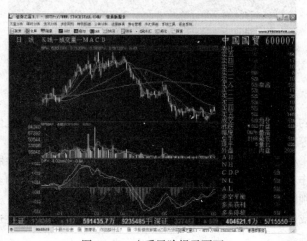

图 13-30 查看风险提示页面

4. 设定自选股

尽管用户可以方便地输入某一支股票的代码进行显示，但使用自选股显示，用户仍然可以获得更多的方便。

选择"系统工具"→"设定自选股"命令，即可设定自选股在"系统工具"菜单中，用户可以看到很多功能。通过这些功能，可以设定选股、板块以及系统操作的一些任务，该窗口如图 13-31 所示。

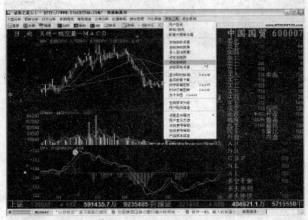

图 13-31　查看风险提示页面

5. 选择并保存自选股

运行"证券之星"并正确登录后，按 F6 键则进入如图 13-32 所示的自选股列表。在这里列出了用户全部的自选股，并显示个股的开盘价、当前成交价、涨跌、交易量等信息。

图 13-32　自选股列表

以上介绍了炒股的基本信息获得方法，实际上《证券之星》软件还提供了多种功能，诸如，多股同列、行情分析等功能，在此就不再介绍了。

通过前面的学习，相信读者已经能够有效地进行炒股了。在众多的炒股软件中，它们的操作也不完全相同。但是作为基本功能，这些大盘信息、个股信息都会提供的。股民正是通过这些信息对某一支股票进行判断，对它的趋势进行预测，并决定购买或抛售。

关于股票的购买或抛售，用户一般都是经过各自的代理商完成。需要这方面内容的用户可以查询"证券之星"网站。

13.7 网上订票

随着网络的发展，在电话订票之后，出现了网上订票这一服务。网上订票利用网络方便、快捷的优势，使原本麻烦的买票变得简单而轻松。例如，中国国际航空西南公司的网上订票服务，如图 13-33 所示。用户详细填写信息后，系统将通过电话和电子邮件进行确认，当得到确认以后，公司就会将票送到用户手中。

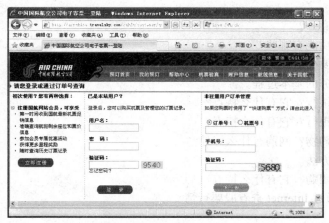

图 13-33 网上订票系统

13.8 网上旅游

网上旅游是指利用因特网，在网络中浏览旅游景地信息，获得旅游消费心理满足的一种浏览方式。 随着社会经济的发展，人们的消费观念也在不断地发生变化，当今举家外出旅游甚至出国旅游已不再是一件很稀奇的事了。不过在出游前，打开浏览地当地的网站（见图 13-34），了解当地的景点、历史、美食及文化，以获取旅游方面的知识，有目的地准备我们的旅途。

图 13-34 中国旅游网

另外，如果不想在旅途中奔波，通过计算机来一次网上旅游，饱饱眼福，也是一件有意思的事。尤其当浏览的是多媒体的网页时，丰富的多媒体应用，悦耳的音乐，让你如亲临其境，其乐无穷。

还可以先上网查查各地的名胜和著名小吃，饱饱眼福，等有假期的时候可以根据之前了解过的信息给自己安排一个快乐之旅。放松一下心情，也可以顺便了解一下各地的民俗。

习　题

1. 什么是电子商务？
2. 电子商务的功能有哪些？
3. 电子商务主要分哪几类？
4. 简述电子商务的基本过程。
5. 什么是网上银行？它有什么特点？
6. 什么是手机银行？它有什么特点？
7. 什么是网络购物？网购有什么好处？
8. 简述网购的方法。
9. 什么是网络团购？它有什么特点？
10. 股民如何通过 Internet 查看股票行情？

参考文献

[1] 达新宇，孟涛等. 现代通信新技术. 西安：西安电子科技大学出版社，2001.

[2] 鲜继清，张德民. 现代通信系统. 西安：西安电子科技大学出版社，2003.

[3] 张宝福，张曙光，田华. 现代通信技术与网络应用. 西安：西安电子科技大学出版社，2004.

[4] 李颖，李文海，张金菊，孙学康. 现代通信技术. 北京：人民邮电出版社，2007.

[5] 相万让. 计算机网络应用基础（第二版）. 北京：人民邮电出版社，2006.

[6] 张玉艳，方莉. 第三代移动通信. 北京：人民邮电出版社，2009.

[7] 刘云浩. 物联网导论[M]. 北京：科学出版社，2010 年.

[8] 沈苏彬，范曲立，宗平，毛燕琴，黄维. 物联网的体系结构与相关技术研究[J]. 南京邮电大学学报（自然科学版），2009，29(6)：1～11.

[9] 孙其博，刘杰，黎羴，范春晓，孙娟娟. 物联网：概念、架构与关键技术研究综述[J]. 北京邮电大学学报，2010，33(4)：1～9.

[10] 任明仑，杨善林，朱卫东. 智能决策支持系统：研究现状与挑战[J]. 系统工程学报，2002，17(5)：430～440.

[11] 宇帆，王方，何翠平. 网页制作与网站建设. 北京：人民邮电出版社，2006.

[12] 张继光. Dreamweaver8 中文版从入门到精通. 北京：人民邮电出版社，2006.

[13] 程良伦. PhotoshopCS2 完全学习手册. 北京：机械工业出版社，2007.

[14] 戎马工作室. ASP 与 Access 动态网站开发自学导航. 北京：机械工业出版社，2007.

[15] 网冠科技. Dreamweaver 8 中文版基础培训百例. 北京：机械工业出版社，2007.

[16] 雷运发. 多媒体技术基础. 北京：中国水利水电出版社，2005.

[17] 曹建. ASP 实例教程[M]. 北京：电子工业出版社，2000.

[18] 曹建. Dreamweaver 与 ASP 实战演练. 北京：机械工业出版，2001.

[19] 邵丽萍. 动态网页制作 ASP. 北京：人民邮电出版社，2004.

[20] 彭雪冬，柯建林，吕洋波. 网站建设实用开发精粹. 北京：人民邮电出版社，2005.

[21] 项宇峰，马军. ASP 网络编程从入门到精通. 北京：清华大学出版社，2006.

[22] 刘好增. ASP 动态网站开发实践教程. 北京：清华大学出版社，2007.

[23] 何秀明. Dreamweaver 8 网页设计与热门网站制作. 北京：电子工业出版社，2007.

[24] 石志国等. ASP 程序设计. 北京：清华大学出版社/北京交通大学出版社，2005.

[25] 邹婷. Dreamweaver 8 标准教程. 北京：中国青年出版社，2006.

[26] 鲍嘉. Dreamweaver 8 网页设计实例导学. 北京：中国电力出版社，2007.

[27] 黎卫东，黄炳强. Dreamweaver 8+ASP 动态网站开发从入门到精通. 北京：人民邮电出版社，2006.

[28] 王迪. 建设与维护你自己的网站. 北京：中国铁道出版社，2002.

[29] 尚成国等. 商务网站建设与管理. 北京：中国物资出版社，2007.

[30] 朱稼兴. 电子商务大全. 北京：航空航天大学出版社，2003.

[31] 梁露. 电子商务网站建设与实例. 北京：机械工业出版社，2003.

[32] 赵乃真. 电子商务网站建设实例. 北京：清华大学出版社，2003.

[33] 郭银章. Internet 原理与应用技术（第 2 版）. 北京：清华大学出版社，2011.

[34] 李宁，王洪，田蓉. Internet 应用技术实用教程（第 2 版）. 北京：清华大学出版社，2012.

[35] 周贤善，王祖荣. 计算机网络技术与 Internet 应用. 北京：清华大学出版社，2011.

[36] 谢希仁. 计算机网络（第 5 版）. 北京：电子工业出版社，2009.

[37] 于维洋等. 计算机网络基础教程与实验指导. 北京：清华大学出版社，2007.

[38] 张喜云. 宽带接入网技术. 西安：西安电子科技大学出版社，2009.